Mathematical Sciences Research Institute
Publications 20

Mathematical Sciences Research Institute Publications

Volume 1	Freed and Uhlenbeck: Instantons and Four-Manifolds Second Edition
Volume 2	Chern (ed.): Seminar on Nonlinear Partial Differential Equations
Volume 3	Lepowsky, Mandelstam, and Singer (eds.): Vertex Operators in Mathematics and Physics
Volume 4	Kac (ed.): Infinite Dimensional Groups with Applications
Volume 5	Blackadar: K-Theory for Operator Algebras
Volume 6	Moore (ed.): Group Representations, Ergodic Theory, Operator Algebras, and Mathematical Physics
Volume 7	Chorin and Majda (eds.): Wave Motion: Theory, Modelling, and Computation
Volume 8	Gersten (ed.): Essays in Group Theory
Volume 9	Moore and Schochet: Global Analysis on Foliated Spaces
Volume 10	Drasin, Earle, Gehring, Kra, and Marden (eds.): Holomorphic Functions and Moduli I
Volume 11	Drasin, Earle, Gehring, Kra, and Marden (eds.): Holomorphic Functions and Moduli II
Volume 12	Ni, Peletier, and Serrin (eds.): Nonlinear Diffusion Equations and their Equilibrium States I
Volume 13	Ni, Peletier, and Serrin (eds.): Nonlinear Diffusion Equations and their Equilibrium States II
Volume 14	Goodman, de la Harpe, and Jones: Coxeter Graphs and Towers of Algebras
Volume 15	Hochster, Huneke, and Sally (eds.): Commutative Algebra
Volume 16	Ihara, Ribet, and Serre (eds.): Galois Groups over $\mathbb{Q}$
Volume 17	Concus, Finn, and Hoffman (eds.): Geometric Analysis and Computer Graphics
Volume 18	Bryant, Chern, Gardner, Goldschmidt, and Griffiths: Exterior Differential Systems
Volume 19	Alperin (ed.): Arboreal Group Theory
Volume 20	Dazord and Weinstein (eds.): Symplectic Geometry, Groupoids, and Integrable Systems

P. Dazord A. Weinstein
Editors

Symplectic Geometry, Groupoids, and Integrable Systems

Séminaire Sud Rhodanien de Géométrie à Berkeley (1989)

Springer-Verlag
New York Berlin Heidelberg London
Paris Tokyo Hong Kong Barcelona

Pierre Dazord
Département de Mathématiques
Université Lyon I
43 Boulevard du Novembre 1918
69622 Villeurbanne Cedex
France

Alan Weinstein
Department of Mathematics
University of California
Berkeley, CA 94720
USA

Mathematical Sciences Research Institute
1000 Centennial Drive
Berkeley, CA 94720
USA

The Mathematical Sciences Research Institute wishes to acknowledge support by the National Science Foundation.

Mathematical Subject Classifications: 58F05, 20L99, 57R30, 58F07

Library of Congress Cataloging-in-Publication Data

Séminaire sud-rhodanien de géométrie (6th : 1989 : Berkeley, Calif.)
Symplectic geometry, groupoids, and integrable systems / Séminaire sud-rhodanien de géométrie à Berkeley (1989) ; [edited by] Pierre Dazord, Alan Weinstein.
p. cm. — (Mathematical Sciences Research Institute publications : 20)
English and French.
Includes bibliographical references.
ISBN-13:978-1-4613-9721-2 (alk. paper)
1. Geometry, Differential—Congresses. 2. Groupoids—Congresses. 3. Symplectic manifolds—Congresses. I. Dazord, P. (Pierre) II. Weinstein, Alan, 1943- III. Title. IV. Series.
QA649.S44 1989
516.3'6—dc20 91-4428

With six illustrations.

Printed on acid-free paper.

Softcover reprint of the hardcover 1st edition 1991

Camera-ready copy prepared by the Mathematical Sciences Research Institute.

9 8 7 6 5 4 3 2 1

ISBN-13:978-1-4613-9721-2 e-ISBN-13:978-1-4613-9719-9
DOI: 10.1007/978-1-4613-9719-9

Preface

The papers in this volume are based on lectures given during the meeting of the Séminaire Sud Rhodanien de Géométrie which we organized at MSRI from May 22 to June 2, 1989, as part of a year-long program on Symplectic Geometry and Mechanics.

The Séminaire Sud Rhodanien de Géométrie (SSRG) was established in 1982 by geometers and mathematical physicists at the Universities of Avignon, Lyon, Marseille, and Montpellier, with the aim of developing and coordinating research in symplectic geometry and its applications to analysis and mathematical physics. It has been designated by the Centre Nationale de la Recherche Scientifique as a "Groupement de Recherche" (G.D.R. 144), centered at the Université Claude Bernard (Lyon I). From the beginning, the SSRG has involved the cooperation of colleagues from other universities inside and outside France; in addition to the editors of this volume, its Scientific Committee consists of D. Bennequin, P. Libermann, A. Lichnerowicz, C.-M. Marle, J.-M. Morvan, P. Molino, and J.-M. Souriau. In particular, there have always been strong connections with the University of California at Berkeley, making this other "UCB" into a virtual fifth pole of the SSRG.

Through its international meetings, of which the first five were held at Lyon, Montpellier, and Marseille, the SSRG has become an important center of exchange for the latest developments in symplectic geometry and its applications. It seemed natural, therefore, to have this sixth meeting at MSRI in Berkeley in conjunction with the "symplectic year" 1988-89. Roughly half of the speakers came from France, while the others were resident participants in the longer MSRI program.

Among the subjects discussed at the meeting, a special role was given to the theory of "symplectic groupoids," which has been since 1987 the subject of a fruitful collaboration involving geometers from Berkeley, Lyon, and Montpellier. It may be useful to the reader to have a brief introduction to this subject, as a guide to the detailed articles contained in this volume.

Symplectic groupoids are the global objects whose relation to Poisson manifolds is the same is that of Lie groups to Lie algebras. They were introduced independently by M. Karasev and one of us (A.W.). An expository paper written by P.D. and A.W. in collaboration with A. Coste can be found in the Publications of the Department of Mathematics of Lyon (2/A 1987).

A symplectic groupoid is a symplectic manifold with a compatible partially defined multiplication which satisfies the axioms of a category in which all morphisms are invertible. The set of objects (also called the base) for this category inherits a Poisson structure for which the source and target maps are Poisson and anti-Poisson respectively. For example, the cotangent bundle of a Lie group G has a structure of symplectic groupoid for which the base is the dual Lie algebra $\mathfrak{g}^*$ with its Lie-Poisson structure.

The following problem is fundamental: which Poisson manifolds are integrable in the sense that they occur as the bases of symplectic groupoids? According to Lie's third theorem and the example in the preceding paragraph, every (finite dimensional) $\mathfrak{g}^*$ with a Lie-Poisson structure is integrable. There exists for every Poisson manifold a local symplectic groupoid (Karasev, A.W.), but there are non-trivial obstructions to global integrability, even for regular Poisson manifolds (P.D.).

Symplectic groupoids play a special role in the theory of quantization, where they serve as geometric models for "quantum" algebras. More precisely, one may attempt to construct noncommutative algebras from Poisson manifolds by the following series of steps: 1. find, if it exists, a symplectic groupoid for the symplectic manifold; 2. prequantize the symplectic groupoid to get a bundle whose sections carry a natural multiplication; 3. find a polarization which is sufficiently compatible with the groupoid structure so that the algebra in Step 2 can be cut down to one which is roughly the "size" of the functions on the original Poisson manifold. This program applies, for example to the dual of a Lie algebra, where it produces the convolution algebra of the corresponding Lie group. This example may even be seen as a successful case in a general program to construct quantum groups by quantization of the symplectic groupoids of Poisson Lie groups.

Several of the papers in this volume are directly concerned with symplectic groupoids. Albert and Dazord give a new development of the basic theory of symplectic groupoids, based on the idea of a pseudogroup of left or right translations. It can be read as an introduction to the subject. Dazord and Hector show that the integration problem can always be solved for a class of regular Poisson manifolds called totally aspherical, on which the cohomological obstruction to integrability vanishes and the foliation by symplectic leaves has no vanishing cycles. Lashof gives an algebraic topological proof of a result of A.W. on the quantization of fundamental groupoids of symplectic manifolds. In the paper of Weinstein, the quantization program is carried out in full for the case of translation-invariant Poisson structures on tori, where it is shown to lead to the algebras which are already known under the name of "noncommutative tori". Xu's paper is devoted to a notion of Morita equivalence for symplectic manifolds which is the geometric analog of a fundamental equivalence relation in the theory of noncommutative algebras.

Other papers are connected with Poisson manifolds without explicit reference to groupoids. Dazord and Sondaz consider a class of Poisson structures on groups which include the multiplicative structures (Poisson Lie groups) as well as the left and right invariant structures. The latter are the subject of the work of Boyom and of Medina and Revoy. Lu's paper is closely related, giving an extension of the standard theories of momentum mappings and reduction to Poisson actions of Poisson Lie groups. Dufour's paper discusses an interesting case of the linearization problem—i.e. the problem of determining when a class of Poisson structures are locally isomorphic to those of Lie-Poisson type. Marle develops some general properties of Jacobi manifolds, a class of objects which contains both Poisson (hence symplectic) and contact manifolds.

The symplectic leaves of a Poisson manifold form a singular foliation. Suzuki is concerned with the construction of C^* algebras for more general singular foliations—both the algebras and the foliations bear a close relation with the geometry of Poisson manifolds. Stefan foliations, also called singular foliations, are generated as well by the integral manifolds of completely integrable systems. Boucetta generalizes to the singular case some results of Duistermaat on fibrations by compact lagrangian submanifolds. Desolneux-Moulis describes the bifurcations of lagrangian Stefan foliations in the neighborhood of a transversely hyperbolic invariant torus, a result which Koiller uses to obtain intrinsic Melnikov formulas. Dufour and Molino extend to actions of $\mathbf{R}^n$ with a compact orbit a theorem of Eliasson on action-angle variables with singularities.

Finally, the volume contains several papers on assorted aspects of symplectic manifolds, their geometry, topology, and quantization. Dazord and Patissier establish the existence of an obstruction, postulated by Karasev and Maslov and related to the first Chern class, to asymptotic quantization. Eliashberg and Ratiu prove that the group of symplectomorphisms of the unit ball in $\mathbf{R}^{2n}$ has infinite diameter. Gotay and Tuynman prove that any hamiltonian action of a compact connected Lie group arises by reduction from a linear hamiltonian action on $\mathbb{R}^{2n}$. Lafontaine uses Gromov's theory to obtain a pseudo-holomorphic version of a theorem of Hadamard.

The meeting SSRG-MSRI could not have taken place without the generous assistance of several organizations. In particular, we wish to thank:

- I. Kaplansky of the MSRI, which provided a substantial part of the funding for the French visitors, and whose staff assured the efficient running of the meeting and hospitality for visitors.
- J.P. Ferrier, deputy scientific director of the Department of Fundamental Mathematical Physics at the Centre de la Recherche Scientifique, and J. Giraud, director of mathematical research at the Ministère de l'Education Nationale for the constant support which they have given to the SSRG and the financial assistance which they have provided for the Berkeley meeting through the G.D.R. 144 and the P.I.R. "Lyon-Montpellier-Berkeley".

Finally, we wish to thank Margaret Pattison at MSRI for putting the papers in this volume into final TEX form.

Pierre Dazord
Alan Weinstein
December 1990

Symplectic Geometry, Groupoids, and Integrable Systems
Séminaire Sud Rhodanien de Géométrie à Berkeley (1989)

TABLE OF CONTENTS

Groupoïdes de Lie et Groupoïdes Symplectiques

CLAUDE ALBERT ET PIERRE DAZORD

0. INTRODUCTION

Le but de cet exposé est de donner une approche géométrique de la théorie des groupoïdes de Lie, approche qui s'avère particulièrement utile dans l'étude des groupoïdes symplectiques. Il s'agit d'énoncer brièvement les résultats de [**1**].

La notion de groupoïde de Lie ("groupoïde différentiable" dans la terminologie originale), est due à C. Ehresmann [**3**]. Elle a donné lieu à de nombreuses études (J. Pradines [**7**], P. Libermann [**5**], K. Mc Enzie [**6**]...). Récemment, A. Weinstein [**10**] et indépendamment M.V. Karasev[**4**] ont défini les groupoïdes symplectiques et montré le rôle essentiel qu'ils jouent dans la théorie générale des variétés de Poisson.

En gros, un groupoïde de Lie est l'analogue d'un groupe de Lie, mais avec une multiplication "non partout définie". Le point de vue que nous apportons s'inspire du suivant pour les groupes de Lie: un groupe de Lie peut être regardé comme une variété différentiable pointée munie d'un groupe simplement transitif de transformations (par exemple les translations à droite). Si ce groupe de Lie est connexe, on peut de manière équivalente le considérer comme une variété munie d'une algèbre de Lie simplement transitive de champs de vecteurs complets. Si l'on renonce à cette condition de complétion, on obtient la notion de "groupe de Lie local".
De manière analogue, un groupoïde de Lie apparaît comme une variété munie de deux fibrations sur une même base, d'une section commune à ces deux fibrations ("bissection"), et d'un certain pseudogroupe de transformations. Si ces fibrations sont à fibres connexes, ce pseudogroupe peut être remplacé par un faisceau d'algèbre de Lie de champs de vecteurs vérifiant une condition de complétion le long des fibres. Enfin l'abandon de cette condition de complétion conduit à la notion de groupoïde local de Lie.

L'exposé qui suit contient trois parties: la première présente cette approche de la théorie générale, la seconde applique ces résultats aux groupoïdes symplectiques. Enfin une troisième partie montre le caractère naturel des objets géométriques présentés, dans l'étude des variétés de Poisson.

1. La notion générale de groupoïde de Lie

De manière classique un groupoïde de Lie est une variété différentiable Γ [*ici la différentiabilité est entendue au sens* C^∞] non nécessairement séparée mais à base dénombrable d'ouverts, munie d'une sous-variété plongée connexe séparée Γ_o [*on notera* $j : \Gamma_o \longrightarrow \Gamma$ *le plongement*] et de deux projections $\alpha, \beta : \Gamma \rightrightarrows \Gamma_o$ [par "projection" on entendra une submersion surjective $\alpha : \Gamma \longrightarrow \Gamma_o$ telle que $\alpha_o j = id_{\Gamma_o}$]. On se donne en plus deux applications différentiables

$$\mu : \Gamma_2 \longrightarrow \Gamma \qquad et \qquad \iota : \Gamma \longrightarrow \Gamma$$

où Γ_2 est la sous-variété de $\Gamma \times \Gamma$ définie par

$$\Gamma_2 = \{(x,y) \in \Gamma \times \Gamma | \alpha(x) = \beta(y)\}$$

telles que, si l'on note $\mu(x,y) = xy$ (multiplication) et $\iota(x) = x^{-1}$ (inversion) on ait les propriétés:

a) Si l'un des éléments $x(yz)$ et $(xy)z$ est défini, l'autre l'est aussi et $x(yz) = (xy)z$
b) $\beta(x).x$ et $x.\alpha(x)$ sont toujours définis et $\beta(x).x = x.\alpha(x) = x$
c) $x.x^{-1}$ et $x^{-1}.x$ sont toujours définis et $x.x^{-1} = \beta(x), x^{-1}.x = \alpha(x)$.

L'exemple le plus naturel pour comprendre cette définition est le suivant: Si M est une variété, une transformation locale de M est un difféomorphisme d'un ouvert de M sur un autre ouvert de M. Ceci dit, pour tout entier $k \geq 0$, la variété des k-jets de transformations locales de M est un groupoïde de Lie de base M (*c'est-à-dire* $\Gamma_o = M$) les projections α et β étant les applications source et but, et la multiplication étant la composition des k-jets.

Un groupe de Lie n'est rien d'autre qu'un groupoïde de Lie dont la base Γ_o est réduite à un point.

Si $\Gamma \overset{\alpha}{\underset{\beta}{\rightrightarrows}} \Gamma_o$ est un groupoïde de Lie, on définit un glissement à droite φ de Γ comme une transformation locale de Γ telle que chaque fois que l'un des éléments $\varphi(xy)$ et $x\varphi(y)$ est défini, l'autre l'est aussi et $\varphi(xy) = x\varphi(y)$. Une telle application est un difféomorphisme

$$\varphi : \alpha^{-1}(U) \longrightarrow \alpha^{-1}(V)$$

où U et V sont deux ouverts de Γ_o. L'ensemble $\varphi(U)$ est une bissection de $\alpha, \beta : \Gamma \rightrightarrows \Gamma_o$, c'est-à-dire que $\alpha|_{\varphi(U)}$ et $\beta|_{\varphi(U)}$ sont des difféomorphismes sur leurs images, et tout glissement à droite est ainsi associé à une bissection (de sorte que les glissements à droite sont les "actions à droite des bissections" au sens de [**2**]).

Les glissements à gauche sont définis de manière analogue.

L'ensemble des glissements à droite à Γ constitut un pseudogroupe le long de α de transformations locales de Γ: cela signifie que si $\varphi : \alpha^{-1}(U) \longrightarrow \alpha^{-1}(V)$ et $\alpha^{-1}(U') \longrightarrow \alpha^{-1}(V')$ sont des glissements à droite, il en est de même de $\psi o \varphi \ : \ \varphi^{-1}\left(\alpha^{-1}(V \cap U')\right) \ \longrightarrow \ \psi\left(\alpha^{-1}(v \cap U')\right)$, de $\varphi^{-1} : \alpha^{-1}(V) \longrightarrow \alpha^{-1}(U)$, et de $\varphi\mid_{\alpha^{-1}(W)}$ pour tout ouvert $W \subset U$, et que si $\varphi : \alpha^{-1}(U) \longrightarrow \alpha^{-1}(V)$ est une transformation locale telle qu'il existe un recouvrement ouvert $(U_i)_{i\in I}$ de U ayant la propriétés que $\varphi|_{\alpha^{-1}(U_i)}$ est un glissement à droite pour tout $i \in I$, alors φ est un glissement à droite. Si φ est une transformation locale de Γ, on peut définir la conjuguée $\bar{\varphi}$ de φ comme la transformation locale $\bar{\varphi} = \iota o \varphi^{-1} o \iota$. La conjugaison échange les glissements à droite et les glissements à gauche.

Si Γ est un groupe de Lie ($\Gamma_o = \{pt\}$), les glissements (à droite ou à gauche) ne sont rien d'autre que les translations (à gauche ou à droite). Il est bien connu dans ce cas, et on vérifie aisément que cela reste vrai dans le cas général d'un groupoïde, qu'un glissement à droite et un glissement à gauche commutent.

Un champ de vecteurs X sur Γ est dit invariant à gauche si $\psi_* X = X$ pour tout glissement à gauche ψ.

PROPOSITION 1. *Soit X un champ de vecteurs sur le groupoïde de Lie Γ. Les propriétés suivantes sont équivalentes:*

(1) *X est invariant à gauche*
(2) *X est tangent aux β-fibres et invariant par les translations à gauche de Γ le long des β-fibres.*
(3) *le flot (φ_t) de X est formé de glissements à droite.*

De manière analogue, on peut définir les formes invariantes à gauche sur Γ. Il faut remarquer que lorsque Γ n'est pas un groupe de Lie, les 1-formes invariantes à gauche sont les 1-formes images réciproques par α des 1-formes sur la base Γ_o (d'où une différence notable avec les groupes de Lie). En particulier il n'y a pas dans ce cas de dualité naturelle entre champs de vecteurs invariants à gauche et 1-formes invariantes à gauche.

La géométrie des groupoïdes de Lie est complètement définie par la donnée des glissements (à droite ou à gauche). Par exemple, l'algèbroïde de

Lie de Γ est le fibré vectoriel de base Γ_o des valeurs le long de Γ_o des champs de vecteurs invariants à gauche. Les orbites de Γ dans Γ_o sont les projections par α des orbites du pseudogroupe le long de α des glissements à droite ... etc ....

Le résultat essentiel est la caractérisation des groupoïdes de Lie par leurs glissements à droite:

THÉORÈME 1. *Soit Γ une variété (non nécessairement séparée), $j : \Gamma_o \longrightarrow \Gamma$ une sous-variété connexe séparée de Γ, et deux projections $\alpha, \beta : \Gamma \rightrightarrows \Gamma_o$. Soit $\mathcal{P}$ un pseudogroupe le long de α de transformations de Γ tel que*
α) $\mathcal{P}$ sépare les α-fibres.
β) les orbites de $\mathcal{P}$ sont les β-fibres, et l'action infinitésimale de $\mathcal{P}$ le long des β-fibres est transitive.
Alors il existe sur Γ une unique structure de groupoïde de Lie de base Γ_o admettant α et β comme projection source et but et telle que les éléments de $\mathcal{P}$ soient des glissements à droite.
De plus, dans cette structure, un champ de vecteurs X est invariant à droite si, et seulement si, il est invariant par les éléments de $\mathcal{P}$.

Dans cet énoncé, on a utilisé la notion suivante: on dit qu'un pseudogroupe $\mathcal{P}$ le long de α sépare les α-fibres s'il vérifie la propriété suivante: deux éléments x et y de Γ ont la même projection par α si, et seulement si, tout élément $\varphi \in \mathcal{P}$ défini en x et y vérifie $(\varphi(x) = x \Longleftrightarrow \varphi(y) = y)$.

Un pseudogroupe $\mathcal{P}$ le long de α vérifiant les conditions α) et β) du théorème 1 sera appelé un pseudogroupe de définition du groupoïde de Lie Γ. Si $\mathcal{P}$ est donné, on obtient la multiplication sur Γ de la manière suivante: soient x et y tels que $\alpha(x) = \beta(y) = u \in \Gamma_o$. Il existe un élément $\varphi \in \mathcal{P}$ tel que $\varphi(u) = x$, et cet élément est défini en x. On posera alors $xy = \varphi(x)$, ce qui ne dépend pas du choix de φ.

REMARQUE: Soit Γ munie d'une sous-variété séparée Γ_o et de deux projections $\Gamma \overset{\alpha}{\underset{\beta}{\rightrightarrows}} \Gamma_o$. Alors si l'on se donne deux pseudogroupes $\mathcal{P}$ le long de α et $\mathcal{Q}$ le long de β tels que

(1) tout élément de $\mathcal{P}$ commute avec tout élément de $\mathcal{Q}$
(2) les orbites de $\mathcal{P}$ (resp. $\mathcal{Q}$) sont les β-fibres (resp. les α-fibres) et $\mathcal{P}$ (resp. $\mathcal{Q}$) est infinitésimalement transitif sur ses orbites.

Alors il existe sur Γ une unique structure de groupoïde de Lie telle que $\mathcal{P}$ soit formé de glissements à droite et $\mathcal{Q}$ de glissements à gauche. On prendra garde que ces hypothèses n'impliquent pas que $\mathcal{P}$ soit un pseudogroupe de définition de Γ.

Pour aborder la version infinitésimale du théorème 1, il faut prendre quelques précautions, car dans une variété non séparée, un champ de vecteurs admet certes des flots locaux, mais pas de flot global en général. La remarque décisive est que dans un groupoïde de Lie, les α-fibres et les β-fibres sont toujours des sous-variétés séparées. On a alors

THÉORÈME 1'. *Soit Γ une variété (non nécessairement séparée) $j : \Gamma_o \to \Gamma$ une sous-variété séparée connexe et deux projections $\alpha, \beta : \Gamma \rightrightarrows \Gamma_o$ à fibres connexes et séparées. Soit $\mathcal{L}$ un faisceau d'algèbre de Lie sur Γ tel que*

(α) *$\mathcal{L}$ sépare les α-fibres.*

(β) *les β-fibres sont les orbites transitives de $\mathcal{L}$*

(saturation) tout élément de $\mathcal{L}$ est le germe d'un champ de vecteurs α-saturé sur Γ.

Alors il existe sur Γ une unique structure de groupoïde de Lie de base Γ_o de projections α et β, et pour laquelle les éléments de $\mathcal{L}$ soient des germes de champs de vecteurs invariants à gauche.

Dans cet énoncé, on a utilisé les définitions suivantes: on dit que $\mathcal{L}$ sépare les α-fibres s'il vérifie les deux conditions (techniques) suivantes:

(1) Le commutateur de $\mathcal{L}$ [c'est-à-dire l'ensemble de tous les germes de champs de vecteurs qui commutent avec tous les éléments de $\mathcal{L}$] est transitif sur les α-fibres.

(2) Deux points x et y de Γ sont situés sur la même α-fibre si, et seulement si, pour toute section locale X de $\mathcal{L}$ au-dessus d'un ouvert Ω de Γ tel que les traces sur Ω des α-fibres soient connexes et contenant x et y, on a $(X(x) = 0 \Longleftrightarrow X(y) = 0)$.

De même, un champ de vecteurs X sur Γ tangent aux β-fibres est dit α-saturé si son flot (ce qui a un sens à cause de la remarque précédente) est formé de transformations locales définies sur des réunions de α-fibres.

Un faisceau d'algèbre de Lie vérifiant les conditions (α), (β) et (saturation) du théorème 1' est appelé un faisceau de définition du groupoïde (à fibres connexes) Γ.

Une notion intéressante est donnée par ce théorème lorsque $\mathcal{L}$ ne vérifie plus nécessairement la condition (saturation). On dit alors dans ce cas que Γ est un groupoïde local de Lie dont $\mathcal{L}$ est un faisceau de définition. On ne sait alors composer des éléments que s'ils appartiennent à un voisinage de

Γ_o dans Γ. Cette notion est très voisine de la notion de groupoïde local de Lie introduite par Van Est [**5**]. En fait tout groupoïde local au sens de Van Est est un groupoïde local en ce sens, et réciproquement tout groupoïde local en ce sens admet un voisinage de Γ_o (voisinage "symétrique") qui est un groupoïde local au sens de Van Est.

Dans l'étude des groupoïdes locaux, on peut toujours se ramener à des variétés séparées. En fait :

THÉORÈME 2. *Soit Γ un groupoïde local de Lie. Alors il existe un voisinage Γ' de Γ_o dans Γ qui est un sous-groupoïde local de Lie séparé (en particulier, Γ et Γ' admettent la même algébroïde de Lie).*

2. GROUPOÏDES SYMPLECTIQUES

Un groupoïde symplectique est un groupoïde de Lie $\Gamma \overset{\alpha}{\underset{\beta}{\rightrightarrows}} \Gamma_o$ dont la variété sous-jacente Γ est munie d'une forme symplectique σ telle que le graphe $Gr(\mu)$ de la multiplication μ soit une sous-variété lagrangienne du produit $\bar{\Gamma} \times \Gamma \times \Gamma$ (*on a noté ici* $\bar{\Gamma}$ la variété symplectique opposée de $\Gamma = (\Gamma, \sigma)$, c'est-à-dire $\bar{\Gamma} = (\Gamma, -\sigma)$). Sous cette condition, Γ_o est une sous-variété lagrangienne de Γ, l'inversion ι est un symplectomorphisme de Γ sur $\bar{\Gamma}$, et les α-fibres et β-fibres sont symplectiquement orthogonales. En fait, on a

THÉORÈME 3. *Un groupoïde de Lie $\alpha, \beta : \Gamma \rightrightarrows \Gamma_o$ muni d'une forme symplectique σ est un groupoïde symplectique si, et seulement si les deux conditions suivantes sont réalisées*

(1) *Γ_o est une sous-variété lagrangienne de Γ.*
(2) *Γ admet un pseudogroupe de définition formé de symplectomorphismes locaux.*

Si $\Gamma \rightrightarrows \Gamma_o$ est à fibres connexes, on peut remplacer la condition 2 par sa version infinitésimale

(2′) *Γ admet un faisceau de définition formé de germes de champs hamiltoniens.*

Un groupoïde local symplectique sera alors défini par ces mêmes conditions 1) et 2′).

Un exemple fondamental de groupoïde symplectique est le suivant: soit $\alpha, \beta : \Gamma \rightrightarrows \Gamma_o$ un groupoïde de Lie. En tout point $u \in \Gamma_o$, on a la décomposition

$$T_u\Gamma = T_u\Gamma_o \oplus T_u\alpha^{-1}(u)$$

d'où par dualité

$$T_u^*\Gamma = \nu_u^*\Gamma_o \oplus \nu_u^*\alpha^{-1}(u)$$

où $\nu_u^*\Gamma_o$ est l'annulateur de $T_u\Gamma_o$ dans $T_u^*\Gamma$. Ceci donne une projection naturelle

$$p_\alpha : T_u^*\Gamma \longrightarrow \nu_u^*\Gamma_o$$

Si $x \in \beta^{-1}(u)$, *soit* φ *un glissement à droite tel que* $\varphi(u) = x$. Alors l'application

$$\hat{\beta} = p_\alpha o \varphi^* : T_x^*\Gamma \longrightarrow \nu_u^*\Gamma_o$$

ne dépend pas du choix de φ. On a de même une projection naturelle

$$\hat{\alpha} : T^*\Gamma \longrightarrow \nu^*\Gamma_o$$

en composant la projection p_β avec des glissements à gauche. Si on munit $T^*\Gamma$ de sa forme symplectique canonique, $\nu^*\Gamma_o$ est une sous-variété lagrangienne. Le pseudogroupe $\hat{\mathcal{P}}$ *le long de* $\hat{\alpha}$ engendré par les relevés des glissements à droite de Γ et les translations par les formes $\alpha^*\theta$ où θ parcourt l'ensemble des 1-formes fermées sur Γ_o, est alors un pseudogroupe de définition d'une structure de groupoïde symplectique sur $\hat{\alpha}, \hat{\beta} : T^*\Gamma \rightrightarrows \nu^*\Gamma_o$.

Dans le cas particulier où $\Gamma = G$ est un groupe de Lie d'algèbre $\underline{g}$, on a $\nu^*\Gamma_o = \underline{g}^*$, de sorte que les applications p_α et p_β sont triviales, de même que les formes $\alpha^*\theta$: on obtient donc un groupoïde symplectique

$$\hat{\alpha}, \hat{\beta} : T^*G \rightrightarrows \underline{g}^*$$

où $\hat{\alpha}$ et $\hat{\beta}$ sont les applications moment des relevés des translations à droite et à gauche de G. Un pseudogroupe de définition de cette structure est donné par le pseudogroupe engendré par l'action à droite de G sur T^*G.

Une propriété intéressante des groupoïdes symplectiques est que la dualité symplectique permet d'y retrouver une dualité naturelle entre champs invariants à gauche et 1-formes invariantes à gauche: en fait X est invariant à gauche si, et seulement si, la 1-forme $i_X\sigma$ l'est.

Si $\Gamma \underset{\beta}{\overset{\alpha}{\rightrightarrows}} \Gamma_o$ est un groupoïde de Lie, la variété $T^*\Gamma$ est muni de deux structures de groupoïdes: la première, de base $\nu^*\Gamma_o$, a été définie ci-dessus. La seconde est donnée par la projection naturelle $T^*\Gamma \xrightarrow{\pi} \Gamma'$: on a ici $\alpha = \beta = \pi$, et la loi de composition est l'addition dans les fibres. Ces deux groupoïdes sont symplectiques pour la forme canonique (dans le cas de π : $T^*\Gamma \longrightarrow \Gamma$, un pseudogroupe de définition est donné par les translations par les 1-formes fermées), et les deux lois de composition vérifient la "condition d'échangeabilité" de sorte que $T^*\Gamma$ est un groupoïde double au sens de C. Ehresmann [**3**]. De la même manière, la variété $T\Gamma$ est elle aussi munie d'une structure naturelle de groupoïde de Lie double. La première structure est $\alpha_*, \beta_* : T\Gamma \rightrightarrows T\Gamma_o$ où α_*, β_* sont les applications tangentes de α et β, et admet comme pseudogroupe de définition le pseudogroupe le long de α_* engendré par les relevée des glissements à droite et les translations par les champs de vecteurs invariants à gauche (la multiplication est alors la différentielle de la multiplication de Γ). La seconde structure est donnée par la fibration vectorielle $T\Gamma \longrightarrow \Gamma$.

Ceci dit :

PROPOSITION 2. *Un groupoïde de Lie $\Gamma \rightrightarrows \Gamma_o$ muni d'une forme symplectique σ est symplectique si, et seulement si, la dualité symplectique*

$$\sigma^\# : T^*\Gamma \longrightarrow T\Gamma$$

est un isomorphisme de groupoïdes doubles.

3. GROUPOÏDES SYMPLECTIQUES ET VARIÉTÉS DE POISSON

THÉORÈME 4. *Soit Γ une variété symplectique (non nécessairement séparée), munie d'une sous-variété lagrangienne séparée $j : \Gamma_o \longrightarrow \Gamma$, et de deux projections $\alpha, \beta : \Gamma \longrightarrow \Gamma_o$ à fibres connexes, séparées et symplectiquement orthogonales [$(\Gamma, \Gamma_o, \alpha, \beta)$ est donc une paire duale stricte au sens d'A. Weinstein [**9**].*
Alors il existe sur Γ une unique structure de groupoïde local symplectique de base Γ_o et projections α et β. Un faisceau de définition pour cette structure est donné par les germes des champs hamiltoniens $X_{\alpha^* f}$ où f parcourt l'anneau des fonctions différentiables sur Γ_o.
De plus, Γ est un groupoïde symplectique si, et seulement si, le champ $X_{\alpha^* f}$ est complet toutes les fois que f est à support compact.

Ce résultat illustre le rôle central joué, dans un groupoïde local symplectique, par les champs hamiltoniens $X_{\alpha^* f}$ où $f : \Gamma_o \longrightarrow \mathbb{R}$. En particulier, ces champs sont invariants à gauche, et sont donc α-projetables. En posant $X_f^o = \alpha_*(X_{\alpha^* f})$ on définit sur Γ_o une structure de Poisson dans laquelle X_f^o est le champ hamiltonien de f, et telle que $\alpha : \Gamma \longrightarrow \Gamma_o$ est un morphisme de

Poisson. Il est aisé de vérifier que $\beta : \Gamma \longrightarrow \Gamma_o$ est alors un anti-morphisme de Poisson: on peut par exemple à cet effet noter que si $X \mapsto \bar{X}$ est la conjugaison des champs de vecteurs sur Γ, définie par l'intermédiaire des flots locaux à partir de la conjugaison des transformations locales de Γ, elle échange les champs de vecteurs invariants à gauche et à droite, et vérifie pour toute $f : \Gamma_o \longrightarrow \mathbb{R}$

$$\overline{X_{\alpha^* f}} = X_{\beta^* f}$$

Ainsi toute variété Γ_o base d'un groupoïde (local) symplectique Γ est une variété de Poisson, et le feuilletage caractéristique de cette variété de Poisson coïncide (au moins si $\Gamma \underset{\beta}{\overset{\alpha}{\rightrightarrows}} \Gamma_o$ est à fibre connexes) avec les orbites de Γ dans Γ_o. Par exemple, dans le cas où $\Gamma = T^*G$, G étant un groupe de Lie, la structure de Poisson ainsi obtenu n'est autre que la structure de Kostant-Kirillov-Souriau sur $\underline{g}^*$.

En fait, la correspondance

$$\text{Groupoïdes (locaux) symplectique} \Longrightarrow \text{Variétés de Poisson}$$

ainsi obtenue satisfait la condition de naturalité donnée par le théorème suivant

THÉORÈME 5. *Soit* $\Gamma \underset{\beta}{\overset{\alpha}{\rightrightarrows}} \Gamma_o$ *un groupoïde local symplectique, et soit* L_o *une sous-variété coïsotrope de la variété de Poisson* Γ_o. *Alors il existe une unique sous-variété lagrangienne immergée maximale de* Γ *telle que* $\alpha(L) = \beta(L) = L_o$ *et telle que* $L \underset{\beta_L}{\overset{\alpha_L}{\rightrightarrows}} L_o$ *soit un sous groupoïde local de Lie de* Γ. *Un faisceau de définition de ce groupoïde local est donné par les* $X^*_\alpha f$ *où* f *parcourt l'ensemble des germes aux points de* L_o *de fonctions sur* Γ_o *localement nulles sur* L_o.

Un corollaire est la condition de naturalité annoncée ci-dessus: si $\Gamma \underset{\beta}{\overset{\alpha}{\rightrightarrows}} \Gamma_o$ et $\Gamma' \underset{\beta'}{\overset{\alpha'}{\rightrightarrows}} \Gamma'_o$ sont deux groupoïdes (locaux) symplectiques, et si $h : \Gamma_o \longrightarrow \Gamma'_o$ est un morphisme de Poisson pour les structures projetées, il existe une unique relation lagrangienne maximale H de groupoïdes de Γ vers Γ' se projetant suivant h.

Dans le cas particulier où Γ et Γ' ont la même dimension et h est un difféomorphisme local, alors si les β-fibres de Γ sont simplement connexes, H est un morphisme de groupoïdes symplectiques.

Cette propriété de naturalité permet de recoller des groupoïdes locaux symplectiques ayant la même variété de Poisson comme base. Utilisant alors le théorème de Weinstein, de réalisation locale des variétés de Poisson [**9**] on obtient le

THÉORÈME 6. *Soit* (P, Λ) *une variété de Poisson. Alors il existe un groupoïde local symplectique séparé* $\Gamma \underset{\beta}{\overset{\alpha}{\rightrightarrows}} \Gamma_o$ *de base* $\Gamma_o = (P, \Lambda)$.

On notera qu'en général il n'existe pas de groupoïde symplectique (global) ayant cette propriété.

RÉFÉRENCES

1. C. Albert et P. Dazord, *Théorie des Groupoïdes symplectiques. I—Théorie générale des groupoïdes de Lie*, in "Séminaire Sud Rhodanien 2° Partie," Pub. Dept. Math. Lyon, 1989; *Théorie des Groupoïdes symplectiques. II—Groupoïdes symplectiques*, in "Séminaire Sud Rhodanien 3° Partie." (à paraître).
2. A. Coste, P. Dazord, A. Weinstein, *Groupoïdes Symplectiques*, Pub. Dept. Math. Lyon (1987), 1–62.
3. C. Ehresmann, *Œuvres complètes*, Cahier de Top. et Geom. Diff..
4. M.V. Karasev, *Analogues of objets of Lie group theory for non linear Poisson brackets*, Math. USSR Izvestya **28** (1987), 497–527.
5. W.T. Van Est, *Rapport sur les S-atlas*, in "Structure transverse des feuilletages," Asterisque **116** (1984), pp. 235–292.
6. P. Libermann, *Sur le problème d'équivalence de certaines structures infinitésimales*, Thèse, Fac. des Sciences de Strasbourg (1953).
7. K. Mackenzie, *Lie groupoids and Lie algebroids in differential geometry*, London Math. Soc. Lecture Notes Series (1987), Cambridge University Press.
8. J. Pradines, *Théorie de Lie pour les groupoïdes différentiables. Relations entre propriétés locales et globales*, C.R. Acad. Sc. Paris **263** (1966), 907–910; *Théorie de Lie pour les groupoïdes différentiables. Calculs différentiels dans la catégorie des Groupoïdes Infinitésimaux*, C.R. Acad. Sc. Paris **264** (1967), 245–248.
9. A. Weinstein, *The local structure of Poisson manifolds*, J. Diff. Geom. **18** (1983), 253–557 et **22** (1985), p. 255.
10. A. Weinstein, *Symplectic Groupoids and Poisson manifolds*, Bull. Amer. Math. Soc. **16** (1987), 101–103.

Claude Albert
URA CNRS 1407–GDR 144
Département de Mathématiques
Université de Montpellier II
Place E. Bataillon
34095 Montpellier CEDEX 5

Pierre Dazord
URA CNRS 746–GDR 144
Département de Mathématiques
Université Lyon I
43 Bd du 11 Novembre 1918
69622 Villeurbanne CEDEX

Géometrie Globale des Systèmes Hamiltoniens Complètement Intégrables et Variables Action-Angle avec Singularités

MOHAMED BOUCETTA

I. INTRODUCTION; RÉSULTATS PRINCIPAUX

Toutes les structures considérées dans ce travail sont de classe C^∞. Précisons tout d'abord la notion de complète intégrabilité utilisée ici. Rappelons qu'un système hamiltonien (M^{2n}, ω, H) est dit complètement intégrable au sens d'Arnold-Liouville s'il existe un n-uple $F = (f^1, \ldots, f^n)$ d'intégrales premières en involution dont les différentielles sont génériquement indépendantes. Le théorème d'Arnold-Liouville affirme alors que les fibres régulières, compactes et connexes, de F, sont des tores Lagrangiens, et qu'au voisinage de chacun d'eux il existe un système de coordonnées canoniques $(q^1, \ldots, q^n, \theta^1, \ldots, \theta^n)$, dites coordonnées action-angle, où les coordonnées action $(q^1, \ldots, q^n)$ sont à valeurs dans un ouvert de $\mathbf{R}^n$ et les coordonnées angle $(\theta^1, \ldots, \theta^n)$ à valeurs dans le tore $\mathbf{T}^n$, de manière que $f^1, \ldots, f^n$ ne sont fonctions que des variables action. Il en résulte en particulier que le flot du champ hamiltonien X_H est quasi-périodique sur ces tores Lagrangiens.

La géométrie globale d'un tel système, quand les fibres de F sont toutes régulières, compactes et connexes, (et notamment le problème d'existence de coordonnées action-angle globales) a été étudié par J.J. Duistermaat [**7**]. Dans son article, Duistermaat considère une variété symplectique (M^{2n}, ω) munie d'une fibration Lagrangienne $F : M \longrightarrow B$ à fibres compactes et connexes. L'existence de coordonnées action-angle au voisinage de chaque fibre de F entraîne l'existence, sur la n-variété B, d'une structure affine entière (les changements de cartes sont des transformations affines dont la partie linéaire est dans $GL(n, \mathbb{Z})$). On peut définir alors dans T^*B un réseau $\mathcal{R}$ de 1-formes fermées, tel que la fibration F est localement isomorphe à la fibration Lagrangienne $.T^*B/\mathcal{R} \longrightarrow B$. Globalement, la fibration F définit une classe de Chern $\gamma \in H^2(B, \mathcal{R})$. Le réseau $\mathcal{R}$ est un $\mathbb{Z}^n$-revêtement de B, dont l'holonomie $\mathcal{M}$, appelée monodromie de F, est une obstruction à la réalisation de F comme la fibration de M par les orbites d'une action hamiltonienne de $\mathbf{T}^n$. La classe de Chern γ est une obstruction à l'existence d'une section Lagrangienne globale de F.

Les deux principaux résultats de Duistermaat sont les suivants:

(1) La classe de Chern classifie, à difféomorphisme près, les fibrations Lagrangiennes à fibres compactes et connexes, au-dessus d'une variété affine entière donnée.

(2) La classe de Chern, la monodromie et la classe de cohomologie de la forme symplectique ω, sont les obstructions à l'existence de coordonnées action-angle globales.

En 1984, H. Eliasson [**9**] démontre une généralisation du théorème d'Arnold-Liouville, à savoir un théorème de "variables action-angle avec singularités": étant donnés une variété symplectique (M^{2n}, ω), et un n-uple $F = (f^1, \dots, f^n)$ de fonctions en involution, on note $\mathcal{A}^{\#}$ l'algèbre de Lie abélienne engendrée par les champs de vecteurs hamiltoniens associés à $f^1, \dots, f^n$. Si l'orbite Γ_{x_o} de $\mathcal{A}^{\#}$ passant par un point x_o est compacte, et si l'isotropie de $\mathcal{A}^{\#}$ en x_o est transversalement elliptique (cf. [**6**]), alors Γ_{x_o} est un tore isotrope de dimension ℓ, et il existe un symplectomorphisme d'un voisinage de Γ_{x_o} sur $(\mathbb{T}^\ell \times D^\ell \times D_1^2 \times \cdots \times D_{n-\ell}^2, \omega_o)$, où $\mathbb{T}^\ell$ est le tore de dimension ℓ paramétré par $(\theta^1, \dots, \theta^\ell)$, D^ℓ un ouvert de $\mathbb{R}^\ell$ paramétré par $(q^1, \dots, q^\ell)$, et D_j^2, pour $j = 1, \dots, n-\ell$, la boule ouverte de rayon r_j dans $\mathbb{R}^2$ munie des coordonnées polaires (φ^j, ρ^j) avec

$$\omega_o = \frac{\sum_{i=1}^{\ell} d\theta^i \wedge dq^i + \sum_{j=1}^{n-\ell} d\varphi^j \wedge (d\rho^j)^2}{2}.$$

Dans ce système $(\theta, q, \varphi, \rho)$ de "coordonnées action-angle avec singularités" (en abrégé C.A.A.S), les fonctions $f^1, \dots f^n$ ne sont fonctions que des variables action $(q, \frac{1}{2}, \frac{\rho^2}{2})$. Ce théorème peut aussi s'interpréter comme la description, au voisinage de Γ_{x_o}, du feuilletage singulier $\mathcal{F}$ au sens de P. Stefan [**13**] et H. Sussmann [**14**] défini par les orbites de $\mathcal{A}^{\#}$: les feuilles de $\mathcal{F}$ au voisinage de Γ_{x_o} sont les orbites d'une action hamiltonienne locale du tore $\mathbb{T}^n$; voir [**6**] pour plus de détails.

Il est alors naturel de généraliser à ce cas l'étude globale de Duistermaat, et d'étudier le problème d'existence de C.A.A.S globales. Plus généralement, on s'intéressera à la géométrie globale des systèmes hamiltoniens complètement intégrables au sens suivant :

DÉFINITION 1: Un système hamiltonien complètement intégrable (en abrégé S.H.C.I) est un triple $(M^{2n}, \omega, \mathcal{F})$, où (M^{2n}, ω) est une variété symplectique, et $\mathcal{F}$ un feuilletage singulier sur M, tel que $\mathcal{F}$ puisse être localement défini par les orbites d'une action hamiltonienne de T^n.

REMARQUE I.1: Nos motivations étant plus géométriques que mécaniques, nous ne faisons pas apparaître le hamiltonien H dans cette définition.

EXEMPLES: a) Toute fibration Lagrangienne à fibres compactes et connexes est un S.H.C.I; c'est le cas étudié par Duistermaat.

b) Toute action hamiltonienne globale du tore T^n sur une $2n$-variété symplectique définit un S.H.C.I. La géométrie globale des S.H.C.I définis par une action hamiltonienne de T^n sur une $2n$-variété symplectique compacte est bien connue grâce à M. Atiyah [**1**], V. Guillemin—I. Sternberg [**11**], et T. Delzant [**4**], dont nous rappelons plus loin les résultats.

Nous aurons également besoin, dans ce travail, de la définition suivante:

DÉFINITION 2: Une variété affine entière à bords et coins (en abrégé V.A.E.B.C) est un espace topologique W séparé et à base dénombrable d'ouverts, muni d'un atlas maximal $\Phi = [(U_\alpha, \Phi_\alpha)_{\alpha\in A}]$ tel que:

(*i*) $W = \bigcup_{\alpha\in A} U_\alpha$.

(*ii*) Pour tout $\alpha \in A$, Φ_α est un homéomorphisme de U_α sur un ouvert Ω_α du cône convexe de R^n défini par les inégalités $x_\alpha^{\ell+1} \geq 0, \ldots, x_\alpha^n \geq 0$.

(*iii*) Les changements de cartes de l'atlas Φ sont des transformations affines locales de R^n dont la partie linéaire appartient à $GL(n, \mathsf{Z})$.

EXEMPLES: a) Toute variété ordinaire munie d'une structure affine entière est une V.A.E.B.C.

b) Tout polyèdre convexe de R^n à faces rationnelles est une V.A.E.B.C.

REMARQUES I.2: Soit W une V.A.E.B.C.

a) L'atlas Φ est adapté au bord: si y est un point du bord situé sur une face de dimension ℓ, les changements de cartes permis au voisinage de y sont les transformations affines entières de R^n qui laissent invariant le cône convexe défini par $x^{\ell+1} \geq 0, \ldots, x^n \geq 0$.

b) Même si W n'est pas une variété ordinaire, on peut définir de façon évidente sur W les structures différentielles usuelles telles que: formes différentielles, fibrés, etc .... En particulier, le fibré cotangent T^*W peut être défini localement comme le pull-back de $T^*\mathsf{R}^n$ par les cartes locales de l'atlas affine. Si $\mathcal{R}_o \longrightarrow T^*\mathsf{R}^n$ désigne le réseau trivial de R^n défini par les combinaisons entières des différentielles $dx^1, \ldots, dx^n$, par pull-back on obtient un réseau $\mathcal{R}_W \longrightarrow T^*W$ que l'on appellera réseau canonique de W.

Ces définitions étant posées, le contenu de cet article est le suivant:

Dans le paragraphe II, on montre que si $(M, \omega, \mathcal{F})$ est un S.H.C.I, l'espace des feuilles $W = M/\mathcal{F}$ est muni d'une structure naturelle de V.A.E.B.C, et on donne une interprétation géométrique du réseau canonique $\mathcal{R}_W$. Définissant la classe de Chern et la monodromie de $(M, \omega, \mathcal{F})$ on généralise les deux résultats de Duistermaat rappelés plus haut. Du même coup, on retrouve un résultat de T. Delzant [**4**] d'après lequel, pour une action hamiltonienne du tore $\mathbf{T}^n$ sur une $2n$-variété symplectique compacte, l'image du moment (qui est un polytope convexe d'après [**1**] [**11**]) suffit à déterminer la variété, à symplectomorphisme près. On donne, à titre d'exemple, une réalisation de la bande de Möbius comme espace des feuilles d'un S.H.C.I.

Les résultats de ce travail, obtenus en collaboration avec P. Molino, ont été annoncés dans une Note [**2**].

II. Théorème de classification et réalisation des S.H.C.I. Existence de C.A.A.S globales

Dans cette partie $(M, \omega, \mathcal{F})$ désigne un S.H.C.I. On note $W = M/\mathcal{F}$ l'espace des feuilles et $\pi : M \longrightarrow W$ la projection canonique.

D'après le théorème d'Eliasson [**9**], au voisinage de chaque feuille de $\mathcal{F}$, un système de C.A.A.S $(\theta, q, \varphi, \rho)$ existe, dans lequel le feuilletage $\mathcal{F}$ est défini par $dq = 0$ et $d(\frac{\rho^2}{2}) = 0$. On a le lemme suivant:

Lemme II.1. *W est une V.A.E.B.C.*

Preuve: On considère un recouvrement ouvert de M, $(U_\alpha)_{\alpha \in A}$, par des ouverts munis de C.A.A.S. Pour tout $\alpha \in A$, les coordonnées action dans $U_\alpha, (q^\alpha, \frac{(\rho^\alpha)^2}{2})$ définissent le feuilletage $\mathcal{F}$ en restriction à U_α. Ces coordonnées se projettent donc par π pour définir une carte locale de $W(\bar{U}_\alpha, \Phi_\alpha)$. Les changements de coordonnées action étant des transformations affines dont la partie linéaire est dans $GL(n, \mathbb{Z})$, l'atlas $\Phi = [(\bar{U}_\alpha; \Phi_\alpha)_{\alpha \in A}]$ vérifie alors les propriétés requises. □

On appellera fibration Lagrangienne singulière associée au S.H.C.I $(M, \omega, \mathcal{F})$ la projection $\pi : M \longrightarrow W$ et on notera $\mathcal{R}_W$ le réseau canonique de W défini dans le paragraphe I.

A. Interprétation géométrique du réseau canonique et éléments caractéristiques du S.H.C.I $(M, \omega, \mathcal{F})$

On observera d'abord, que $\mathcal{R}_W = \bigcup_{y \in W} \mathcal{R}_y$ où chaque $\mathcal{R}_y$ est un sous-groupe discret du groupe additif $T_y^* W$, et que pour toute section locale s_α

de T^*W au-dessus d'un ouvert $\bar{U}_\alpha$ de W, le champ de vecteurs hamiltonien $^{\#}\pi^* s_\alpha$ est tangent aux fibres de π au-dessus de $\bar{U}_\alpha$ et sa restriction à chaque fibre $\pi^{-1}(y)$ est complète et ne dépend que de la valeur de s_α en y. Ceci permet de définir une action fibrée de T^*W sur M de la manière suivante: pour tout $y \in W$, on définit une action ψ_y du groupe additif T_y^*W sur la fibre $\pi^{-1}(y)$ par:

$$(1) \qquad \psi_y(s_y, x) = F_1(s)(x)$$

pour tout $x \in \pi^{-1}(y)$ et tout $s_y \in T_y^*W$ où $F_t(s)$ est le flot du champ de vecteurs hamiltonien $^{\#}\pi^* s$ et s n'importe quelle section locale de T^*W au voisinage de y qui coïncide avec s_y en y.

Il est facile de voir que l'isotropie de ψ_y est la même le long de $\pi^{-1}(y)$. On notera I_y cette isotropie.

D'un autre côté l'action ψ_y se relève d'une manière naturelle, via des difféomorpohismes locaux, en une action de T_y^*W sur le fibré normal de $\pi^{-1}(y)$. La complète intégrabilité exprime exactement que les orbites de cette action sont des tores de dimension n. L'isotropie de cette action, dite isotropie transverse (cf. [**6**]) est un sous-groupe discret de T_y^*W contenu dans I_y. C'est $\mathcal{R}_y$.

Une conséquence de ceci est que l'action fibrée de T^*W sur M définie en (1) se factorise en une action fibrée $\tilde{\psi}$ du fibré en tores $\mathcal{P} = T^*W/_{\mathcal{R}_W}$. En faisant varier y en (1) et en passant au quotient, on obtient, pour toute section locale s_α de $\mathcal{P}$ au-dessus d'un ouvert $\bar{U}_\alpha$ de W, un difféomorphisme:

$$(2) \qquad \tilde{\psi}_{s_\alpha} : \pi^{-1}(\bar{U}_\alpha) \longrightarrow \pi^{-1}(\bar{U}_\alpha)$$

On a le lemme suivant:

LEMME II.2. *[**3**].* $\tilde{\psi}_{s_\alpha}^* \omega - \omega = \pi^* ds_\alpha$

PREUVE: voir [**3**].

On va définir maintenant, la classe de Chern du S.H.C.I $(M, \omega, \mathcal{F})$.

On remarque, d'abord, que T^*W est une variété à bords et coins symplectique pour la structure de Liouville et que $\mathcal{R}_W$ est une sous-variété à bords et coins Lagrangienne de T^*W. De ce fait $\mathcal{P}$ hérite d'une structure de variété à bords et coins symplectique.

Soit $\Phi = [(\bar{U}_\alpha, \Phi_\alpha)\alpha \in A]$ l'atlas affine défini dans le lemme II.1. Pour tout $\alpha \in A$, la section s_α de π au-dessus de $\bar{U}_\alpha$ définie par:

$$s_\alpha : \quad \bar{U}_\alpha \to \pi^{-1}(\bar{U}_\alpha)$$
$$\left(q^\alpha, \frac{(\rho^\alpha)^2}{2}\right) \mapsto \left(q^\alpha, 0, \frac{(\rho^\alpha)^2}{2}, 0\right)$$

est une section Lagrangienne. Pour tous $\alpha, \beta \in A$ tels que $\bar{U}_\alpha \cap \bar{U}_\beta \neq \emptyset$, il existe, en vertu de ce qui prècède, une section Lagrangienne unique $\mu_{\alpha\beta}$ de $\mathcal{P}$ au-dessus de $\bar{U}_\alpha \cap \bar{U}_\beta$ telle que:

$$s_\alpha = \tilde{\psi}_{\mu_{\alpha\beta}} o s_\beta$$

Les $(\mu_{\alpha\beta})$ définissent alors un 1-cocycle à valeurs dans les sections locales Lagrangiennes de $\mathcal{P}$ d'où une classe $[\mu]$ élément du $H^1(W, \Lambda(\mathcal{P}))$. La suite exacte courte:

$$0 \longrightarrow \mathcal{R}_W \longrightarrow \Lambda(T^*W) \longrightarrow \Lambda(\mathcal{P}) \longrightarrow 0$$

détermine un isomorphisme $\delta : H^1(W, \Lambda(\mathcal{P})) \simeq H^2(W, \mathcal{R}_W)$.

On appellera classe de Chern du S.H.C.I. $(M, \omega, \mathcal{F})$ la classe [**8**], [**3**].

$$\mathcal{V} = \delta[\mu] \in H^2(W, \mathcal{R}_W)$$

Remarquons [**3**], que l'on a un homomorphisme naturel

$$\hat{d} : H^2(W, \mathcal{R}_W) \longrightarrow H^3(W, \mathbb{R}) \tag{3}$$

et le fait que les sections $\mu_{\alpha\beta}$ de $\mathcal{P}$ introduites plus haut soient Lagrangiennes se traduit par la condition:

$$\hat{d}\mathcal{V} = 0$$

On définira suivant Duistermaat, la monodromie $\mathcal{M}$ de la fibration Lagrangienne singulière π, comme étant le groupe d'holonomie du $\mathbb{Z}^n$-revêtement $\mathcal{R}_W \longrightarrow W$.

On dira que $(W, \mathcal{M}, \mathcal{V})$ est le triple des éléments caractéristiques du S.H.C.I $(M, \omega, \mathcal{F})$.

B. Théorème de classification. Existence de variables action-angle avec singularités globales

THÉORÈME II.1. *Soit* $(W, \mathcal{M}, \mathcal{V})$ *un triple où* W *est une variété affine entière à bords et coins,* $\mathcal{M}$ *la monodromie de son réseau canonique* $\mathcal{R}_W$ *et* $\mathcal{V} \in H^2(W, \mathcal{R}_W)$ avec $\hat{d}\mathcal{V} = 0$. *Alors:*

(*i*) *Il existe un système hamiltonien complètement intégrable* $(M, \omega, \mathcal{F})$ *qui admet* $(W, \mathcal{M}, \mathcal{V})$ *comme triple d'éléments caractéristiques. On dira que* $(M, \omega, \mathcal{F})$ *est une réalisation de* $(W, \mathcal{M}, \mathcal{V})$.

(*ii*) *Si* $(M_i, \omega_i, \mathcal{F}_i)$ $i = 1, 2$ *sont deux réalisations de* $(W, \mathcal{M}, \mathcal{V})$, *il existe un difféomorphisme* $\psi : M_1 \longrightarrow M_2$ *tel que si* $\pi_i : M_i \longrightarrow W$ *sont les projections canoniques, on ait*

$$\pi_1 = \pi_2 o \psi \qquad et \qquad \psi^* \omega_2 - \omega_1 = \pi_1^* \sigma$$

où σ *est une 2-forme fermée de* W.

On observera que (ii) permet, comme dans [**3**], de classifier les réalisations de $(W, \mathcal{M}, \mathcal{V})$ par

$$H^2(W, \mathbf{R}) \Big/ \hat{d}H^1(W, \mathcal{R}_W)$$

où $\hat{d} : H^1(W, \mathcal{R}_W) \longrightarrow H^2(W, \mathbf{R})$ est défini comme l'homomorphisme (3).

PREUVE DU THÉORÈME II.1: : Soit $\left(\bar{U}_\alpha\right)_{\alpha \in A}$ un recouvrement ouvert de W par des cartes affines. Soient $(\mu_{\alpha\beta})\, \alpha, \beta \in A$ des sections locales de $\mathcal{P}$ associées à ce recouvrement, définies par la classe de Chern. On peut choisir ces sections lagrangiennes en vertu de la condition $\hat{d}\mathcal{V} = 0$.

(i) pour tout $\alpha \in A$, il existe une réalisation locale $(U_\alpha, \omega_\alpha)$ au-dessus de $\bar{U}_\alpha$ définie par le modèle local des C.A.A.S. Pour tous $\alpha, \beta \in A$ tels que $\bar{U}_\alpha \cap \bar{U}_\beta \neq \emptyset$, il existe un difféomorphisme

$$\tilde{\psi}_{\alpha\beta} : (U_\alpha \cap U_\beta, \omega_\alpha) \longrightarrow (U_\alpha \cap U_\beta, \omega_\beta)$$

défini comme (2). En vertu du lemme II.2 et du fait que la section $\mu_{\alpha\beta}$ est lagrangienne, on a $\tilde{\psi}^*_{\alpha\beta}\omega_\beta = \omega_\alpha$. Ceci permet d'avoir une réalisation globale en recollant par les $\left(\tilde{\psi}_{\alpha\beta}\right)_{\alpha,\beta \in A}$ les réalisations locales.

(ii) Soient $(M_i, \omega_i, \mathcal{F}_i)$ $i = 1, 2$ deux réalisations de $(W, \mathcal{M}, \mathcal{V})$ et $\pi_i : M_i \longrightarrow W$ les projections canoniques.

En identifiant les réalisations locales au-dessus de chaque $\bar{U}_\alpha$ et en recollant par les $(\mu_{\alpha\beta})$, on peut supposer $M_1 = M_2 = M$ et $\pi_1 = \pi_2 = \pi$.

Pour tout $\alpha \in A$, on considère deux sections s_α^1, s_α^2 au-dessus de U_α lagrangiennes respectivement pour ω_1 et ω_2. On définit alors sur $\bar{U}_\alpha$ la 2-forme:

$$\sigma_\alpha = s_\alpha^{1*}\omega_2 - s_\alpha^{2*}\omega_1$$

σ_α est une 2-forme fermée et on a

$$\pi^*\sigma_\alpha = \omega_2 - \omega_1$$

Pour tous $\alpha, \beta \in A$ tels que $\bar{U}_\alpha \cap \bar{U}_\beta \neq \emptyset$, il est facile de voir que σ_α et σ_β coïncident sur $\bar{U}_\alpha \cap \bar{U}_\beta$, ce qui premet de définir une 2-forme fermée σ sur W qui vérifie

$$\pi^*\sigma = \omega_2 - \omega_1.$$

Ce qui complète la preuve du théorème. □

REMARQUE II.1: 1. Dans le cas des S.H.C.I définis par une fibration lagrangienne compacte et connexe, on retrouve le résultat de Duistermaat [7].

2. Dans le cas des S.H.C.I définis par une action hamiltonienne du tore $\mathbb{T}^n$ sur une $2n$-variété symplectique (M, ω) compacte, W est le convexe image du moment $J(M)$, le réseau $\mathcal{R}_W$ est trivial et $\mathcal{V} = 0$ car W est contractile. Comme $H^2(W, \mathbb{R}) = 0$ la donnée de la V.A.E.B.C. $W = J(M)$ détermine la réalisation (M, ω, J) à symplectomorphisme près; c'est le théorème de T. Delzant [4].

De la même manière que dans Duistermaat [7], on a le théorème suivant:

THÉORÈME II.2. *Soient $(M, \omega, \mathcal{F})$ un système hamiltonien complètement intégrable et $(W, \mathcal{M}, \mathcal{V})$ le triple de ses éléments caractéristiques. La condition nécessaire et suffisante pour qu'il existe des coordonnées action-angle globales avec singularités adaptées à $(M, \omega, \mathcal{F})$ est que les hypothèses suivantes soient satisfaites:*

(i) $\mathcal{M}$ *trivial*
(ii) $\mathcal{V} = 0$
(iii) $[\omega] = 0$

Pour finir ce paragraphe, on va donner un exemple simple de réalisation de V.A.E.B.C. On considère la bande de Möbius W munie de sa structure de V.A.E.B.C. naturelle et on prend $\mathcal{V} = 0$.

On obtient une réalisation de $(W; \mathcal{R}_W, 0)$ de la manière suivante: Soit $\hat{W} = S^1 \times [0,1]$ le revêtement à deux feuillets de W. On a une réalisation naturelle $\left(\hat{M}, \hat{\omega}, \hat{\mathcal{F}}\right)$ de $\left(\hat{W}, \mathcal{R}_{\hat{W}}\right)$ par:

$$\tilde{M} = \mathsf{T}^2 \times S^2 = \left\{(\theta^1, \theta^2, x, y, z)\ (\theta^1 \in S^1, \theta^2 \in S^1, x^2 + y^2 + z^2 = 1)\right\}$$

$\tilde{\omega} = d\theta^1 \wedge d\theta 2 + \omega_o, \omega_o$ étant la forme volume de S^2 et $\mathcal{F}$ est défini par la fibration $\tilde{\pi} : \tilde{M} \longrightarrow \tilde{W}, \tilde{\pi}\left(\theta^1, \theta^2, x, y, z\right) = \left(\theta^2, z\right)$.

On considère maintenant, l'involution symplectique σ de $\tilde{M}$ définie par:

$$\sigma\left(\theta^1, \theta^2, x, y, z\right) = \left(\theta^1, \theta^2 + \pi, -x, y, -z\right)$$

et on pose $M = \tilde{M}/\sigma$ munie de la forme symplectrique ω et du feuilletage singulier $\mathcal{F}$ définis par les projections de $\tilde{\omega}$ et $\tilde{\mathcal{F}}$. $(M, \omega, \mathcal{F})$ est alors, une réalisation de $(W, \mathcal{R}_W, 0)$.

BIBLIOGRAPHIE

1. M. Atiyah, *Convexity and commuting hamiltonians*, Bull. Lond. Math. Soc. **14** (1982), 1–15.
2. M. Boucetta—P. Molino, *Géométrie globale des systèmes hamiltoniens complètement intégrables*, C.R. Ac. Sc. Paris **508** (1989), 421–424.
3. P. Dazord—T. Delzant, *Le problème général des variables action-angle*, Jour. of Diff. Geom. **26–2** (1987), 223–252.
4. T. Delzant, *Hamiltoniens periodiques et image convexe de l'application moment*, Bull. SMF **116** (1988).
5. T. Delzant. Communication privée (1989).
6. J.P. Dufour—P. Molino, *Compactification des actions de* $\mathbb{R}^n$ *et variables action-angle avec singularités*, Travaux du Sem. Sud-Rhod. I (1988), multigraphié, Lyon.
7. J.J. Duistermaat, *On global action-angle variables*, Comm. on pure and appl. Math. **33** (1980), 687–706.
8. J.J. Duistermaat—G.J. Heckmann, *On the variation in the cohomology of the symplectic form of the reduced phase space*, Invent. Math. **68** (1983), 259–268.
9. H. Eliasson, *Hamiltonian systems with Poisson-commuting integrals*, Thèse (1984), Stockholm.
10. T. Frankel, *Fixed points and torsion on Kähler manifolds*, Ann. of Math **70** (1959), 1–8.
11. V. Guillemin—S. Sternberg, *Convexity properties of the moment mapping, I*, Invent. Math. **67** (1982), 491–513.
12. D. Mac Duff, *The moment map for circle actions on symplectic Manifolds*, Preprint.
13. P. Stefan, *Accessibility and foliations with singularities*, Bull. AMS **80** (1974), 1142–1145.
14. H. Sussmann, *Orbits of families of vector fields and integrability of distributions*, Trans. AMS **180** (1973), 171–188.

M. Boucetta
URA CNRS 1407–GDR 144
Département de Mathématiques
Université de Montpellier II
Place E. Bataillon
34095 Montpellier Cedex 5
France

Sur Quelques Questions de Géométrie Symplectique

NGUIFFO B. BOYOM

Abstract. This paper summarizes a talk that I gave at the Mathematical Science Research Institute (Berkeley) in June 1989. I consider G-homogeneous symplectic manifolds (M, ω) where G is a solvable Lie group. When the symplectic action $G \times M \to M$ is "regular" and "closed" I sketch the proof of two main results:

(1) the manifold M has an affinely flat structure (M, D) which preserves a bilagrangian structure on (M, ω) and satisfies the condition that $D\omega = 0$;
(2) the symplectic manifold (M, ω) is a graded symplectic manifold.

1. INTRODUCTION

Il existe d'importantes questions de géométrie symplectique sans réponses globales. Je m'en vais citer quatre de ces questions. Etant donnée une variété symplectique (M, ω) de dimension $2m$

(i) la variété M possède-t-elle des feuilletages de dimension m qui sont lagrangiens pour la structure symplectique (M, ω)?
(ii) La variété M possède-t-elle une structure localement plate (M, D) relativement à la quelle la forme ω est parallèle?
(iii) Si on suppose que (M, ω) possède des feuilletages lagrangiens, alors (M, ω) possède-t-elle des feuilletages lagrangiens linéarisables?
(iv) La variété symplectique (M, ω) possède-t-elle une structure kählérienne (M, ω, J)?

Certaines de ces questions sont plus anciennes que d'autres. Le lecteur intéressé par les contextes où ces questions apparaissent pourra consulter les références suivantes.
Les feuilletages lagrangiens sont introduits et étudiés par A. Weinstein dans [**15**]; des variantes de la notion de feuilletages lagrangiens apparaissent dans la théorie de quantification géométrique, voir B. Kostant [**11**] et Sims-Woodhouse [**13**].
Le problème d'existence de structure localement plate adaptée à une structure symplectique est évoquée par J. Milnor dans [**10**]. Le problème de linéarisable de feuilletage lagrangien est lié au classique théorème de plongement lagrangien de A. Weinstein. W. Thurston a exhibé dans [**14**] une variété dont aucune structure symplectique ne possède de structure kählérienne; d'autres exemples de variétés symplectiques ne possédant pas de

structure kählérienne ont été construites récemment par L.A. Cordero, M. Fernandez et A. Gray [4], [5], [6], [7] ■ (1986) 375–380) ■

Dans ce travail on se restreint aux variétés symplectiques homogènes des groupes de Lie résolubles $(\frac{G}{H}, \omega)$ pour lesquels on obtient au prix d'hypothèses relativement bon marché des réponses assez complètes aux questions (i), (ii) et (iii).

2. Enoncé du théorème principal

Soit (M, ω) une variété symplectique possédant un groupe de Lie résoluble G de symplectomorphismes. On suppose dans toute la suite que G opère transitivement dans M et que les sous-groupes stabilisateurs G_x sont connexes. Lorsqu'on aura rappelé les définitions ad hoc on donnera une esquisse de démonstration du théorème principal suivant.

Théorème ([**12a**],[**12b**]). *Soient G un groupe de Lie résoluble et (M, ω) une variété symplectique G-homogène. On suppose que pour $x \in M$, le sous-groupe stabilisateur G_x est connexe. Si la loi d'opération symplectique $G \times M\ M$ est "régulière" et fermée, alors M possède une structure de variété localement plate (M, D) qui satisfait les conditions suivantes.*

(1) *ω est parallèle relativement à la connxion linéaire D, i.e. $D\omega : 0$.*
(2) *(M, ω) possède une structure bilagrangienne $(M, \omega, \mathcal{F}_1, \mathcal{F}_2)$ qui est préservée par D, i.e. $D\mathcal{F}_i \subset \mathcal{F}_i, i = 1, 2$.*
(3) *(M, ω) est graduée*

□

3. Notations, définitions et résultats préliminaires

3.1. Soit (M, ω) une variété symplectique de dimension $2m$. Soit F une sous-variété de dimension m de M, on note $i : F \hookrightarrow M$ le plongement inclusion. La sous-variété F est appelée sous-variété lagrangienne si $i^*\omega = 0$.

Soit $\mathcal{F}$ un feuilletage de dimension m dans M. On dit que $\mathcal{F}$ est un feuilletage lagrangien de (M, ω) lorsque les feuilles de $\mathcal{F}$ sont des sous-variétés lagrangiennes de M.

Exemple: Soit X une variété de dimension m; l'espace total du fibré cotangent T^*M muni de la 2-forme de Liouville $\omega_o = d\alpha$ possède un feuilletage lagrangien dont les feuilles sont les fibres de la fibration canonique $\pi : T^*X \mapsto X$.

Rappelons que la 1-forme de Liouville α est définie au moyen du diagramme commutatif

$$\begin{array}{ccc} TT^*X & \xrightarrow{d\pi} & T^*X \\ \downarrow{\scriptstyle \pi} & & \downarrow{\scriptstyle \pi} \\ T^*X & \xrightarrow{\pi} & X \end{array}$$

par la formule

(1) $$\alpha(\Lambda) = \langle \pi(\Lambda), d\pi(\Lambda) \rangle, \qquad \Lambda \in TT^*X$$

□

3.2. Structure localement plate canonique des feuilles d'un feuilletage lagrangien

Soit (M, ω) une variété symplectique; $\mathcal{X}(M)$ étant le $C^\infty(M, \mathbf{R})$-module des champs de vecteurs différentiables dans M, on définit l'application $\mathbf{R}$-bilinéaire D_o de $\mathcal{X}(M) \times \mathcal{X}(M)$ dans $\mathcal{X}(M)$ en posant pour X et Y dans $\mathcal{X}(M)$.

(2) $$i_{D_o(X,Y)}\omega = L_X i_Y \omega$$

où i_Y est le produit intérieur par Y et où L_X est la dérivation de Lie dans la direction X. L'application D_o n'est pas une connexion linéaire, cependant elle possède les deux propriétés remarquables suivantes: (a) elle préserve tout feuilletage lagrangien de (M, ω); (b) elle induit dans toute feuille d'un feuilletage lagrangien une connexion linéaire dont les tenseurs de courbure et de torsion sont identiquement nuls. □

Rappelons qu'une structure de variété localement plate est un couple (M, D) constitué d'une variété différentiable M est d'une connexion linéaire localement plate D définie dans M; une k-forme différentielle θ définie dans M est dite parallèle relativement à D lorsque la dérivée covariante $D\theta$ de θ est identiquement nulle.

Une structure symplectique est dit affine lorsqu'il existe dans M une structure de variété localement plate (M, D) telle que $D\omega = 0$. □

3.3. Problème de linéarisation de feuilletages lagrangiens

Soit F une sous-variété lagrangienne de la variété symplectique (M, ω); on équipe T^*F de la 2-forme de Liouville ω_o. Notons $i : F \hookrightarrow M$ le plongement inclusion, d'après A. Weinstein on a le résultat suivant.

THÉORÈME (A. WEINSTEIN). *Il existe un diffeomorphisme Φ d'un voisinage tubulaire U de F dans M sur un voisinage de la section nulle dans T^*F tel que $\Phi^*\omega_o = \omega$* □

Supposons que F soit une feuille d'un feuilletage lagrangien $\mathcal{F}$ de (M, ω), l'application $D_o : \mathcal{X}(M) \times \mathcal{X}(M) \mapsto \mathcal{X}(M)$ définie par le formule (1) induit dans F une structure de variété localement plate (F, D). Désignons par $\mathcal{A}(D)$ l'atlas affine associé à (F, D), [**10**]. L'appartenance d'une carte locale (U, φ) à l'atlas $\mathcal{A}(D)$ est équivalente aux conditions

$$Ddx_i = 0 \tag{3}$$

où $(x_1, \ldots, x_m)$ sont les coordonnées locales de la carte locale (U, φ). On équipe T^*F de l'atlas relevé $\mathcal{A}^*(D)$ qui définit naturellement dans T^*F une structure de variété localement plate. Si $\theta \in T^*F$, suivant les coordonnées locales (x_i, λ_i) associées à une carte de $\mathcal{A}^*(D)$ on a $\theta = \Sigma\lambda_i dx_i$ où $(x_1, \ldots, x_m)$ sont des coordonées affines de (F, D). Il existe dans T^*F un feuilletage lagrangien $\mathcal{F}^o$ dont les feuilles sont localement définies dans les coordonnées affines (x_i, λ_i) par les conditions $\lambda_i = c^{te}$, $i = 1, \ldots m$.
Le feuilletage $\mathcal{F}^o$ est transverse au feuilletage lagrangien de (T^*F, ω_o) dont les feuilles sont les fibres de la projection canonique π.

Le problème de linéarisation du feuilletage lagrangien $\mathcal{F}$ de (M, ω) consiste en la question de savoir si on peut choisir le difféomorphisme Φ du théorème de plongement de Weinstein tel que $\Phi(\mathcal{F}) = \mathcal{F}^o$. Lorsque ce choix est possible on dit que $\mathcal{F}$ est linéarisable. □

3.4. Structure bilagrangienne dans une variété symplectique

Une structure bilagrangienne dans une variété symplectique (M, ω) consiste en un quadruplet $(M, \omega, \mathcal{F}_1, \mathcal{F}_2)$ où $(\mathcal{F}_1, \mathcal{F}_2)$ est une paire de feuilletages lagrangiens de (M, ω) qui sont partout transverses. □

EXEMPLES: (a) on vient de voir au n° 3.3 que si (F, D) est une variété localement plate avec l'atlas affine $\mathcal{A}(D)$ alors $(T^*F, \omega_o = d\alpha)$ possède un feuilletage lagrangien $\mathcal{F}^o$ transverse aux fibres de la fibration canonique $\pi : T^*F \mapsto F$.

(b) Soit $f : \mathbb{R}^2 \mapsto \mathbb{R}$ une fonction différentiable sans zero. On équipe $\mathbb{R}^2$ de la forme symplectique

$$\omega(x, y) = f(x, y)dx \wedge dy, \qquad (x, y) \in \mathbb{R}^2.$$

Soit $\mathcal{F}_1$(resp. $\mathcal{F}_2$) le feuilletage lagrangien de $(\mathbf{R}^2, \omega)$ dont les feuilles sont les droites $x = c^{te}$(resp. $y = c^{te}$); $(\mathbf{R}^2, \omega, \mathcal{F}_1, \mathcal{F}_2)$ est une structure bilagrangienne de $(\mathbf{R}^2, \omega)$. □

3.5. Connexion linéaire canonique définie par une structure bilagrangienne

Etant donnée une structure bilagrangienne $(M, \omega, \mathcal{F}_1, \mathcal{F}_2)$ il existe dans M une unique connexion linéaire sans torsion D qui jouit de deux propriétés suivantes.

$$(a) \qquad D\omega = 0$$
$$(b) \qquad D\mathcal{F}_i \subset \mathcal{F}_i, \qquad i = 1, 2$$

□

Soit $\mathcal{D}_i$ la distribution qui définit le feuilletage $\mathcal{F}_i$, $\quad i = 1, 2$.
En identifiant TM avec $\mathcal{D}_1 \underset{M}{\times} \mathcal{D}_2$ on pose pour $X \in TM$

$$X = (X_1, X_2) \in \mathcal{D}_1 \underset{M}{\times} \mathcal{D}_2$$

L'unique connexion sans torsion D qui vérifie les conditions (a) et (b) cidessus est définie par la formule suivante

$$(4) \quad D_{(X_1,X_2)}(Y_1, Y_2) = (D_o(X_1, Y_1) + [X_2, Y_1]_1, D_o(X_2, Y_2) + [X_1, Y_2]_2).$$

où $[X_2, Y_1]_1$(resp. $[X_1, Y_2]_2$) est la $\mathcal{D}_1$-composante de $[X_2, Y_1]$ (resp. la $\mathcal{D}_2$-composante de $[X_1, Y_2]$), D_o étant l'application $\mathbf{R}$-bilinéaire définie par la formule (2).
Lorsque la connexion linéaire D de la formule (4) est sans courbure on dit que la <u>structure bilagrangienne</u> $(M, \omega, \mathcal{F}_1, \mathcal{F}_2)$ <u>est affine</u>. La démonstration du théorème principal utilise le théorème suivant dû à H. Hess.

THÉORÈME (HESS). *Etant donnée une structure bilagrangienne* $(M, \omega, \mathcal{F}_1, \mathcal{F}_2)$ *les assertions suivantes sont équivalentes:*

1°) $(M, \omega, \mathcal{F}_1, \mathcal{F}_2)$ *est affine.*
2°) *Tout point de* M *possède un voisinage* U *muni des coordonnées locales* $(q, p) = (q_1, \ldots, q_m, p_1, \ldots, p_m)$ *qui satisfont les conditions suivantes*

(a) *la distribution $\mathcal{D}_1$(resp. $\mathcal{D}_2$) est localement engendrée par les champs de vecteurs hamiltoniens $X_{q_1}, \ldots, X_{q_m}$(resp. $X_{p_1}, \ldots, X_{p_m}$).*

(b) $\omega = \sum_{i=1}^{m} dq_i \wedge dp_i$ □

L'existence de structure bilagrangienne conduit dans certains cas à des propriétés topologiques et géométriques fines des variétés symplectique ([**11**], [**12**]). Les structures bilagrangiennes lorsqu'elles existent jouent un rôle important dans la théorie de quantification géométrique, [**13**]. □

3.6. Graduation symplectique

Une sous-variété symplectique de (M, ω) est une sous-variété $N \overset{i}{\hookrightarrow} M$ de M telle que $(N, i^*\omega)$ soit une variété symplectique. Un feuilletage $\mathcal{F}$ dont chaque feuille est une sous-variété symplectique de (M, ω) est appelé feuilletage symplectique de (M, ω).

DÉFINITION: Une variété symplectique de dimension $2m$ (M, ω) est dite graduée si M possède m distributions symplectiques $\mathcal{D}_i \subset TM$, $1 \leq i \leq m$ avec $\mathcal{D}_i \subset \mathcal{D}_{i+1}$ et $\mathcal{D}_i = 2i$. □

OBSERVATION: On entend par distribution tout système différentiel régulier complètement intégrable. □

Soit $(M, \omega, \mathcal{F}_1, \mathcal{F}_2)$ une structure bilagrangienne. On suppose en outre que (M, ω) est graduée par les distributions $\mathcal{D}_i$, $i = 1, \ldots, m$. □

Lorsque pour tout $i = 1, \ldots, m$ $(M, \omega, \mathcal{F}_1, \mathcal{F}_2)$ induit dans chaque feuille de $\mathcal{D}_i$ une structure bilagrangienne, on dit que $(M, \omega, \mathcal{F}_1, \mathcal{F}_2)$ est une structure bilagrangienne graduée. □

4. ACTIONS SYMPLECTIQUES RÉGULIÈRES ET FERMÉES DES GROUPES DE LIE RÉSOLUBLES

Dorénavant on fixe un groupe de Lie résoluble connexe G et une variété symplectique G-homogène (M, ω). On suppose que pour $x \in M$ le sous-groupe stabilisateur de x est connexe.

Un des outils utilisés pour la démonstration du théorème principal résulte du lemme suivant.

4.1. LEMME [**12a**]. *Soit G un groupe de Lie résoluble. Si M est un G-espace homogène, alors G contient un sous-groupe de Lie normal connexe G_o qui jouit des propriétés suivantes.*

(i) *G_o opère transitivement dans la variété M.*

(ii) *G_o possède un sous-groupe normal de codimension 1 qui contient les composantes neutres des sous-groupes stabilisateurs $G_o x, x \in M$*

□

Le lecteur intéressé par la démonstration de ce Lemme consultera [**12a**]. Grâce au Lemme ci-dessus on peut associer à l'action symplectique $G \times M \mapsto M$ une suite des triplets $(G_k, H_k, \tilde{\omega}_k)$ qui vérifient les conditions suivantes.

1°) $(G_k)_k$ est une suivante décroissante de sous-groupes de Lie de G.

2°) $\tilde{\omega}_k$ est une 2-forme fermée invariante à gauche dans G_k. Soient J_k l'algèbre de Lie de G_k et $H_k\{X \in {}_k | i_X\omega_k = 0.\}$; soient X et Y des éléments de H_k, on a $i_{[X,Y]}\omega_k = L_X L_Y \omega_k - i_Y L_X \omega_k = -i_Y i_X d\omega_K = 0$, cela assure que H_k est une sous-algèbre de Lie de J_k.

3°) H_k est le sous-groupe de Lie connexe de G_k dont l'algèbre de Lie est le noyau $_k$ de $\tilde{\omega}_k(e)$, e étant l'élément neutre de G_k.

4°) Soit i_{k+1} l'homomorphisme inclusion de G_{k+1} dans G_k, on a

$$\tilde{\omega}_{k+1} = i^*_{k+1}\tilde{\omega}_k \quad \text{et rang} \quad \tilde{\omega}_{k+1} = \text{rang}\, \tilde{\omega}_k - 2$$

5°) Pour chaque k il existe dans G_k un sous-groupe de Lie normal de codimension 1, $\mathcal{G}_{k+1}$, qui contient H_k et G_{k+1}. □

Les sous-groupes de Lie en jeu dans les conditions 1°) à 5°) sont connexes. En travaillant au niveau des algèbres de Lie voici une façon de construire les triplets $(G_k, H_k, \tilde{\omega}_k)$:
On commence par fixer un point de base $x_o \in M$. Au moyen de l'application orbitale π on identifie M avec l'espace homogène G/Gx_o où G_{x_o} est le sous-groupe stabilisateur de x_o.
On pose $H_o = G_{x_o}$ et $\tilde{\omega}_o = \pi^*\omega$; d'où le triple $(G_o, H_o, \tilde{\omega}_o)$.
Le lemme énoncé ci-dessus assure que quitte à remplacer G par un sous-groupe de Lie normal, on peut supposer l'existence dans G d'un sous-groupe normal de codimension 1, soit G_1, qui contient H_o. Soient J_1 et $h_o \subset J_1$ les algèbres de Lie des groupes de Lie G_1 et H_o respectivement. Posons $\tilde{\omega}_1 = \tilde{\omega}_{o|_1}$. On a visiblement

$$\text{rang}\, \tilde{\omega}_1 = \text{rang}\, \tilde{\omega}_o - 2$$

Soit h_1 le noyau de la 2-forme $\tilde{\omega}_1$ et soit H_1 le sous-groupe de Lie connexe de G_1 correspondant à h_1. On obtient ainsi le deuxième triplet $(G_1, H_1, \tilde{\omega}_1)$.

Comme le lemme énoncé ci-dessus vaut infinitésimalement (i.e. au niveau des algèbres de Lie) pour $(G_1, H_1, \tilde{\omega}_1)$, si on fait jouer à $(G_1, \tilde{\omega}_1)$ le rôle joué par $(G, \tilde{\omega})$ dans la construction précédente on obtient un nouveau triplet $(G_2, H_2, \tilde{\omega}_2)$.
Il suffit d'itérer le processus pour obtenir une suite finie de triplets $(G_k, H_k, \tilde{\omega}_k)$ qui vérifie les conditions 1°) à 5°). □

DÉFINITION: On dit que l'action symplectique de G dans (M, ω) est fermé (resp. régulière) si on peut choisir la suite $(G_k, H_k, \tilde{\omega}_k)$ de sorte que les sous-groupes G_k soient fermés dans G (resp. de sorte que pour chaque k H_k soit fermé dans G_k). □

EXEMPLE: Lorsque M est simplement connexe, $G \times M \mapsto M$ est régulière [**3**] et fermée.
La suite des triplets $(G_k, H_k, \tilde{\omega}_k)$ est un outil efficace pour l'étude des actions symplectiques régulières et fermées des groupes de Lie résolubles (voir [**12**]); nous allons esquisser la description de l'architecture du programme qui améliore la compréhension de certaines propriétés de ce type des lois d'opérations.

4.2. Méthode de réduction des actions symplectiques régulières et fermées

Le but de ce numéro est de décrire un cadre dans lequel modulo des théorèmes appelés "théorèmes de relèvement" les questions (i), (ii), (iii) et (iv) énoncés dans l'introduction se ramènent à des questions analogues dans les surfaces symplectiques.
Nous supposons dorénavant que le groupe de Lie résoluble G opère transitivement et symplectiquement dans (M, ω). Si la loi d'opération $G \times M \mapsto M$ est régulière (resp. fermé) alors on fixera une suite $(G_k, H_k, \tilde{\omega}_k)_k$ telle que H_k soit un sous-groupe topologique de G_k (resp. telle que $(G_k)_k$ soit une suite de sous-groupes topologiques de G).

Dans la situation d'action régulière chaque triplet $(G_k, H_k, \tilde{\omega}_k)$ donne lieu à la variété symplectique G_k-homogène (M_k, ω_k) avec $M_k = G_k/H_k$; il est clair que la régularité de la loi d'opération de G dans M entraîne la régularité de la loi d'opération de G_k dans M_k.
Soit $(\mathcal{G}_{k+1})_k$ une famille des sous-groupes de Lie qui satisfont les deux relations d'inclusion du 5°), i.e. $H_k \subset \mathcal{G}_{k+1}$ et $G_{k+1} \subseteq \mathcal{G}_{k+1}$. Le feuilletage de G_k par les classes à gauche $\mathcal{G}_{k+1}.\gamma$, $\gamma \in G_k$ se projette dans M_k en un

feuilletage de codimension 1 dont la feuille $\mathcal{M}_{k+1} = \mathcal{G}_{k+1}/H_k$ est l'espace total d'un fibré principal de base $M_{k+1} = G_{k+1}/H_{k+1}$, [**12a**], [**12b**]. On obtient ainsi le diagramme suivant

$$\begin{array}{ccc} \mathcal{M}_{k+1} & \overset{i}{\hookrightarrow} & M_k \\ {\scriptstyle\pi}\downarrow & & \\ M_{k+1} & & \end{array} \tag{5}$$

Il résulte des conditions satisfaites par la suite $(G_k, H_k, \tilde{\omega}_k)$ que les formes symplectiques ω_{k+1} et ω_k sont liées par l'égalité suivante

$$\pi^*\omega_{k+1} - i^*\omega_k = 0. \tag{6}$$

Désignons par $h_{k+1}, \mathcal{A}_{k+1}$ et J_k les algèbres de Lie de $H_{k+1}, \mathcal{G}_{k+1}$ et G_k respectivement. Soient $\xi \in J_k$ et $\zeta \in \mathcal{A}_{k+1}$ tels que l'on ait

$$J_k = \mathcal{A}_{k+1} \oplus \mathbf{R}\xi \text{ et } \mathcal{A}_{k+1} = h_{k+1} \oplus \mathbf{R}\zeta \tag{7}$$

Si on suppose que la loi d'opération de G dans M est régulière et fermée alors on peut supposer que pour chaque k $\mathcal{G}_{k+1}$ est facteur semi-direct dans G_k; plus précisément on peut choisir $\xi \in J_k$ de telle sorte que G_k soit identifié au produit semi-direct

$$G_{k+1} \times \Gamma \tag{8}$$

où Γ est le sous-groupe à un paramètre $\{\text{expt } \xi, t \in \mathbf{R}\}$; on désigne par $\tilde{\xi} \in \mathcal{X}(M_k)$ et $\tilde{\zeta} \in \mathcal{X}(M_k)$ les champs de vecteurs localement hamiltoniens déduits de ξ et de ζ respectivement. Considérons dans M_k le point de base $x_o = \pi(H_k)$, on a évidemment $\tilde{\zeta}(x_o) \neq 0$. On associe à $\tilde{\zeta}$ le nouveau champ de vecteurs $\hat{\zeta}$ défini par $\hat{\zeta}(\gamma x_o) = d\gamma_{x_o}(\tilde{\zeta}(x_o))$. Les champs de vecteurs $\tilde{\xi}$ et $\hat{\zeta}$ ainsi que la fonction $\omega_k(\tilde{\xi}, \hat{\zeta})$ sont sans zéro dans M_k [**12b**].

4.3. LEMME [**12b**]. *Le champ de vecteurs* $\frac{1}{\omega_k(\tilde{\xi},\hat{\zeta})} \cdot \hat{\zeta}$ *est localement hamiltonien.* □

Ce lemme joue un rôle capital dans la démonstration du théorème principal.

4.4. LEMME DE RÉDUCTION. *Il existe dans* $\mathcal{M}_{k+1}$ *un feuilletage dont les feuilles sont des revêtement symplectiques de* (M_{k+1}, ω_{k+1}). □

PREUVE: Soit θ la 1-forme fermée définie par $\theta = i_{\tilde{\xi}}\omega_k$; la forme θ définit dans M_k un feuilletage de codimension 1 dont la feuille passant par $x \in$

M_k est désignée par S_x. D'un autre côté M_k est feuilleté par les $\mathcal{M}_\gamma = \gamma\mathcal{M}_{k+1}, \quad \gamma \in \Gamma$. Les composantes connexes des $S_x \cap \mathcal{M}_\gamma, \quad (x,\gamma) \in M_k \times \Gamma$ sont des sous-variétés symplectiques de (M_k, ω_k). Il résulte de l'égalité (6) que pour $x \in \mathcal{M}_{k+1}$, les composantes connexes de $\mathcal{M}_{k+1} \cap S_x$ sont des revêtements symplectiques de (M_{k+1}, ω_{k+1}). □

Nous allons énoncer les théorèmes de relèvement annoncés au numéro 4.2.

4.5. Théorème de relèvement ([**12b**]). *Considérons les variétés symplectiques (M_k, ω_k) et (M_{k+1}, ω_{k+1}) reliées par le diagramme (5) et l'égalité (6); on a les résultats qui suivent.*

(*a*) *A toute structure bilagrangienne $(M_{k+1}, \omega_{k+1}, \mathcal{F}_1, \mathcal{F}_2)$ on peut associer une autre structure bilagrangienne $(M_k, \omega_k, \tilde{\mathcal{F}}_1, \tilde{\mathcal{F}}_2)$ qui vérifie les conditions $\pi(\tilde{\mathcal{F}}_i \cap \mathcal{M}_{k+1}) = \mathcal{F}_i, \quad i = 1, 2$.*

(*b*) *Si $(M_{k+1}, \omega_{k+1}, \mathcal{F}_1, \mathcal{F}_2)$ est affine alors $(M_k, \omega_k, \tilde{\mathcal{F}}_1, \tilde{\mathcal{F}}_2)$ est affine.*

(*c*) *Si $(M_{k+1}, \omega_{k+1}, \mathcal{F}_1, \mathcal{F}_2)$ est graduée alors $(M_k, \omega_k, \tilde{\mathcal{F}}_1, \tilde{\mathcal{F}}_2)$ est aussi graduée.* □

Esquisse de démonstration du théorème de relèvement. On procède en deux étapes.

1ère étape: Compte tenu du diagramme (5) on commence par munir $\mathcal{M}_{k+1}$ du feuilletage $\mathcal{F}_1^o = \pi^{-1}(\mathcal{F}_1)$. En vertu de l'égalité (6) les feuilles de $\mathcal{F}_1^o$ sont des sous-variétés lagrangiennes de M_k.

Du fait que M_k est réunion disjointe des sous-variétés $\mathcal{M}_\gamma, \quad \gamma \in \Gamma$, et que l'action de Γ dans M_k est symplectique, chaque γ transforme les feuilles de $\mathcal{F}_1^o$ en des sous-variétés lagrangiennes de M_k incluses dans $\mathcal{M}_\gamma$. On obtient ainsi un feuilletage lagrangien $\tilde{\mathcal{F}}_1$ dans M_k.

2ème étape: Soit $\mathcal{D}$ la distribution tangente aux feuilles du feuilletage de $\mathcal{M}_{k+1}$ décrit dans le lemme 4.4. Désignons par $\mathcal{D}_2$ la distribution tangente aux feuilles du feuilletage $\mathcal{F}_2$ alors il existe dans $\mathcal{M}_{k+1}$ une unique distribution $\tilde{\mathcal{D}}_2 \subset T\mathcal{M}_{k+1}$ telle que $\tilde{\mathcal{D}}_2 \subset \mathcal{D}$ et $\pi_*\tilde{\mathcal{D}}_2 = \mathcal{D}_2$. Soit F la feuille de $\tilde{\mathcal{D}}_2$ passant par $x \in \mathcal{M}_{k+1}$, l'image de $\Gamma \times F_2$ par le plongement $(\gamma, y) \mapsto \gamma.y$ est une sous-variété lagrangienne de M_k qui est transverse aux feuilles du feuilletage $\tilde{\mathcal{F}}_1$. L'ensemble $\tilde{\mathcal{F}}_2$ des sous-variétés images des $\Gamma \times F_2$ où F_2 est une feuille quelconque de $\tilde{\mathcal{D}}_2$ est un feuilletage lagrangien de M_k; $\tilde{\mathcal{F}}_2$ est transverse à $\tilde{\mathcal{F}}_1$ par construction.

La paire $(\tilde{\mathcal{F}}_1, \tilde{\mathcal{F}}_2)$ vérifie les conditions (a), (b) et (c) du théorème de relèvement. En effet, que $(\tilde{\mathcal{F}}_1, \tilde{\mathcal{F}}_2)$ vérifie la condition (a) résulte directement de la construction. Les conditions (b) et (c) résultent de quelques astuces techniques et du théorème de Hess énoncé au $n°3.5$. Les détails de ces assertions se trouvent dans [**12a**]. □

OBSERVATION: Il existe une variante du théorème de Hess qui permet des "relèvements" dans (M_k, ω_k) certaines structures kählériennes $(M_{k+1}, \omega_{k+1}, J)$, [**12c**]. Cette dernière notation signifie que J est le tenseur d'une structure complexe dans M_{k+1} et que pour X et Y dans $T_x M_{k+1}$ le couple (ω, J) vérifie les conditions

$$\omega(JX, JY) = \omega(X, Y)$$
$$X \neq 0 \Longrightarrow \omega(X, JX) > 0.$$

Le théorème de relèvement montre que si une variété symplecctique (M, ω) possède un groupe de Lie résoluble G comme groupe de symétrique ([**13**]) et si la loi d'opération de G dans M est régulière et fermée alors les questions (i), (ii), (iii) et (iv) posées dans l'introduction se ramènent à des questions analogues dans des surfaces symplectiques. □

5. Esquisse de démonstration du théorème principal

Une stratégie de démonstration est toute indiquée par le théorème de relèvement. On adopte par conséquent de procéder par récurrence sur la dimension de (M, ω).

1ÈRE ÉTAPE: On suppose que (M, ω) est une surface symplectique avec un groupe de symétrie G qui est résoluble et dont l'action symplectique $G \times M \mapsto M$ est régulière et fermée. On suppose bien entendu que $M \simeq G/H, H$ connexe. Le lemme 4.1 assure que nous pouvons supposer qu'il existe dans G un sous-groupe normal fermé de codimension 1, soit G_1, avec $H \subset G_1$.

On choisit $\tilde{\xi}$ et $\hat{\zeta}$ dans $\mathcal{X}(M)$ comme précédemment (voir [**7**], [**8**]). En vertu du lemme 4.3, les deux champs de vecteurs localement hamiltoniens $\tilde{\xi}$ et $\frac{1}{\omega(\tilde{\xi},\hat{\zeta})} \cdot \hat{\zeta}$ commutent. Ces champs qui sont sans zero engendrent deux feuilletages lagrangiens transverses $\mathcal{F}(\tilde{\xi})$ et $\mathcal{F}(\hat{\zeta})$. En vertu du théorème de Hess la structure bilagrangienne $(M, \omega, \mathcal{F}(\tilde{\xi}), \mathcal{F}(\hat{\zeta}))$ est affine. La connexion linéaire D associée à la paire $(\mathcal{F}(\tilde{\xi}), \mathcal{F}(\hat{\zeta}))$ suivant la formule (4) satisfait les conclusions du théorème principal. □

2ÈME ÉTAPE: On suppose que le théorème principal vaut en dimensions $\leq 2m$. Soit (M, ω) une variété symplectique de dimension $2m + 2$ et soit

G un groupe de Lie résoluble de symétrie de (M,ω). On suppose que l'action symplectique de G dans (M,ω) est régulière et fermée. On fixe une suite $(G_k, H_k, \tilde{\omega}_k)$ ayant les propriétés requises. On a en particulier un diagramme analogue au diagramme (5).

$$\begin{array}{ccc} \mathcal{M}_1 & \overset{i}{\hookrightarrow} & M \\ {\scriptstyle\pi}\big\downarrow & & \\ M_1 & & \end{array}$$

Les formes symplectiques des variétés symplectiques (M_1,ω_1) et (M,ω) sont reliées par la formule (6)

$$\pi^*\omega_1 - i^*\omega = 0.$$

D'après le choix des $(G_k, H_k, \tilde{\omega}_k)$ l'action de G_1 dans (M_1,ω_1) est régulière et fermée et $\dim M_1 = 2m$. Le théorème principal vaut donc pour (M_1,ω_1). Le théorème de relèvement assure que le théorème principal vaut aussi pour (M,ω). □

6. Cas des variétés symplectiques homogènes générales

Soient G un groupe de Lie résoluble et (M,ω) une variété symplectique G-homogène. Examinons ce qui arrive lorsqu'on abandonne l'hypothèse de fermeture de l'action de G dans M. On continue donc de supposer que les sous-groupes stabilisateurs sont connexes et que l'action est régulière. On a alors le résultat générique suivant.

6.1. Théorème. ([**12a**],[**12b**]). *M contient une sous-variété ouverte connexe dense X telle que les conclusions du théorème principal valent pour (X,ω).* □

Esquisse de démonstration:
On fixe une suite $(G_k, H_k, \tilde{\omega}_k)$ telle que H_k soit fermé dans G_k, $k = 0, 1, \ldots$. Il continue d'exister dans G_k un sous-groupe de Lie normal de codimension 1, $\mathcal{G}_{k+1}$ tel que $H_k \subset \mathcal{G}_{k+1}$ et $G_{k+1} \subset \mathcal{G}_{k+1}$, mais rien n'assure que $\mathcal{G}_{k+1}$ est fermé dans G_k. On considère le diagramme (4) et la formule (5) au niveau k, c'est-à-dire

$$\begin{array}{ccc} \mathcal{M}_{k+1} & \overset{i}{\hookrightarrow} & M_k \\ \big\downarrow{\scriptstyle\pi} & & \\ M_{k+1} & & \end{array}$$

et $\pi^*\omega_{k+1} - i^*\omega_k = 0$.
Soit $X_{k+1} \subset M_{k+1}$ un ouvert connexe partout dense tel que le théorème principal vaut dans $(X_{k+1}, \omega_{k+1}); Y_k = \pi^{-1}(X_{k+1})$ est un ouvert connexe dense dans $\mathcal{M}_{k+1}$. Soit ξ un élément dans l'algèbre de Lie J_k de G_k tel que

$$J_k = \mathcal{A}_{k+1} \oplus \mathbf{R}\xi.$$

Le sous-groupe $\{\text{expt } \xi | t \in \mathbf{R}|\} \cap \mathcal{G}_{k+1}$ est discret. Il existe un nombre réel $\epsilon > 0$ qui a les propriétés suivantes:

(*a*) Soient t et t' dans $\mathbf{R}$ tels $|t| < \epsilon$ et $|t'| < \epsilon$ alors

$$t \neq t' \Longrightarrow \text{expt } \xi.\mathcal{M}_{k+1} \cap \text{expt}'\xi.\mathcal{M}_{k+1} = \emptyset$$

(*b*) $X_k = \bigcup_{|t|<\epsilon} \text{expt } \xi.(Y_k)$ est un ouvert connexe dense dans M_k. En calquant la démonstration du théorème de relèvement on montre que si le théorème principal est valable dans (X_{k+1}, ω_{K+1}) il est aussi valable dans (X_k, ω_k). □

On termine par un bref examen du problème de linéarisation de feuilletages lagrangiens.

6.2. THÉORÈME. *Soient G un groupe de Lie résoluble et (M, ω) une variété symplectique G-homogène. Si l'action de G dans M est régulière et fermée, alors (a) M possède des feuilletages lagrangiens linéarisables; (b) si l'action est seulement régulière, la sous-variété symplectique (X, ω) du théorème 6.1 possède des feuilletages lagrangiens linéarisables.* □

DÉMONSTRATION: Lorsqu'une structure bilagrangienne $(M, \omega, \mathcal{F}_1, \mathcal{F}_2)$ est affine, les feuilletages $\mathcal{F}_1$ et $\mathcal{F}_2$ sont linéarisables (cela résulte du théorème de Hess). □

COMMENTAIRE FINAL: A part la forme symplectique de (M, ω) les objets géométriques dont il est question dans le théorème principal ne sont pas en général invariants par l'action symplectique du groupe de symétrie utilisé. □

Bibliographie

1. R. Abraham and J.E. Marsden, "Foundation of Mechanics," The Benjamin Cummings Publishing Company, London.
2. C. Benson and C.S. Gordon, Topology **27** (1988), 51>3–518.
3. Bon Yao Chu, *Homogeneous symplectic manifolds*, Trans. Amer. Math. Soc. **197** (1974).
4. L.A. Cordero, M. Fernandez and A. Gray, *Symplectic manifolds without Kähler structure*, Topology **25** (1986), 375–380.
5. L.A. Cordero, M. Fernandez and M. de Leon, *Examples of compact non-Kähler almost Kähler manifolds*, Proc. Amer. Math. Soc. **95** (1985), 280–286.
6. M. Fernandez and A. Gray, *The Iwasawa manifold*, Differential Geometry, Peñiscola, 1985, Lecture Notes in Mathematics **1209** (1986), 157–159, Springer-Verlag.
7. M. Fernandez, M. Gotay and A. Gray, *Four-dimensional parallelizable symplectic and complex manifolds*, Proc. Amer. Math. Soc. **103** (1988), 1209–1212.
8. V. Guillemin and S. Sternberg, "Symplectic techniques in Physics," Cambridge University Press, 1984.
9. H. Hess, *Connection on symplectic manifolds and geometric quantization*, Lecture notes in Math. **836** (1977), 153–166.
10. J.W. Milnor, *Fundamental groups of complete affinely flat manifolds*, Advances in Math. **25** (1977), 178–187.
11. B. Kostant, *Quantization and unitary représentation part I prequantization*, Springer Lecture Notes **170** (1970), 87–2O8.

12a. Nguiffo B. Boyom, *Variétés symplectiques affines*, Manuscripta in Math. **64** (1989), 1–33.

12b. ________, *Structures bilagrangiennes affines dans certaines variétés symplectiques*, Advances in Math. (à paraître).

12c. ________, *Métriques kählériennes affinement plates de certaines varités symplectiques*, (preprint).

13. D. Sims and Woodhouse, *Geometric quantization*, Lecture Notes in Physics **53** (1976), Springer Verlag.
14. W.P. Thurston, *Some simple examples of symplectic manifolds*, Proc. Amer. Math. Soc. **55** (1976), 467–468.
15. A. Weinstein, *Symplectic manifolds and their lagrangian submanifolds*, Advances in Math. **6** (1971), 329–346.

M. Nguiffo Boyom
URA CNRS 1407–GDR 144
Département de Mathématiques
Université de Montpellier II
Place E. Bataillon
34095 Montpellier Cedex 5
France

Intégration Symplectique des Variétés de Poisson Totalement Asphériques

P. DAZORD ET G. HECTOR

Abstract. Poisson structures are contravariant structures. Nevertheless there is a good description of regular Poisson manifolds by means of *foliated* symplectic forms. This point of view makes it easy to lift these structures to the holonomy or homotopy groupoïd of their symplectic (regular) foliation; defining the *Poisson realization* of the Poisson structure.

The second aim of the paper is to construct the *universal symplectic integration* of totally aspherical Poisson structures that is regular Poisson structures such that:

i) the second homotopy group of any symplectic leaf is trivial;
ii) any vanishing cycle is trivial.

The universal symplectic integration is a symplectic groupoïd with connected and simply connected fibres which *realizes* the given Poisson structures.

This construction generalizes the construction of the simply connected Lie group of a given finite-dimensional Lie algebra.

I. INTRODUCTION - RESUME DES RESULTATS

Le problème de *l'intégration symplectique* d'une variété de Poisson a été posé dans [**W2**]. Etant donnée une variété de Poisson (P, Λ), on cherche à construire un groupoïde de Lie symplectique $\Gamma \underset{\beta}{\overset{\alpha}{\rightrightarrows}} \Gamma_0$ dont l'espace des unités est $\Gamma_0 = P$ et pour lequel α est un morphisme et β un anti-morphisme de Poisson.

Dans le cas où P est le dual $\mathfrak{G}^*$ d'une algèbre de Lie $\mathfrak{G}$, muni de sa structure de Poisson linéaire canonique Λ, le problème est résolu par le troisième théorème de Lie. En effet si G est un groupe de Lie connexe et simplement connexe d'algèbre de Lie $\mathfrak{G}$, alors l'action coadjointe de G sur $\mathfrak{G}^*$ définit une structure de groupoïde de Lie:

$$G \times \mathfrak{G}^* \underset{\beta}{\overset{\alpha}{\rightrightarrows}} \mathfrak{G}^* \text{ avec } \alpha(g, \xi) = \xi \text{ et } \beta(g, \xi) = \mathrm{ad}_g^* \xi$$

la composition et l'inversion étant définis par:

$$(g_2, \xi_2) \cdot (g_1, \xi_1) = (g_2 g_1, \xi_1) \text{ si } \xi_2 = \mathrm{ad}_{g_1}^* \xi_1;$$
$$(g, \xi)^{-1} = (g^{-1}, \mathrm{ad}_g^* \xi).$$

La différentielle $d\lambda$ de la forme de Liouville fait de $G \times \mathfrak{G}^* = T^*G$ un groupoïde symplectique qui intègre (M, Λ).

L'intégration d'une variété de Poisson (P, Λ) par un groupoïde symplectique local a été annoncée dans [**W2**] et démontrée dans [**CDW**] (voir aussi [**Ka**]). Par contre il existe des obstructions à l'intégration par un groupoïde global même dans le cas régulier (voir [**D3**] et [**HV**]). Le but du présent travail est alors d'exhiber une large classe de variétés de Poisson régulières qui admettent une intégration symplectique globale.

De façon précise on prouve le

THÉORÈME. *Si (P, Λ) est une variété de Poisson régulière totalement asphérique (i.e. toutes les feuilles ont un π_2 nul et il n'existe pas de cycle évanouissant non trivial) alors (P, Λ) est intégrable.*

On notera que la nullité du π_2 implique la nullité de l'obstruction construite en [**D3**].

Avant de résumer le travail en (1.4), on commence par replacer le problème de l'intégration symplectique dans le cadre un peu plus général de la *réalisation des feuilletages de Stefan* par l'action d'un groupoïde de Lie.

Pour les généralités sur les groupoïdes, on pourra se reporter à [**CDW**]; notons cependant qu'un groupoïde sera dit *à fibres connexes, simplement connexes* ... si les fibres de la submersion α (et donc aussi celles de β) sont connexes, simplement connexes .... Tous les groupoïdes considérés dans la suite seront supposés à fibres connexes et toutes les structures seront de classe C^∞.

1.1 Réalisation d'un feuilletage de Stefan

Un groupoïde de Lie $\Gamma \overset{\alpha}{\underset{\beta}{\rightrightarrows}} \Gamma_0$ *agit* sur son espace d'unités Γ_o par une action notée φ et définie pour tout couple (γ, u) tel que $\alpha(\gamma) = u$ par $\varphi(\gamma, u) = \beta(u)$.

On vérifie aisément que les *orbites* de Γ sur Γ_0 sont les feuilles d'un feuilletage en général singulier (ou feuilletage de Stefan, cf. [**Pr**]). On dit que Γ *réalise* ce feuilletage.

En particulier, tout feuilletage régulier $\mathcal{F}$ est réalisé au sens précédent par son groupoïde d'holonomie $H(\mathcal{F})$ mais aussi par son *groupoïde d'homotopie* (ou groupoïde fondamental) $\Pi_1(\mathcal{F})$. Celui-ci, déjà considéré par Pradines sous le nom de groupoïde de monodromie, a l'avantage sur $H(\mathcal{F})$ d'être à fibres simplement connexes.

1.2 Groupoïde de Poisson—Réalisation de Poisson

Un groupoïde de Lie $\Gamma \underset{\beta}{\overset{\alpha}{\rightrightarrows}} \Gamma_0$ muni d'une structure de Poisson Λ est un *groupoïde de Poisson* si le graphe de la multiplication est une sous-variété coisotrope de $\overline{\Gamma} \times \Gamma \times \Gamma$ (où l'on écrit Γ au lieu de (Γ, Λ) et $\overline{\Gamma}$ au lieu de $(\Gamma, -\Lambda)$) (cf. [**W3**]).

On déduit immédiatement de la définition que Γ_0 est muni d'une structure de Poisson Λ_0 pour laquelle α est un morphisme et β est un antimorphisme de Poisson. Par exemple, pour toute variété de Poisson (P_0, Λ_0), le groupoïde grossier $\Gamma = P_0 \times P_0$ muni de la structure de Poisson $\Lambda = (-\Lambda_0) \times \Lambda_0$ est un groupoïde de Poisson d'unités $\Gamma_0 = P_0$; dans ce cas l'action de Γ sur Γ_0 est transitive et contient donc strictement les feuilles du feuilletage symplectique (engendré par les champs hamiltoniens) de Λ.

On est donc amené à considérer la notion plus restrictive suivante (cf. [**AD3**]): un groupoïde de Poisson $(\Gamma, \Lambda) \rightrightarrows (\Gamma_0, \Lambda_0)$ est une *réalisation de Poisson* de (Γ_0, Λ_0) si Γ réalise le feuilletage symplectique de Λ_0 (au sens de 1.1).

1.3 Intégration symplectique d'une variété de Poisson

Un groupoïde de Lie $\Gamma \rightrightarrows \Gamma_0$ muni d'une forme symplectique η est un *groupoïde symplectique* si le graphe de la multiplication est une sous-variété lagrangienne de $\overline{\Gamma} \times \Gamma \times \Gamma$. C'est en particulier un groupoïde de Poisson et une réalisation de Poisson de la structure de Poisson Λ_0 induite sur Γ_0.

L'intégration symplectique d'une variété de Poisson (P_0, Λ_0) consiste alors à construire un groupoïde symplectique $\Gamma \rightrightarrows \Gamma_0$ de forme symplectique η tel que $\Gamma_0 = P_0$ et Λ_0 est la structure de Poisson image de η par α. Dans [**CDW**] on montre que si (Γ, η) et (Γ', η') sont deux intégrations symplectiques de (P_0, Λ_0) à fibres connexes, et si Γ est à fibres simplement connexes, il existe un morphisme de groupoïdes symplectiques:

$$\begin{array}{ccc} \Gamma & \xrightarrow{f} & \Gamma' \\ & \searrow \quad \swarrow & \\ & P_0. & \end{array}$$

En particulier deux intégrations symplectiques de (P_0, Λ_0) à fibres simplement connexes sont isomorphes: on dira que c'est *l'intégration symplectique universelle*. En outre si Λ_0 est une structure de Poisson régulière c'est-à-dire si le feuilletage caractéristique $\mathbf{S}_0$ est régulier, on pourra factoriser l'intégration universelle Γ par le groupoïde d'homotopie $\Pi_1(\mathbf{S}_o)$ (cf. [**Pr**]).

Enfin si Γ est une intégration symplectique de (P_0, Λ_0), l'algèbre de Lie des champs de vecteurs invariants à gauche [resp. à droite] sur Γ est isomorphe [resp. anti-isomorphe] à l'algèbre de Lie $\Omega^1(P_0)$ des 1-formes différentielles sur P_0 avec le crochet de Poisson $\{\ \}$ défini par Λ_0. Le groupoïde symplectique Γ est donc à l'algèbre de Lie de dimension infinie $(\Omega^1(P_0), \{\ \})$ ce qu'un groupe de Lie G est à son algèbre de Lie $\mathfrak{G}$ et le problème de l'intégration symplectique rejoint le problème général posé par J. Pradines de l'intégration des algébroïdes de Lie.

1.4 Contenu du travail—Résultats

Pour finir, on décrit rapidement le contenu des paragraphes 2 à 7.

Au §2 —On rappelle la définition des formes feuilletées et de la cohomologie feuilletée pour un feuilletage régulier. On introduit les formes feuilletées symplectiques qui permettent de décrire et manipuler les variétés de Poisson régulières un peu comme les variétés symplectiques ordinaires. Dans ce cadre, une structure de Poisson régulière Λ sur une variété P se présente comme un couple $(\mathbf{S}, \sigma)$ d'un feuilletage régulier $\mathbf{S}$ et d'une forme $\mathbf{S}$-feuilletée symplectique σ et la suite spectrale de Leray-Serre de la variété feuilletée $(P, \mathbf{S})$ fournit une famille d'invariants cohomologiques de Λ.

Au §3 —On décrit l'algébroïde de Lie associé à une variété de Poisson régulière (P, Λ) en termes de cohomologie feuilletée. Cette description permet de caractériser cohomologiquement les algébroïdes de Lie obtenus comme produit semi-direct.

Au §4 —Partant d'une structure de Poisson régulière (P_0, Λ_0), $\Lambda_0 = (\mathbf{S}_0, \sigma_0)$, on décrit toujours à l'aide des formes feuilletées, le relèvement canonique $\Lambda = (\mathbf{S}, \sigma)$ de Λ_0 sur l'espace total P du groupoïde fondamental $\Pi_1(\mathbf{S}_0)$. On montre que dans tous les cas, y compris si P est une variété non séparée, on obtient ainsi une réalisation de Poisson de (P_0, Λ_0) (à fibres connexes et simplement connexes!).

Au §5 —On intègre symplectiquement les structures de Poisson (P_0, Λ_0) telles que $\Lambda = (\mathbf{S}, \sigma)$ soit présymplectique, i.e. σ admet un représentant $\omega \in \Omega^2(P)$ qui est une forme usuelle fermée. En utilisant la notion de réalisation isotrope de Libermann, on montre que l'intégration symplectique universelle est obtenue en munissant l'espace total Γ du fibré $\nu^*\mathbf{S}$ conormal à $\mathbf{S}$ d'une structure de groupoïde symplectique déterminée (à isomorphisme près) par la structure de Poisson Λ sur P. On caractérise également les cas où ce groupoïde est un produit semi-direct.

Au §6 —On en vient aux applications concrètes et on montre que $\Lambda = (\mathbf{S}, \sigma)$ est présymplectique (et même exacte i.e. représentée par une 2-forme exacte) si $\Lambda_0 = (\mathbf{S}_0, \sigma_0)$ est totalement asphérique, ce qui signifie que:

a) pour toute feuille $F \in \mathbf{S}_0$, on a $\pi_2(F) = 0$;

b) tout cycle évanouissant de $\mathbf{S}_0$ est trivial ou de façon équivalente, le groupoïde $\Pi_1(\mathbf{S}_0)$ est séparé.

Pour une telle structure de Poisson, l'intégration symplectique est donc possible d'après le §5.

Au §7 —On développe les résultats de cohomologie feuilletée utilisés tout au long de ce travail, particulièrement au §4 et 6. Cette dernière section contient donc l'essentiel des développements techniques du travail.

Les auteurs remercient A. Weinstein et le rapporteur pour leurs remarques et suggestions.

2. COHOMOLOGIE FEUILLETEE ET VARIETES DE POISSON REGULIERES

Dans cette section, on commence par rappeler la construction du complexe $\Omega^*(\mathcal{F})$ des *formes feuilletées* d'une variété feuilletée $(M, \mathcal{F})$. Puis on introduit la notion de *forme feuilletée symplectique* qui servira à décrire les structures de Poisson régulières et leurs algébroïdes de Lie.

2.1 Formes feuilletées—cohomologie feuilletée

Soient $[\Omega^*(M), d]$ le complexe de De Rham de M et $\Omega^*(M, \mathcal{F})$ le sous-complexe des formes $\mathcal{F}$*-relatives* défini par

$$\omega \in \Omega^*(M, \mathcal{F}) \text{ si } j_L^*\omega = 0 \text{ pour toute feuille } L$$

(où j_L est l'inclusion naturelle de L dans M). Le complexe $\Omega^*(\mathcal{F})$ des *formes* $\mathcal{F}$*-feuilletées* est défini par passage au quotient

$$\Omega^*(\mathcal{F}) = \Omega^*(M)/\Omega^*(M, \mathcal{F})$$

et sa cohomologie $H^*(\mathcal{F})$ est la *cohomologie feuilletée* de $(M, \mathcal{F})$. Par définition $\Omega^0(M, \mathcal{F}) = 0$ et donc $\Omega^0(\mathcal{F}) = \Omega^0(M)$; la cohomologie $H^0(\mathcal{F})$ est égale à l'espace $\Omega^0(M/\mathcal{F})$ des fonctions basiques. Pour $r > \dim \mathcal{F}$, on a $\Omega^r(\mathcal{F}) = 0$ et $H^r(\mathcal{F}) = 0$ mais, même si M est compacte, on peut avoir $H^r(\mathcal{F}) = 0$ pour $r = \dim \mathcal{F}$ (cf. [**HMS**]).

Le calcul différentiel habituel passe au quotient sur $\Omega^*(\mathcal{F})$:

i) $\Omega^*(\mathcal{F})$ étant un idéal de $\Omega^*(M)$, le produit extérieur $\wedge$ définit une structure multiplicative induite sur $\Omega^*(\mathcal{F})$;

ii) de même, $\Omega^*(M, \mathcal{F})$ étant préservé par le produit intérieur par un champ X tangent à $\mathcal{F}$ (et donc par le flot φ_t associé), on définit le produit intérieur $i_X\omega$ et la dérivée de Lie $L_X\omega$, $\omega \in \Omega^*(\mathcal{F})$, par la formule habituelle. La dérivée de Lie $L_X\omega$ s'annule exactement si ω est invariante par φ_t agissant sur $\Omega^*(\mathcal{F})$ par passage au quotient;

iii) enfin, l'évaluation de $\omega \in \Omega^r(\mathcal{F})$ sur un r-champ tangent à $\mathcal{F}$ est un élément de $\Omega^0(\mathcal{F}) = \Omega^0(M)$ donc une fonction sur M. En particulier, on dira que ω est *nulle au* point u si pour tout r-champ tangent à $\mathcal{F}$, cette fonction s'annule au point u.

2.2 Formes feuilletées et formes pures—Suite spectrale de Leray-Serre de $(M, \mathcal{F})$

On obtiendra de "bons représentants" des éléments du complexe-quotient $\Omega^*(\mathcal{F})$ en choisissant un supplémentaire $N\mathcal{F}$ du fibré tangent $T\mathcal{F}$. En effet, la décomposition en somme directe

$$TM = N\mathcal{F} \oplus T\mathcal{F} \tag{2.2.1}$$

définit un supplémentaire $T^*\mathcal{F}$ du fibré conormal $\nu^*\mathcal{F}$ de $\mathcal{F}$ donc une décomposition du fibré cotangent

$$T^*M = \nu^*\mathcal{F} \oplus T^*\mathcal{F}. \tag{2.2.2}$$

Par suite elle induit une décomposition de $[\Omega^*(M), d]$ en *formes pures* et *composantes pures*:

$$\Omega^r(M) = \bigoplus_{p+q=r} \Omega^{pq}(M),$$
$$d = d_{01} + d_{10} + d_{2,-1},$$

où $d\mathcal{F} = d_{01}$, qui est de carré nul, est la *différentielle le long des feuilles*. On vérifie alors que la projection canonique de $\Omega^*(M)$ sur $\Omega^*(\mathcal{F})$ se restreint en un isomorphisme de complexes différentiels:

$$\pi : (\Omega^{0*}(M), d_{\mathcal{F}}) \to (\Omega^*(\mathcal{F}), d).$$

Bref le choix du supplémentaire $N\mathcal{F}$ permet de représenter toute r-forme feuilletée par une forme pure de type $(0, r)$. En particulier les sections de $\nu^*\mathcal{F}$ et $T^*\mathcal{F}$ sont les formes pures de type (1,0) et (0,1) respectivement.

Enfin, on considère $\Omega^*(M)$ comme un module filtré, avec degré filtrant p, en posant:

$$F^p\Omega^* = \sum_{s \geq p} \sum_q \Omega^{sq}.$$

Alors d'après la théorie générale des modules différentiels filtrés, il existe une suite spectrale

$$E_r^{pq} \Rightarrow H^{p+q}(M)$$

qui sera appelée *la suite spectrale de Leray-Serre* de la variété feuilletée $(M, \mathcal{F})$. On vérifie immédiatement que E_0^{pq} s'identifie à Ω^{pq} et d_0 est induite par d_{01}; donc on a

$$E_1^{oq} = H^q(\mathcal{F}). \tag{2.2.3}$$

Et un changement du supplémentaire $N\mathcal{F}$ de $T\mathcal{F}$ se traduit par un isomorphisme des suites spectrales correspondantes.

2.3 Variétés de Poisson régulières et formes feuilletées symplectiques

Soit $\mathbf{S}$ le feuilletage caractéristique engendré par les champs hamiltoniens d'une variété de Poisson (P, Λ). C'est en général un feuilletage singulier ou de "Stefan" et toute feuille F de $\mathbf{S}$ est munie canoniquement d'une forme symplectique ω_F. En particulier, si (P, Λ) est une variété de Poisson régulière, le choix d'un supplémentaire $N\mathbf{S}$ de $T\mathbf{S}$ permet de considérer $\{\omega_F\}$ comme une forme pure ω de type $(0,2)$ dont la classe $\sigma \in \Omega^2(\mathbf{S})$ est une forme feuilletée indépendante du choix de $N\mathbf{S}$ et vérifiant les conditions:

$$(2.3.1) \qquad \begin{cases} \sigma \in \Omega^2(\mathbf{S}) \text{ et } d\sigma = 0, \\ \overset{m}{\Lambda}\sigma \text{ est non nulle en tout point de } P, \text{ où } m = \frac{1}{2}\dim \mathbf{S}. \end{cases}$$

Réciproquement, soient $\mathcal{F}$ un feuilletage régulier de dimension $2m$ et $\sigma \in \Omega^2(\mathcal{F})$ vérifiant (2.3.1). Pour toute fonction $f \in \Omega^0(\mathcal{F}) = \Omega^0(M)$, il existe un unique champ de vecteurs X_f tangent à $\mathcal{F}$, défini indifféremment par:

$$(2.3.2) \qquad i_{X_f}\sigma = \overline{-df} \qquad \text{ou} \qquad i_{X_f}\omega = -d_{\mathcal{F}}f$$

où $\overline{df} \in \Omega^1(\mathcal{F})$ est la classe de df et ω est un représentant pur de type $(0,2)$ de σ.

Le bivecteur Λ défini par $\Lambda(df, dg) = \sigma(X_f, X_g) = \omega(X_f, X_g)$ est une structure de Poisson dont le feuilletage caractéristique $\mathbf{S}$ est égal à $\mathcal{F}$ et dont la 2-forme feuilletée associée est bien sûr la forme σ de départ.

En résumé, toute structure de Poisson régulière (P, Λ) est exactement déterminée par la donnée d'un couple $(\mathbf{S}, \sigma)$ où $\mathbf{S}$ est un feuilletage régulier de dimension $2m$ appelé le ***support de*** Λ et $\sigma \in \Omega^2(\mathbf{S})$ vérifie (2.3.1). On dira qu'une telle forme σ est une forme $\mathbf{S}$-*feuilletée symplectique*, la forme $\overset{m}{\Lambda}\sigma$ étant elle une forme $\mathbf{S}$-*feuilletée volume.*

2.4 Structures de Poisson régulières et cohomologie

A la structure de Poisson régulière $\Lambda = (\mathbf{S}, \sigma)$ sur P, on associe les deux éléments de la suite spectrale de Leray-Serre de $(P, \mathbf{S})$ définis par:

a) $[\Lambda] = [\sigma] \in H^2(\mathbf{S}) = E_1^{02}$;
b) $d_1[\Lambda] = [d_{10}\omega] \in E_1^{12}$

où ω est un représentant pur de type $(0,2)$ de σ et la différentielle d_1 de la suite spectrale est induite par d_{10}.

Si σ possède un représentant pur ω tel que $d_{10}\omega = 0$, on aura aussi $d_{10}v = 0$ pour $v = \overset{m}{\Lambda}\omega$, $m = \frac{1}{2}\dim \mathbf{S}$ et il existe une métrique Riemannienne sur P pour laquelle toutes les feuilles de $\mathbf{S}$ sont des sous-variétés minimales. Si $d_{10}\omega = 0$, on dira par abus de terminologie, que Λ est *une structure de Poisson minimale*. En outre on dira que Λ est une structure de Poisson *présymplectique* [resp. *exacte*] si σ possède un représentant ω qui est une forme fermée [resp. exacte].

REMARQUE: Λ présymplectique ne suppose pas le rang de σ constant (cf. [**LM**]).

Cette condition d'exactitude est le correspondant dans le cas régulier de la notion de variété de Poisson exacte de [**DLM**] qui est caractérisé par l'existence d'un "champ d'homothéties" tangent au feuilletage caractéristique. En outre, la classe de cohomologie feuilletée $[\Lambda]$ joue pour les variétés de Poisson de support $\mathbf{S}$, le rôle joué par la classe de la forme symplectique pour les variétés symplectiques. En particulier, à l'aide d'une "version feuilletée" du lemme de Moser (cf. [**M**]), on montre dans [**HMS**] que si P est compacte et $\mathcal{F}$ de dimension 2, l'espace des classes d'isotopie des structures de Poisson de support $\mathcal{F}$ s'identifie à un cône positif de $H^2(\mathcal{F})$. On trouvera dans [**HMS**] la description d'exemples concrets sur des variétés compactes de dimension 3, notamment un exemple de structure de Poisson exacte.

Les structures de Poisson minimales sont caractérisées par le résultat suivant:

2.5 Lemme

LEMME. *La structure $\Lambda = (\mathbf{S}, \sigma)$ est de Poisson minimale si et seulement si $d_1[\Lambda] = 0$. En particulier, toute structure de Poisson présymplectique est minimale.*

DÉMONSTRATION: Il n'y a que la réciproque à prouver. Pour cela, soit ω_0 le représentant pur de σ relativement à une décomposition quelconque de TP. Alors $d_1[\Lambda]$ est la classe de $d_{10}\omega_0$ dans le terme E_1^{12} de la suite spectrale de Leray-Serre et $d_1[\Lambda] = 0$ signifie qu'il existe $\mu \in \Omega^{11}(P)$ tel que $d_{10}\omega_0 = d_{01}\mu$. Par suite $\omega = \omega_0 - \mu$ est un représentant de σ tel que la composante de type $(1, 2)$ de $d\omega$ est nulle, on aura donc:

$$i_X i_Y d\omega = 0 \tag{2.5.1}$$

pour tout couple de champs tangents à **S**.

Soit alors $q : TP \to T\mathbf{S}$ l'opérateur de "purification" introduit par Sullivan dans [**Su**]. C'est le morphisme de fibrés défini par:

$$i_{q(Z)}(w \mid_{T\mathbf{S}}) = (i_Z\omega) \mid T\mathbf{S}. \tag{2.5.2}$$

Comme ω est non dégénérée sur $T\mathbf{S}$, le noyau de q est un supplémentaire de $T\mathbf{S}$ et pour la décomposition correspondante, la composante de type $(1, 1)$ de ω est nulle d'après (2.5.2). Donc $\omega = \omega^{2,0} + \omega^{0,2}$ et

$$d\omega = d_{10}\omega^{2,0} + d_{01}\omega^{2,0} + d_{2,-1}\omega^{0,2} + d_{10}\omega^{0,2}$$

compte tenu du fait que $d_{01}\omega^{0,2} = 0$. La condition (2.5.1) équivaut à $d_{10}\omega^{0,2} = 0$ et Λ est minimale.

Enfin la condition (2.5.1) étant vérifiée en particulier par tout représentant pur d'une structure présymplectique, le lemme est démontré. □

2.6 Classes dérivées des structures de Poisson minimales

Pour une structure minimale $\Lambda = (\mathbf{S}, \sigma)$ on supposera choisi un supplémentaire de $T\mathbf{S}$ pour lequel σ admet un représentant pur ω_0 tel que $d_{10}\omega_0 = 0$. On peut alors associer à Λ les éléments suivants de la suite spectrale de Leray-Serre:

a) Les classes de ω_0 et $d\omega_0 = d_{2,-1}\omega_0$ dans E_2^{02} et E_2^{21} respectivement; elles sont liées par la relation: $[d\omega_0] = d_2[\omega_0]$, où d_2 est la différentielle d'ordre 2 de la suite spectrale;

b) On aura $[d\omega_0] = 0$ si et seulement si il existe $\mu \in \Omega^{20}(P)$ tel que $d_{2,-1}\omega_0 = d_{01}\mu$ et donc $\omega_1 = \omega_0 - \mu$ est un représentant de σ tel que $d\omega_1 \in \omega^{30}(P)$ c'est-à-dire $d\omega_1$ est une 3-forme **S**-basique. Dans ce cas on associera à Λ les classes de ω_1 et $d\omega_1$ dans E_3^{02} et E_3^{30} respectivement; elles vérifient $[d\omega_1] = d_3[\omega_1]$.

c) Enfin on remarquera que $E_3^{30} = E_2^{30} = H^3(P/\mathbf{S})$ le 3e groupe de cohomologie basique et que $[d\omega_1] \in H^3(P/\mathbf{S})$ est nulle si et seulement si Λ est présymplectique.

2.7 La classe fondamentale d'une variété de Poisson régulière (cf. [DD])

La différence de deux représentants ω_1 et ω_2 de σ est une forme $\mathbf{S}$-relative $\omega_2 - \omega_1 \in \Omega^2(P, \mathbf{S})$. Par suite $d\omega_1$ et $d\omega_2$ sont deux cocycles cohomologues du complexe des formes $\mathbf{S}$-relatives et définissent un élément de $H^3(P, \mathbf{S})$ appelé *classe fondamentale* de Λ. Sa relation avec les classes de cohomologie définies ci-dessus est donnée par le fait qu'elle s'annule elle aussi si et seulement si Λ est présymplectique, et donc aussi minimale (cf. 2.5).

2.8 Structure de Poisson présymplectiques strictes

Une variété de Poisson présymplectique (P, Λ), $\Lambda = (\mathbf{S}, \sigma)$ est *présymplectique stricte* s'il existe un représentant fermé ω de σ de rang constant égal à la dimension de $\mathbf{S}$. Alors le noyau de ω est un supplémentaire intégrable $N\mathbf{S}$ de $T\mathbf{S}$ et pour la décomposition correspondante, ω est pure de type $(0, 2)$. En particulier (P, ω) est une variété présymplectique au sens de Souriau (voir [**So**]).

Réciproquement soit (P, ω) une variété présymplectique de Souriau, s'il existe un feuilletage $\mathcal{F}$ transverse à Ker ω, le couple $(\mathcal{F}, \sigma)$ où σ est la classe de ω dans $\Omega^2(\mathcal{F})$ est une structure de Poisson présymplectique stricte.

On vérifiera que $\Lambda = (\mathbf{S}, \sigma)$ est présymplectique stricte si et seulement si il existe un représentant pur ω de σ de type $(0, 2)$ tel que:

$$d_{10}\omega = 0 \qquad \text{et} \qquad d_{2,-1}\omega = 0.$$

3. ALGEBROIDE DE LIE DES VARIETES DE POISSON REGULIERES

Pour toute variété de Poisson (P, Λ), régulière ou non, le fibré cotangent T^*P est muni d'une structure d'algébroïde de Lie (voir [**CDW**], [**Do**], [**Ko**], [**MM**]). Autrement dit, à la structure de Poisson Λ, on associe:

a) un morphisme de fibrés vectoriels $\Lambda^\# : T^*P \to TP$ par

$$i_{\Lambda^\# \mu_1}.\mu_2 = i_\Lambda(\mu_1 \wedge \mu_2);$$

b) une structure d'algèbre de Lie (de dimension infinie) sur $\Omega^1(P)$ par le crochet

$$\{\mu_1, \mu_2\} = i_{\Lambda^\# \mu_1}.d\mu_2 - i_{\Lambda^\# \mu_2}.d\mu_1 + di_\Lambda(\mu_1 \wedge \mu_2).$$

Alors, si on désigne par $\mathcal{X}(P)$ l'algèbre de Lie des champs de vecteurs sur P, l'application

$$\Lambda^\# : \Omega_1(P) \to \mathcal{X}(P)$$

induite par le morphisme de fibrés vectoriels est un morphisme d'algèbres de Lie qui vérifie:

c) $\{\mu_1, f\mu_2\} = f\{\mu_1, \mu_2\} + (L_{\Lambda^\# \mu_1} f).\mu_2$, pour toute fonction f sur P.

Nous nous proposons ici de transcrire certaines propriétés des algébroïdes de Lie dans le langage des formes feuilletées puis de caractériser ceux d'entre eux qui sont des produits semi-directs (voir 3.3) (cf. également [**DS**] dans ce volume).

3.1 Algébroïde associé à une structure de Poisson régulière et formes feuilletées

Dans le cas d'une structure régulière $\Lambda = (\mathbf{S}, \sigma)$, Ker $\Lambda^\#$ est le fibré conormal $\nu^*\mathbf{S}$ dont les sections sont les 1-formes $\mathbf{S}$-relatives. On a alors les suites exactes:

a) de fibrés vectoriels:

$$0 \to \nu^*\mathbf{S} \to T^*P \xrightarrow{\Lambda^\#} T\mathbf{S} \to 0$$

b) d'algèbres de Lie (de dimension infinie):

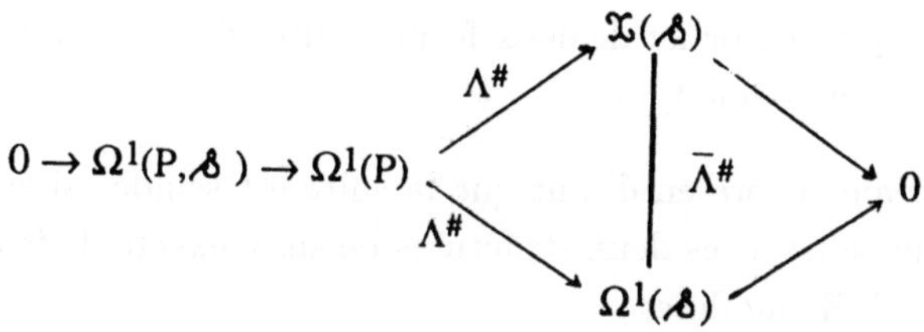

Le crochet sur $\Omega^1(\mathbf{S})$ obtenu par passage au quotient du crochet sur $\Omega^1(P)$, s'écrit:

$$\{\overline{\mu}_1, \overline{\mu}_2\} = -i_{[X_1,X_2]}\sigma$$

où $\overline{\mu}_i \in \Omega^1(\mathbf{S})$ est la classe de $\mu_i \in \Omega^1(P)$ et $X_i = \Lambda^{\#}\mu_i$; et en outre $\overline{\Lambda}^{\#}$ est l'isomorphisme d'algèbres de Lie qui, à X tangent à $\mathbf{S}$, associe la forme feuilletée $(-i_X\sigma)$ (voir (2.3.2)). On dira que a) et b) définissent une *suite exacte d'algébroïdes de Lie*. Il revient au même de dire que

$$0 \to \Omega^1(P, \mathbf{S}) \to \Omega^1(P) \xrightarrow{\Lambda^{\#}} \mathcal{X}(\mathbf{S}) \to 0 \tag{3.1.1}$$

est une suite exacte d'algèbres de Lie et de $C^\infty(P, \mathbb{R})$ modules. On notera que $\Omega^1(P, \mathbf{S})$ est abélienne.

On remarquera encore que le centre de $\Omega^1(P)$ n'est rien d'autre que le sous-espace $\Omega^1(P/\mathbf{S})$ des formes basiques. En effet comme le centre de $\mathcal{X}(\mathbf{S})$ est réduit à 0, le centre de $\Omega^1(P)$ est l'ensemble des éléments $\mu \in \Omega^1(P, \mathbf{S})$ tels que:

$$\{\mu, \mu_1\} = -i_{X_1} d\mu = 0 \text{ pour tout } \mu_1 \in \Omega^1(P),$$

condition qui équivaut à $d_{\mathbf{S}}\mu = 0$.

3.2 Suites scindées—Produits semi-directs

Une section s de $\Lambda^{\#}$ dans la suite de fibrés vectoriels définit une décomposition du fibré cotangent

$$T^*P = \nu^*\mathbf{S} \oplus s(T\mathbf{S}) \tag{3.2.1}$$

et induit l'application $s : \Omega^1(\mathbf{S}) \to \Omega^1(P)$ qui, à toute 1-forme feuilletée, associe son représentant pur de type $(0,1)$.

On dira alors que la suite exacte d'algèbroïdes de Lie décrite en (3.1) est *scindée* si $s : \Omega^1(\mathbf{S}) \to \Omega^1(P)$ est un morphisme d'algèbres de Lie ce qui revient à dire que le crochet de deux formes pures de type $(0,1)$ est encore une forme pure de même type.

Ceci s'exprime encore en disant que la suite est scindée si et seulement si elle est scindée pour les deux structures de suite exacte de $\mathbb{R}$-algèbres de Lie et de $C^\infty(P,\mathbb{R})$-modules.

Dans ce cas, on dira plus simplement que T^*P est un produit semi-direct.

Soit $s : \mathcal{X}(\mathbf{S}) \to \Omega^1(P)$ une section de $\Lambda^\#$ dans la catégorie des $C^\infty(P,\mathbb{R})$-modules. La $C^\infty(P,\mathbb{R})$-linéarité assure que si l'on pose

$$\Theta_s(X,Y) = \{s(X), s(Y)\} - s[X,Y]$$

pour tout couple de champs de vecteurs $(X,Y) \in (\mathcal{X}(\mathbf{S}))^2$, Θ_s est une 2-forme sur le fibré $\mathbf{S}$ à valeurs dans $\nu^*\mathbf{s}$. Si l'on note d la dérivée covariante de la connexion de Bott de $\nu^*\mathbf{S}$, si s_1 est une autre scission de (3.1.1), $s_1 - s = u$ est une 1-forme sur $\mathbf{S}$ à valeurs dans $\nu^*\mathbf{S}$ et $\Theta_{s_1} = \Theta_s + du$ où d est la dérivée covariante associée à la connexion de Bott. Autrement dit le formalisme des extensions en dimension finie s'étend à la suite (3.1.1). La suite (3.1.1) sera scindée si et seulement si la classe $[\Theta] \in H^2(\mathcal{X}(\mathbf{S}), \Omega^1(P,\mathbf{S}))$ est nulle, c'est-à-dire si et seulement si il existe une scission s telle que $\Theta_s = 0$. Soit ω le représentant pur de σ relativement à la décomposition associée

$$\Theta_s(X,Y) = \{i_X\omega, i_Y\omega\} + i_{[X,Y]}\omega$$

soit compte tenu de l'expression du crochet

$$\Theta_s(X,Y) = i_X i_Y d\omega$$

et $[\Theta] = 0$ si et seulement si $i_X i_Y d\omega = 0$ pour tout couple $(X,Y) \in \mathbf{S}$. Ceci équivaut au fait que $d_{10}\omega = 0$ ou $d_1[\Lambda] = 0$ d'après 2.5.

3.3 Proposition

PROPOSITION. *L'algébroïde de Lie T^*P est un produit semi-direct si et seulement si $d_1[\Lambda] = 0$ i.e. Λ est une structure de Poisson minimale.*

Plus généralement les classes associées à Λ au paragraphe 2 sont autant d'invariants de la suite (3.1.1).

4. GROUPOIDE D'HOMOTOPIE ET REALISATION DE POISSON DES VARIETES DE POISSON REGULIERES

Dans ce paragraphe, on va montrer que pour toute variété de Poisson régulière (P_0, Λ_0), $\Lambda_0 = (\mathbf{S}_0, \sigma_0)$ la structure de Poisson canonique Λ du groupoïde fondamental $\Pi_1(\mathbf{S}_0)$ de $\mathbf{S}_0$ fait de celui-ci un groupoïde de Poisson et une réalisation de Poisson de (P_0, Λ_0).

On commence par quelques compléments sur la décomposition des formes différentielles sur le groupoïde fondamental d'une variété feuilletée quelconque. On trouvera une description détaillée de ce groupoïde dans [**Ph**].

4.1 Formes différentielles sur le groupoïde fondamental d'une variété feuilletée $(P_0, \mathcal{F}_0)$

Rappelons que l'espace total P de $\Pi_1(\mathcal{F}_0)$ est une variété en général non séparée. On désigne par $\varepsilon_0 : P_0 \to P$ la section canonique qui, à tout point de P_0, associe le lacet constant correspondant et on identifie P_0 avec $\varepsilon_0(P_0)$.

i) Les applications source et but sont des submersions qui définissent un même feuilletage image-réciproque $\mathcal{F} = \alpha^*\mathcal{F}_0 = \beta^*\mathcal{F}_0$ dont les feuilles s'identifient aux groupoïdes d'homotopie des feuilles de $\mathcal{F}_0$; en particulier $\Pi_1(\mathcal{F}_0)$ est une réalisation de $\mathcal{F}_0$ (cf. [**Pr**]).

Le feuilletage $\mathcal{F}$ est invariant par l'involution i de $\Pi_1(\mathcal{F})$ et sa trace sur P_0 est égale à $\mathcal{F}_0$; la trace de chaque feuille de $\mathcal{F}$ étant une feuille de $\mathcal{F}_0$.

ii) Les applications α, β, i induisent des morphismes des complexes de formes $\mathcal{F}$-relatives et des complexes de formes feuilletées. En particulier, d'après i) les morphismes naturels $\alpha^*, \beta^* : \Omega^*(P_0/\mathcal{F}_0) \to \Omega^*(P/\mathcal{F})$, sont des isomorphismes.

iii) Soit $\pi_0 : TP_0 \to T\mathcal{F}_0$ la projection associée à une décomposition $TP_0 = N\mathcal{F}_0 \oplus T\mathcal{F}_0$ de TP_0. Le noyau $N\mathcal{F}$ de l'application

$$(\pi_0 \times \pi_0) \circ (\alpha, \beta)^T : TP \to T\mathcal{F}_0 \oplus T\mathcal{F}_0$$

vérifie:

a) $\alpha(N\mathcal{F}) = N\mathcal{F}_0$ et $\beta(N\mathcal{F}) = N\mathcal{F}_0$;
b) $i(N\mathcal{F}) = N\mathcal{F}$.

En particulier d'après (b), $N_u\mathcal{F} = N_u\mathcal{F}_0$ pour $u \in P_0$. On dira que la décomposition

$$TP = N\mathcal{F} \oplus T\mathcal{F}$$

est le *prolongement canonique* de celle de TP_0 et que les deux décompositions sont *adaptées (l'une à l'autre).*

Dans des décompositions adaptées, les applications α, β, i induisent des morphismes de complexes bigradués:

$$\alpha^*, \beta^* : \Omega^{pq}(P_0) \to \Omega^{pq}(P);$$
$$i^* : \Omega^{pq}(P) \to \Omega^{pq}(P).$$

iv) Enfin, on définit le complexe $\Omega^*(\mathcal{F}, \mathcal{F}_0)$ *des formes feuilletées relatives* comme étant le sous-complexe des éléments de $\Omega^*(\mathcal{F})$ qui s'annulent sur P_0. En utilisant les décompositions adaptées (cf. iii)) on définit

a) un isomorphisme de $\Omega^{oq}(P, P_0)$ sur $\Omega^q(\mathcal{F}, \mathcal{F}_0)$;

b) une *suite spectrale de Leray-Serre de cohomologie relative*

$$E_r^{pq} \Rightarrow H^{p+q}(P, P_0)$$

pour laquelle on aura

$$E_1^{0q} \cong H^q(\mathcal{F}, \mathcal{F}_0)(\text{voir } 2.2.3).$$

4.2 La structure de Poisson canonique sur $\Pi_1(\mathbf{S}_0)$

Soit (P_0, Λ_0), $\Lambda_0 = (\mathbf{S}_0, \sigma_0)$ une variété de Poisson et $\mathbf{S}$ le feuilletage relevé sur l'espace total P de $\Pi_1(\mathbf{S}_0)$; alors $\sigma = \alpha^*\sigma_0 - \beta^*\sigma_0$ est une forme $\mathbf{S}$-feuilletée symplectique et $\Lambda = (\mathbf{S}, \sigma)$ est la structure de *Poisson relevée* sur $\Pi_1(\mathbf{S}_0)$. On retrouve le fait que α [resp. $-\beta$] sont des morphismes de Poisson en remarquant que σ est projetable par α et β avec $\alpha_*\sigma = \sigma_0[\beta_*\sigma = -\sigma_0]$.

Par construction $i^*\sigma = -\sigma$ donc $\sigma \in \Omega^2(\mathbf{S}, \mathbf{S}_0)$ et définit une classe de $H^2(\mathbf{S}, \mathbf{S}_0)$. Alors si $\omega \in \Omega^2(P)$ est un représentant de σ, on peut supposer, quitte à remplacer ω par $\frac{1}{2}(\omega - i^*\omega)$, que $i^*\omega = -\omega$ et donc que $\omega \in \Omega^2(P, P_0)$; on dira que ω est un *bon représentant* de σ.

En particulier, si Λ est minimale [resp. présymplectique, resp. exacte], il existe un bon représentant $\omega \in \Omega^2(P, P_0)$ de σ qui, dans des décompositions adaptées, s'écrit (voir 2.4):

$$d_{10}\omega = 0[\text{resp. } d\omega = 0; \text{resp. } \omega = d\theta, \theta \in \Omega^1(P, P_0)].$$

4.3 Lemme

LEMME. *Si la structure de Poisson Λ est présymplectique, alors pour tout couple (ω_1, ω_2) de bons représentants de σ, il existe $\mu \in \Omega^{10}(P, P_0)$ tel que:*

$$i^*\mu = -\mu \qquad \text{et} \qquad \eta = \omega_2 - \omega_1 = d\mu.$$

DÉMONSTRATION: Toute décomposition en composantes pures de $\eta \in \Omega^2(P, P_0)$ s'écrit:

$$\eta = \eta^{2,0} + \eta^{1,1} \qquad \text{avec} \qquad d_{01}\eta^{1,1} = 0$$

puisque η est fermée. Donc $\eta^{1,1}$ définit une classe dans le terme E_1^{11} de la suite spectrale de cohomologie relative. Ce terme est nul d'après (7.1) et il existe $\mu \in \Omega^{10}(P, P_0)$ tel que $\eta^{11} = d_{01}\mu$. Alors $\eta - d\mu = \eta^{20} - d_{10}\mu$ est une forme pure de type $(2, 0)$ qui est fermée donc basique. Mais d'après 4.1.ii), on a:

$$(4.3.1) \qquad \Omega^*(P/\mathcal{F}) \cap \Omega^*(P, P_0) = 0$$

et donc $\eta - d\mu = 0$. Enfin quitte à remplacer μ par $\frac{1}{2}(\mu - i^*\mu)$ on aura $i^*\mu = -\mu$. D'où la proposition. □

Le choix de décompositions adaptées pour T^*P_0 et T^*P permet de relier facilement les propriétés cohomologiques de Λ_0 et Λ. En premier lieu il est évident que si Λ_0 est présymplectique, il en est de même pour Λ; la réciproque est fausse. En effet, on a:

4.4 Proposition

PROPOSITION. *Si Λ_0 est une structure de Poisson minimale, alors Λ est présymplectique.*

DÉMONSTRATION: Soient ω_0 et $\omega = \alpha^*\omega_0 - \beta^*\omega_0$ les représentants purs de σ_0 et σ relativement à des décompositions adaptées. Elles vérifient simultanément la condition de minimalité

$$d_{10}\omega_0 = 0 \qquad \text{et} \qquad d_{10}\omega = 0.$$

En outre, toujours d'après (7.1), la classe de $d\omega = d_{2,-1}\omega$ dans le terme E_1^{21} de la suite spectrale de cohomologie relative est nulle et il existe $\mu \in \Omega^{20}(P, P_0)$ telle que $d_{2,-1}\omega = d_{01}\mu$. Alors $\hat{\omega} = \omega - \mu \in \Omega^2(P, P_0)$ sera un représentant de σ qui vérifie:

$$d\hat{\omega} \in \Omega^{30}(P, P_0) \cap \Omega^3(P/\mathcal{F}).$$

On conclut d'après (4.3.1) que $d\hat{\omega} = 0$ et que Λ est présymplectique. □

Pour finir, on a:

4.5 Théorème

THÉORÈME. *Pour toute structure de Poisson régulière* (P_0, Λ_0) *le groupoïde d'homotopie* $\Pi_1(\mathbf{S}_0)$ *muni de la structure relevée* Λ *est une réalisation de Poisson de* (P_0, Λ_0).

DÉMONSTRATION: Il ne reste plus qu'à montrer que le graphe M de la multiplication de $\Pi_1(\mathbf{S}_0)$ est une sous-variété coïsotrope de la variété de Poisson $\overline{P} \times P \times P$ (où $\overline{P}$ désigne $(P, -\Lambda)$). Or la restriction $\mathcal{L}$ à M du feuilletage symplectique de $\overline{P} \times P \times P$ a pour feuilles les graphes M_F des groupoïdes $\Pi_1(F)$, $F \in \mathbf{S}_0$. Ces graphes sont lagrangiens car $\Pi_1(F)$ est un groupoïde symplectique; donc l'orthogonal symplectique de TM n'est rien d'autre que le fibré $T\mathcal{L} \subset TM$ tangent à $\mathcal{L}$; bref M est coïsotrope. □

5. INTEGRATION SYMPLECTIQUE DES STRUCTURES DE POISSON REGULIERES A RELEVEMENT PRESYMPLECTIQUE

Pour la deuxième étape du processus d'intégration, on se restreindra aux structures de Poisson régulières $\Lambda_0 = (\mathbf{S}_0, \sigma_0)$ pour lesquelles le relèvement $\Lambda = (\mathbf{S}, \sigma)$ est présymplectique. Dans cette situation, on considère le diagramme commutatif:

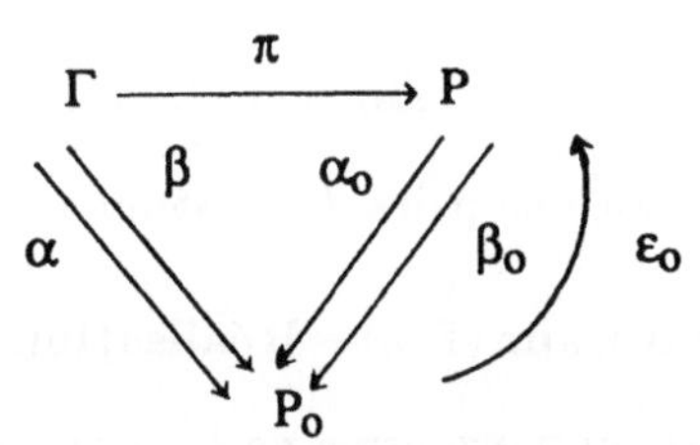

où Γ désigne l'espace total du fibré $\nu^*\mathbf{S}$ conormal à $\mathbf{S}$ et où on identifie P avec la section nulle de $\nu^*\mathbf{S}$. Identifiant P_0 avec son image par ε_0, on voit que $\Gamma_0 = \pi^{-1}(P_0)$ s'identifie au fibré $\nu^*\mathbf{S}_0$ conormal à $\mathbf{S}_0$, qui est aussi un groupoïde abélien d'unités P_0.

Le but du paragraphe est de montrer que π est une réalisation isotrope de Libermann (R.I.L.) (voir [**D2**], [**D3**]) ce qui définira la structure de groupoïde symplectique d'unités P_0 sur Γ.

5.1 Structure symplectique sur Γ et réalisation symplectique de (P, Λ)

Supposons donc $\Lambda = (\mathbf{S}, \sigma)$ présymplectique et soit ω un bon représentant de σ au sens de (4.2). Si on désigne par λ la restriction à $\Gamma = \nu^*\mathbf{S}$ de la forme de Liouville sur T^*P, la 2-forme fermée

$$\eta = \pi^*\omega - d\lambda$$

est de rang maximum; on dira que c'est la *forme symplectique* sur Γ *associée au bon représentant* ω *de* σ.

Le fibré tangent au feuilletage $\mathcal{F} = \pi^*\mathbf{S}$ est exactement l'orthogonal symplectique du fibré tangent aux fibrés de π. Or $\lambda \in \Omega^1(\Gamma, \mathcal{F})$ par définition, donc η et $\pi^*\omega$ définissent la même forme feuilletée $\overline{\eta} \in \Omega^2(\mathcal{F})$. Celle-ci est donc projetable par π, ce qui signifie en fait que:

$$\pi : (\Gamma, \eta) \to (P, \Lambda)$$

est un morphisme de Poisson et donc une *réalisation symplectique* de (P, Λ).

On en déduit que α [resp. β] est une réalisation symplectique de (P_0, Λ_0) [resp. $(P_0, -\Lambda_0)$]; comme en outre, ε_0 est une section Lagrangienne de α et β puisque

$$\varepsilon_0^*\eta = \varepsilon_0^*\pi^*\omega = 0,$$

on voit que (α, β) est une paire *duale stricte* au sens de [**W**].

5.2 Flots verticaux sur (Γ, η)—Réalisation isotrope de Libermann

i) Puisque π est un morphisme de Poisson, pour toute forme $\mathbf{S}$-relative $\mu \in \Omega^1(P, \mathbf{S})$ le champ de vecteurs $Z = \eta^\#(\pi^*\mu)$ est *vertical* i.e. tangent aux fibres de π. Celles-ci étant séparées, il engendre un flot local et ce flot est complet. En effet de l'équation

$$i_Z\eta = i_Z d\lambda = -\pi^*\mu$$

on déduit que la restriction Z_z de Z à la fibre $\pi^{-1}(z)$ de π est un champ constant.

ii) En résumé π est une *réalisation isotrope de Libermann* de (P, Λ) c'est-à-dire une réalisation dont les fibres sont:

a) connexes, fermées, séparées;

b) isotropes et complètes (au sens de i).

L'effet d'un changement de bon représentant pour σ est donné par:

5.3 Proposition

PROPOSITION. *Soient η_1 et η_2 les formes symplectiques sur Γ associées à deux bons représentants ω_1 et ω_2 de σ. Il existe un flot vertical complet φ_t tel que:*

i) *$\varphi_t(P_0) = P_0$ pour tout t;*

ii) *$\varphi_1^*\eta_2 = \eta_1$.*

En fait φ_1 est un isomorphisme des R.I.L. correspondantes.

DÉMONSTRATION: D'après (4.3), il existe $\mu \in \Omega^{10}(P, P_0)$ telle que $\omega_2 - \omega_1 = d\mu$ et donc $\eta_2 - \eta_1 = \pi^* d\mu$. D'après (5.2), le flot local φ_t engendré par le champ vertical Z tel que

$$i_Z \eta_1 = \pi^* \mu$$

est complet; puisque μ s'annule sur P_0, il en est de même pour Z et $\varphi_t(P_0) = P_0$. Enfin, puisque η_1 est fermée, on a

$$L_Z \eta_1 = \pi^* d\mu,$$

donc $L_Z \eta_1$ est invariante par φ_t et par intégration, il vient:

$$\varphi_t^* \eta_1 - \eta_1 = \int_0^t (L_Z \eta_1) dt = (\pi^* d\mu) \int_0^t dt = t\pi^* d\mu,$$

d'où $\varphi_1^* \eta_1 = \eta_2$ et φ_1 est un symplectomorphisme de (Γ, η_1) sur (Γ, η_2).

□

5.4 Intégration symplectique

Par application des résultats de [**D3**], la structure de R.I.L. définit sur Γ une structure de groupoïde symplectique telle que:

a) π est un morphisme de groupoïdes donc définit une suite exacte de groupoïdes de Lie d'unités P_0:

(5.4.1) $$0 \to \Gamma_0 \to \Gamma \xrightarrow{\pi} \Pi_1(\mathbf{S}_0) \to 0$$

où $\Gamma_0 = \pi^{-1}(P_0)$ est muni de la structure de groupoïde vectoriel $\nu^* \mathbf{S}_0$;

b) l'algèbroïde de Lie associé est $T^* P_0$ et les algèbres de Lie de champs de vecteurs invariants sur ces groupoïdes de Lie définissent une suite exacte isomorphe à la suite:

(5.4.2) $$0 \to \Omega^1(P_0, \mathbf{S}_0) \to \Omega^1(P_0) \to \Omega^1(\mathbf{S}_0) \to 0.$$

En outre l'isomorphisme de R.I.L. introduit en (5.3) induit un isomorphisme des groupoïdes symplectiques correspondants, ce qui assure, à isomorphisme près, l'unicité de la construction.

On remarquera encore que puisque $P \underset{\beta}{\overset{\alpha}{\rightrightarrows}} P_0$ est à fibres connexes et simplement connexes, on a en fait construit ainsi le groupoïde symplectique universel qui intègre $T^* P_0$. En résumé, on a:

5.5 Théorème

THÉORÈME. *Si* (P_0, Λ_0), $\Lambda_0 = (\mathbf{S}_0, \sigma_0)$, *est une variété de Poisson régulière dont le relèvement* $\Lambda = (\mathbf{S}, \sigma)$ *sur* $\Pi_1(\mathbf{S}_0)$ *est présymplectique, alors l'espace total* Γ *du fibré conormal* $\nu^*\mathbf{S}$ *est un groupoïde symplectique qui est l'intégration symplectique universelle de* T^*P_0.

Il est important de noter que la structure de groupoïde sur Γ n'est pas canonique; elle dépend de η donc de Λ_0 et toutes les classes de cohomologie associées à Λ_0 au §2 sont aussi des invariants de cette structure de groupoïde. D'autre part (P, Λ) étant présymplectique et donc à classe fondamentale nulle, on était certain a priori (cf. [**D3**]) que s'il existait un groupoïde intégrant (P_0, Λ_0), nécessairement l'espace total du groupoïde à fibres simplement connexe associé, était $\nu^*\mathbf{S}$.

5.6 Produits semi-directs de groupoïdes

i) On dira que la suite (5.4.1.) est *scindée* s'il existe une section s de π qui est aussi un morphisme de groupoïdes de Lie. Une telle section induit de façon naturelle une section de (5.4.2) qui est donc également scindée. La réciproque est obtenue par intégration et donc (5.4.1) et (5.4.2) sont simultanément scindées.

ii) Une telle section s de π permet d'identifier $\Pi_1(\mathbf{S}_0)$ à un sous-groupoïde de Γ et donc de définir une action $\mathcal{O}$ de $\Pi_1(\mathbf{S}_0)$ sur Γ. En procédant par analogie avec le cas des groupes, on définit à l'aide de $\mathcal{O}$ une structure de produit semi-direct de groupoïdes et donc l'existence d'une section pour (5.4.1) et (5.4.2) équivaut au fait que Γ est un tel produit semi-direct.

De (3.3) et (4.4) on déduit alors le résultat suivant:

5.7 Proposition

PROPOSITION. *Si* Λ_0 *est une structure minimale,* Λ *est présymplectique et la structure de groupoïde sur* Γ *est un produit semi-direct de* $\nu^*\mathbf{S}_0$ *par* $\Pi_1(\mathbf{S}_0)$.

Un cas particulier de produit semi-direct est celui décrit dans [**CDW**], où l'on définit la section s de la suite exacte d'algèbroïdes en relevant les champs tangents à $\mathbf{S}$ à l'aide de la connexion de Bott de $\nu^*\mathbf{S}$; on l'appellera le produit semi-direct canonique. Une vérification facile montre alors:

5.8 Proposition

PROPOSITION. *Si* Λ_0 *est une variété de Poisson présymplectique stricte, alors* Γ *est muni de la structure de produit semi-direct canonique (et réciproquement).*

5.9 Remarques

REMARQUES:

i) De façon générale si (P_0, Λ_0) s'intègre par un groupoïde symplectique dont l'espace total est l'espace total Γ de $\nu^*\mathbf{S}$ alors $\pi : (\Gamma, \eta) \to (P, \Lambda)$ est une R.I.L. dont la classe de Chern est nulle et (P, Λ) est présymplectique (cf. [**D2**], [**D3**]). Ceci explique la restriction imposée aux variétés de Poisson considérées dans ce paragraphe.

ii) Toute variété de Poisson régulière (P_0, Λ_0) est localement présymplectique stricte (cf. [**L**], [**W1**]). Il en résulte que le groupoïde symplectique qui intègre (P_0, Λ_0) est localement isomorphe au produit semi-direct canonique— mais évidemment cet isomorphisme n'est pas global en général.

6. VARIETES DE POISSON REGULIERES TOTALEMENT ASPHERIQUES

Le fait que la structure relevée Λ sur $\Pi_1(\mathbf{S}_0)$ d'une structure de Poisson $\Lambda_0 = (\mathbf{S}_0, \sigma_0)$ soit présymplectique est évidemment difficile à vérifier dans la pratique. Pour pallier cette difficulté, on va donner ici des conditions homotopiques portant uniquement sur $\mathbf{S}_0$ suffisantes pour assurer que Λ soit non seulement présymplectique mais même exacte (voir (6.5)).

6.1 Cycles évanouissants—Feuilletages sans cycle évanouissant

Soit $(M, \mathcal{F})$ une variété feuilletée quelconque. Une application continue $A : S^1 \times [0,1] \to M$ définit un *cycle évanouissant de* $\mathcal{F}$ si

a) pour tout t, la restriction A_t de A à $S^1 \times \{t\}$ est un lacet dans une feuille F_t de $\mathcal{F}$;

b) pour tout $t > 0$, A_t est homotope à zéro dans F_t.

Ce cycle évanouissant est trivial si A_0 est homotope à zéro dans $\mathcal{F}_0$.

L'existence de cycles évanouissants non triviaux s'interprète en termes de groupoïde fondamental:

6.2 Proposition

PROPOSITION. *Tout cycle évanouissant de $\mathcal{F}$ est trivial si et seulement si $\Pi_1(\mathcal{F})$ est une variété séparée.*

DÉMONSTRATION: Soit A un cycle évanouissant de $\mathcal{F}$ défini par $A : S^1 \times [0,1] \to M$. Si Q est la projection canonique de $S^1 \times [0,1]$ sur $\{1\} \times [0,1]$ alors $B = A \circ Q$ est une famille à un paramètre de lacets constants telle que:

$$[B_t] = [A_t] \in \Pi_1(\mathcal{F}) \text{ pour tout } t > 0.$$

Donc si A_0 n'est pas trivial, $[A_0]$ et $[B_0]$ sont non séparés dans $\Pi_1(\mathcal{F})$.

Réciproquement, si γ_1 et γ_2 sont deux éléments non séparés de $\Pi_1(\mathcal{F})$ alors $\gamma = \gamma_1^{-1} * \gamma_2$ est une classe d'homotopie de lacet, non séparée de la classe nulle γ_0. On en déduit aisément que γ est la classe d'homotopie d'un cycle évanouissant non trivial. □

6.3 Feuilletages et Variétés de Poisson totalement asphériques

Le feuilletage $\mathcal{F}$ sera dit *totalement asphérique* si

a) $\mathcal{F}$ est asphérique i.e. le $\pi_2(F) = 0$ pour toute feuille $F \in \mathcal{F}$;

b) tout cycle évanouissant de $\mathcal{F}$ est trivial.

Une variété de Poisson régulière (P_0, Λ_0), $\Lambda_0 = (\mathbf{S}_0, \sigma_0)$ est *totalement asphérique* si $\mathbf{S}_0$ est totalement asphérique.

Les deux situations suivantes fournissent des exemples-type de feuilletages totalement asphériques:

6.4 Exemples de feuilletages totalement asphériques

i) Si $\mathcal{F}$ est défini par une action localement libre d'un groupe de Lie G, tout cycle évanouissant est trivial (cf. [**HH**]) et puisque $\pi_2(G) = 0$, le feuilletage $\mathcal{F}$ est totalement asphérique.

ii) Si $\mathcal{F}$ est un feuilletage de codimension 1 sur une variété compacte de dimension 3, alors d'après le théorème de stabilité de Reeb, ou bien $\mathcal{F}$ est la fibration triviale en sphères ou bien $\mathcal{F}$ est asphérique. En outre d'après le théorème de Novikov tout cycle évanouissant non trivial est porté par une composante de Reeb. Donc $\mathcal{F}$ est totalement asphérique si et seulement si il n'a ni composante de Reeb ni feuille sphérique.

On peut maintenant énoncer le résultat annoncé:

6.5 Théorème

THÉORÈME. *Si* (P_0, Λ_0), $\Lambda_0 = (\mathbf{S}_0, \sigma_0)$, *est une variété de Poisson régulière totalement asphérique, alors la structure de Poisson* Λ *relevée de* Λ_0 *sur* $\Pi_1(\mathbf{S}_0)$ *est exacte. En particulier il existe une structure de groupoïde symplectique sur* $\nu^*\mathbf{S}$ *qui intègre* Λ_0.

DÉMONSTRATION: En effet, si $\Lambda = (\mathbf{S}, \sigma)$, on a $\sigma \in \Omega^2(\mathbf{S}, \mathbf{S}_0)$ d'après (4.2). Or l'espace total P de $\Pi_1(\mathbf{S}_0)$ est séparé d'après (6.2) et donc $H^2(\mathbf{S}, \mathbf{S}_0) = 0$ d'après (7.2). Par suite σ est une forme $\mathbf{S}$-feuilletée exacte. □

Rappelons que tout feuilletage de codimension 1 sur une variété de dimension 3 est le support d'une structure de Poisson régulière. Pour les variétés compactes, on aura une solution complète du problème de l'intégration des structures de Poisson.

6.6 Exemples Sur une variété compacte orientable P_0 de dimension 3, il y a trois types possibles de structures de Poisson régulières $\Lambda_0 = (\mathbf{S}_0, \sigma_0)$: (avec $\mathbf{S}_0$ transversalement orientable):

i) $\mathbf{S}_0$ est totalement asphérique et donc Λ_0 est intégrable d'après (6.5);

ii) $\mathbf{S}_0$ est la fibration triviale $S^2 \times S^1$ et Λ_0 est intégrable si et seulement si elle est minimale d'après [**D3**];

iii) $\mathbf{S}_0$ possède une composante de Reeb et dans ce cas aucune structure de Poisson Λ_0 n'est intégrable d'après [**HV**].

7. CALCULS DE COHOMOLOGIE FEUILLETEE

Enfin dans ce dernier paragraphe, on établit les résultats de cohomologie feuilletée utilisés dans le cours de ce travail: essentiellement un théorème d'annulation pour la cohomologie feuilletée de la paire $(\mathbf{S}, \mathbf{S}_0)$. On notera que si ce résultat est valable dans tous les cas (y compris le cas où l'espace P n'est pas séparé) pour les degrés 0 et 1, il ne s'applique en degré 2 qu'aux seuls feuilletages totalement asphériques.

De façon précise, on se propose de démontrer les deux résultats suivants:

7.1 Théorème

THÉORÈME. *Soient* $\Lambda_0 = (\mathbf{S}_0, \sigma_0)$ *une structure de Poisson régulière sur une variété* P_0 *et* $\Lambda = (\mathbf{S}, \sigma)$ *le relèvement de* Λ_0 *sur le groupoïde fondamental* $\Pi_1(\mathbf{S}_0)$. *Dans la suite spectrale de Leray-Serre de cohomologie relative, on a*

$$E_1^{p0} = E_1^{p1} = 0 \text{ pour tout } p.$$

En particulier $H^0(\mathbf{S}, \mathbf{S}_0) = H^1(\mathbf{S}, \mathbf{S}_0) = 0$.

DÉMONSTRATION: En degré 0, on a $E_0^{p0} \cong \Omega^{p0}(P, P_0)$ et donc

$$E_1^{p0} = \{\omega \in \Omega^{p0}(P, P_0) \mid d_{\mathbf{S}}\omega = 0\},$$

autrement dit E_1^{p0} est le sous-espace des p-formes $\mathbf{S}$-basiques qui s'annulent sur P_0; elles sont nulles d'après 4.1.ii) et $E_1^{p0} = 0$.

En degré 1, soit $\omega \in \Omega^{p1}(P, P_0)$ une forme d_s-fermée. Sa restriction ω_F à une feuille F de $\mathbf{S}$ est fermée et l'intégrale

$$\eta_F = \int_u^x \omega_F$$

obtenue en choisissant un point u de $F \cap P_0$ et en intégrant ω_F sur un chemin quelconque de F reliant u à x ne dépend ni du choix de u car ω est nulle sur P_0, ni du choix du chemin puisque F fibre sur $F \cap P_0$ avec des fibres simplement connexes. On a en fait construit ainsi une forme η de type $(p, 0)$ telle que $\omega = d_{\mathbf{S}}\eta$. D'où le théorème. □

7.2 Théorème

Théorème. *Si de plus Λ_0 est totalement asphérique,* $H^2(\mathbf{S}, \mathbf{S}_0) = 0$.

Par définition de $\Omega^*(\mathbf{S}, \mathbf{S}_0)$ on a une suite exacte courte de complexes

$$0 \to \Omega^*(\mathbf{S}, \mathbf{S}_0) \to \Omega^*(\mathbf{S}) \to \Omega^*(\mathbf{S}_0) \to 0$$

qui définit une suite longue de cohomologie,

$$\ldots H^1(\mathbf{S}) \to H^1(\mathbf{S}_0) \to H^2(\mathbf{S}, \mathbf{S}_0) \to H^2(\mathbf{S}) \to H^2(\mathbf{S}_0) \to \ldots.$$

Dans cette suite, les morphismes de restriction $H^i(\mathbf{S}) \to H^i(\mathbf{S}_0)$ sont les inverses des morphismes induits par $\alpha : P \to P_0$. Ceux-ci seront des isomorphismes d'après le résultat suivant que l'on démontrera en se restreignant au cas $r = 2$ qui est seul utile pour les feuilletages totalement asphériques:

7.3 Théorème

Théorème. *Soit $\pi : M \to (B, \mathcal{F}_0)$ une submersion d'une variété séparée M sur une variété séparée feuilletée $(B, \mathcal{F}_0)$ et soit $\mathcal{F} = \pi^*\mathcal{F}_0$.*

Si les fibres de π sont connexes et cohomologiquement triviales en degré $i \leq r$ alors

$$H^i(\pi) : H^i(\mathcal{F}_0) \to H^i(\mathcal{F})$$

est un isomorphisme pour tout $i \leq r$.

En degré 0, ceci est une conséquence immédiate du fait que les fibres de π sont connexes. En degré 1 et 2, on combine un argument de suite spectrale avec l'étude "locale" correspondant au cas où $\mathcal{F}_0$ est de dimension 0 qui fait l'objet de la proposition suivante:

7.4 Proposition

Proposition. *Soit $\mathcal{F}$ un feuilletage dont les feuilles sont les fibres d'une submersion $\pi : M \to B$. Si M et B sont séparées et si les fibres sont connexes et cohomologiquement triviales pour $i \leq r$, on a:*

$$H^i(\mathcal{F}) = \begin{cases} C^\infty(B) & \text{pour } i = 0, \\ 0 & \text{pour } 1 \leq i \leq r. \end{cases}$$

La démonstration de cette proposition qui constitue l'argument central du paragraphe serait aisée dans le cas d'une fibration localement triviale, elle est ardue pour les submersions. On procèdera en trois étapes—en se restreignant donc à $r = 2$.

7.5 Première étape

$H^0(\mathcal{F}) = C^\infty(B)$ et $H^1(\mathcal{F}) = 0$.

PREUVE: Puisque les feuilles de $\mathcal{F}_0$ sont des points, on a:

$$H^0(\mathcal{F}) = \Omega^0(M/\mathcal{F}) = \Omega^0(B/\mathcal{F}_0) = \Omega^0(B) = C^\infty(B).$$

En degré 1, soit Ω un ouvert de M saturé par $\mathcal{F}$ d'une section locale Q de π. En procédant de façon analogue à (7.1), on construit pour toute forme $d_{\mathcal{F}}$-fermée $\omega \in \Omega^{01}(M)$, une fonction f définie sur W et vérifiant:

(7.5.1) $$\omega = d_{\mathcal{F}} f \text{ en restriction à } W.$$

Puis on recouvre M par une famille localement finie d'ouverts saturés $\{W_j\}$ vérifiant les conditions précédentes; on choisit une partition de l'unité basique $\{g_j\}$ subordonnée et si f_j est la primitive de ω sur W_j définie en (7.5.1), alors $f = \sum g_j f_j$ sera une primitive de ω. Il vient $H^1(\mathcal{F}) = 0$.

□

7.6 Deuxième étape

Existence de recouvrements annihilant $H^2(\mathcal{F})$.

i) Soit F une variété dont le premier et le deuxième groupes de De Rham sont nuls. On recouvre F par une suite croissante $(F_n)_{n\in\mathbf{N}}$ de sous-variétés compactes connexes à bord. Par dualité $H^i(F, \mathbf{R})$ $(1 \leq i \leq 2)$ est nul et pour tout n, il existe un entier $k(n) \geq n$ tel que l'inclusion de F_n dans $F_{k(n)}$ induit l'homomorphisme nul en homologie. Quitte à extraire une sous-suite, on peut supposer que $k(n) = n+1$ et alors l'homomorphisme de restriction:

(7.6.1) $$H^i(F_{n+1}) \to H^i(F_n) \qquad 1 \leq i \leq 2$$

est nul pour tout n.

On aura une propriété analogue pour la suite croissante d'ouverts $(V_n)_{n\in\mathbf{N}}$, $V_n = \overset{o}{F}_n$, qu'on appellera un *recouvrement annihilant* $H^2(F)$.

ii) On suppose toujours que $H^1(F) = 0 = H^2(F)$ et soit $\mathcal{F}$ défini par $p_1 : B \times F \to B$. Si (V_n) est le recouvrement annihilant défini ci-dessus en i) et si $\mathcal{F}_n$ est la restriction de $\mathcal{F}$ à $B \times V_n$, on montre par des arguments standards (cf. [**GLSW**] par exemple) que:

$$\Omega^*(\mathcal{F}_n) \cong C^\infty(B) \otimes \Omega^*(V_n);$$
$$H^*(\mathcal{F}_n) \cong C^\infty(B) \otimes H^*(V_n).$$

D'après (7.6.1) l'homomorphisme de restriction

$$H^i(\mathcal{F}_{n+1}) \to H^i(\mathcal{F}_n) \qquad 1 \leq i \leq 2$$

est nul pour tout n et on dit que $(B \times V_n)_{n \in \mathbb{N}}$ est un *recouvrement annihilant* $H^2(\mathcal{F})$.

iii) Passons au cas général où $\mathcal{F}$ est défini par une submersion $\pi : M \to B$. En utilisant le fait que M est dénombrable à l'infini, on fixe une fois pour toutes une suite croissante (M_n) de sous-variétés compactes à bord telles que $\bigcup_n M_n = M$. On se propose alors de construire un *recouvrement annihilant* $H^2(\mathcal{F})$, c'est-à-dire un recouvrement ouvert, connexe, croissant $(W_n)_{n \in \mathbb{N}}$ de M tel que si $\mathcal{F}_n$ est la restriction de $\mathcal{F}$ à W_n, on a pour tout n:

(7.6.2)

$$\begin{cases} \text{a)} & W_n \supset M_n \text{ et } \pi : W_n \to B \text{ est une submersion, éventuellement non surjective, à fibres connexes relativement compactes;} \\ \text{b)} & H^i(\mathcal{F}_{n+1}) \to H^i(\mathcal{F}_n) \text{ est l'homomorphisme nul pour } 1 \leq i \leq 2. \end{cases}$$

On construit W_0 comme réunion d'un nombre fini d'ouverts produit à fibres relativement compactes donc vérifiant (a) puis on procède de proche en proche. Une fois W_n fixé, on se donne un voisinage U_n de $\overline{W_n}$ à fibres relativement compactes. Alors pour toute fibre F de π, l'ouvert $V_n^F = F \cap W_n$ est relativement compact et en procédant comme en (i) ci-dessus, on construit un ouvert relativement compact V_{n+1}^F de F tel que:

$$(7.6.3) \qquad \begin{cases} V_{n+1}^F \supset V_n^F \text{ et } V_{n+1}^F \supset (F \cap M_{n+1}); \\ H^i(V_{n+1}^F) \to H^i(V_n^F) \text{ est nul}, \qquad 1 \leq i \leq 2. \end{cases}$$

Bien plus, d'après (ii), il existe alors des voisinages ouverts produit W_n^F et W_{n+1}^F de V_n^F et V_{n+1}^F dans M. De l'ensemble $\{W_{n+1}^F\}$, on extrait un recouvrement localement fini $\{W_{n+1}^{F_j}\}$ de $M_{n+1} \cup \overline{W_n}$. On pose $W_{n+1} = \bigcup_j W_{n+1}^{F_j}$ et par un argument classique de partition de l'unité, on déduit aisément que la restriction

$$(7.6.3) \qquad H^i(\mathcal{F}_{n+1}) \to H^i(\mathcal{F}_n) \qquad (1 \leq i \leq 2)$$

est nulle, ce qui termine cette deuxième étape. □

7.7 Troisième étape

$H^2(\mathcal{F}) = 0.$

PREUVE: Soit $\omega \in \Omega^{02}(M)$ une forme pure $d_{\mathcal{F}}$-fermée c'est-à-dire un cocycle feuilleté. La condition (7.6.3) implique aussi que la restriction ω_n de ω à W_n admet une primitive $\theta_n \in \Omega^{01}(W_n)$ c'est-à-dire $\omega_n = d_{\mathcal{F}}\theta_n$. Malheureusement, la suite $A = (\theta_n)$ ne définit pas en général une primitive globale de ω. On va donc modifier la suite A de façon à obtenir une suite $\hat{A} = (\mu_n)$ de primitives de ω sur W_n telles que:

$$\mu_{n+1} = \mu_n \text{ en restriction à } M_{n-1}.$$

Cette suite étant stationnaire sur chaque M_n, convergera vers une primitive globale $\mu \in \Omega^{01}(M)$ de ω.

On définit $\hat{A}$ de proche en proche en posant $\mu_0 = \theta_0$ et $\mu_1 = \theta_1$, puis μ_n étant supposée définie, on remarque que

$$d_{\mathcal{F}}(\mu_n - \theta_{n+1}) = 0 \text{ en restriction à } W_n$$

donc d'après (7.6.2), il existe une fonction $f_{n-1} \in \Omega^0(W_{n-1})$ telle que

$$\mu_n - \theta_{n+1} = d_{\mathcal{F}} f_{n-1} \text{ en restriction à } W_{n-1}.$$

Soit alors $g_{n-1} \in \Omega^0(W_{n+1})$ une fonction sur W_{n+1} qui coïncide avec f_{n-1} sur $M_{n-1} \subset W_{n-1}$; si on pose

$$\mu_{n+1} = \theta_{n+1} - d_{\mathcal{F}} g_{n-1}$$

on aura

$$\begin{cases} \mu_{n+1} = \mu_n & \text{sur } M_{n-1}; \\ d_{\mathcal{F}}\mu_{n+1} = \omega_{n+1} & \text{sur } W_{n+1} \end{cases}$$

□

7.8 Corollaire

COROLLAIRE. *Dans les conditions de (7.4), l'homomorphisme $H^i(\pi): H^i(\hat{A}) \to H^i(M)$ est un isomorphisme pour $i \leq r$.*

DÉMONSTRATION: En procédant de façon analogue à (7.6) et (7.7), on montre plus généralement que dans les conditions de (7.4), le terme E_1^{p2} de la suite spectrale de Leray-Serre de la submersion π est nul pour tout p. Donc de façon générale, on aura:

$$E_1^{pq} \cong \begin{cases} \Omega^p(\hat{A}) & \text{pour } q = 0; \\ 0 & \text{pour } 1 \leq q \leq r \end{cases} \qquad E_2^{pq} \cong \begin{cases} H^p(\hat{A}) & \text{pour } q = 0; \\ 0 & \text{pour } 1 \leq q \leq r. \end{cases}$$

La suite spectrale dégénère au terme E_2 pour $q \leq r$, ce qui implique le résultat. □

Le passage de (7.4) à (7.2) va se faire en comparant les suites spectrales de Čech-de Rham de cohomologie feuilletée de $\mathcal{F}_0$ et $\mathcal{F}$, suites dont la construction se fait par analogie avec la suite spectrale de Čech-De Rham de [**BT**].

7.9 Suite spectrale de Čech-De Rham de cohomologie feuilletée

On désigne ici par $(M, \mathcal{F})$ une variété feuilletée quelconque et par $\Omega\mathcal{F}^q$ le préfaisceau sur M qui, à tout ouvert U, associe $\Omega^q(\mathcal{F}_U)$.

Soit $\mathcal{U} = (U_j)_{j \in J}$ un recouvrement ouvert de M indexé par un ensemble ordonné J. On désigne par $\mathcal{F}_{j_0 j_1 \dots j_p}$ la restriction de $\mathcal{F}$ à

$$U_{j_0 j_1 \dots j_r} = U_{j_0} \cap U_{j_1} \cdots \cap U_{j_p}$$

et on considère le *double complexe*

$$K^{pq} = C^p(\mathcal{U}, \Omega\mathcal{F}^q) = \prod_{j_0 < j_1 < \dots < j_p} \Omega^q(\mathcal{F}_{j_0 j_1 \dots j_p})$$

des p-cochaînes de Čech à valeurs dans les q-formes feuilletées. Il est muni des trois différentielles:

$$\delta : \text{différentielle de Čech,}$$
$$d : \text{dérivation extérieure,}$$
$$D : \delta + (-1)^p d : \text{ différentielle totale.}$$

Suivant la théorie générale des doubles complexes, on a alors deux suites spectrales dont l'aboutissement commun est la cohomologie du complexe total $H_D\{C^*(\mathcal{U}, \Omega\mathcal{F}^*)\}$. De plus,

i) Soit $\mathcal{HF}^q$ le préfaisceau sur M qui, à U, associe $H^q(\mathcal{F}_U)$. La première suite spectrale s'écrit:

$$E_1^{pq} = H_d^{pq}(K) = \prod_{j_0<j_1<\cdots<j_p} H^q(\mathcal{F}_{j_0 j_1 \dots j_p}) = C^p(\mathcal{U}, \mathcal{HF}^q)$$
$$E_2^{pq} = H_\delta^{pq} H_d(K) = H^p(\mathcal{U}, \mathcal{HF}^q).$$

ii) En procédant exactement comme pour la démonstration de (8.5) de [**BT**] p. 94, on vérifie que:

$$H^p(\mathcal{U}, \Omega\mathcal{F}^q) = \begin{cases} \Omega^q(\mathcal{F}) & \text{si } p = 0, \\ 0 & \text{si } p > 0. \end{cases}$$

Donc pour la deuxième suite spectrale $'E_r^{pq}$ on a:

$$'E_1^{pq} = H_\delta^{pq}(K) = H^p(\mathcal{U}, \Omega\mathcal{F}^q),$$
$$'E_2^{pq} = \begin{cases} H^q(\mathcal{F}) & \text{pour } p = 0 \\ 0 & \text{pour } p > 0. \end{cases}$$

Cette suite spectrale dégénère et fournit un isomorphisme de $H^*(\mathcal{F})$ sur $H_D^*\{C^*(\mathcal{U}, \Omega\mathcal{F}^*)\}$.

En résumé, on a donc une suite spectrale

$$E_2^{pq}(\mathcal{F}) = H^p(\mathcal{U}, \mathcal{HF}^q) \Rightarrow H^{p+q}(\mathcal{F})$$

qu'on appellera la suite spectrale *de Čech-De Rham de cohomologie feuilletée de* $(M, \mathcal{F})$.

7.10 Démonstration du théorème 7.3

i) Soit (U, q, T) un ouvert distingué de $(B, \mathcal{F}_0)$ à plaques contractiles et espace des plaques T. Si $V = \pi^{-1}(U)$, la restriction $\mathcal{F}_V$ de $\mathcal{F}$ à V est définie par la submersion $q_0\pi$ et d'après (7.8), la cohomologie des feuilles de $\mathcal{F}_V$ est triviale en degrés 1 et 2. Appliquant (7.4), on obtient:

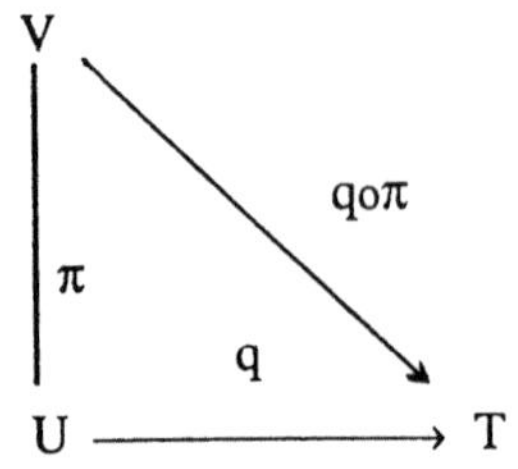

$$H^i(\mathcal{F}_V) \cong H^i(\mathcal{F}_0 \mid_U) \cong \begin{cases} C^\infty(T) & \text{pour } i = 0 \\ 0 & \text{pour } i = 1, 2, \end{cases}$$

l'isomorphisme étant bien sûr induit par π.

ii) Soit $U = (U_j)_{j \in J}$ un recouvrement ouvert distingué de $(B, \mathcal{F}_0)$. Si $V_j = \pi^{-1}(U_j)$ et $\mathcal{V} = (V_j)_{j \in J}$ l'application π induit un morphisme de bicomplexes

$$\pi^{pq} : K^{pq} = C^p(\mathcal{U}, \Omega\mathcal{F}_0^q) \to \tilde{K}^{pq} = C^p(\mathcal{V}, \Omega\mathcal{F}^q)$$

donc un morphisme de suites spectrales

$$\begin{array}{ccc} E_1^{pq}(\mathcal{F}_0) & \longrightarrow & H^{p+q}(\mathcal{F}_0) \\ \downarrow {\scriptstyle E_1^{pq}(\pi)} & & \downarrow {\scriptstyle H^{p+q}(\pi)} \\ E_1^{pq}(\mathcal{F}) & \longrightarrow & H^{p+q}(\mathcal{F}). \end{array}$$

Ayant fixé une métrique riemannienne sur M, on peut supposer que les plaques des U_j sont convexes donc contractiles; il en est alors de même pour toute intersection finie $U_{j_1 j_2 \dots j_s}$ d'éléments de $\mathcal{U}$ et d'après le paragraphe i) ci-dessus, on voit que $E_1^{pq}(\pi)$ est un isomorphisme pour $0 \leq q \leq 2$. On en déduit immédiatement que $E_s^{pq}(\pi)$ est un isomorphisme pour tout s si $p + q \leq 2$ et finalement $H^{p+q}(\pi)$ est un isomorphisme pour $p + q \leq 2$; ce qui est le résultat annoncé. □

References

[**ADH**] Alcalde F.—Dazord P.—Hector G., *Sur l'intégration symplectique de la structure de Poisson singulière* $\Lambda = (x^2 + y^2)\partial/\partial x \wedge \partial/\partial y$, Publ. Matematiques, Barcelona **33** (1989), 411–415.

[**AD1**] Albert C.—Dazord P., *Groupoïdes de Lie et groupoïdes symplectiques*, dans ce volume.

[**AD2**] ______, *Groupoïdes symplectiques*, à paraître Travaux du S.S.R.G. III (1989), Publ. Dept. Math. Lyon.

[**BT**] Borr R.—Tu W., *Differential forms in Algebraic Topology*, GTM **82** (1982), Springer-Verlag.

[**CDW**] Coste A.—Dazord P.—Weinstein A., *Groupoïdes symplectiques*, Publ. Dept. Math. Lyon 2/A (1987).

[**D1**] Dazord P., *Feuilletages à singularités*, Indagationes Math. **47**, Fasc. 1 (1985), 21–39.

[**D2**] ______, *Réalisations Isotropes de Libermann*, Travaux du S.S.R.G. III (1988), 1–49, Publ. Dept. Math. Lyon 4/B.

[**D3**] ______, *Groupoïdes symplectiques et Troisième théorème de Lie*, Lecture Notes Springer-Verlag **1416** (1990); Actes du Colloque du S.S.R.G. (1988), La Grande Motte. C. Albert, éditeur.

[**DD**] Dazord P.—Delzant T., *Le problème général des variables actions-angles*, J. Diff. Geometry **26** (1987), 223–251.

[**DLM**] Dazord P.—Lichnérowicz A.—Marle C.M., *Structure locale des variétés de Jacobi*, J. Math. Pures et Appl.. (à paraître).

[**DS**] Dazord P.—Sondaz D., *Groupes de Poisson affines*, (dans ce volume).

[**Do**] Dorfman I., *Deformation of hamiltonian structures and integrable systems, Non linear and turbulent process in physics*, Vol. 3, Proceedings of second international workshop on non linear and turbulent processes in physics, 1313–1318, Kiev USSR, 19–25 Octobre 1983.

[**GLSW**] Gotay M.J.—Lashof R.—Sniatycki J.—Weinstein A., *Closed forms on Symplectic fiber bundles*, Comment. Math. Helvetici **58** (1983), 617–621.

[**H**] Hector G., *Obstructions à l'intégration symplectique*, (à paraître).

[**HV**] Hector G.—Lasso de la Vega C., *Intégration symplectique et cycles évanouissants*, (à paraître).

[**HMS**] Hector G.—Macias E.—Saralegi M., *Lemme de Moser feuilleté et classification des variétés de Poisson régulières*, Publ. Matematiques, Barcelona **33** (1989), 423–430.

[**Ki**] Kirillov A., *Local Lie algebras*, Russian Math. Surveys **31(2)** (1976), 55–75.

[**Ko**] Koszul J.L., *Crochet de Schouten-Nijenhuis et cohomologie*, S.M.F. Astérisque (hors série) **137 bis** (1985).

[**L**] Lichnérowicz A., *Les variétés de Poisson et leurs algèbres de Lie associées*, J. Diff. Geometry **12** (1977), 253–300.

[**LM**] Libermann P.—Marle C.M., *Géométrie symplectique: base théorique de la mécanique*, Publ. Math. Université Paris VII.

[**M**] Moser J., *On the volume elements on a manifold*, Trans. Amer. Math. Soc. **120** (1965), 286–294.

[**MM**] Magri F.—Morosi C., *A geometrical characterization of integrable hamiltonian systems through the theory of Poisson-Nijenhuis manifolds*, Quaderno S **19** (1986), Universita di Milano.

[**Ph**] Phillips J., *The holonomie imperative and the homotopy groupoïd of a foliated manifold*, Rocky Mountain J. Math. **17** (1987), 151–165.

[**Pr1**] Pradines J., *Théorie de Lie pour les groupoïdes différentiables (I)*, C.R. Acad. Sc. Paris **263** (1966), 907–910.
[**Pr2**] ________, *Théorie de Lie pour les groupoïdes différentiables (II)*, C.R. Acad. Sc. Paris **263** (1967), 245–248.
[**Pr3**] ________, *Troisième théorème de Lie pour les groupoïdes différentiables*, C.R. Acad. Sc. Paris **267** (1968).
[**Pr4**] ________, *How to define the differentiable graph of a singular foliation*, Cahiers Top. & Géom. Diff. XXVI **4** (1985).
[**So**] Souriau J.M., "Structure des systèmes dynamiques,," Dunod, Paris, 1969.
[**St**] Stefan P., *Accessible sets, orbits and foliations with singularities*, Proc. London Math. Soc. **29** (1974).
[**Su**] Sullivan D., *A homological characterization of foliations consisting of minimal surfaces*, Comment. Math. Helv. **54** (1979), 218–223.
[**W1**] Weinstein A., *The local structure of Poisson manifolds*, J. Diff. Geometry **18** (1983), 523–557. et **22** (1985), 255.
[**W2**] ________, *Symplectic groupoïds and Poisson manifolds*, Bull. Amer. Math. Soc. **16** (1987), 101–103.
[**W3**] ________, *Coïsotropic Calculus and Poisson groupoïds*, J. Math. Soc. Japan **40 (4)** (1988), 705–727.

Keywords. feuilletage, structure de Poisson, symplectique, algèbroïde, groupoïde
1980 *Mathematics subject classifications*: 53 C 12, 53 C 57

Pierre Dazord—Gilbert Hector
URA CNRS 746—GDR 144
Institut de Mathématiques et Informatique
Université Claude Bernard—Lyon I
43, boulevard du 11 Novembre 1918

69622 VILLEURBANNE CEDEX

La Première Classe de Chern Comme Obstruction à la Quantification Asymptotique

P. DAZORD ET G. PATISSIER

Introduction. Notre travail trouve son origine dans un article de Karašev et Maslov sur la quantification d'une variété symplectique générale [**16**]. Cet article pose de nombreux problèmes et contient plusieurs points obscurs, que nous clarifions, ce qui nous permet de répondre positivement à certaines conjectures.

Quantifier c'est grossièrement parlant associer à une observable, un opérateur. Par exemple si l'on considère un système mécanique décrit par l'action

$$L(q,t,p,E) = E + \frac{1}{2m}\langle p,p\rangle + V(q)$$

où $(q,t\ ;\ p,E) \in \mathbb{R}^{n+1} \times \mathbb{R}^{n+1}$ on associera à L l'opérateur $\hat{L}$ (opérateur de Schrödinger) par la correspondance

$$L \rightarrow: \Psi \rightarrow \hat{L}\Psi = -ih\frac{\partial \Psi}{\partial t} + \frac{h^2}{2m}\Delta\Psi + V(q).\Psi,$$

(où $\Psi = \Psi(q,t)$), étendant la correspondance associant aux variables (q_i, t) les opérateurs de multiplication et aux variables duales (p_i, E) les opérateurs de dérivation $-ih\frac{\partial}{\partial q_i}, -ih\frac{\partial}{\partial t}$.

$\hat{L}\Psi = 0$ représente l'équation du mouvement d'une particule non relativiste dans un champ d'énergie potentielle V.

Une autre façon de procéder, toujours dans $\mathbb{R}^{2N}$, consiste à utiliser la transformation de Weyl. A toute fonction $f \in S(\mathbb{R}^{2N})$ on associe l'opérateur $\hat{f}$ de $S(\mathbb{R}^N)$ dans $S(\mathbb{R}^N)$ défini par

$$(1) \qquad (\hat{f}.\varphi)(q) = \frac{1}{(2\pi h)^N}\int e^{\frac{i}{h}\langle q-q',p\rangle} f(\frac{q+q'}{2}, p)\varphi(q)dq'dp$$

$\hat{f}$ est la transformée de Weyl de f (cf. [**12**] pour une étude approfondie).

Dans les deux exemples précédents il est essentiel de travailler sur $\mathbb{R}^{2N}$ avec sa forme symplectique standard σ_0 et avec un procédé permettant de différencier les variables q des variables p. Or en mécanique classique la considération, par exemple, des symétries d'un problème conduit à réduire la variété symplectique canonique $(\mathbb{R}^{2N}, \sigma_0)$ à une variété symplectique (M, ω) [**1**], [**21**] (on peut d'ailleurs obtenir par réduction à partir de $\mathbb{R}^{2N}$ toute variété symplectique [**8**]). L'évolution du système est alors décrite par le flot du champ hamiltonien d'une fonction $f \in C^\infty(M, \mathbb{R})$ pour lequel il n'est plus possible de distinguer les anciennes variables de positions (q) et de quantités de mouvement (p). D'une façon générale, la "quantification des observables", i.e. des $f \in C^\infty(M, \mathbb{R})$, n'est plus possible par la simple extension des procédures introduites dans $\mathbb{R}^{2N}$. Il s'agit donc de trouver pour une variété symplectique générale un moyen de rétablir une "bonne" correspondance $f \to \hat{f}$.

Il y a trois façons principales de procéder: la quantification géométrique de Kostant et Souriau [**17**] [**21**] qui impose à la variété (M, σ) des conditions cohomologiques, la quantification par déformation de Flato et Lichnerowicz [**3**] [**4**] qui en fait l'économie et enfin la quantification asymptotique de Karašev, Maslov et Nazaĭkinskiĭ[**15**] [**16**] [**18**] qui réintroduit une telle condition, et à laquelle est consacré cet article.

Partant de la transformation de Weyl, Karašev et Maslov procèdent en deux étapes: la première consiste à "localiser" la formule (1) de façon à pouvoir transférer (1) aux ouverts de coordonnées symplectiques de (M, σ) ce qui est réalisé par l'introduction des "paquets d'ondes". On est ainsi conduit à la construction sur chaque ouvert D de $(\mathbb{R}^{2n}, \sigma_0)$ d'un faisceau $\Pi(D)$ sur lequel pour tout $f \in C_0^\infty(\mathrm{D})$ le transformé de Weyl $\hat{f}$ agit. La seconde étape consiste à étudier l'action sur $\Pi(D)$ d'une transformation canonique de façon à pouvoir sur (M, σ) recoller les faisceaux construits sur chaque ouvert de Darboux. Si $\varphi_i : U_i \to D_i \subset \mathbb{R}^{2n}$ est un tel atlas si (γ_{ij}) désigne les changements de cartes, γ_{ij} définira un cocycle de transformation des $\Pi(U_i)$ si une certaine condition cohomologique est vérifiée par (M, σ). En fait cette condition entraîne une compatiblité modulo $0(h^2)$. Ceci fait intervenir une classe entière paire $[\varepsilon(M, \sigma)]$ et la condition s'écrit

$$\frac{1}{2\pi h}[\sigma] - \frac{1}{4}[\varepsilon] \in H^2(M, \mathbb{Z}).$$

Karašev et Maslov conjecturent que $\frac{1}{2}[\varepsilon]$ est la deuxième classe de Stiefel-Whitney (modulo 2).

Cet article est consacré à trois questions:

1. Maslov et Karašev donnent une condition de recollement des faisceaux $\Pi(U_i)$ qui est incorrecte. Elle ne définit d'ailleurs pas un 2-cocycle. Heureusement il s'avère, en reprenant les calculs, que l'obstruction au recollement est donné par un 2-cocycle $(-\frac{\sigma_{ijk}}{2\pi h} + \frac{1}{4}\varepsilon_{ijk})$ où σ_{ijk} est un 2-cocycle de classe $[\sigma]$ et ε_{ijk} définit une 2-classe de cohomologie entière de M.

2. Ce cocycle ε peut être défini géométriquement, indépendamment de toute considération de quantification, en exploitant l'idée même de Karašev et Maslov: si (U_i) est un recouvrement de (M, σ) par des ouverts de Darboux associés à des cartes symplectiques $\varphi_i : U_i \to D_i \subset \mathbf{R}^{2n} = \mathbf{R}^n \times \mathbf{R}^{n*}$ chaque ouvert est muni d'une polarisation $L_i = T_{\varphi_i}^{-1} R^{n*}$. Ceci va permettre de construire sur M par le biais de l'indice des chemins de Maslov un cocycle ε de classe $[\varepsilon] \in H^2(M, \mathbf{Z})$.

3. Sur toute variété symplectique il est classique que l'on a une classe de Chern $C_1(M, \sigma)$ et on va prouver que $[\varepsilon] = 2C_1(M, \sigma)$ ce qui entraînera que $[\varepsilon]$ est paire et inversement fournira une définition purement symplectique de la classe de Chern.

   Ainsi la condition de quantification asymptotique de Karašev et Maslov s'écrit

$$(2) \qquad \frac{1}{2\pi h}[\sigma] - \frac{1}{2}C_1(M, \sigma) \in H^2(M, \mathbf{Z}).$$

D'après un théorème d'Haefliger [**9**] $C_1(M, \sigma)$ est paire si et seulement si on peut étendre au groupe métaplectique le groupe structural de (M, σ) (i.e. si (M, σ) est muni d'une géométrie métaplectique). Dans ces conditions la condition de quantification se réduit à la condition habituelle de la quantification géométrique $\frac{1}{2\pi h}[\sigma] \in H^2(M, \mathbf{Z})$. En particulier si (M, σ) possède une polarisation réelle (i.e. un sous-fibré lagrangien) il est bien connu que $C_1(M, \sigma) = 0$ [**7**] [**22**].

La condition générale (2) avait été considérée par Hess [10] dans le cadre de la quantification géométrique.

Cet article est divisé en quatre parties:

- Dans la première sont résumés les éléments de la théorie de l'indice de Maslov des chemins pour un fibré symplectique, on pourra se reporter à [5] et [6] pour une étude détaillée.
- Dans la seconde partie est construite, grâce à cet indice, et pour tout fibré symplectique $(E;\sigma) \to M$, la classe $[\varepsilon(E,\sigma)]$.
- La troisième partie consiste à montrer que la condition de recollement modulo $0(h^2)$ des faisceaux $\Pi(U_i)$ est assurée si
$$\frac{1}{2\pi h}[\sigma] - \frac{1}{4}[\varepsilon] \in H^2(M,\mathbf{Z})$$
ce qui nécessite de reprendre les calculs de Karašev et Maslov.
- Enfin dans la quatrième partie il est établi que
$$[\varepsilon(E,\sigma)] = 2C_1(E,\sigma)$$
pour tout fibré symplectique $(E,\sigma) \to M$ ce qui achève l'établissement de la condition de quantification asymptotique
$$\frac{1}{2\pi h}[\sigma] - \frac{1}{2}C_1(M,\sigma) \in H^2(M,\mathbf{Z}).$$

1. L'indice de Maslov des chemins ([6])

1.1. Soit (E,σ) un espace vectoriel symplectique réel de dimension $2N$; à tout triplet (μ,μ',μ'') de lagrangiens de E on associe la signature $\sigma(\mu,\mu',\mu'')$ de la forme bilinéaire symétrique B définie sur le sous-espace vectoriel $\mu\mu'\mu''$ de $\mu\times\mu'\times\mu''$ formé des (ξ,ξ',ξ'') tels que $\xi+\xi'+\xi''=0$, par
$$B((\xi,\xi',\xi''),(\eta,\eta',\eta'')) = \sigma(\xi,\eta').$$

Alors $\sigma(\mu,\mu',\mu'')$ est alterné et $\partial\sigma = 0$ où
$$\partial\sigma(\lambda_1,\ldots,\lambda_4) = \sum_{i=1}^{4}(-1)^{i+1}\sigma(\lambda_1,\ldots,\check{\lambda}_i\ldots\lambda_4)$$

($\vee$ signifie que λ_i ne figure pas). On pose ensuite

(1.1.1)

$$d(\lambda_1,\lambda_2,\lambda_3) = \frac{1}{2}[-n + \dim(\lambda_1 \cap \lambda_2) + \dim(\lambda_2 \cap \lambda_3) - \dim(\lambda_1 \cap \lambda_3) + \sigma(\lambda_1,\lambda_2,\lambda_3)]$$

On a $\partial d = 0$, $d(\lambda_1,\lambda_2,\lambda_3)$ est un entier et

$$d(\lambda_1,\lambda_2,\lambda_3) = -N - d(\lambda_1,\lambda_3,\lambda_2)$$

si $\lambda_2 \cap \lambda_3 = 0$.

1.2. On appelle fibré vectoriel symplectique $(p : E \to X, \sigma)$ un fibré vectoriel localement trivial à base paracompacte, localement connexe par arcs et connexe, dont les fibres sont des espaces vectoriels symplectiques tel que si σ désigne la 2-forme symplectique des fibres (σ est une section de $\Lambda^2 E^*$) $(E,\sigma) \to X$ soit localement trivial. Autrement dit $(E,\sigma) \to X$ a pour fibré principal associé un $Sp(n)$-fibré localement trivial. Le fibré tangent $TM \to M$ d'une variété symplectique est un exemple fondamental. On note $\Lambda(E)$ l'ensemble des lagrangiens des fibres de E. C'est un fibré localement trivial. On suppose que $\Lambda(E) \to X$ possède deux sections globales L et L' : L et L' sont des sous-fibrés vectoriels de E qui sont lagrangiens. Si (k,k') est un couple d'entiers naturels, on pose

$$\mathcal{L}_{k,k'}(E) = \{\mu \in \Lambda(E) |\dim(\mu \cap L_{p(\mu)}) = k, \dim(\mu \cap L'_{p(\mu)}) = k'\}.$$

En général $p : \mathcal{L}_{k,k'}(E) \to X$ n'est pas un fibré au sens usuel. Cependant pour certains couples (k,k'), auxquels on se restreint dorénavant, p est localement sectionnable i.e. pour tout $x \in X$ il existe un ouvert U contenant x et une section locale continue $s : U \to \mathcal{L}_{k,k'}(E)|_U$ de p. C'est en particulier le cas si $k = k' = 0$.

On définit une application $D : \mathcal{L}_{k,k'}(E) \to \mathbb{Z}$ ainsi:

$$D(\lambda) = d(L_{p(\lambda)}, \lambda, L'_{p(\lambda)})$$

et une application S du carré fibré de $\mathcal{L}_{k,k'}(E)$ dans $\mathbb{Z}$ par

$$S(\lambda,\lambda') = D(\lambda) - D(\lambda') \qquad \text{si } p(\lambda) = p(\lambda').$$

D n'est en général pas continue tandis que S l'est et définit un 1-cocycle entier sur X le cocycle de Hörmander [**11**]. Le $\mathbb{Z}$-revêtement galoisien associé, noté $\mathcal{M}(E,L,L')$, s'appelle le fibré de Maslov-Arnold de (E,L,L') et est le quotient de $\mathcal{L}_{k,k'}(E)\times\mathbb{Z}$ par la relation d'équivalence:

$$(\lambda,n)\sim(\lambda',n') \text{ si } p(\lambda)=p(\lambda') \text{ et } n'=S(\lambda',\lambda)+n.$$

L'application $(\lambda,n)\to n-D(\lambda)$ passe au quotient et définit une application (non continue en général) θ de $\mathcal{M}(E,L,L')$ dans $\mathbb{Z}$. Si γ est un chemin continu de X, $\tilde{\gamma}$ un relevé de γ dans $\mathcal{M}(E,L,L')$ la quantité

$$\theta(\tilde{\gamma}(0))-\theta(\tilde{\gamma}(1))$$

ne dépend que de la classe d'homotopie à extrémités fixées de γ et se note $\operatorname{ind}_{LL'}\gamma$. $\operatorname{ind}_{LL'}\gamma$ ne dépend pas du couple (k,k') sous la réserve que $p:\mathcal{L}_{k,k'}(E)\to X$ soit localement sectionnable.

1.2.1 DÉFINITION [**6**]. *$\operatorname{ind}_{LL'}\gamma$ s'appelle l'indice de Maslov du chemin γ.*

$$\operatorname{ind}_{LL'}\gamma \text{ est additif i.e. si } \gamma=\gamma_1.\gamma_2 \qquad \operatorname{ind}_{LL'}\gamma=\sum_{i=1}^{2}\operatorname{ind}_{LL'}\gamma_i.$$

D'autre part on montre que D est continue sur un sous-ensemble $p^{-1}(X_D)$ où X_D est un ouvert non vide de X, dont le complémentaire Σ_D s'appelle le contour apparent de D. Σ_D est contenu dans $\{x\in X\,|\,\dim L_x\cap L'_x>k_0\}$ où $k_0=\inf_{x\in X}\dim(L_x\cap L'_x)$. Si le chemin γ ne rencontre Σ_D qu'en un nombre fini de points, il existe une subdivision finie $0=t_0<t_1<\cdots<t_r=1$ de $[0,1]$ tel que si $\gamma_i=\gamma|_{[t_{i-1},t_i]}$, $i\geq 1$, γ_i possède un relevé continu Γ_i dans $\mathcal{L}_{k,k'}(E)$. On montre:

1.2.2 PROPOSITION [**6**]. *L'indice de Maslov du chemin γ est égal à*

$$\sum_{i=1}^{r}(d(L,\Gamma_i,L')(t_i)-d(L,\Gamma_i,L')(t_{i-1})).$$

Si γ ne rencontre Σ_D qu'en un nombre fini de points (τ_α) on peut exprimer $\operatorname{ind}_{LL'}\gamma$ en termes de sauts de d sur γ : $\gamma(t)$ possède au voisinage de (τ_α) un relevé continu dans $\mathcal{L}_{k,k'}(E)$ λ_α et la quantité

$$d(L,\lambda_\alpha,L')(\tau_\alpha+h)-d(L,\lambda_\alpha,L')(\tau_\alpha-h)$$
$$(\text{resp. } d(L,\lambda_\alpha,L')(h)-d(L,\lambda_\alpha,L')(0) \text{ si } \tau_\alpha=0,$$
$$d(L,\lambda_\alpha,L')(1)-d(L,\lambda_\alpha,L')(1-h) \text{ si } \tau_\alpha=1)$$

possède une limite quand $h \to 0$, $h > 0$ qui ne dépend pas de λ_α, est appellée le saut de d sur γ et notée saut $d(L, \lambda_\alpha, L')(\tau_\alpha)$.

1.2.3 PROPOSITION [**6**]. *Si* $\mathrm{Im}\,\gamma \cap \Sigma_D = \{0 \le \tau_0 < \tau_1 < \cdots < \tau_k \le 1\}$

$$\mathrm{ind}_{LL'} \lambda = \sum_{\alpha=0}^{k} \text{saut } d(L, \lambda_\alpha, L')(\tau_\alpha).$$

1.3. Indiquons brièvement quelques propriétés de l'indice de Maslov des chemins. Tout d'abord si γ est un lacet $\mathrm{ind}_{LL'} \gamma$ est l'indice de Maslov-Arnold [**2**] du lacet γ.

Soient $(E' \to X', \sigma')$ et $(E \to X, \sigma)$ deux fibrés symplectiques, L, L' (resp. $\tilde{L}, \tilde{L}'$) deux sous-fibrés lagrangiens de E (resp. E').

1.3.1 PROPOSITION (FONCTORIALITÉ) [**6**]. *Si* $(E' \to X', \sigma')$ *est l'image réciproque de* $(E \to X, \sigma)$ *par une application continue* $f : X' \to X$ *et si* $(\tilde{L}, \tilde{L}')$ *sont les images réciproques par* f *de* (L, L')

$$\begin{array}{ccc} E' & \longrightarrow & E \\ \downarrow & & \downarrow \\ X' & \xrightarrow{f} & X \end{array} \qquad \mathrm{ind}_{\tilde{L}\tilde{L}'} = \mathrm{ind}_{LL'} o\, f$$

1.3.2 PROPOSITION (ADDITIVITÉ) [**6**]. *Si* $X = X'$ *soit* $\mathcal{E} = E \oplus E'$, $N = L \oplus \tilde{L}$, $N' = L' \oplus \tilde{L}'$. *Alors* $\mathrm{ind}_{NN'} = \mathrm{ind}_{LL'} + \mathrm{ind}_{\tilde{L}\tilde{L}'}$.

Soit F un sous-fibré vectoriel de E coïsotrope et F^o son orthogonal symplectique. F/F^o est naturellement muni d'une structure de fibré symplectique. De plus si λ est un lagrangien de E $\hat{\lambda} = \lambda \cap F / \lambda \cap F^o$ est un lagrangien de F/F^o.

1.3.3 PROPOSITION (RÉDUCTION SYMPLECTIQUE) [**6**]. *Si* F *contient* L *et si* $x \to \dim((L'_x \cap F^o_x)$ *est constante sur* X, *pour tout chemin* γ *de* X

$$\mathrm{ind}_{L,L'} \gamma = \mathrm{ind}_{\hat{L},\hat{L}'} \gamma.$$

1.4 EXEMPLE: Soit $\Psi : \Lambda \to T^*(M)$ une immersion lagrangienne dans une variété cotangente munie de sa structure symplectique canonique, $E = \Psi^{-1} T(T^*(M))$ est un fibré symplectique muni de deux sous-fibrés lagrangiens, l'un est l'image dans E du fibré tangent à $\Lambda, T\Lambda$, l'autre est l'image réciproque $\mathcal{V}$ du fibré des vecteurs verticaux VT^*M de T^*M. Si γ est un chemin de Λ alors $\mathrm{ind}_{T\Lambda,\mathcal{V}}(\gamma)$ coïncide avec l'indice de Maslov habituel [**14**].

2. Une classe caractéristique des fibrés symplectiques

2.1. Soit $p : (E \to X, \sigma)$ un fibré symplectique dont la base X est paracompacte, connexe par arcs possédant un recouvement ouvert trivialisant $(U_i)_{i\in I}$ qui est un recouvrement de Leray (c'est toujours le cas si X est une C^∞-variété). Sur chaque U_i il existe un sous-fibré lagrangien L_i de $E_i = E|_{U_i}$. Dorénavant les intersections finies d'ouverts de $(U_i)_{i\in I}$ considérées sont non vides.

Si $U_i \cap U_j \neq \emptyset$ on pose pour tout chemin γ de $U_i \cap U_j$

$$\mathrm{ind}_{ij}\, \gamma = \mathrm{ind}_{L_i L_j}\, \gamma.$$

On choisit un élément m_{ij} dans chaque $U_i \cap U_j$, un élément m_{ijk} dans chaque $U_i \cap U_j \cap U_k \neq \emptyset$, et on note $[m_{ijk}, m_{ij}]$ un chemin joignant m_{ijk} à m_{ij} dans $U_i \cap U_j$. Posons

$$(2.1.2)\quad \varepsilon_{ijk} = \mathrm{ind}_{ij}[m_{ijk}, m_{ij}] + \mathrm{ind}_{jk}[m_{ijk}, m_{jk}] - \mathrm{ind}_{ik}[m_{ijk}, m_{ik}] - d(L_i, L_j, L_k)(m_{ijk}).$$

Les ouverts $U_i \cap U_j$ étant simplement connexes les nombres $\mathrm{ind}_{ij}[m_{ijk}, m_{ij}]$ sont indépendants des chemins joignant m_{ijk} à m_{ij} dans $U_i \cap U_j$.

2.1.3 Lemme. *$\varepsilon = (\varepsilon_{ijk})$ est un $\mathbf{Z}$-cocycle de Čech.*

Preuve:

i) ε_{ijk} est indépendant de m_{ijk}. En effet soit m'_{ijk} un autre élément de $U_i \cap U_j \cap U_k$ et ε'_{ijk} l'entier obtenu en remplaçant m_{ijk} par m'_{ijk} dans la relation (2.1.2). Alors

$$\varepsilon_{ijk} - \varepsilon'_{ijk} = \mathrm{ind}_{ij}[m_{ijk}, m'_{ijk}] + \mathrm{ind}_{jk}[m_{ijk}, m'_{ijk}] - \mathrm{ind}_{ik}[m_{ijk}, m'_{ijk}] + d(L_i, L_j, L_k)(m'_{ijk}) - d(L_i, L_j, L_k)(m_{ijk}).$$

Il existe une subdivision $x_0 = m_{ijk}, x_1, \ldots, x_q = m'_{ijk}$ du chemin $[m_{ijk}, m'_{ijk}]$ telle que chaque chemin $[x_\ell, x_{\ell+1}]$ possède un relèvement dans $\Lambda(E)$ transverse aux fibrés L_i, L_j et L_k. Le calcul des quantités $\mathrm{ind}_{ij}[m_{ijk}, m'_{ijk}]$ à l'aide de la proposition 1.2.2 (ici $k = k' = 0$) donne, en tenant compte de $\partial d = 0$,

$$\begin{aligned}\varepsilon_{ijk} - \varepsilon'_{ijk} &= \sum_{\ell=0}^{q-1} \{d(L_i, L_j, L_k)(x_\ell) - d(L_i, L_j, L_k)(x_{(\ell+1)})\} \\ &\quad + d(L_i, L_j, L_k)(x_q) - d(L_i, L_j, L_k)(x_0) = 0.\end{aligned}$$

ii) Soient U_i, U_j, U_k, U_ℓ tels que $U_i \cap U_j \cap U_k \cap U_\ell \neq \emptyset$, on note ∂ l'opérateur cobord pour la cohomologie de Čech.

On calcule $(\partial\varepsilon)_{ijk\ell} = \varepsilon_{jk\ell} - \varepsilon_{ik\ell} + \varepsilon_{ij\ell} - \varepsilon_{ijk}$ en prenant $m = m_{jk\ell} = m_{ik\ell} = m_{ij\ell} = m_{ijk}$ et en remplaçant les nombres $d(L_i, L_j, L_k)(m_{ijk})$ par leurs valeurs données dans la relation (1.1.1). On obtient

$$(\partial\varepsilon)_{ijk\ell} = -\frac{1}{2}\partial\sigma(L_i, L_j, L_k, L_\ell)(m) = 0.$$

2.2 THÉORÈME. *(ε_{ijk}) définit un élément de $H^2(X, \mathbb{Z})$ qui ne dépend que de $(E \to X, \sigma)$ noté $[\varepsilon(E, \sigma)]$ (où $[\varepsilon(E)]$ par abus de notation). De plus, si $\lambda : X \to \mathbb{R}$ et $\lambda(x) > 0$ pour tout x, $[\varepsilon(E, \sigma)] = [\varepsilon(E, \lambda\sigma)]$.*

DÉMONSTRATION: Quand on change les points m_{ij} on obtient évidemment un cocycle équivalent. Il en est de même quand on remplace les sous-fibrés lagrangiens par d'autres: $L'i$. En effet, notons ε'_{ijk} le nombre obtenu en remplaçant dans la relation (2.1.2) le sous-fibrés L_ℓ par L'_ℓ, puis posons $\mathrm{ind}'_{ij} = \mathrm{ind}_{L'_i L'_j}$.

Alors

$$\begin{aligned}\varepsilon_{ijk} - \varepsilon'_{ijk} &= \mathrm{ind}_{ij}[m_{ijk}, m_{ij}] + \cdots - \mathrm{ind}'_{ij}[m_{ijk}, m_{ij}] - \ldots \\ &\quad - d(L_i, L_j, L_k)(m_{ijk}) + d(L'_i, L'_j, L'_k)(m_{ijk}).\end{aligned}$$

On se donne une subdivision de chacun des chemins $[m_{ijk}, m_{ij}]$, $[m_{ijk}, m_{jk}]$, $[m_{ijk}, m_{ik}]$ de manière à pouvoir appliquer la proposition 1.2.2. Ces subdivisions sont notées $m^o_{ij} = m_{ijk}, m^1_{ij}, \ldots, m^q_{ij} = m_{ij}, m^o_{jk} = m_{ijk}, \ldots, m^{q'}_{jk} = m_{jk}, m^o_{ik} = m_{ijk}, \ldots, m^{q''}_{ik} = m_{ik}$ et elles sont choisies de telle sorte qu'il existe pour chacun des chemins obtenus un relèvement dans $\Lambda(E)$ transverse en chaque point aux sous-fibrés $L_i, L_j, L_k, L'_i, L'_j, L'_k$. On note par exemple $\lambda_{ij}^{\ell+}$ et $\lambda_{ij}^{\ell+1-}$ les extrémités du relèvement de $[m_{ij}^{\ell}, m_{ij}^{\ell+1}]$. Au voisinage de tout point $x \in U_i \cap U_j$ il existe une section de $\Lambda(E)$ transverse aux fibrés L_i, L'_i, L_j, L'_j et on peut utiliser ces sections pour obtenir les relèvements précédents. Dans ces conditions on a $\lambda_{ij}^{o+} = \lambda_{jk}^{o+} = \lambda_{ik}^{o+} = \lambda$ et $\lambda_{ij}^{q}, \lambda_{jk}^{q'-}, \lambda_{ik}^{q''-}$ ne dépendent que de m_{ij}, m_{jk}, m_{ik}.

Alors

$$\varepsilon_{ijk} - \varepsilon'_{ijk} = \sum_{\ell=0}^{q-1} \{d(L_i, \lambda_{ij}^{\ell+1-} L_j) - d(L_i, \lambda_{ij}^{\ell+}, L_j) - d(L'_i, \lambda_{ij}^{\ell+1-}, L'_j)$$
$$+ d(L'_i, \lambda_{ij}^{\ell+}, L_j)\} + \cdots - d(L_i, L_j, L_k)(m_{ijk}) + d(L'_i, L'_j, L'_k)(m_{ijk}).$$

Soit μ un lagrangien transverse aux sous-fibrés L_i en $m = p(\mu)$, puisque $\partial d = 0$ on a

$$d(L_i, L_j, L_k)(m) = -d(L_i, \mu, L_j) - d(L_j, \mu, L_k) + d(L_i, \mu, L_k) - n;$$

on déduit de ceci que, par exemple:

$$d(L_i, \lambda_{ij}^{\ell+1+}, L_j) - d(L'_i, \lambda_{ij}^{\ell+1+}, L'_j) = d(L_i, L'_i, L'_j)(x_{\ell+1}) - d(L_i, L_j, L'_j)(x_{\ell+1})$$
$$+ d(L_i, l_{ij}^{\ell+1+}, L'_i) - d(L_j, \lambda_{ij}^{\ell+1+}, L'_j)$$

d'où

$$\varepsilon_{ijk} - \varepsilon'_{ijk} = \mathrm{ind}_{L_i L'_i}[m_{ik}, m_{ij}] + \mathrm{ind}_{L_j L'_j}[m_{ij}, m_{jk}]$$
$$- \mathrm{ind}_{L_k L'_k}[m_{ik}, m_{jk}] + (\partial\alpha)_{ijk}$$
$$\text{où } \alpha_{ij} = d(L_i, L'_i, L'_j)(m_{ij}) - d(L_i, L_j, L'_j)(m_{ij}).$$

Rappelons que, puisque les ouverts considérés sont simplement connexes, les indices des chemins ne dépendant que de leurs extrémités. Soit $m_i \in U_i$, on pose $\beta_{ij} = \mathrm{ind}_{L_i L'_i}[m_i, m_{ij}] - \mathrm{ind}_{L_j L'_j}[m_j, m_{ij}]$.

Alors $\varepsilon_{ijk} - \varepsilon'_{ijk} = \partial(\beta + \alpha)_{ijk}$, d'où la conclusion.

Enfin, si λ est une application continue de X dans $\mathbf{R}$ telle que $\lambda(x) > 0$ pour tout x on a évidemment $[\varepsilon(E, \sigma)] \equiv [\varepsilon(E, \lambda\sigma)]$, ce qui achève la démonstration.

2.3.1 Remarque. En général $d(L_i, L_j, L_k)(m_{ijk})$ dépend de m_{ijk} comme le montre l'exemple de $\mathbf{R}^2 \simeq \mathbf{R} \times \mathbf{R}^*$ muni de la 2-forme symplectique canonique $\sigma_0 : \sigma_0((x,y),(x',y')) = \langle x',y\rangle - \langle x,y'\rangle$. On considère les trois difféomorphismes symplectiques de $\mathbb{R}^2$

$$\varphi_1(x,y) = (y, -x+y^2), \qquad \varphi_2(x,y) = (y,-x), \qquad \varphi_3(x,y) = (x,y)$$

alors $U_{123} = \mathbb{R}^2$. On pose $L_i = \varphi_{i*}(0 \times \mathbb{R})$ $i = 1,2,3$ et on vérifie immédiatement que $d(L_1, L_2, L_3)(x,y) = -1$ si $y > 0$ et vaut 0 pour $y < 0$ (ici l'ensemble caractéristique ([**5**], [**14**]) est l'axe des x). Il résulte de ceci que les nombres $d(L_i, L_j, L_k)(m_{ijk})$ ne représentent pas un 2-cocycle; il en est de même de $\mathrm{ind}_{ij}[m_{ijk}, m_{ij}] + \mathrm{ind}_{jk}[m_{ijk}, m_{jk}] - \mathrm{ind}_{ik}[m_{ijk}, m_{ik}]$. (Cf. infra §3.)

2.3.2 Corollaire. *Si E possède un sous-fibré lagrangien L on a $[\varepsilon(E)] = 0$.*

Preuve: On pose $L'_i = L/_{U_i}$ alors $L_i = L_j$ sur $U_i \cap U_j$, d'où le résultat puisque $d(L,L,L) = 0$ et $\mathrm{ind}_{L,L} = 0$.

2.3.3 Corollaire. *Si E est trivial $[\varepsilon(E)] = 0$.*

2.4 Remarque. La classe $[\varepsilon]$ est liée à un fibré symplectique. Elle est en particulier définie sur une variété M munie d'une 2-forme σ de rang maximum en tout point même si $d\sigma \neq 0$.

3. Obstruction cohomologique à la quantification asymptotique

3.1. Il est nécessaire de rappeler sommairement quelques éléments de la théorie de Karašev-Maslov-Nazaĭkinskiĭ-Fedoriuk [**15**] [**16**] [**18**] [**19**]. Soit D un ouvert relativement compact, connexe et simplement connexe de $\mathbb{R}^{2n} = \mathbb{R}^n \times \mathbb{R}^{n*}$ muni de sa structure symplectique standard σ_0 et $\gamma : D \to \gamma(D)$ un difféomorphisme symplectique. Le graphe de $\gamma, Gr\gamma$, est une sous-variété lagrangienne de $W = (\mathbb{R}^{2n}, \sigma_0) \times (\mathbb{R}^{2n}, -\sigma_0)$. On note ind l'indice de Maslov des chemins de $Gr\gamma$ c'est-à-dire relativement (cf. 1.4) aux sous-fibrés lagrangiens de $TW|_{Gr\gamma}, TGr\gamma$ et $0 \times \mathbb{R}^n \times 0 \times \mathbb{R}^n$, et Σ_γ le contour apparent. On dit que $z_0 \in D$ est un point régulier de γ si $(\gamma(z_0), z_0) \notin \Sigma_\gamma$ [**14**] [**19**]. Génériquement $Gr\gamma \backslash \Sigma_\gamma$ est dense dans $Gr\gamma$.

On définit les faisceaux $\Pi(D)$ et $\Pi(\gamma(D))$ des paquets d'onde sur D et $\gamma(D)$ et un morphisme $T(\gamma, z_0) : \Pi(D) \to \Pi(\gamma(D))$ tel que $T(\mathrm{Id}, z_0) = \mathrm{Id}$.

Si (U, φ) est une carte canonique d'une variété symplectique X on définit de manière naturelle $\Pi(U)$ et le problème est de définir un faisceau $\Pi(X)$ en recollant les faisceaux $\Pi(U)$. En remplaçant éventuellement D par un ouvert D' tel que $\bar{D}' \subset D$ on peut construire une famille à un paramètre de transformations symplectiques de $\mathbf{R}^{2n}$ telle que $\gamma^t = \mathrm{Id}$ pour $0 \leq t < \varepsilon$ et $\gamma^t/_D = \gamma$ pour $t_0 - \varepsilon \leq t \leq t_0$. Notons $H_t(z)$ un hamiltonien associé à γ^t on peut supposer que H_t est à support compact et que $H_t = 0$ pour $0 \leq t \leq \varepsilon$ et $t_0 - \varepsilon \leq t \leq t_0$.

Pour une condition initiale convenable (l'identité à $0(h^2)$ près) la solution, asymptotique à $0(h^2)$ près, $T(t)$ de l'équation

$$(-i\frac{\partial}{\partial t} + \frac{1}{h}\hat{H}_t) \circ T(t) = 0$$

définit un morphisme de $\Pi(D)$ sur $\Pi(\gamma^t D)$ tel que

$$T(t_0) = \exp[\mathrm{ic}(t_0)].T(\gamma, z_0)\text{avec}$$

$c(t_0) = \frac{1}{h}a - \frac{\pi}{2}\nu[0, t_0]$ où a est un nombre lié à la 2-forme symplectique canonique de $\mathbf{R}^{2n}$ et $\nu[0, t_0]$ est l'indice d'un chemin joignant $(z_0, z_0, 0, -H_0(z_0))$ à $(\gamma(z_0), z_0, t_0\ -H_{t_0}(\gamma(z_0))$ sur la sous-variété lagrangienne:

$$M_0 = \{(\gamma^t(z), z, t, -H_t(\gamma^t(z))), z \in D, 0 \leq t \leq t_0\}$$

de $\mathbf{R}^{4n} \times \mathbf{R}_t \times \mathbf{R}_\tau$ muni de la forme symplectique $\Omega_0 + d\tau \wedge dt$ où Ω_0 est la forme symplectique de W.

3.2. Soient alors trois ouverts de cartes de Darboux (U_i, U_j, U_k), $\varphi_i : U_i \to D_i \subset \mathbf{R}^{2n}$, tels que $U_i \cap U_j \cap U_k \neq \emptyset$, on pose $U_{ij} = U_i \cap U_j, U_{ijk} = U_i \cap U_j \cap U_k$.

$$\gamma_1 = \varphi_j \circ \varphi_i^{-1}$$
$$\gamma_2 = \varphi_k \circ \varphi_j^{-1}$$
$$\gamma_3 = \varphi_i \circ \varphi_k^{-1}$$

Les (γ_ℓ) représentent les changements de cartes symplectiques. Soit $m_{ijk} \in U_{ijk}, m_{ij} \in U_{ij}, m_{jk} \in U_{jk}, m_{ki} \in U_{ki}$. On pose

$$z_0 = \varphi_i(m_{ijk})$$
$$z_1 = \varphi_i(m_{ij})$$
$$z_2 = \varphi_j(m_{jk})$$
$$z_3 = \varphi_k(m_{ki})$$

et $D_{123} = D_1 \cap \gamma_1^{-1}(D_2) \cap \gamma_3(D3)$. On suppose que z_ℓ est un point régulier pour γ_ℓ $\ell = 1, 2, 3$ et que $z_0, \gamma_1(z_0), \gamma_2\gamma_1(z_0)$ sont des points réguliers pour $\gamma_1, \gamma_2, \gamma_3$ respectivement ce qui est toujours possible par généricité. Les faisceaux $(\Pi U_i)_{i\in I}$ se recolleront si $T(\gamma_3, z_3) \circ T(\gamma_2, z_2) \circ T(\gamma_1, z_1) = \mathrm{Id}$ en restriction à $\Pi(D_{123})$. Par le procédé précédent on construit les familles γ_ℓ^t $0 \le t \le t_\ell$, les hamiltoniens H_t^ℓ, les opérateurs $T_\ell(t)$ et les variétés lagrangiennes M_ℓ. On définit une famille γ^t de transformations symplectiques en posant

$$\begin{array}{ll} \gamma^t = \gamma_1^t & \text{pour } 0 \le t \le t_1 \\ \gamma^t = \gamma_2^{t-t_1} \circ \gamma_1 & \text{pour } t_1 \le t \le t_1 + t_2 \\ \gamma^t = \gamma_3^{t-t_1-t_2} \circ \gamma_2 \circ \gamma_1 & \text{pour } t_1 + t_2 \le t \le t_1 + t_2 + t_3 \end{array}$$

A γ^t est associé l'hamiltonien H_t défini par

$$\begin{cases} H_t(z) = H_t^1(z) & \text{pour } 0 \le t \le t_1 \\ H_t(z) = H_{t-t_1}^2(z) & \text{pour } t_1 \le t \le t_1 + t_2 \\ H_t(z) = H_{t-t_1-t_2}^3(z) & \text{pour } t_1 + t_2 \le t \le t_1 + t_2 + t_3 \end{cases}$$

Soit $T(t), 0 \le t \le t_1 + t_2 + t_3$ la famille d'opérateurs associée à H_t, elle est telle (à $0(h^2)$ près) par construction, que:

$$T(t_1 + t_2 + t_3) = T_3(t_3) \circ T_2(t_2) \circ T_1(t_1). \quad \text{Or}$$

$$T_j(t_j) = \exp[ic_j(t_j)]T(\gamma_j, z_j) \quad \text{et}$$

$$T(t_1 + t_2 + t_3) = \exp[ic(t_1 + t_2 + t_3)]. \quad \mathrm{Id}$$

Par suite

$$T(\gamma_3, z_3) \circ T(\gamma_2, z_2) \circ T(\gamma_1, z_1) = \exp i[c(t_1 + t_2 + t_3) - \sum_{j=1}^{3} c_j(t_j)].\mathrm{Id}$$

où $c(t_1 + t_2 + t_3) - \sum_{j=1}^{3} c_j(t_j) = -\frac{1}{h}\alpha + \frac{\pi}{2}\left(\sum_{\ell=1}^{3} \nu_\ell[0, t_\ell] - \nu[0, t_1 + t_2 + t_3]\right)$.

3.3. Il résulte des calculs de Karašev et Maslov **[15]** **[16]** que $\alpha = \sigma_{ijk}$ est un 2-cocycle représentant la classe de σ. Le problème est donc d'évaluer

$$\left(\sum_{\ell=1}^{3} \nu_\ell[0, t_\ell] - \nu[0, t_1 + t_2 + t_3]\right).$$

3.3.1. $\nu_\ell[0, t_\ell]$ représente l'indice sur la variété M_ℓ du chemin

$$(t \to (\gamma_\ell^t(z_\ell), z_\ell, t, -H_t^\ell \circ \gamma_\ell^t(z_\ell)), 0 \leq t \leq t_\ell).$$

On pose pour simplifier, $\ell \geq 2$, $Z_\ell = \left(\prod_{r-1}^{\ell-1} \gamma_r\right)(z_0)$ et sur la figure (*) on désigne les points du graphe par leurs $2e$ et $3e$ composantes.

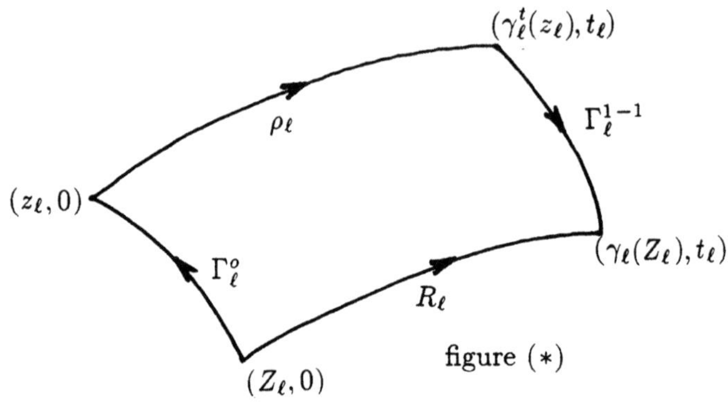

figure (*)

Soit Γ_ℓ un chemin de Z_ℓ à z_ℓ et $\Gamma_\ell^o, \Gamma_\ell^1$ ses relevés canoniques dans M_ℓ correspondant à $t = 0$ et $t = t_\ell$ et ρ_ℓ (resp. R_ℓ) le chemin permettant de calculer $\nu_\ell[0, t_\ell]$ (resp. le chemin analogue issu de $(Z_\ell, 0)$ dont on note $\nu_\ell^o[0, t_\ell]$ l'indice. Par construction $R_\ell^{-1} \circ \Gamma_\ell^{1-1} \circ \rho_\ell \circ \Gamma_\ell^o$ est homotope à 0. Comme le long de Γ_ℓ^o, TM_ℓ et $0 \times \mathbf{R}^n \times 0 \times \mathbf{R}^n \times 0 \times \mathbf{R}$ ont une intersection de dimension constante,

$$\nu_\ell[0, t_\ell] = \nu_\ell^o[0, t_\ell] + \text{ind } \Gamma_\ell^1.$$

D'autre part, $\nu[\tau, \tau']$ représentant l'indice du chemin défini par γ^t sur la variété M correspondante,

$$\nu[0, t_1 + t_2 + t_3] = \nu[0, t_1] + \nu[t_1, t_1 + t_2] + \nu[t_1 + t_2, t_1 + t_2 + t_3]$$

Comme M et M_1 coïncident le long de R_1,

$$\sum_{\ell=1}^{3} \nu_\ell[0, t_\ell] - \nu[0, t_1 + t_2 + t_3] = \sum_{\ell=2}^{3} \nu_\ell^o[0, t_\ell] - \nu[t_1, t_1 + t_2] -$$

$$\nu[t_1 + t_2, t_1 + t_2 + t_3] + \sum_{\ell=1}^{3} \text{ind}\,\Gamma_\ell^1.$$

On calcule tout d'abord $\operatorname{ind}\Gamma_\ell^1$. On pose $\gamma_1^t = \varphi_j^t \circ {\varphi_i}^{-1}$. On a $\varphi_j^o = \varphi_i, \varphi_j^1 = \varphi_j$. On pose $L_i = T{\varphi_i}^{-1}(0\times\mathbb{R}^n)$ etc ... et $L_j^t = \varphi_j^{t\,-1}(0\times\mathbb{R}^n)$ etc ... L_i, L_j^t sont des polarisations locales. Le lemme suivant commande les calculs qui suivent:

3.3.2 Lemme. *Sur son domaine de définition contenu dans $\mathbb{R}^{2n}\times\mathbb{R}^{2n}\times\mathbb{R}^2$ l'application $(z',z,t,\tau)\to(\varphi_j^{t\,-1}z',{\varphi_i}^{-1}z,t,\tau+H_t\circ\gamma_1^t(z))$ est un difféomorphisme symplectique à valeurs dans $(X,\sigma)\times(X,-\sigma)\times(\mathbb{R}^2,d\tau\wedge dt)$ qui transforme M_1 en la sous-variété lagrangienne $\Lambda_1:(x,x,t,0)$ et*

$$0\times\mathbb{R}^n\times 0\times\mathbb{R}^n\times 0\times\mathbb{R}$$

en $L_j^t\times L_i\times 0\times\mathbb{R}=\mathcal{L}'$.

3.3.3. Dans cette transformation Γ_1^1 devient le chemin $u\to({\varphi_i}^{-1}\Gamma_1(u), {\varphi_i}^{-1}\Gamma_1(u),t_1,0)$. Soit $W=E\times L_i\times 0\times\mathbb{R}(E=TX)$. $\mathcal{L}'$ est contenu dans le sous-espace coïsotrope W et $W_0=0\times L_i\times 0\times\mathbb{R}$ rencontre $T\Lambda_1$ suivant un sous-espace de dimension constante isomorphe à L_i. Par réduction symplectique relativement à W on est ramené à calculer l'indice du chemin Γ_ℓ relativement aux sous-fibrés $(L_i, L_j^{t_1}=L_j)$ (1.3.3). Donc $\operatorname{ind}\Gamma_1^1=\operatorname{ind}_{L_iL_j}({\varphi_i}^{-1}\Gamma_1)$. On note $[m_{ijk},m_{ij}]$ le chemin $\varphi_i^{-1}\circ\Gamma_1$ (contenu dans $U_i\cap U_j$) et on écrira $\operatorname{ind}_{L_iL_j}[m_{ijk},m_{ij}]=\operatorname{ind}_{ij}$.

$\oint$ désignant la sommation par permutation circulaire sur les indices (i,j,k) on a finalement prouvé que

$$\sum_{\ell=1}^{3}\operatorname{ind}\Gamma_\ell^1=\oint\operatorname{ind}_{ij}.$$

Pour calculer $\nu_2^o[0,t_2]$ on utilise la même technique en utilisant $\varphi_k^{t\,-1}$ et ${\varphi_j}^{-1}$. Comme $Z_2=\gamma_1 z_0$, le chemin R_ℓ est transformé en le chemin $t\to(m_{ijk},m_{ijk},t,0)$. On note $E_0=E_{m_{ijk}}$. Par réduction symplectique relative à $W=E_0\times L_j\times 0\times\mathbb{R}$, on est ramené à chercher l'indice du chemin identité dans le fibré trivial

$$E_0\times[0,t_2]\to[0,t_2]\text{ pour}$$

les lagrangiens $(L_j,L_k^t)(m_{ijk})$ (avec $L_k^o=L_j, L_k^{t_2}=L_k$).

Pour calculer $\nu[t_1, t_1 + t_2]$ on remarque que si $t \in [t_1, t_1 + t_2]$, $\gamma^t = \gamma_2^{t-t_1} \circ \gamma_1 = \varphi_k^{t-t_1} \circ \varphi_i{}^{-1}$, $\nu[t_1, t_1 + t_2]$ sera donc l'indice du chemin identité dans $E_0 \times [0, t_2] \to [0, t_2]$ pour les lagrangiens $(L_i, L_k^t)(m_{ijk})$. Compte tenu de l'invariance des indices par homotopie on peut toujours se placer dans une situation générique et calculer les indices comme somme de sauts aux points où la dimension de $L_j \cap L_k^t$ et $L_i \cap L_k^t$ varie. Si λ_α est au voisinage de l'un de ces points un lagrangien transverse à L_i, L_j, L_k^t, il résulte de la proposition 1.2.3 que

$$\nu_2^o[0, t_2] - \nu[t_1, t_1 + t_2] = \sum_\alpha \text{ saut } (d(L_j, \lambda_\alpha, L_k^t)) - d(L_i, \lambda_\alpha, L_k^t)).$$

Compte tenu de $\partial d = 0$

$$d(L_j, \lambda_\alpha, L_k^t) - d(L_i, \lambda_\alpha, L_k^t) = -d(L_i, L_j, L_k^t) + d(L_i, L_j, \lambda_\alpha).$$

Comme $d(L_i, L_j, \lambda_\alpha) = -n - d(L_i, \lambda_\alpha, L_j)$ la somme des sauts de $d(L_i, L_j, \lambda_\alpha)$ est, au signe près, égale à l'indice du chemin identité relativement à 2 lagrangiens fixes. Il est donc nul. D'autre part

$$\sum_\alpha \text{ saut } d(L_i, L_j, L_k^t) = d(L_i, L_j, L_k) - d(L_i, L_j, L_j)$$

or $d(L_i, L_j, L_j) = 0$ donc

$$\nu_2^o[0, t_2] - \nu[t_1, t_1 + t_2] = -d(L_i, L_j, L_k)(m_{ijk}).$$

3.3.4. On procède de même avec $\nu_3^o[0, t_3] - \nu[t_1 + t_2, t_1 + t_2 + t_3]$. On est ramené à calculer, par réduction symplectique, l'indice du chemin identité dans $E_0 \times [0, t_3] \to [0, t_3]$ respectivement pour les lagrangiens (L_k, L_i^t) et (L_i, L_i^t). Avec des notations analogues, le même raisonnement prouve que

$$\begin{aligned} \nu_3^o[0, t_3] - \nu[t_1 + t_2, t_1 + t_2 + t_3] &= \sum_\alpha \text{ saut } (d(L_k, L_\alpha, L_i^t) - d(L_i, \lambda_\alpha, L_i^t)) \\ &= \sum_\alpha \text{ saut } (d(L_i, L_k, L_i^t)) \\ &= d(L_i, L_k, L_k) - d(L_i, L_k, L_i) = n. \end{aligned}$$

Finalement on a prouvé que

$$T(\gamma_3, z_3) \circ T(\gamma_2, z_2) \circ T(\gamma_1, z_1) = \exp i(\nu_{ijk} + n)\mathrm{Id}$$

avec $\nu_{ijk} = -\frac{\sigma_{ijk}}{h} + \frac{\pi}{2}(\oint \mathrm{ind}_{ij} - d(L_i, L_j, L_k)(m_{ijk}) + n)$, or m_{ijk} et m_{ik} étant régulier $\mathrm{ind}_{ik} = -\mathrm{ind}_{ki}$. Ainsi $\nu_{ijk} = \left(-\frac{\sigma_{ijk}}{h} + \frac{\pi}{2}n\right) + \frac{\pi}{2}\varepsilon_{ijk}$. C'est donc un 2-cocycle réel. $T(\gamma_3, z_3) \circ T(\gamma_2, z_2) \circ T(\gamma_1, z_1)$ sera égal à $0(h^2)$ près à l'identité si $[\nu_{ijk}] \in 2\pi\mathbf{Z}$. On a donc prouvé:

3.4 Théorème. *La condition de quantification asymptotique s'écrit*

$$-\frac{1}{2\pi h}[\sigma] + \frac{1}{4}[\varepsilon] \in H^2(X, \mathbf{Z}).$$

3.5 Remarque. La formule (7) donnée dans le lemme 7 [**15**] est erronée. Elle conduit ensuite Karašev et Maslov à écrire $\nu_{ijk} = -\frac{\sigma_{ijk}}{h} + \frac{\pi}{2}\kappa_{ijk}$ où $\varepsilon_{ijk} = \kappa_{ijk} - d(L_i, L_j, L_k)(m_{ijk})$. Comme on l'a noté (Remarque 2.3.1) κ_{ijk} n'est pas un cocycle en général.

L'erreur tient probablement au fait suivant. Si L, L', L'' sont trois lagrangiens, on a pour les *lacets* la formule de cocycle $\mathrm{ind}_{LL'} + \mathrm{ind}_{L'L''} - \mathrm{ind}_{LL''} = 0$ tandis que pour les *chemins*

$$\mathrm{ind}_{LL'}\gamma + \mathrm{ind}_{L'L''}\gamma = d(L, L', L'')(\gamma(0)) - d(L, L', L'')(\gamma(1)).$$

4. Relation entre $[\varepsilon(E)]$ et la première classe de Chern $C_1(E)$ d'un fibré vectoriel symplectique E

4.1. Les propositions suivantes sont des corollaires immédiats des propositions 1.3.1, et 1.3.2 et 1.3.3 qui expriment les caractères fonctoriels et additifs de l'indice de Maslov des chemins et son bon comportement pour la réduction symplectique.

4.1.1 Proposition (fonctorialité). *Si (E, σ) est un fibré symplectique de base X, $f : X' \to X$ un morphisme, le fibré image réciproque de E par f $f^{-1}E$ est tel que*

$$[\varepsilon(f^{-1}E)] = f^*[\varepsilon(E)].$$

4.1.2 Proposition (additivité). *Si (E, σ) et (E', σ') sont deux fibrés symplectiques de même base X*

$$[\varepsilon(E \oplus E')] = [\varepsilon(E)] + [\varepsilon(E')].$$

4.1.3 Proposition (réduction symplectique). *Si* (E,σ) *possède un sous-fibré coïsotrope* W *et si* W_0 *désigne son orthogonal symplectique,* $[\varepsilon(E)] = [\varepsilon(W/W_0)]$.

4.2. Si (E,σ) est un fibré symplectique, on peut toujours réduire son groupe structural à $U(n)$, autrement dit le munir de structures presque complexes $\mathcal{I}$ subordonnées. On se limite dorénavant aux structures positives $\mathcal{I}^+$, c'est-à-dire telles que, pour tout A appartenant à E, $\sigma(\mathcal{I}^+A, A) > 0$. On associe à (E,σ) la classe de Chern d'un fibré complexe $(E,\mathcal{I}^+)$ dont il est classique qu'elle ne dépend que de (E,σ). On l'appelle classe de Chern de E et on la note $C_1(E,\sigma)$ ou $C_1(E)$ par abus de notations. L'objectif de ce paragraphe est de prouver le théorème suivant:

4.3 Théorème. *Pour tout fibré symplectique* (E,σ) $\quad [\varepsilon(E)] = 2C_1(E)$.

La démonstration va se dérouler en trois étapes. Tout d'abord on va prouver qu'il suffit de prouver (4.3) pour les fibrés symplectiques de rang 2. Ensuite on montrera que le fibré tautologique du classifiant universel des fibrés complexes, $\xi \to P^1(\mathbb{C}^\infty)$ est, pour sa structure symplectique subordonnée, universel pour les fibrés symplectiques de dimension 2. Il en résultera que si $f : X \to P^1(\mathbb{C}^\infty)$ $\quad [\varepsilon(E)] = f^*[\varepsilon(\xi)]$. Comme

$$[\varepsilon(\xi)] \in H^2(P^1(\mathbb{C}^\infty), \mathbb{Z})$$

il existe $k \in \mathbb{Z}$ tel que $[\varepsilon(\xi)] = kC_1(\xi)$ et donc que $[\varepsilon(E)] = kC_1(E)$ et on calculera k dans le cas du fibré $T\mathbb{S}^2 \to \mathbb{S}^2 = P^1(\mathbb{C})$.

4.4. Soit $p(E,\sigma) \to X$ un fibré symplectique de rang $2n$ et E_0 le sous-fibré (non vectoriel) des vecteurs non nuls. On note $p_0 = p|E_0$, $E' = {p_0}^{-1}E$ est un fibré symplectique sur E_0 qui contient un sous-fibré réel le fibré tautologique $\tau \to E_0$.

4.4.1. L'orthogonal symplectique $W = \tau_0$ est un sous-fibré coïsotrope de E' d'orthogonal τ. On pose $E_1 = W/W_0$. E_1 est de rang $2(n-1)$ et la proposition 4.1.3 assure que

$$[\varepsilon(E_1)] = p_0^*[\varepsilon(E)].$$

Avec des notations évidentes, en itérant $(n-1)$-fois le procédé, on construit un fibré (E_{n-1},σ) de rang 2 tel que

$$[\varepsilon(E_{n-1})] = p_{n-2}^* \circ \cdots \circ p_0^*[\varepsilon(E)].$$

Compte tenu de la suite de Gysin entière [**13**] (les fibrés symplectiques sont orientés) les p_i^* sont injectifs ($0 \leq i \leq n-2$) et donc $[\varepsilon(E)]$ est déterminée par $\varepsilon(E_{n-1})$ ce qui prouve la première assertion.

4.4.2. Soit (E, σ) un fibré symplectique de rang 2, J^+ une structure presque complexe positive subordonnée. $(E, J^+) = f^{-1}\xi$ où f est un morphisme de X dans $P^1(\mathbb{C}^\infty)$. Soit σ_0 une structure complexe subordonnée à $\mathcal{I}_0$ structure complexe de ξ (i.e. telle que $\sigma_0(\mathcal{I}_0 A, \mathcal{I}_0 B) \equiv \sigma_0(A, B)$) et telle que $\sigma_0(\mathcal{I}_0 A, A) > 0$. $f^*\sigma_0$ est une structure symplectique sur E de rang 2. Il existe donc $\lambda \in \mathbb{C}^\infty(X, \mathbb{R})$ tel que

$$\sigma = \lambda f^* \sigma_0$$

et $\lambda > 0$, compte tenu de ce que $\mathcal{I}^+$ et $\mathcal{I}^o$ sont positifs respectivement par rapport à σ et σ_0. Il en résulte que

$$[\varepsilon(E)] = [\varepsilon(E, \sigma)] = [\varepsilon(E, f^*\sigma_0)] = f^{-1}[\varepsilon(\xi, \sigma_0)].$$

Comme $C_1(\xi)$ est une $\mathbb{Z}$-base de $H^2(P^1(\mathbb{C}^\infty), \mathbb{Z})$ il existe un entier k tel que $[\varepsilon(\xi, \sigma_0)] = kC_1(\xi, \sigma_0)$. Il en résulte que $[\varepsilon(E)] = kC_1(E)$. Pour déterminer k, qui est universel, il suffit de traiter un exemple non trivial, celui de $E = T\mathbf{S}^2 \to \mathbf{S}^2 = P_1(\mathbb{C})$.

4.4.3 Lemme. *Soit $E = T(\mathbf{S}^2)$ alors $[\varepsilon(E)] = 2C_1(E)$.*

Preuve du lemme: Soit $\mathbf{S}^2 = \{(x, y, z) \in \mathbb{R}^3, x^2 + y^2 + z^2 = 1\}$, $N = (0, 0, 1)$ est le pôle nord, $S = (0, 0, -1)$ le pôle sud. On note φ la longitude comptée à partir de l'axe Ox. On définit un recouvrement ouvert $\mathbf{S}^2 = \bigcup_{i=1}^{5} U_i$ où U_1 est le demi-hémisphère supérieur ($z > 0$), U_2 le demi-hémisphère inférieur ($z < 0$), U_3 est la tranche verticale définie par $\frac{\pi}{3} - \varepsilon < \varphi < \pi$ avec $0 < \varepsilon < \frac{\pi}{3}$, U_4 celle définie par $\pi - \varepsilon < \varphi < \frac{5\pi}{3}$ et U_5 celle avec $-\frac{\pi}{3} - \varepsilon < \varphi < \frac{\pi}{3}$. Les ouverts U_i ainsi que leurs intersections deux à deux et trois à trois non vides sont connexes et simplement connexes.

La structure complexe canonique de $P^1(\mathbb{C}) = \mathbf{S}^2$ est obtenue en quotientant $\mathbb{C}^2 \backslash 0$ par $\mathbb{C}^*$. Soit ω la structure symplectique canonique de $\mathbf{S}^2$ définie par $\omega_z(X, Y) = \det(z, X, Y) \quad z \in \mathbf{S}^2$ et $\mathcal{I}$ la structure complexe de $P^1(\mathbb{C})$. Pour déterminer le signe de $\omega(\mathcal{I}X, X)$ on se place en N où $T_N\mathbf{S}^2 \simeq \mathbb{C}$. Donc $\omega_N(\mathcal{I}X, X) = -\|X\|^2$. Il en résulte que la structure complexe positive pour

$\mathcal{I}$ est $\sigma_1 = -\omega$. On normalise σ_1 en $\sigma = \frac{1}{\mathrm{vol}\, \mathbb{S}^2}\sigma_1$; $\int_{\mathbb{S}^2} \sigma = 1$. $\mathbb{S}^2$ est donc orientée par la normale intérieure.

Soit $A = (1,0,0)$ $A' = (-1,0,0)$. Sur $\mathbb{S}^2 \backslash A$, il existe λ tel que $d\lambda = \sigma$; par suite pour $i = 1,2,3,4$ on pose $\lambda_i = \lambda/_{U_i}$, puis on considère λ_5 tel que $d\lambda_5 = \sigma$ sur U_5. Pour obtenir un cocycle de Čech associé à σ on écrit $df_{ij} = \lambda_i - \lambda_j$ sur $U_i \cap U_j$. On peut prendre $f_{ij} = 0$ pour $i, j \in \{1,2,3,4\}$, les seuls termes non nuls étant $f_{i,5} = -f_{5,i}$ $i \in \{1,2,3,4\}$ définis à une constante près. On définit un chemin $\gamma = [a,b,c,d]$ où $[a,b] \subset U_1 \cup U_5$, $[b,c] \subset U_4 \cup U_5$, $[c,d] \subset U_2 \cup U_5$, $[d,a] \subset U_3 \cup U_5$. On a $\mathbb{S}^2 - \gamma = F_1 \cup F_2$ avec $A \in F_1$ et $A' \in F_2$. D'où $1 = \int_{\mathbb{S}^2} \sigma = \int_{F_1} \sigma + \int_{F_2} \sigma = \int_\gamma \lambda - \int \gamma\lambda_5$ car $\mathbb{S}^2$ est orientée par la normale intérieure.

$$1 = \int_\gamma (\lambda - \lambda_5) = \int_{[a,b]} \lambda_1 - \lambda_5 + \int_{[b,c]} (\lambda_4 - \lambda_5) + \int_{[c,d]} (\lambda_2 - \lambda_5) + \int_{[d,a]} \lambda_3 - \lambda_5.$$

Autrement dit

$$1 = f_{15}(b) - f_{15}(a) + f_{45}(c) - f_{45}(b) + f_{25}(d) - f_{25}(c) + f_{35}(a) - f_{35}(d).$$

On choisit $f_{15}(a) = f_{35}(a) = 0, f_{45}(b) = f_{15}(b) = 0, f_{25}(d) = f_{35}(d) = 0$ ce qui fixe les f_{i5}.

Il en résulte que $\sigma_{245} = 1$.

Comme (cf. [**20**] par exemple) $C_1(TP^1(\mathbb{C})) = 2[\sigma]$ le cocycle $2\sigma_{ijk}$ est un représentant de $C_1(T\mathbb{S}^2)$.

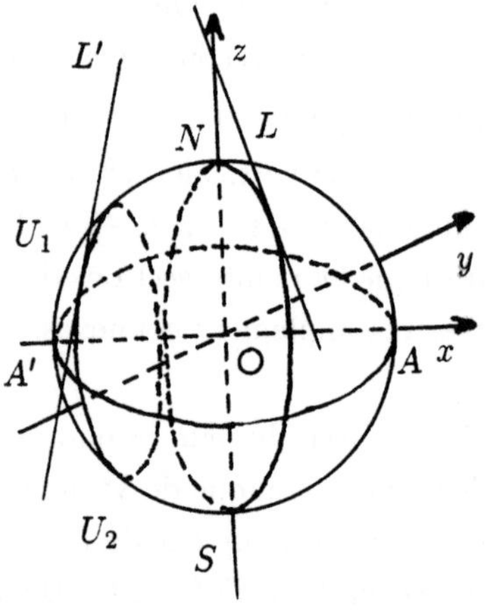

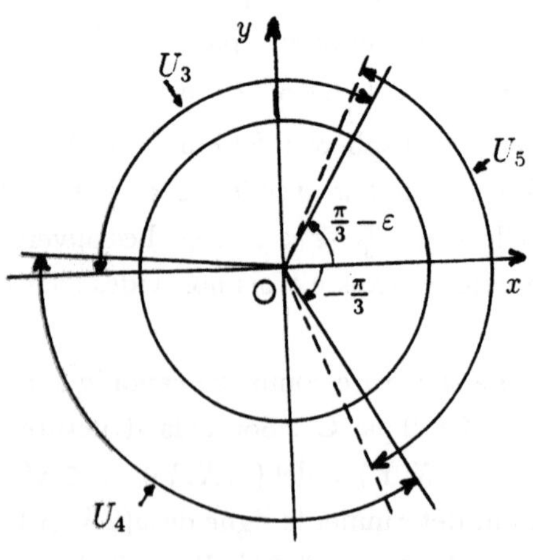

On calcule ensuite un représentant de la classe $[\varepsilon(T\mathbf{S}^2)]$. On considère le champ lagrangien L sur $\mathbf{S}^2 - \{N, S\}$ constitué des tangentes aux méridiens, puis on pose $L_i = L|_{U_i}$ pour $i = 3, 4, 5$. On définit un lagrangien L' sur $\mathbf{S}^2 \backslash x'0x$ en prenant les tangentes aux cercles de $\mathbf{S}^2$ d'axe $x'0x$ et on définit $L_i = L'|_{U_i}$ pour $i = 1, 2$.

Le grand cercle issu de N d'axe $x'0x$ est l'ensemble des points singuliers pour les fibrés lagrangiens $L_i (i = 3, 4, 5)$ et $L_j (j = 1, 2)$ (i.e. ce sont les points où $\dim L_i \cap L_j = 1$).

Par définition de ε on a $\varepsilon_{iii} = 0$ et $\partial\varepsilon = 0$ signifie $\varepsilon_{jk\ell} - \varepsilon_{ik\ell} + \varepsilon_{ij\ell} - \varepsilon_{ijk} = 0$ pour tous les indices i, j, k, ℓ. D'où les relations

$$\varepsilon_{ii\ell} = \varepsilon_{ijj} = 0, \qquad \varepsilon_{iji} = \varepsilon_{jij},$$

$$\varepsilon_{ijk} + \varepsilon_{jik} = \varepsilon_{iji}, \qquad \varepsilon_{ijk} - \varepsilon_{kij} + \varepsilon_{kik} - \varepsilon_{kjk} = 0 \tag{4.4.4}$$

Dans ces conditions soient λ, μ, ν trois droites transverses de $T_z(\mathbf{S}^2)$ orienté par $(-z)$, on a les deux cas de figure:

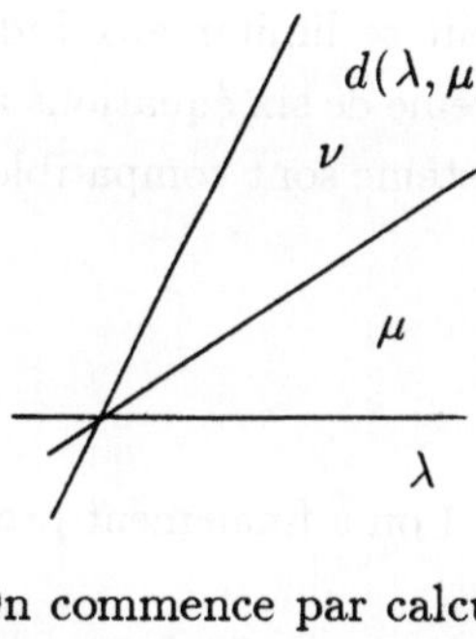

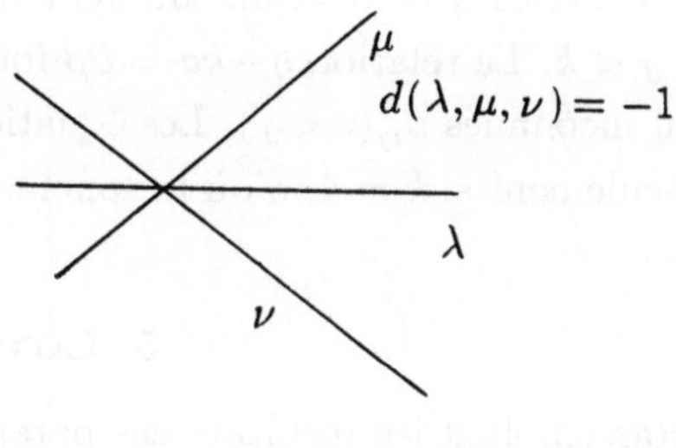

On commence par calculer les nombres ε_{iji}, on prend $m_{iji} = m_{ij}$ et on obtient:

$$\varepsilon_{343} = \varepsilon_{353} = \varepsilon_{454} = 0$$

$$\varepsilon_{1i1} = \varepsilon_{2i2} = -1 \qquad i = 3, 4, 5.$$

Il reste à calculer ε_{ijk} pour les indices différents (on a immédiatement $\varepsilon_{345} = 0$). On pose

$$\gamma_{ii} = 0 \qquad (i = 1, \ldots, 5)$$

$$\gamma_{ij} = 0 \qquad (i, j = 3, 4, 5)$$

$$\gamma_{2i} = \gamma_{1i} = -1 \qquad (i = 3, 4, 5)$$

$$\gamma_{i1} = \gamma_{i2} = 0 \qquad (i = 3, 4, 5)$$

puis $\eta = \varepsilon - \partial\gamma$. On a $\eta_{iii} = \eta_{iji} = 0$ pour tous les i, j. On déduit alors des relations (3.9.1) appliquées au cocycle η que η_{ijk} est antisymétrique par rapport aux indices. Il suffit donc de calculer les ε_{ijk} suivants:

ε_{541}, on prend $m_{541} = m_{54} = m_{41} = m_{51}$ et on obtient $\varepsilon_{541} = \eta_{541} = 0$.

De manière similaire on a $\varepsilon_{135} = \eta_{135} = 0$, $\varepsilon_{425} = 1$, $\eta_{425} = 2$, $\varepsilon_{523} = 1$, $\eta_{523} = 2$.

Dans les cas précédents les chemins $[m_{ijk}, m_{ij}]$ considérés ne traversent pas le cercle des singularités donc $\mathrm{ind}_{ij}[m_{ijk}, m_{ij}] = 0$ et le calcul de ε_{ijk} se réduit à celui de $d(L_i, L_j, L_k)(m_{ijk})$.

Il n'en est pas de même pour ε_{314} pour lequel $m_{314} = m_{34}$ est dans la région des $x < 0$ et m_{31} et m_{14} dans celle des $x > 0$. On obtient $\varepsilon_{314} = -1$ et $\eta_{314} = 0$. De même $\varepsilon_{423} = -1$ et $\eta_{423} = 0$.

Le nombre k cherché est tel que $\eta - k\sigma = \partial\beta$ où β est un 2-cocycle. Les cocycles η et σ étant antisymétriques on peut se limiter aux indices $i < j < k$. La relation $\eta - k\sigma = \partial\beta$ fournit un système de six équations avec neuf inconnues $\beta_{ij}(i < j)$. Les équations de ce système sont compatibles si et seulement si $k = 4$, d'où la conclusion.

5. Conclusion

Rassemblant les résultats des paragraphes 3 et 4 on a finalement prouvé

5.5.1 Théorème. *Soit (M, σ) une variété symplectique. L'obstruction à la quantification asymptotique s'écrit $\frac{[\sigma]}{2\pi h} - \frac{1}{2}C_1(M, \sigma) \in H^2(M, \mathbf{Z})$.*

Il est classique que $C_1(M, \sigma)$ modulo 2 est la 2ème classe de Stiefel-Whitney de M. Donc si $W_2(M) = 0$ la condition de quantification se réduit à la condition usuelle de la quantification géométrique.

D'après un théorème d'Haefliger [**9**], si $U(n)$ (resp. $Sp(n)$) est le groupe structural d'un espace fibré E on peut étendre $U(n)$ (resp. $Sp(n)$ à son revêtement universel (resp. à un revêtement à q feuillets) si et seulement si la première classe de Chern de E est nulle (resp. nulle modulo q).

Dans [**6**] a été introduite la notion suivante:

5.5.2 DÉFINITION. *Munir le fibré symplectique E d'une géométrie q-symplectique c'est se donner un $Sp_q(n)$ élargissement du groupe structural $Sp(n)$ de E (où $Sp_q(n)$ est le revêtement à q feuillets de $Sp(n)$ $q \leq \infty$, pour $q = 2$ on obtient une géométrie métaplectique).*

En particulier une variété symplectique est métaplectique si son fibré tangent peut être muni d'une géométrie 2-symplectique. Une variété (M, σ) est donc métaplectique si $C_1(E) = 0$ modulo 2, c'est-à-dire si

$$W_2(M) = C_1(M) (\text{mod } 2)$$

deuxième classe de Stiefel-Whitney est nulle.

5.5.3 COROLLAIRE. *Si $W_2(M) = 0$, l'obstruction à la quantification asymptotique s'écrit*

$$\frac{[\sigma]}{2\pi h} \in H^2(M, \mathbf{Z}).$$

Ce corollaire était énoncé comme conjecture dans **[16]**.

BIBLIOGRAPHIE

1. R. Abraham, J. E. Marsden, "Foundations of mechanics (2nd edition)," Benjamin-Cummings, 1978.
2. V. I. Arnold, "Une classe caractéristique intervenant dans les conditions de quantification in Théorie des perturbations et méthodes asymptotiques," Dunod-Gauthier-Villars, 1972, pp. 341–361.
3. F. Bayen, M. Flato, C. Fronsdal, A. Lichnerowicz, D. Sternheimer, *Deformation theory and quantization I*, Annals of Physics (1978), 61–111.
4. F. Bayen, M. Flato, C. Fronsdal, A. Lichnerowicz, D. Sternheimer, *Deformation theory and quantization II*, Annals of Physics (1978), 112–151.
5. P. Dazord, *Une interprétation géométrique de la classe de Maslov*, J. Math. Pures et Appl. **56** (1977), 231–250.
6. P. Dazord, *Invariants homotopiques attachés aux fibrés symplectiques*, Ann. Inst. Fourier, Grenoble **29**, no. 2 (1979), 25–78.
7. P. Dazord, *Sur la géométrie des sous-fibrés et des feuilletages lagrangiens*, Ann. Scient. Ec. Nor. Sup., 4ème série, t. 13 (1981), 465–480 et Erratum.
8. M. J. Gotay, G. M. Tuynmann, $\mathbb{R}^{2n}$ *is a universal symplectic manifold for reduction*, Lett. Math. Phys. t. 8 (1989), 55–59.
9. A. Haefliger, *Sur l'extension du groupe structural d'un espace fibré*, C.R.A.S. **243** (1956), 558–560.
10. H. Hess, *On a geometric quantization sheme generalizing those of Kostant-Souriau and Czyz*, Proc. Inform. Meet. on Diff. Geom. Math. in Phys. (1978), 1–35, TU Clausthal.
11. L. Hörmander, *Fourier Integral Operators I*, Acta Math. **127** (1971), 79–183.
12. L. Hörmander, *The Weyl calculus of pseudo-differential operators*, Comm. on Pure and Appl. Math. **32** (1979), 359–443.
13. D. Husemoller, "Fiber Bundles," Mac Graw-Hill, Series in Higher Mathematics, 1966.
14. V. P. Maslov, "Théorie des perturbations et Méthodes asymptotiques (Lascoux et Seneor Trad.)," Dunod, Gauthier-Villars, 1972.
15. M. V. Karašev, V. P. Maslov, *Pseudo-differential operators and a canonical operator in general symplectic manifolds*, Math. U.S.S.R. Izvestiya **23**, no. 2 (1983), 277–305.
16. M. V. Karašev, V. P. Maslov, *Asymptotic and geometric quantization*, Russian Math. Surveys **39**: 6 (1984), 133–205.
17. B. Kostant, *Quantization and Unitary representations, I. Prequantization*, Lecture Notes in Math. no. 170 (1970), 87–208.
18. V. P. Maslov, V. E. Nazaĭkinskiĭ, *Asymptotics for equations with singularities in the characteristics*, Math. U.S.S.R., Izvestiya **19**, no. 2 (1982), 315–347.
19. V. P. Maslov, V. P. Fedoriuk, "Semi-classical approximation in quantum mechanics," Reidel, 1981.
20. J. W. Milnor, J. Stasbeff, "Lectures on characteristic classes," (Mimeographed notes, Princeton University), 1957.
21. J. M. Souriau, "Structure des systèmes dynamiques," Dunod, Paris, 1972.
22. A. Weinstein, *Lectures on Symplectic Manifolds, Conference Board of Mathematical*, (Regional Conference Series in Mathematics, no. 29) (1977), A.M.S.

URA CNRS746 - GDR 144
Institut de Mathématiques et Informatique
43, boulevard du 11 Novembre 1918
69622 VILLEURBANNE CEDEX
FRANCE

Groupes de Poisson Affines

PIERRE DAZORD ET D. SONDAZ

Le but de cet article est de présenter une extension naturelle de la notion de groupe de Poisson due à Drinfel'd [**5**] : la notion de groupe de Poisson affine. Cette extension contient toutes les structures de Poisson usuellement introduites sur les groupes, et en particulier les structures de groupes de Poisson, les structures de Poisson invariantes à gauche ou à droite, les structures affines de J.M. Souriau [**17**] sur les duaux d'algèbres de Lie.

L'article est divisé en deux parties.

Dans la première partie on développe l'étude de l'algébroïde de Lie d'une variété de Poisson engagée en [**1**] et [**3**]. La belle notion d'algébroïde de Lie due à J. Pradines [**14**] permet de dégager la signification géométrique du crochet sur les 1-formes d'une variété de Poisson. Ce crochet a été introduit indépendamment par I. Ya. Dorfman [**4**], F. Magri et C. Morosi [**11**] dans un document interne de l'Université de Milan, par J.L. Koszul [**9**] qui a construit la structure d'algèbre de Lie graduée de l'espace des formes d'une variété de Poisson et enfin, en liaison avec la théorie des groupoïdes symplectiques, dans [**1**] où la structure d'algébroïde de Lie a été dégagée.

Le lien entre cet algébroïde de Lie et les structures linéarisées transverses d'A. Weinstein [**19**] est explicité. Ceci conduit notamment à une propriété d'abéliannité en un point régulier de ce que l'on appelle l'algèbre des courants en théorie de Jauge.

Dans la seconde partie on exploite les résultats précédents sur les variétés de Poisson (D, Λ) munies d'une structure de groupe. On est ainsi conduit à une caractérisation nouvelle des groupes de Poisson : (D, Λ) est un groupe de Poisson si et seulement si l'espace $\mathcal{L}^*(D)$ des formes invariantes à gauche est une sous-algèbre de Lie de l'espace des 1-formes et si $\Lambda(e) = 0$. M.V. Karasev [**7**] et A. Weinstein [**20**] avaient prouvé la partie directe de ce résultat. La réciproque qui utilise abondamment les propriétés du crochet de Schouten et des variétés de Lie-Poisson (ou cogèbres de Lie [**18**]), conduit à la notion de groupe de Poisson affine. (D, Λ) est un groupe de Poisson affine si (D, Λ) est une variété de Poisson et si $\mathcal{L}^*(D)$ est une sous-algèbre de Lie de l'espace des 1-formes. A tout groupe de Poisson affine sont associés canoniquement deux groupes de Poisson "à gauche et à droite". dont les groupes duaux sont appelés groupe de Poisson dual à gauche (resp. à droite). Les feuilles caractéristiques de (D, Λ) sont les orbites de l'action de l'un ou l'autre des groupes duaux. Les algèbres d'isotropie des groupes duaux coïncident et en un point régulier l'abéliannité de l'algèbre des courants entraîne l'abéliannité de cette algèbre d'isotropie. Dans le cas où (D, Λ) est le dual d'une algèbre de Lie avec sa structure standard, on retrouve ainsi un résultat de M. Duflo et M. Vergne [**6**].

L'article se termine par de nombreux exemples de groupes de Poisson affines — complets ou non — et par l'étude de leurs groupes duaux. En particulier si D est un groupe muni d'une structure de Poisson Λ invariante à gauche et à feuilles compactes, son groupe dual à gauche est résoluble d'ordre 2. Si (D, Λ) est un groupe semi-simple, les structures de Poisson affines sur D sont en correspondance biunivoque avec les paires (μ, ν) de solutions de l'équation de Yang-Baxter généralisée telles que $[\mu, \mu] = [\nu, \nu]$.

NOTATIONS. Les variétés et les fonctions seront supposées de classe $\mathcal{C}^\infty$. Si M est une variété, $\mathcal{C}^\infty(M, \mathbf{R})$ sera l'anneau des fonctions réelles sur M, $\mathcal{X}^\infty(M)$ l'ensemble des champs de vecteurs sur M, $\Omega_p(M)$ (resp. $Z(\Omega_p(M))$) l'ensemble des p-formes différentielles (resp. des p-formes différentielles fermées) sur M.

Si $E \to M$ est un fibré vectoriel sur M, $\mathrm{Sect}(M, E)$ sera l'ensemble des sections de ce fibré. Si S est une sous-variété de M, $E_S \to S$ désignera le fibré image réciproque de $E \to M$ par l'inclusion $i_S : S \to M$.

On notera $\underset{\sim}{\mathcal{C}}^\infty(M, \mathbf{R})$, $\underset{\sim}{\mathcal{X}}^\infty(M)$, $\underset{\sim}{\Omega}_p(M)$, $\underset{\sim}{Z}(\Omega_p(M))$, $\underset{\sim}{\mathrm{Sect}}(M, E)$ les faisceaux des germes des éléments respectivement de $\mathcal{C}^\infty(M, \mathbf{R})$, $\mathcal{X}^\infty(M)$, $\Omega_p(M)$, $Z(\Omega_p(M)), \mathrm{Sect}(M, E)$.

Si G est un groupe de Lie nous désignerons par L_x et R_x les translations respectivement à gauche et à droite, par $\mathcal{L}(G)$ (resp. $\mathcal{R}(G)$) l'ensemble des champs de vecteurs sur G invariants à gauche (resp. à droite), par $\mathcal{L}^*(G)$ (resp. $\mathcal{R}^*(G)$) l'ensemble des 1-formes différentielles sur G invariantes à gauche (resp. à droite) et par G l'algèbre de Lie de G.

Pour tout $X \in \underline{G}$ (resp. $\omega \in \underline{G}^*$) on note X^ℓ (resp. X^r) (resp. ω^ℓ(resp. ω^r)) l'unique élément de $\mathcal{L}(G)$ (resp. $\mathcal{R}(G)$) (resp. $\mathcal{L}^*(G)$ (resp. $\mathcal{R}^*(G)$)) valant X (resp. ω) en l'élément neutre e de G.

Le crochet de Schouten sur une variété M noté $[.,.]$ (ou $[.,.]_S$ s'il y a risque de confusion, cf. §II) utilisé dans cet article est celui utilisé par Koszul [**9**] qui fait de l'algèbre des tenseurs antisymétriques sur une variété M une algèbre de Lie graduée de degré -1. Il diffère d'un signe de celui

utilisé par Lichnérowicz [**10**]:
si $X \in \overset{p}{\underset{\sim}{\Lambda}} TM, Y \in \overset{q}{\underset{\sim}{\Lambda}} TM, [X,Y]_K = (-1)^{p+1}[X,Y]_L$ où $[\,.\,,\,.\,]_K$ et $[\,.\,,\,.\,]_L$ désignent les crochets utilisés respectivement par Koszul et Lichnérowicz.

Les auteurs tiennent à remercier le rapporteur pour ses suggestions.

I. ALGEBROIDE DE LIE D'UNE VARIETE DE POISSON

DÉFINITION 1.1 ([**14**]). *Un algébroïde de Lie sur une variété M est la donnée d'un fibré vectoriel $p : E \to M$ tel que :*

i) *le faisceau $\underset{\sim}{Sect}(M, E)$ possède une structure de faisceau d'algèbres de Lie (dont on notera $\{.,.\}$ le crochet) ;*

ii) *il existe un morphisme $\rho : E \to TM$ de fibrés vectoriels au-dessus de M tel que le morphisme induit $\widetilde{\rho} : \underset{\sim}{Sect}(M, E) \to \underset{\sim}{\mathcal{X}}^\infty(M)(\widetilde{\rho}(\omega) = \rho \circ \omega)$ soit un morphisme d'algèbres de Lie ;*

iii) *pour toute $f \in \mathcal{C}^\infty(M, \mathbb{R})$ et tout couple (ω_1, ω_2) de sections de $E \to M$,*

$$\{\omega_1, f\omega_2\} = f\{\omega_1, \omega_2\} + (\mathcal{L}_{\widetilde{\rho}(\omega_1)} f)\omega_2 \tag{1}$$

On dit qu'on a un algébroïde de Lie transitif si, $\forall x \in M,\ \rho(E_x) = T_x M$. Un résultat fondamental pour la théorie des variétés de Poisson est le suivant :

THÉORÈME 1.1 ([**1**], [**4**], [**9**], [**11**]). *Soit (P, Λ) une variété de Poisson. Alors T^*P est canoniquement muni d'une structure d'algébroïde de Lie où le morphisme de fibrés vectoriels de T^*P dans TP est égal à $\Lambda^\#$ et où le crochet de deux 1-formes différentielles sur P est donné par la formule*

$$\{\omega_1, \omega_2\} = i_{\Lambda^\# \omega_1} d\omega_2 - i_{\Lambda^\# \omega_2} d\omega_1 + d(i_\Lambda(\omega_1 \wedge \omega_2)) \tag{2}$$

d est alors un morphisme de faisceaux d'algèbres de Lie de $\underset{\sim}{\mathcal{C}}^\infty(P, \mathbb{R})$ dans $\underset{\sim}{\Omega}_1(P)$.

DÉFINITION 1.2. *Cet algébroïde de Lie s'appelle l'algébroïde de Lie de la variété de Poisson (P, Λ).*

Notation. Chaque fois que l'on aura un 2-tenseur contravariant antisymétrique Λ (non forcément de Poisson) le crochet défini par (2) sera dit "crochet (sur les 1-formes) associé à Λ". A priori, si Λ n'est pas de Poisson, $\{.,.\}$ est $\mathbb{R}$-linéaire antisymétrique mais n'a pas de raison de vérifier l'identité de Jacobi.

Si (P, Λ) est une variété de Poisson, la formule (2) munit $\Omega_1(P)$ d'une structure d'algèbre de Lie qui est la restriction au degré 1 de la structure d'algèbre de Lie graduée de $\Omega(P) = \bigoplus_{p \in \mathbb{N}} \Omega_p(P)$ définie par Koszul [8]) : si $\omega_i \in \Omega_{p_i}(P), i = 1, 2,$

$$\{\omega_1, \omega_2\} = (-1)^{p_1}(\Delta(\omega_1 \wedge \omega_2) - (\Delta\omega_1) \wedge \omega_2 - (-1)^{p_1}\omega_1 \wedge (\Delta\omega_2))$$

où Δ est l'opérateur de degré -1 sur les formes, défini par

$$\Delta = i_\Lambda d - d i_\Lambda.$$

On vérifie que $d\{\omega_1, \omega_2\} = \{d\omega_1, \omega_2\} + (-1)^{p_1}\{\omega_1, d\omega_2\}$.

En particulier $d : \Omega_1(P) \to \Omega_2(P)$ est un 1-cocycle pour la représentation adjointe de $\Omega_1(P)$ dans $\Omega_2(P)$.

Par ailleurs Λ est un opérateur de cohomologie sur l'algèbre de Lie graduée $\mathrm{Sect}(P, \Lambda TP) = \bigoplus_{p \in \mathbb{N}} \mathrm{Sect}(P, \overset{p}{\Lambda}\, TP)$ munie du crochet de Schouten, ce qui permet de définir la Λ-cohomologie de la variété de Poisson (P, Λ) ([10]) qui est reliée à la cohomologie de De Rham par le théorème suivant :

THÉORÈME 1.2 ([9]). *L'opérateur $\Lambda^{\#}$ est un morphisme d'algèbre de Lie graduées de $(\Omega(P), \{.,\dots\})$ dans $(\mathrm{Sect}(P, \Lambda TP), [.,.])$ induisant un morphisme de la cohomologie de De Rham de P dans la Λ-cohomologie de Lichnérowicz de P.*

Si (P, Λ) est une variété de Poisson, il résulte de la formule (2) que $Z(\Omega_1(P))$ est une sous-algèbre de Lie de $(\Omega_1(P), \{.,.\})$. En fait $Z(\Omega_1(P))$ a son idéal dérivé contenu dans les 1-formes exactes.

Cette propriété caractérise, parmi les algébroïdes de Lie sur le cotangent d'une variété, ceux qui proviennent d'une structure de Poisson. Plus précisément :

THÉORÈME 1.3. *Soit P une variété dont le fibré cotangent est muni d'une structure d'algébroïde de Lie de morphisme $\rho : T^*P \to TP$. Alors T^*P est l'algébroïde de Lie d'une structure de Poisson Λ sur P telle que $\Lambda^{\#} = \rho$ si et seulement si ρ est antisymétrique*

(i.e. le 2-tenseur contravariant Λ défini sur P par $i_\Lambda(\omega_1 \otimes \omega_2) = \omega_2(\widetilde{\rho}(\omega_1))$ est antisymétrique)

et $Z(\Omega_1(P))$ est une sous-algèbre de Lie de $\Omega_1(P)$.

PREUVE: Les conditions sont évidemment nécessaires.

Réciproquement soient $[\omega_1, \omega_2]$ le crochet de Lie de $\Omega_1(P)$ induit par la structure d'algébroïde de Lie de (T^*P, ρ) et $\{\omega_1, \omega_2\}$ le "crochet" associé à Λ.

Des propriétés d'algébroïde de Lie il résulte immédiatement que

$$(\omega_1, \omega_2) \mapsto [\omega_1, \omega_2] - \{\omega_1, \omega_2\}$$

est $\mathcal{C}^\infty(P, \mathbf{R})$-bilinéaire. Il existe donc un tenseur $T \in \mathrm{Sect}(P, \overset{2}{\Lambda} TP \otimes T^*P)$ tel que

$$[\omega_1, \omega_2] - \{\omega_1, \omega_2\} = i_T(\omega_1 \wedge \omega_2).$$

Si $d\omega_1 = d\omega_2 = 0$ il résulte de l'hypothèse et de la forme explicite de $\{\omega_1, \omega_2\}$ que $d(i_T(\omega_1 \wedge \omega_2)) = 0$.

Un calcul explicite prouve alors que $T = 0$. Autrement dit on a nécessairement $\{\omega_1, \omega_2\} = [\omega_1, \omega_2]$.

Soit $\{\,.\,,\,.\,\}$ l'application bilinéaire antisymétrique définie sur $\mathcal{C}^\infty(P, \mathbf{R})$ par

$$\{f, g\} = i_\Lambda(df \wedge dg)$$

Λ définira une structure de Poisson sur P si et seulement si pour tout $(f_1, f_2, f_3) \in (\mathcal{C}^\infty(P, \mathbf{R}))^3$,

$$\oint \{\{f_1, f_2\}, f_3\} = 0$$

(où $\oint$ désigne la sommation par permutation circulaire).

On a la relation

$$d \oint \{\{f_1, f_2\}, f_3\} = \frac{1}{2} i_{[\Lambda,\Lambda]}(df_1 \wedge df_2 \wedge df_3)$$

D'autre part

$$d \oint \{\{f_1, f_2\}, f_3\} = \oint \{\{df_1, df_2\}, df_3\} = 0$$

puisque $\{\,.\,,\,.\,\} = [\,.\,,\,.\,]$ et est donc un crochet de Lie sur $\Omega_1(P)$. Il en résulte que pour tout triplet (f_1, f_2, f_3) de fonctions sur P :

$$di_{[\Lambda,\Lambda]}(df_1 \wedge df_2 \wedge df_3) = 0.$$

Mais on a également $di_{[\Lambda,\Lambda]}(df_1^2 \wedge df_2 \wedge df_3) = 0$.
Il en résulte que $[\Lambda, \Lambda] = 0$, ce qui achève la démonstration.

Soit $(p : E \to M, \rho)$ un algébroïde de Lie de crochet $\{\,.\,,\,.\,\}$. Un théorème de Pradines ([**14**]) assure que $\mathbf{S} = \rho(E) = \{\rho(E_x); x \in M\}$ définit un feuilletage de Stefan. Pour toute feuille $S \in \mathbf{S}$, soient i_S l'inclusion de S dans M et $\ker i_S^*$ le noyau du morphisme surjectif de faisceaux

$$i_S^* : i_S^{-1}\underset{\sim}{\mathrm{Sect}}(M, E) \to \underset{\sim}{\mathrm{Sect}}(S, E_S).$$

On vérifie aisément que $\ker i_S^*$ est un faisceau d'idéaux du faisceau d'algèbres de Lie $i_S^{-1}\underset{\sim}{\mathrm{Sect}}(M, E)$ image réciproque de $\underset{\sim}{\mathrm{Sect}}(M, E)$ par i_S. On munit ainsi $\underset{\sim}{\mathrm{Sect}}(S, E_S)$ d'une structure de faisceau d'algèbres de Lie et il est alors aisé de vérifier qu'avec cette structure $(E_S \to S, \rho_S = \rho|_{E_S})$ devient un algébroïde de Lie transitif par construction même. On a une suite exacte de fibrés sur S, si $I_S = \ker \rho_S$,

$$0 \to I_S \to E_S \xrightarrow{\rho_S} TS \to 0 \tag{3}$$

Il résulte alors de la condition iii) de la définition 1.1 que I_S est un fibré en algèbres de Lie dont la structure d'algèbre de Lie des fibres est donnée par :
si $x \in$ S, si $(X_1, X_2) \in (I_S(x))^2$, $\{X_1, X_2\} = \{\xi_1, \xi_2\}(x)$ où, pour $i = 1, 2$, ξ_i est une section locale de E_S telle que $\xi_i(x) = X_i$ et où, par abus de notation, on note encore

$\{\,.\,,\,.\,\}$ le crochet dans $\underset{\sim}{\mathrm{Sect}}(S, E_S)$. En fait :

PROPOSITION 1.1. *Les structures d'algèbres de Lie des fibres de I_S sont toutes isomorphes. Plus précisément $I_S \to S$ est un fibré localement trivial en algèbres de Lie.*

PREUVE: Soit γ une scission de la suite exacte (3). Elle permet de définir une loi de dérivation covariante ∇ dans I_S en posant pour $X \in \mathcal{X}^\infty(S)$ et $\xi \in \underset{\sim}{\mathrm{Sect}}(S, I_S)$:

$\nabla_X\xi = \{\gamma(X), \xi\}$. L'identité de Jacobi s'écrit alors :

$$\nabla_X\{\xi_1, \xi_2\} = \{\nabla_X\xi_1, \xi_2\} + \{\xi_1, \nabla_X\xi_2\} \tag{4}$$

ce qui assure le résultat.

On peut noter que la courbure R de cette connexion est donnée par

$$R(X,Y)\xi = \{\{\gamma(X), \gamma(Y)\} - \gamma([X,Y]), \xi\}$$

et que $\{\gamma(X), \gamma(Y)\} - \gamma([X,Y]) \in \underset{\sim}{\mathrm{Sect}}(S, I_S)$.

En particulier ∇ est plate si I_S est un fibré en algèbres de Lie abéliennes. On va préciser ces résultats dans le cas de l'algébroïde $(T^*P \to P, \Lambda^\#)$ d'une variété de Poisson (P, Λ). Dans ce cas le feuilletage $\mathbf{S}$ est le feuilletage caractéristique de la variété de Poisson (P, Λ) ([**10**], [**19**]). Si $S \in \mathbf{S}$, le noyau I_S de la restriction de $\Lambda^\#$ à $T^*P|_S$ n'est autre que le fibré conormal ν^*S car $\langle\omega_1, \Lambda^\#\omega_2\rangle = -\langle\omega_2, \Lambda^\#\omega_1\rangle$ entraîne que $\omega \in I_S \Leftrightarrow \omega|_{TS} = 0$. La suite exacte (3) s'écrit alors

$$0 \to \nu^*S \to T^*P|_S \xrightarrow{\Lambda^\#} TS \to 0 \tag{5}$$

D'après ce qui précède $\nu^*S \to S$ est un fibré localement trivial en algèbres de Lie. Si $\overset{o}{\omega}_i \in \nu_x^*S$, $i = 1, 2$, le crochet $\{\overset{o}{\omega}_1, \overset{o}{\omega}_2\}$ est la valeur en x du crochet $\{\omega_1, \omega_2\}$ de deux formes $\omega_i \in \underset{\sim}{\Omega}_1(P)$ telles que $\omega_i(x) = \overset{o}{\omega}_i$. Comme $\overset{o}{\omega}_i \in \nu_x^*S$,

$$\{\overset{o}{\omega}_1, \overset{o}{\omega}_2\} = d(i_\Lambda(\omega_1 \wedge \omega_2))(x).$$

Soient $\overset{o}{X} \in T_xP$ et $X \in \underset{\sim}{\mathcal{X}}^\infty(P)$ tel que $X(x) = \overset{o}{X}$; on a alors

$$\langle\{\overset{o}{\omega}_1, \overset{o}{\omega}_2\}, \overset{o}{X}\rangle = i_{[X,\Lambda]}(\omega_1 \wedge \omega_2)(x).$$

Par construction l'expression précédente ne dépend que de $\nu\,\overset{o}{X}$, image de $\overset{o}{X}$ dans $\nu S = TP|_S/TS$.

Ceci permet de définir un 2-tenseur Λ_L sur la variété ν_xS en posant

$$i_{\Lambda_L(Y)}(\overset{o}{\omega}_1 \wedge \overset{o}{\omega}_2) = \langle\{\overset{o}{\omega}_1, \overset{o}{\omega}_2\}, \overset{o}{X}\rangle$$

si $Y = \nu\overset{o}{X}$.

$(\nu_x S, \Lambda_L)$ est alors la variété de Lie-Poisson duale (ou cogèbre de Lie au sens de [**18**]) de l'algèbre de Lie $(\nu_x^* S, \{\,.\,,\,.\,\})$ appelée linéarisée transverse de (P, Λ) en x ([**19**]). De la proposition 1.1 il résulte que toutes les linéarisées transverses le long de S sont isomorphes.

On va examiner maintenant le cas d'une variété de Poisson régulière c'est-à-dire pour laquelle le feuilletage caractéristique **S** est régulier. Ce cas tire son importance de ce que, pour une variété de Poisson quelconque, il existe un ouvert partout dense sur les composantes connexes duquel le feuilletage induit par le feuilletage caractéristique est régulier. **S** étant régulier on note $\nu^*\mathbf{S}$ le fibré conormal de **S** et on a cette fois une suite exacte de fibrés sur P :

$$0 \to \nu^*\mathbf{S} \to T^*P \xrightarrow{\Lambda^\#} \mathbf{S} \to 0 \tag{6}$$

THÉORÈME 1.4. *Soient (P, Λ) une variété de Poisson régulière et S une feuille du feuilletage caractéristique* **S**. *Toutes les connexions associées aux scissions de (6) coïncident avec la connexion de Bott et la structure induite sur $\nu^*S \to S$ par la structure d'algébroïde de T^*P est une structure plate en algèbres de Lie abéliennes.*

PREUVE: Soit γ une scission de (6). On vérifie que si $X \in \underset{\sim}{\mathcal{X}}^\infty(S)$ et $\omega \in \underset{\sim}{\mathrm{Sect}}(S, \nu^*S)$,

$$\nabla_X \omega = \{\gamma(X), \omega\} = i_{\hat{X}}\, d\hat{\omega}|_S$$

où $\hat{\omega}$ (resp. $\hat{X}$) est une section de $\nu^*\mathbf{S} \to P$ (resp. un champ de vecteurs sur P tangent à **S**) induisant ω (resp. X) sur S, ce qui montre que ∇ est la connexion de Bott.

D'autre part, soit $\overset{o}{\omega}_i \in \nu_x^* S, i = 1, 2$. Comme $\nu^*\mathbf{S}$ est un sous-fibré, il existe $\omega_i \in \underset{\sim}{\mathrm{Sect}}(P, \nu^*\mathbf{S})$ telle que $\omega_i(x) = \overset{o}{\omega}_i$. Dans ces conditions $\{\overset{o}{\omega}_1, \overset{o}{\omega}_2\} = \{\omega_1, \omega_2\}(x)$ qui est nul car $\Lambda^\# \omega_i = 0$ par construction.

II. GROUPES DE POISSON AFFINES

Drinfel'd ([**5**]) a introduit la notion suivante :

DÉFINITION 2.1. *Un groupe de Poisson est un groupe de Lie D muni d'une structure de Poisson Λ faisant de la multiplication un morphisme de Poisson de $D \times D$ dans D.*

$$\text{On a alors} \quad \Lambda(xy) = L_x\Lambda(y) + R_y\Lambda(x) \tag{7}$$
$$\text{et} \quad \Lambda(e) = 0 \text{ si } e \text{ est l'élément neutre de } D.$$
$$\text{On définit} \quad \eta : D \to \overset{2}{\Lambda}\underline{D} \text{ par } \eta(x) = R_{x^{-1}}\Lambda(x).$$
$$\eta \text{ vérifie la relation } \eta(xy) = \eta(x) + Ad(x).\eta(y)$$

c'est donc un 1-cocycle de D pour la représentation adjointe dans $\overset{2}{\Lambda}\underline{D}$.

Par dérivation de la relation (7) on obtient l'identité

$$\forall (X,Y) \in \underline{D}^2, [X^\ell,[Y^r,\Lambda]] = 0 \tag{8}$$

Compte tenu de l'identité de Jacobi cette identité équivaut à

$$[Y^r,[X^\ell,\Lambda]] = 0.$$

Inversement (8) assure que $[Y^r,\Lambda]$ est invariant à droite.
Si D est un groupe de Lie connexe muni d'un tenseur de Poisson Λ vérifiant (8) et tel que $\Lambda(e) = 0$ on obtient (7) par intégration de (8). Ainsi

THÉORÈME 2.1 ([**20**]). *Soit D un groupe de Lie connexe et Λ un tenseur de Poisson sur D, (D,Λ) est un groupe de Poisson si et seulement si $\Lambda(e) = 0$ et $[X^\ell,[Y^r,\Lambda]] = 0$ pour tout $(X,Y) \in \underline{D}^2$.*

COROLLAIRE. *Si (D,Λ) est un groupe de Poisson, $[X^\ell,\Lambda]$ (resp. $[Y^r,\Lambda]$) est un champ de 2-tenseurs invariant à gauche (resp. à droite).*

THÉORÈME 2.2. *Soient D un groupe de Lie connexe et Λ un 2-tenseur contravariant antisymétrique sur D. (D,Λ) est un groupe de Poisson si et seulement si*

i) $\Lambda(e) = 0$;

ii) $\mathcal{L}^*(D)$ *muni du crochet associé à Λ est une algèbre de Lie.*

PREUVE: La partie directe de ce théorème est due à Karasev ([**7**]) et Weinstein ([**20**]). Supposons que (D,Λ) soit un groupe de Poisson. On a alors $\Lambda(e) = 0$ et ii) va résulter des lemmes suivants.

LEMME 2.1. *Si M est une variété munie d'un 2-tenseur contravariant antisymétrique Λ on a l'identité*

$$i_X\{\omega_1,\omega_2\} = i_{[X,\Lambda]}(\omega_1 \wedge \omega_2) + i_{\Lambda^{\#}\omega_1} di_X\omega_2 - i_{\Lambda^{\#}\omega_2} di_X\omega_1$$

où $X \in \mathcal{X}^\infty(M), \omega_i \in \Omega_1(M), i = 1,2$, et où $\{\,.\,,\,.\,\}$ est le crochet associé à Λ.

LEMME 2.2. *Si D est un groupe de Lie muni d'un 2-tenseur contravariant Λ dont on note $\{\,.\,,\,.\,\}$ le crochet associé on a, si $(X,Y) \in \underline{D}^2$ et $\omega_i \in \underline{D}^*, i = 1,2,$*

$$i_{X^\ell}\mathcal{L}_{Y^r}\{\omega_1^\ell,\omega_2^\ell\} = i_{[X^\ell,[Y^r,\Lambda]]}(\omega_1^\ell \wedge \omega_2^\ell).$$

PREUVE DU LEMME 2.2: Comme $[X^\ell, Y^r] = 0$, le lemme 2.1 entraîne que

$$\begin{aligned} i_{X^\ell}\mathcal{L}_{Y^r}\{\omega_1^\ell,\omega_2^\ell\} &= \mathcal{L}_{Y^r} i_{X^\ell}\{\omega_1^\ell,\omega_2^\ell\} \\ &= \mathcal{L}_{Y^r} i_{[X^\ell,\Lambda]}(\omega_1^\ell \wedge \omega_2^\ell) \\ &= i_{[X^\ell,[Y^r,\Lambda]]}(\omega_1^\ell \wedge \omega_2^\ell). \end{aligned}$$

Le lemme 2.2 entraîne que, si $\omega_i \in \mathcal{L}^*(D), i = 1,2, \mathcal{L}_{Y^r}\{\omega_1,\omega_2\} = 0$ pour tout $Y \in \underline{D}$, donc que $\{\omega_1,\omega_2\} \in \mathcal{L}^*(D)$, ce qui achève la preuve de la partie directe.

Réciproquement, supposons que $\Lambda(e) = 0$ et que $\mathcal{L}^*(D)$ soit une algèbre de Lie avec le crochet associé à Λ. Le lemme 2.2 assure que, si $(X,Y) \in \underline{D}^2$,

$[X^\ell,[Y^r,\Lambda]]=0$. Compte tenu du théorème 2.1, (D,Λ) sera un groupe de Poisson si et seulement si $[\Lambda,\Lambda]=0$. $\mathcal{L}^*(D)$ étant canoniquement isomorphe à $\underline{D}^*$ et $[X^\ell,\Lambda]$ étant invariant à gauche puisque $[X^\ell,[Y^r,\Lambda]]=0$, $\underline{D}^*$ se trouve muni d'une structure d'algèbre de Lie qui, d'après le lemme 2.1 s'écrit pour $X\in\underline{D},\omega_i\in\underline{D}^*, i=1,2$,

$$i_X\{\omega_1,\omega_2\}=i_{[X^\ell,\Lambda](e)}(\omega_1\wedge\omega_2) \tag{9}$$

où, par abus de notation, on note $\{\,.\,,\,.\,\}$ le crochet dans $\underline{D}^*$. D'autre part $[X^\ell,\Lambda](e)$ ne dépend que de X puisque $\Lambda(e)=0$. Par analogie on pose

$$\Lambda^L(X)=[X^\ell,\Lambda](e)$$

$(\underline{D}^*,\{\,.\,,\,.\,\})$ étant une algèbre de Lie, sa duale est canoniquement munie d'une structure de Lie-Poisson (ou cogèbre de Lie ([**17**])) qui, compte tenu de (9), a pour tenseur de Poisson Λ^L.

Afin d'éviter la confusion entre les différents crochets, on note $[\,.\,,\,.\,]_S$ le crochet de Schouten sur la variété $\underline{D}^*$ et $[\,.\,,\,.\,]$ le crochet dans l'algèbre de Lie graduée $\Lambda\underline{D}$ au sens de Koszul ([**9**]). Munie de ce crochet, $\Lambda\underline{D}$ est isomorphe, comme algèbre de Lie graduée, à la sous-algèbre de Lie de l'algèbre de Lie graduée des tenseurs contravariants antisymétriques sur D munie du crochet de Schouten constituée par les champs invariants à gauche ([**9**]).

$(\underline{D},\Lambda^L)$ étant une variété de Lie-Poisson, $[\Lambda^L,\Lambda^L]_S=0$.

D'autre part, l'identité de Jacobi sur le crochet de Schouten entraîne que

$$[X^\ell,[\Lambda,\Lambda]]=2[\Lambda,[X^\ell,\Lambda]]$$

$[X^\ell,\Lambda]$ étant invariant à gauche, $[\Lambda,[X^\ell,\Lambda]]$ est invariant à gauche. Ceci implique que $[X^\ell,[\Lambda,\Lambda]](x)=L_x[X^\ell,[\Lambda,\Lambda]](e)$.

LEMME 2.3. *Si A et B sont deux tenseurs contravariants antisymétriques sur une variété M nuls en x_o, on a $[A,B](x_o)=0$.*

PREUVE DU LEMME: On peut toujours se ramener au cas où A et B sont purs. D'autre part, le lemme est vrai si A et B sont de degré 1. Enfin si A et

B sont purs et si $A = A_1 \wedge \cdots \wedge A_p, B = B_1 \wedge \cdots \wedge B_q, A_1(x_o) = 0, B_1(xo) = 0,$ la formule

$$[C, C_1 \wedge C_2] = [C, C_1] \wedge C_2 + (-1)^{\deg C(\deg C_1 - 1)} C_1 \wedge [C, C_2]$$

assure que le seul terme éventuellement non nul est celui qui contient $[A_1, B_1](x_o)$ lui-même nul, ce qui prouve le lemme.

$\Lambda(e)$ étant nul, $[\Lambda, \Lambda](e) = 0$ et $[X^\ell, [\Lambda, \Lambda]](e)$ ne dépend que de X, on pose $[X^\ell, [\Lambda, \Lambda]](e) = [\Lambda, \Lambda]^L(X)$.

LEMME 2.4. *Soient D un groupe et Λ un 2-tenseur contravariant antisymétrique nul en l'élément neutre e de D ; alors $\oint$ désignant la sommation par permutation circulaire*

$$\oint \{\omega_1, \{\omega_2, \omega_3\}\}(e) = \frac{1}{2} d i_{[\Lambda,\Lambda]}(\omega_1 \wedge \omega_2 \wedge \omega_3)(e)$$

où $\omega_i \in \mathcal{L}^*(D), i = 1, 2, 3.$

PREUVE DU LEMME: Si A (resp. B) est un tenseur contravariant antisymétrique de degré a (resp. b) et si $\omega \in \Omega_{a+b-1}(D)$, on a ([**10**]) :

$$i_{[A,B]}\omega = i_A d i_B \omega - (-1)^{(a+1)(b+1)} i_B d i_A \omega - (-1)^{ab+b} i_B i_A d\omega.$$

Si $\omega_i \in \mathcal{L}^*(D), i = 1, 2, 3$, on peut donc écrire

$$i_{[\Lambda,\Lambda]}(\omega_1 \wedge \omega_2 \wedge \omega_3) = 2 i_\Lambda d i_\Lambda(\omega_1 \wedge \omega_2 \wedge \omega_3) - i_\Lambda i_\Lambda d(\omega_1 \wedge \omega_2 \wedge \omega_3).$$

$$\text{Or} \quad i_\Lambda(\omega_1 \wedge \omega_2 \wedge \omega_3) = \oint i_\Lambda(\omega_1 \wedge \omega_2).\omega_3,$$

$$\text{donc} \quad i_{[\Lambda,\Lambda]}(\omega_1 \wedge \omega_2 \wedge \omega_3) = 2 \oint i_\Lambda(d i_\Lambda(\omega_1 \wedge \omega_2) \wedge \omega_3)$$
$$+ 2 \oint i_\Lambda i_\Lambda(\omega_1 \wedge \omega_2).d\omega_3 - i_\Lambda i_\Lambda d(\omega_1 \wedge \omega_2 \wedge \omega_3)$$

$$\text{soit} \quad d i_{[\Lambda,\Lambda]}(\omega_1 \wedge \omega_2 \wedge \omega_3)(e) = 2 \oint d i_\Lambda(d i_\Lambda(\omega_1 \wedge \omega_2) \wedge \omega_3)(e)$$

ce qui entraîne le résultat compte tenu de

$$\{\{\omega_1 \wedge \omega_2\}, \omega_3\}(e) = d i_\Lambda(d i_\Lambda(\omega_1 \wedge \omega_2) \wedge \omega_3)(e)$$

$\underline{D}^*$ s'identifie d'une part à $\mathcal{L}^*(D)$ et d'autre part à l'ensemble des formes invariantes à gauche du groupe de Poisson $(\underline{D}, \Lambda^L)$. On peut donc appliquer le lemme 2.4 aux deux membres de l'égalité

$$\{\omega_1^\ell, \{\omega_2^\ell, \omega_3^\ell\}\}(e) = \{\omega_1, \{\omega_2, \omega_3\}\}$$

ce qui entraîne que

$$di_{[\Lambda,\Lambda]}(\omega_1^\ell \wedge \omega_2^\ell \wedge \omega_3^\ell)(e) = di_{[\Lambda^L,\Lambda^L]}(\omega_1 \wedge \omega_2 \wedge \omega_3)$$

soit, pour tout $X \in \underline{D}$,

$$[\Lambda, \Lambda]^L(X) = [\Lambda^L, \Lambda^L](X) = 0$$

ce qui implique $[X^\ell, [\Lambda, \Lambda]] = 0$.

$[\Lambda, \Lambda]$ est donc invariant à droite. Comme $[\Lambda, \Lambda](e) = 0$, on a

$$[\Lambda, \Lambda] = 0$$

ce qui achève la démonstration du théorème 2.2.

REMARQUE: On peut, dans les théorèmes 2.1 et 2.2, faire jouer aux formes invariantes à droite $\mathcal{R}^*(D)$ le rôle tenu par les formes invariantes à gauche.

Si (D, Λ) est un groupe de Poisson, la feuille de e est réduite à e. Il en résulte que son espace normal, qui s'identifie à $\underline{D}^*$, est muni canoniquement d'une structure d'algèbre de Lie de crochet noté $\{\,.\,,\,.\,\}$ par abus de notation et défini par

$$\{\omega_1, \omega_2\} = \{\omega_1^\ell, \omega_2^\ell\}(e)$$

si $\omega_i \in \underline{D}^*, i = 1, 2$. En particulier $\mathcal{L}^*(D)$ et $\mathcal{R}^*(D)$ sont, avec leurs structures d'algèbres de Lie, isomorphes (et non anti-isomorphes).

Ce fait avait été observé par A. Weinstein ([**20**]).

D'autre part, $-d$ est un 1-cocycle de $\Omega_1(D)$ qui induit donc un 1-cocycle de $(\mathcal{L}^*(D), \{\,.\,,\,.\,\})$. Symétriquement, $\underline{D}$ identifié à $T_e D$ est d'une part une algèbre de Lie et, d'autre part, une variété de Lie-Poisson (ou cogèbre de Lie) de 2-tenseur Λ^L linéarisé de Λ en e. En dérivant deux fois la relation (7) on obtient la relation

$$\Lambda^L[X, Y] = [\Lambda^L(X), Y] - [X, \Lambda^L(Y)]$$

Λ^L est donc un 1-cocycle de $(\underline{D}, [\,.\,,\,.\,])$.

DÉFINITION 2.2 ([**5**],[**18**]). *Une bigèbre de Lie* $(\mathfrak{g}, [\,.\,,\,.\,], \rho)$ *est la donnée d'une algèbre de Lie* $(\mathfrak{g}, [\,.\,,\,.\,])$ *munie d'une structure de Lie-Poisson (ou cogèbre de Lie)* $(\mathfrak{g}, \rho)$ *telle que* ρ *soit un 1-cocycle de* $(\mathfrak{g}, [\,.\,,\,.\,])$ *à valeurs dans* $\overset{2}{\Lambda}\mathfrak{g}$.

Si $(\mathfrak{g}, [\,.\,,\,.\,], \rho)$ est une bigèbre de Lie, si ω_1 et ω_2 sont deux 1-formes sur $\mathfrak{g}$, le crochet défini sur $\mathfrak{g}^*$ par

$$\{\omega_1, \omega_2\} = i_\rho(\omega_1 \wedge \omega_2)$$

est un crochet d'algèbre de Lie. De plus

PROPOSITION 2.1 ([**18**]). *Si* $(\mathfrak{g}, [\,.\,,\,.\,], \rho)$ *est une bigèbre de Lie,* $(\mathfrak{g}^*, \{\,.\,,\,.\,\}, -d)$ *est une bigèbre de Lie appelée bigèbre duale de* $(\mathfrak{g}, [\,.\,,\,.\,], \rho)$.

PREUVE: Dans l'algèbre de Lie graduée $\Lambda\mathfrak{g}^*$, le crochet de deux formes est donné ([**9**]) par

$$\{\omega_1, \omega_2\} = (-1)^{p_1}(\Delta(\omega_1 \wedge \omega_2) - (\Delta\omega_1) \wedge \omega_2 - (-1)^{p_1}\omega_1 \wedge (\Delta\omega_2))$$

où Δ est l'opérateur $i_\rho d - d i_\rho$ et où $p_1 = \deg(\omega_1)$.

Ce crochet est un crochet d'algèbre de Lie graduée car $(\mathfrak{g}, \rho)$ est une cogèbre de Lie, ce qui s'exprime par la nullité du crochet de Schouten de ρ sur la variété $\mathfrak{g}$: $[\rho, \rho]_S = 0$.

Compte tenu de $d\Delta = \Delta d$ on en déduit que $-d$ est un 1-cocycle de $(\mathfrak{g}^*, \{\,.\,,\,.\,\})$.

DÉFINITION 2.3. *Deux bigèbres de Lie sont en dualité si l'une est isomorphe à la bigèbre duale de l'autre.*

Cette définition a un sens car il est immédiat que la relation de dualité est involutive.

On a prouvé le

THÉORÈME 2.3 ([**5**],[**18**]). *Si (D, Λ) est un groupe de Poisson, son algèbre de Lie et le dual de son algèbre de Lie sont canoniquement munis de structures de bigèbres de Lie duales.*

Si $(\mathfrak{g}, [\,.\,,\,.\,], \rho)$ est une bigèbre de Lie, si G est le groupe de Lie connexe et simplement connexe d'algèbre de Lie $\mathfrak{g}$, soit η l'unique cocycle de G à valeurs dans $\overset{2}{\Lambda}\mathfrak{g}$ défini par

$$\eta(e) = 0, \frac{d}{dt}\eta(\operatorname{expt} X)|_{t=0} = \rho(X).$$

On pose $\Lambda(x) = R_x\eta(x)$. Par construction même, $\mathcal{L}^*(G)$ muni du crochet associé à Λ est une algèbre de Lie isomorphe à $(\mathfrak{g}, [\,.\,,\,.\,])$. Il en résulte que G est un groupe de Poisson. Autrement dit

THÉORÈME 2.4 ([**5**],[**8**],[**18**]). *Il y a équivalence de catégories entre groupes de Poisson connexes simplement connexes et bigèbres de Lie.*

En particulier, si (D, Λ) est un groupe de Poisson, il existe un unique groupe de Poisson (G, Λ_G) connexe simplement connexe de bigèbre de Lie associée $(\underline{D}^*, \{\,.\,,\,.\,\}, -d)$. Ce groupe (G, Λ_G) s'appelle le groupe de Poisson dual de (D, Λ).

On se propose maintenant d'étudier les groupes de Lie D munis d'un 2-tenseur contravariant antisymétrique Λ tel que $\mathcal{L}^*(D)$ muni du crochet défini par Λ soit une algèbre de Lie.

Soit D un groupe de Lie muni d'un champ de 2-tenseurs contravariants antisymétriques Λ. Soient $\tau = \Lambda(e)$ et τ^r le champ de 2-tenseurs invariant à droite défini par

$$\tau^r(x) = R_x\tau.$$

On pose $\Lambda_1 = \Lambda - \tau^r$ et on note $\{\,.\,,\,.\,\}$ et $\{\,.\,,\,.\,\}_1$ les crochets associés respectivement à Λ et Λ_1. On note $\{\,.\,,\,.\,\}$ et $\{\,.\,,\,.\,\}_1$ par abus de notation, les crochets induits sur $\underline{D}^*$. Compte tenu du lemme 2.1, si $\omega_i \in \underline{D}^*, i = 1, 2$, si $X \in \underline{D}$,

$$i_X\{\omega_1, \omega_2\} = i_{[X^\ell, \Lambda]}(\omega_1 \wedge \omega_2)(e)$$

et

$$i_X\{\omega_1, \omega_2\}_1 = i_{[X^\ell, \Lambda]}(\omega_1 \wedge \omega_2)(e)$$

Comme $[X^\ell, \tau^r] = 0$, on a prouvé le

LEMME 2.5. *Les crochets induits sur $\underline{D}^*$ par $\{\,.\,,\,.\,\}$ et $\{\,.\,,\,.\,\}_1$ coïncident.*

PROPOSITION 2.2. *Soit D un groupe de Lie muni d'un 2-tenseur contravariant antisymétrique Λ tel que $(\mathcal{L}^*(D), \{\,.\,,\,.\,\})$ soit une algèbre de Lie. Alors (D, Λ_1) est un groupe de Poisson.*

PREUVE: Il résulte du lemme précédent que $(\mathcal{L}^*(D), \{\,.\,,\,.\,\}_1)$ est identique à $(\mathcal{L}^*(D), \{\,.\,,\,.\,\})$; comme $\Lambda_1(e) = 0$, le résultat se déduit du théorème 2.2. On note (G, Λ_G) le groupe de Poisson connexe simplement connexe dual de (D, Λ_1).

DÉFINITION 2.4. *Un groupe de Poisson affine est un groupe de Lie D muni d'un 2-tenseur de Poisson Λ tel que $(\mathcal{L}^*(D), \{\,.\,,\,.\,\}_1)$ soit une algèbre de Lie.*

THÉORÈME 2.5. *Soit D un groupe de Lie muni d'un 2-tenseur contravariant antisymétrique Λ tel que $(\mathcal{L}^*(D), \{\,.\,,\,.\,\}_1)$ soit une algèbre de Lie. On pose $\tau = \Lambda(e)$. Alors (D, Λ) est un groupe de Poisson affine si et seulement si*

$$d\tau + \frac{1}{2}[\tau, \tau] = 0 \tag{10}$$

où $[\tau, \tau]$ est le crochet dans l'algèbre de Lie graduée $\Lambda \underline{D}$ et où $d\tau$ se calcule en considérant τ comme un élément de $\overset{2}{\Lambda} \underline{G}^*$.

PREUVE: Soient τ^r le champ de 2-tenseurs invariant à droite tel que $\tau^r(e) = \tau$ et $\Lambda_1 = \Lambda - \tau^r$. Comme Λ_1 est un tenseur de Poisson

$$[\Lambda, \Lambda] = 2[\Lambda_1, \tau^r] + [\tau^r, \tau^r]$$

donc (D, Λ) est un groupe de Poisson affine si et seulement si

$$2[\Lambda_1, \tau^r] + [\tau^r, \tau^r] = 0 \tag{11}$$

Comme (D, Λ_1) est un groupe de Poisson $[\Lambda_1, \tau^r]$ est invariant à droite; il suffit donc de vérifier (11) dans la bigèbre $\Lambda \underline{D}$. Or $[\tau^r, \tau^r] = -[\tau, \tau]^r$.

(11) équivaut donc à $2[\Lambda_1, \tau^r](e) - [\tau, \tau] = 0$.

LEMME 2.6. *Soient* $(\mathfrak{h}, [\,.\,,\,.\,], \rho)$ *une bigèbre de Lie et* $(\mathfrak{g}, \{\,.\,,\,.\,\}, \rho_G)$ *sa bigèbre duale. Sur* $\Lambda\mathfrak{g}^*$ *qui est identique à* $\Lambda\mathfrak{h}$, *on a*

$$dA = [\rho, A]_S.$$

PREUVE: Compte tenu des propriétés des opérateurs $A \mapsto dA$ et $A \mapsto [\rho, A]_S$ il suffit de vérifier la formule pour $A \in \mathfrak{h} = \mathfrak{g}^*$. Soient donc $\omega_i \in \mathfrak{g}, i = 1, 2$. Si (H, Λ_1) est le groupe de Poisson connexe simplement connexe de bigèbre $(\mathfrak{h}, [\,.\,,\,.\,], \rho)$

$$\langle\{\omega_1, \omega_2\}, A\rangle = -i_{\omega_1 \wedge \omega_2} dA = i_{[A^\ell, \Lambda_1](e)}(\omega_1 \wedge \omega_2)$$

donc $dA = -[A, \Lambda_1] = [\Lambda_1, A]$.

REMARQUE: Ce lemme implique que la Λ-cohomologie d'une bigèbre est la cohomologie de sa duale.

FIN DE LA DÉMONSTRATION DU THÉORÈME 2.5: D'après le lemme 2.6, $[\Lambda_1, \tau^r](e)$ est la différentielle de τ dans l'algèbre de Lie construite avec les champs invariants à droite. Il en résulte que

$$[\Lambda_1, \tau^r](e) = -d\tau$$

ce qui achève la démonstration.

REMARQUES :

1. La terminologie employée (groupe de Poisson affine) se justifie par la remarque suivante : si (D, Λ) est un groupe de Poisson affine, on appellera groupe de Poisson associé (groupe "homogène") le groupe (D, Λ_1). Si $\eta(x) = R_{x^{-1}}\Lambda(x)$ et si η_1 est le 1-cocycle de (D, Λ_1), la formule $\Lambda = \Lambda_1 + \tau^r$ entraîne que $\eta(x) = \eta_1(x) + \tau$.

2. Si D est un groupe de Lie de dimension 2 et si $\tau \in \overset{2}{\Lambda}\underline{D}$, la relation (10) du théorème 2.5 est automatiquement vérifiée. Les structures de groupe de Poisson affine sur D sont donc en correspondance biunivoque avec les couples $\Lambda_1 + \tau^r$ où Λ_1 fait de (D, Λ_1) un groupe de Poisson et où τ est un élément quelconque

de $\overset{2}{\Lambda}\underline{D}$. Les structures de groupe de Poisson de dimension 2 ont été déterminées par MIKAMI ([**13**]).

Si (D, Λ) est un groupe de Poisson affine, il résulte du lemme 2.2 que, si $(X, Y) \in \underline{D}^2, [X^\ell, [Y^r, \Lambda]] = 0$, ce qui est équivalent à $[Y^r, [X^\ell, \Lambda]] = 0$. Cette condition infinitésimale jointe à la relation $\Lambda(e) = 0$ caractérise, parmi les structures de Poisson sur un groupe, celles qui proviennent d'une structure de groupe de Poisson [cf. 20]. En échangeant les rôles des formes invariantes à droite et à gauche, on obtient que $\mathcal{R}^*(D)$ est stable par le crochet et est donc une sous-algèbre de Lie de $(\Omega_1(D), \{\,.\,,\,.\,\})$. On a donc prouvé la

PROPOSITION 2.3. *Soit D un groupe de Lie muni d'un 2-tenseur contravariant antisymétrique* Λ. Alors les conditions suivantes sont équivalentes :

i) (D, Λ) est un groupe de Poisson affine ;
ii) Λ est un tenseur de Poisson et $(\mathcal{L}^*(D), \{\,.\,,\,.\,\})$ est une algèbre de Lie ;
iii) Λ est un tenseur de Poisson et $(\mathcal{R}^*(D), \{\,.\,,\,.\,\})$ est une algèbre de Lie.

A la différence de ce qui se passe pour un groupe de Poisson, les structures induites sur $\underline{D}^*$ par $\mathcal{L}^*(D)$ et $\mathcal{R}^*(D)$ ne coïncident pas en général. En échangeant les rôles des formes invariantes à gauche et à droite, on voit qu'en notant $\{\,.\,,\,.\,\}_\ell$ et $\{\,.\,,\,.\,\}_r$ les crochets définis sur $\underline{D}^*$ respectivement à partir de $\mathcal{L}^*(D)$ et de $\mathcal{R}^*(D)$ on a, si $X \in \underline{D}$:

$$i_X\{\omega_1, \omega_2\}_\ell = i_{[X^\ell, \Lambda](e)}(\omega_1 \wedge \omega_2)\ ;\ i_X\{\omega_1, \omega_2\}_r = i_{[X^r, \Lambda](e)}(\omega_1 \wedge \omega_2).$$

Comme $\Lambda_1(e) = 0, [X^\ell, \Lambda_1](e) = [X^r, \Lambda_1](e)$.
Les deux crochets coïncident donc si

$$\forall X \in \underline{D}, [X, \tau] = \mathrm{ad}(X)\tau = 0 \tag{12}$$

On peut d'ailleurs reprendre l'étude précédente en remplaçant $\mathcal{L}^*(D)$ par $\mathcal{R}^*(D)$. Si $\Lambda_1' = \Lambda - \tau^\ell, (D, \Lambda_1')$ est un groupe de Poisson et les deux crochets sur $\underline{D}^*$, qui ne sont autres que les crochets induits par Λ_1 et Λ_1', coïncident si et seulement si $\tau^\ell = \tau^r$, ce qui équivaut à (12).

DÉFINITION 2.5. *Si (D, Λ) est un groupe de Poisson affine, le groupe connexe simplement connexe dual du groupe de Poisson $(D, \Lambda - \tau^\ell)$ (resp. $(D, \Lambda - \tau^r)$), où $\tau = \Lambda(e)$, s'appelle le groupe dual à gauche (resp. à droite) de (D, Λ) et se note $(G^\ell, \Lambda_{G^\ell})$ (resp. G^r, Λ_{G^r}).*

Soit $\mathbf{S}$ le feuilletage caractéristique de (D, Λ). $\Lambda^\#(\mathcal{L}^*(D))$ et $\Lambda^\#(\mathcal{R}^*(D))$ sont des algèbres de Lie transitives sur les feuilles de $\mathbf{S}$ dont les orbites sont les feuilles de $\mathbf{S}$. Pour tout $x \in D$ on note $\mathfrak{g}_x^\ell$ (resp. $\mathfrak{g}_x^r$) l'algèbre d'isotropie en x de

$\mathfrak{g}^\ell = (\mathcal{L}^*(D), \{\,.\,,\,.\,\}) = \underline{G}^\ell$ (resp. de $\mathfrak{g}^r = (\mathcal{R}^*(D), \{\,.\,,\,.\,\}) = \underline{G}^r$).
$\mathfrak{g}_x^\ell = \{\omega \in \mathcal{L}^*(D)\ ;\ \Lambda^\#\omega(x) = 0\}$. Il en résulte que l'application $\omega \mapsto \omega(x)$ de $\mathfrak{g}_x^\ell$ dans $\nu_x^* S$ (où S est la feuille de x) est un isomorphisme. $\nu_x^* S$ est canoniquement muni d'une structure d'algèbre de Lie (cf. §I) dont le crochet se calcule ainsi: si $\overset{o}{\omega}_i \in \nu_x^* S, i = 1, 2, \{\overset{o}{\omega}_1, \overset{o}{\omega}_2\} = \{\omega_1, \omega_2\}(x)$ où ω_i est n'importe quelle 1-forme valant $\overset{o}{\omega}_i$ en x. On peut en particulier imposer à ω_i d'appartenir à $\mathfrak{g}_x^\ell$. Il en résulte que le morphisme précédent est un isomorphisme d'algèbres de Lie. Compte tenu du théorème 1.4 on a donc prouvé le

THÉORÈME 2.6. *Soit (D, Λ) un groupe de Poisson affine.*

i) *L'algèbre d'isotropie en x de $\mathfrak{g}^\ell = (\mathcal{L}^*(D), \{\,.\,,\,.\,\})$ (resp. $\mathfrak{g}^r = (\mathcal{R}^*(D), \{\,.\,,\,.\,\})$), $\mathfrak{g}_x^\ell$ (resp. $\mathfrak{g}_x^r$) est canoniquement isomorphe au fibre conormal $\nu_x^* S$ de la feuille S de x muni de sa structure canonique d'algèbre de Lie. En particulier $\mathfrak{g}_x^\ell$ et $\mathfrak{g}_x^r$ sont isomorphes.*

ii) *Si x est un point régulier de (D, Λ) (i.e. un point au voisinage duquel $\mathbf{S}$ est régulier), les algèbres d'isotropie $\mathfrak{g}_x^\ell$ et $\mathfrak{g}_x^r$ sont abéliennes.*

La partie i) redonne pour un groupe de Poisson le fait que $\mathcal{L}^*(D)$ et $\mathcal{R}^*(D)$ sont isomorphes.

La partie ii) est l'extension aux groupes affines d'un résultat de M. Duflo et M. Vergne ([**6**]) sur la représentation coadjointe. Une extension au cas des représentations affines avait été donnée dans [**2**].

DÉFINITION 2.6. *Un groupe de Poisson affine est complet à gauche (resp. à droite) si $\Lambda^{\#}(\mathcal{L}^*(D))$ (resp. $\Lambda^{\#}(\mathcal{R}^*(D))$ est constitué de champs complets.*

PROPOSITION 2.4. *Si (D,Λ) est un groupe de Poisson affine complet à gauche (resp. à droite) les feuilles du feuilletage caractéristique* **S** *sont les orbites de l'action naturelle du groupe dual à gauche (resp. à droite).*

EXEMPLES DE GROUPES DE POISSON AFFINES.

On notera pour mémoire que tout groupe de Poisson est un groupe de Poisson affine.

1. Soit (D,Λ) un groupe de Poisson affine tel que D soit abélien. Le revêtement universel de (D,Λ) s'identifie à un espace vectoriel V muni d'une structure de Poisson affine $\tilde{\Lambda}$. $(V,\tilde{\Lambda}-\tilde{\Lambda}(0))$ est donc une variété de Lie-Poisson, c'est-à-dire le dual $\mathfrak{g}^*$ d'une algèbre de Lie $\mathfrak{g}$. En écrivant $\tilde{\Lambda}(0)=\Theta\in\overset{2}{\Lambda}\mathfrak{g}^*$, dire que $(V,\tilde{\Lambda})$ est de Poisson revient à dire que $d\Theta=0$ puisque V est abélien. Autrement dit $(V,\tilde{\Lambda})$ est un groupe de Poisson abélien affine si et seulement si $V=\mathfrak{g}^*$ et $\tilde{\Lambda}(\xi)=-d\xi+\Theta$. On retrouve ainsi les structures de Poisson affines de Souriau ([**16**]) et, dans ce cas, le théorème 2.6 ii) assure l'abéliannité de l'algèbre d'isotropie de la représentation affine associée ([**2**]) en un point régulier.

   D sera alors le quotient de $\mathfrak{g}^*$ par un sous-groupe H, laissant $-d\xi+\Theta$ invariant. H est donc contenu dans $\{a\ ;\ da=0\}$ i.e. $H\subset[\mathfrak{g},\mathfrak{g}]^{\perp}$. En particulier, si $\mathfrak{g}$ est semi-simple, les seuls groupes de Poisson abéliens affines associés sont les groupes $(\mathfrak{g}^*,-d+\Theta)$ avec $d\Theta=0$.

2. Soit D un groupe de Lie muni d'un 2-tenseur antisymétrique Λ invariant à gauche. Si $\mu=\Lambda(e)$, on a $\Lambda=\mu^{\ell}$ et, si $[\mu,\mu]$ est Ad-invariant, $(D,\Lambda_1=\mu^{\ell}-\mu^{r})$ est trivialement un groupe de Poisson. Alors (D,Λ) sera un groupe de Poisson affine si et seulement si $d\mu+\frac{1}{2}[\mu,\mu]=0$ ce qui équivaut à l'équation de Yang-Baxter $[\mu,\mu]=0$.

Un tel groupe est toujours complet à gauche puisque $\Lambda^{\#}(\mathcal{L}^*(D))$ est constitué de champs invariants à gauche. D'autre part, le feuilletage caractéristique **S** de (D,Λ) est invariant à gauche ce qui implique que la feuille de l'identité est un sous-groupe H de D. D'autre part si (G^r, Λ_{G^r}) est le groupe dual (simplement connexe) à droite, H est un quotient de G^ℓ et la composante connexe du groupe d'isotropie de G^ℓ en e est abélienne.

Le groupe dual à gauche est le dual de $(D, \Lambda_1' = 0)$. C'est donc un groupe abélien. Etant simplement connexe, c'est un espace vectoriel. C'est donc, considéré comme groupe abélien de Poisson, $\underline{D}^*$ muni de sa structure de dual d'algèbre de Lie.

La feuille H de e est un groupe muni d'une structure symplectique invariante à gauche. Si H est complet à droite, le raisonnement précédent prouve que $\underline{H}^*$ est difféomorphe au revêtement universel de H. Si on suppose que H est un groupe compact, ceci ne peut se produire que si H est abélien. En particulier on a prouvé la

PROPOSITION 2.5. *Si (D,Λ) est un groupe de Poisson affine dont le tenseur $\Lambda = \mu^\ell$ est invariant à gauche:*

i) *son groupe dual à gauche est $\underline{D}^*$ muni de sa structure canonique de groupe de Poisson ;*

ii) *le feuilletage caractéristique de D est engendré par l'action de D sur un sous-groupe H de D qui est un groupe muni d'une structure symplectique σ invariante à gauche ;*

iii) *Si (H,σ) est complet à droite, son revêtement universel est difféomorphe à $\underline{H}^*$. En particulier, si H est compact, H est un groupe abélien compact.*

La partie iii) est due à Medina ([**12**]).

COROLLAIRE. *Soit $(D, \Lambda = \mu^\ell)$ un groupe de Poisson affine à feuilles compactes. Le groupe dual à droite est résoluble d'ordre 2.*

PREUVE: On a la suite exacte

$$0 \to \nu^* H \to \mathcal{L}^*(D) \to \Lambda^{\#}(\mathcal{L}^*(D)) \to 0$$

et $\Lambda^{\#}(\mathcal{L}^*(D))$ est isomorphe comme algèbre de Lie à $\underline{H}$. Comme $\nu^* H$ est un idéal abélien de $\mathcal{L}^*(D)$, le résultat en découle.

3. En échangeant invariance à gauche et à droite on a une théorie analogue pour $(D, \Lambda = \mu^r)$.

4. Soit (D, Λ) un groupe de Poisson affine semi-simple connexe. Alors, si $\tau = \Lambda(e), (D, \Lambda_1 = \Lambda - \tau^r)$ est un groupe de Poisson semi-simple. Le cocycle $\eta_1(g) = R_{g^{-1}} \Lambda_1(g)$ est donc exact, ce qui signifie qu'il existe $\mu \in \overset{2}{\Lambda}\underline{D}$ tel que $\eta_1(g) = Ad(g)\mu - \mu$. Autrement dit, D étant semi-simple, $\Lambda = L_g \mu - R_g(\mu + \tau)$. En changeant les notations on peut donc écrire $\Lambda = \mu^\ell + \nu^r$ et la condition $[\Lambda, \Lambda] = 0$ s'écrit

$$[\mu, \mu]^\ell = [\nu, \nu]^r$$

μ et ν doivent donc être solution de l'équation de Yang-Baxter généralisée,

$$\forall X \in D, [X, [\mu, \mu]] = 0$$

et être tels que $[\mu, \mu] = [\nu, \nu]$. On a donc démontré la

PROPOSITION 2.6. *Soit D un groupe de Lie semi-simple connexe. Les structures de groupe de Poisson affine sur D sont en correspondance bi-univoque avec les couples (μ, ν) de solutions de l'équation de Yang-Baxter généralisée tels que $[\mu, \mu] = [\nu, \nu]$.*

5. Soient D un groupe de Lie, μ et ν deux solutions de l'équation de Yang-Baxter généralisée telles que $[\mu, \mu] = [\nu, \nu]$.

$(D, \Lambda = \mu^\ell + \nu^r)$ est un groupe de Poisson affine. (D, Λ) est complet à gauche si les champs appartenant à $\Lambda^{\#}(\mathcal{L}^*(D))$ sont complets, autrement dit si l'équation différentielle

$$g^{-1}\frac{dg}{dt} = i_{\overset{o}{\omega}}(\mu + Ad(g^{-1})\nu(g)) \tag{13}$$

a des solutions définies pour tout t, pour tout $\overset{o}{\omega} \in \mathfrak{g}^*$.

Supposons que l'algèbre de Lie D soit de type compact et soit $\langle\,.\,,\,.\,\rangle$ une forme bilinéaire définie positive sur $\underline{D}$ bi-invariante. On munit ainsi D d'une structure riemannienne complète pour laquelle $Ad(g), g \in D$, est une isométrie. $g^{-1}\frac{dg}{dt}$ est donc borné, ce qui assure que (D, Λ) est complet à gauche.

PROPOSITION 2.7. *Soit D un groupe de Lie dont l'algèbre de Lie $\underline{D}$ est de type compact. Si μ et ν sont deux solutions de l'équation de Yang-Baxter généralisée telles que $[\mu, \mu] = [\nu, \nu], (D, \Lambda = \mu^\ell + \nu^r)$ est un groupe de Poisson affine complet à gauche (et à droite). En particulier, les feuilles caractéristiques de (D, Λ) sont les orbites de l'action naturelle du groupe dual à gauche (ou à droite).*

Des propositions 2.6 et 2.7 il résulte que, si $\underline{D}$ est semi-simple et de type compact, toutes les structures de Poisson affines sont du type $\Lambda = \mu^\ell + \nu^r$ précisé plus haut et sont complètes à droite et à gauche.

APPENDICE

Exemples de groupes de Poisson affines de dimension 3

(A. Coste - P. Dazord - D. Sondaz)

Il existe quatre types d'algèbres de Lie réelles de dimension 3 classifiées par la dimension de l'idéal dérivé:

1. L'algèbre de Lie abélienne $(\mathbb{R}^3, +)$;
2. Deux algèbres de Lie dont l'idéal dérivé est de dimension 1 : **A** et **H**.
   A est l'algèbre de Lie du groupe affine qui possède une base $(e_i)_{1 \leq i \leq 3}$ telle que:

   $[e_1, e_2] = e_2 \quad [e_2, e_3] = 0 = [e_3, e_1]$
   H est l'algèbre du groupe de Heisenberg :
   $[e_1, e_2] = e_3 \quad [e_2, e_3] = 0 = [e_3, e_1]$;
3. Une famille d'algèbres de Lie, dépendant de 4 paramètres homogènes, dont l'algèbre dérivée est de dimension 2

$$[e_1, e_2] = 0 \quad [e_2, e_3] = \alpha e_1 + \beta e_2, \ [e_3, e_1] = \gamma e_1 + \delta e_2 \quad \alpha\delta - \beta\gamma \neq 0$$

4. Deux algèbres simples $so(3)$ et $sl(2, \mathbb{R})$.

On va déterminer tous les groupes de Poisson affines correspondant aux types 1,2,4. Le cas 3, pour lequel les calculs sont plus longs, sera développé par ailleurs.

A. Cas des groupes simples $D = SO(3)$ ou $D = SL(2, \mathbb{R})$

La proposition 2.6 assure que les structures de groupes affines sur D sont déterminées par les tenseurs $\Lambda = \mu^\ell + \nu^r$ où μ et ν sont solutions de l'équation de Yang-Baxter et tels que $[\mu, \mu] = [\nu, \nu]$. Or ici l'équation de Yang-Baxter est trivialement vérifiée puisque si $\tau = \oint \tau^{12} e_1 \wedge e_2$ (où $\oint$ désigne la somme par permutation circulaire,

$$[\tau, \tau] = \varepsilon B(\tau, \tau)(e_1 \wedge e_2 \wedge e_3)$$

où B est la forme de Killing et $\varepsilon = +1$ si $D = SO(3)$ $\varepsilon = -1$ si $D = SL(2,\mathbf{R})$). Il en résulte que les structures de Poisson affines sur D sont en correspondance biunivoque avec les couples (μ, ν) de 2-tenseurs sur $\mathbf{P}$ tels que $B(\mu,\mu) = B(\nu,\nu)$.

B. Cas du groupe abélien $(\mathbf{R}^3, +)$

Les groupes de Poisson affines sont les structures affines de J.M. Souriau. $\mathbf{R}^3$ est le dual de n'importe quelle algèbre de Lie $\mathfrak{g}$ de dimension 3, muni de la structure $-d + \Theta$ où Θ est un 2-cocycle de $\mathfrak{g}$.

Plus précisément, soient D un groupe d'algèbre de Lie $(\mathbf{R}^3, +)$, $\Lambda = \Lambda_1 + \Theta$ sa structure de groupe de Poisson affine,

$$\Lambda_1 = L_1^{12} e_1 \wedge e_2 + \Lambda_1^{23} e_2 \wedge e_3 + \Lambda_1^{13} e_1 \wedge e_3.$$

Alors il existe des constantes $a_i, b_i, c_i, 1 \leq i \leq 3$, telles que

$$\begin{aligned} \Lambda^{12} &= a_1x_1 + a_2x_2 + a_3x_3 \\ \Lambda^{23} &= b_1x_1 + b_2x_2 + b_3x_3 \\ \Lambda^{13} &= c_1x_1 + c_2x_2 + c_3x_3 \end{aligned} \qquad \text{et} \qquad \begin{aligned} a_2b_1 + b_1c_3 - a_1b_2 - b_3c_1 &= 0 \\ a_1c_2 + b_2c_3 - b_3c_2 - a_2c_1 &= 0 \\ a_1c_3 + a_2b_3 - a_3b_2 - a_3c_1 &= 0 \end{aligned}$$

Si $D = \mathbf{R}^3$ les structures de groupe de Poisson affine sont données par ces formules.
Si $D = \mathbf{T}^3$, toutes les constantes sont nulles et $\Lambda = \Theta$.
Si $D = \mathbf{T}^2 \times \mathbf{R}$, on a $a_i = b_i = c_i = 0$ pour $i = 1$ et 2 et D est le dual de A ou H.
Si $D = T \times \mathbf{R}, a_1 = b_1 = c_1 = 0, b_2c_3 - b_3c_2 = a_2b_3 - a_3b_2 = 0$ et D est le dual d'une algèbre du type 3.

C. Cas du groupe affine et du groupe de Heisenberg

On va utiliser le théorème 2.5 : on se donne une base (ω_i) de $\mathcal{L}^*(D)$ invariante à gauche, duale de la base (e_1, e_2, e_3) de $\mathcal{L}(D)$ et on cherche Λ sous la forme $\oint \Lambda^{12} e_1 \wedge e_2$. Pour ceci on écrit d'une part que $(\mathcal{L}^*(D), \{\ ,\ \})$ est une algèbre de Lie, autrement dit, qu'il existe a priori 9 constantes telles que

$$\begin{aligned} \{\omega_1, \omega_2\} &= a_1\omega_1 + a_2\omega_2 + a_3\omega_3 \\ \{\omega_2, \omega_3\} &= b_1\omega_1 + b_2\omega_2 + b_3\omega_3 \\ \{\omega_3, \omega_1\} &= c_1\omega_1 + c_2\omega_2 + c_3\omega_3 \end{aligned} \qquad (*)$$

pour lesquelles on doit écrire l'identité de Jacobi. On résoud ensuite $d\tau + \frac{1}{2}[\tau, \tau] = 0$.

C1. Groupe affine. On calcule sur le groupe simplement connexe $A = \mathbf{R}_*^+ \times \mathbf{R}^2 : (x_1, x_2, x_3)(y_1, y_2, y_3) = (x_1y_1, x_1y_2 + x_2, x_3 + y_3)$

$$\begin{aligned} e_1 &= x_1\frac{\partial}{\partial x_1} & e_2 &= x_1\frac{\partial}{\partial x_2} & e_3 &= \frac{\partial}{\partial x_3} \\ \omega_1 &= \frac{dx_1}{x_1} & \omega_2 &= \frac{dx_2}{x_1} & \omega_3 &= dx_3. \end{aligned}$$

En particulier $d\omega_1 = 0 = d\omega_3 \qquad d\omega_2 = -\omega_1 \wedge \omega_2$.

L'intégration de $(*)$ impose $c_1 = c_2 = c_3 = a_3 = b_3 = 0$ et l'identité de Jacobi implique que $a_1b_2 - a_2b_1 = 0$.

Autrement dit les relations $(*)$ définissant l'algèbre duale à gauche s'écrivent:

$$\begin{aligned} \{\omega_1, \omega_2\} &= a_1\omega_1 + a_2\omega_2 \\ \{\omega_2, \omega_3\} &= b_1\omega_1 + b_2\omega_2 \qquad a_1b_2 - b_1a_2 = 0 \\ \{\omega_3, \omega_1\} &= 0 \end{aligned}$$

C'est donc soit une algèbre abélienne, soit une algèbre affine ou de Heisenberg.

Λ s'écrit alors :

$$\begin{cases} \Lambda_{12} = a_1 + \dfrac{a_2x_2 + a}{x_1} \\ \Lambda_{23} = b_1 + \dfrac{b + (b_2 - c)x_2}{x_1} \\ \Lambda_{31} = c \end{cases}$$

ce qui donne $\tau^{12} = a_1 + a$ $\tau^{23} = b_1 + b$ $\tau^{31} = c$. La relation $d\tau + \frac{1}{2}[\tau, \tau] = 0$ s'écrit

$$ab_2 + ba_2c(a + 2a_1) = 0.$$

On peut préciser un peu plus les choses :

Si $a_1 = a_2 = b_1 = b_2 = 0$; $a = 0$. A est muni d'une structure de Poisson invariante à droite. Ces structures sont définies par le champ invariant à droite τ^r et τ^r est soit du type $\tau^r = ax_1\frac{\partial}{\partial x_1} \wedge \frac{\partial}{\partial x_2} + b\frac{\partial}{\partial x_2} \wedge \frac{\partial}{\partial x_3}$, soit $\tau^r = (b - cx_2)\frac{\partial}{\partial x_2} \wedge \frac{\partial}{\partial x_3} + cx_1\frac{\partial}{\partial x_3} \wedge \frac{\partial}{\partial x_1}$

Si la matrice $\begin{pmatrix} a_1 & a_2 \\ b_1 & b_2 \end{pmatrix}$ est de rang 1, ou bien $a_1^2 + a_2^2 \neq 0$ et l'algèbre duale à gauche est une algèbre affine; ou bien $a_1^2 + a_2^2 = 0$ et l'algèbre duale à gauche est affine si $b_2 \neq 0$ et de Heisenberg si $b_2 = 0$.

C 2. Groupe de Heisenberg H. C'est le groupe simplement connexe : $H = \mathbf{R}^3, (x_1, x_2, x_3)(y_1, y_2, y_3) = (x_1 + y_1, x_2 + y_2, x_3 + y_3 + x_1y_2)$

$$e_1 = \frac{\partial}{\partial x_1} \qquad e_2 = \frac{\partial}{\partial x_2} + x_1\frac{\partial}{\partial x_3} \qquad e_3 = \frac{\partial}{\partial x_3}$$
$$\omega_1 = dx_1 \qquad \omega_2 = dx_2 \qquad \omega_3 = -x_1dx_2 + dx_3.$$

En particulier $d\omega_1 = 0 = d\omega_2$ $\quad d\omega_3 = -\omega_1 \wedge \omega_2$.

L'intégration de $(*)$ impose les relations $a_3 = 0, b_3 = -a_1, c_3 = -a_2$ et l'identité de Jacobi entraîne les 2 relations

$$\begin{cases} 2a_2b_1 &= a_1(b_2 + c_1) \\ 2a_1c_2 &= a_2(b_2 + c_1) \end{cases} \qquad (C_1)$$

L'algèbre duale à gauche s'écrit donc

$$\begin{cases} \{\omega_1, \omega_2\} &= a_1\omega_1 + a_2\omega_2 \\ \{\omega_2, \omega_3\} &= b_1\omega_1 + b_2\omega_2 - a_1\omega_3 \\ \{\omega_3\ \omega_1\} &= c_1\omega_1 + c_2\omega_2 - a_2\omega_3 \end{cases}$$

sauf les conditions (C_1).

On en déduit :

$$\begin{cases} \Lambda^{12} &= a + a_1 x_1 + a_2 x_2 \\ \Lambda^{23} &= b + b_1 x_1 + (b_2 - a) x_2 - a_1 x_3 - a_2 \frac{x_2^2}{2} \\ \Lambda^{31} &= c + (c_1 + a) x_1 + c_2 x_2 - a_2 x_3 + a_2 x_1 x_2 + a_1 \frac{x_1^2}{2} \end{cases}$$

Enfin $\tau^{12} = a \qquad \tau^{23} = b \qquad \tau^{31} = c$ et la relation $d\tau + \frac{1}{2}[\tau, \tau] = 0$ se traduit par

$$a(a + b_2 c_1) - 2b a_2 + 2c a_1 = 0 \qquad (C_2)$$

On peut préciser la nature de l'algèbre duale à gauche. Les conditions (C) entraîne que son algèbre dérivée est au plus de dimension 2.

Elle est abélienne si $a_1 = a_2 = b_1 = b_2 = c_1 = c_2 = 0$ et la condition C_2 se réduit alors à $a = 0$.

Elle est de rang 2 si $a_1^2 + a_2^2 \neq 0$ et on obtient comme algèbre duale toutes les algèbres de type 3 correspondant aux cas où $\begin{pmatrix} \alpha & \beta \\ \gamma & \delta \end{pmatrix}$ a deux racines réelles.

si $a_1^2 + a_2^2 = 0$ est de type 3 général si $b_1 c_2 - b_2 c_1 \neq 0$ et affine ou de Heisenberg si $b_1 c_2 - c_1 b_2 = 0 \qquad b_1^2 + b_2^2 + c_1^2 + c_2^2 \neq 0$.

REMARQUE: Par dualité de Poisson on obtient à partir de l'algèbre de Heisenberg (resp. affine) toutes les algèbres de dimension 3 dont l'idéal dérivée est de dimension au plus 2 (resp. au plus 1).

BIBLIOGRAPHIE

[1] A. Coste, P. Dazord, et A. Weinstein, *Groupoïdes symplectiques*, Publ. du Dép. de Math. de Lyon, Nouvelle série 2/A (1987), 1–62.

[2] P. Dazord, *Feuilletages et mécanique hamiltonienne*, Publ. du Dép. de Math. de Lyon, Nouvelle série 3 et 3B (1983).

[3] P. Dazord et D. Sondaz, *Variétés de Poisson et algébroïdes de Lie*, Publ. du Dép. de Math. de Lyon, Nouvelle série 1/B (1988), 1–68.

[4] I. Ya. Dorfman, *Deformation of hamiltonian structures and integrable systems, Non linear and turbulent processes in physics*, Vol. 3, Proceedings of second international workshop on nonlinear and turbulent processes in physics (19–25 October 1983), 1313–1318, Kiev, U.S.S.R..

[5] V. Drinfel'd, *Hamiltonian structures on Lie groups*, Soviet. Math. Dokl. **27** no. 1 (1983), 68–71.

[6] M. Duflo et M. Vergne, *Une propriété de la représentation coadjointe d'une algèbre de Lie*, C.R.A.S., 268, série A (1969), 583–585.

[7] M.V. Karasev, *Analogues of the objects of Lie group theory for nonlinear Poisson brackets*, Math. USSR. Izvestiya **28** no. 3, 497–527.

[8] Y. Kosmann-Schwarzbach, *Poisson-Drinfel'd groups*, Topics in Soliton Theory and Exactly Solvable Non Linear Equations, M. Ablowitz, B. Fuchssteiner and M. Kruskal, eds., World Scientific, Singapore, 1987.

[9] J.L. Koszul, *Crochet de Schouten-Nijenhuis et cohomologie*, S.M.F. Astérisque hors série, 137 bis (1985), 257–271.

[10] A. Lichnerowicz, *Les variétés de Poisson et leurs algèbres de Lie associées*, J. of Diff. Geometry **12** (1977), 253–300.

[11] F. Magri et C. Morosi, *A geometrical characterization of integrable hamiltonian systems through the theory of Poisson-Nijenhuis manifolds*, Quaderno S **19** (1984), Universita di Milano.

[12] A. Medina, Communication privée.

[13] K. Mikami, *Two-dimensional Poisson Lie groups*, Prépublication.

[14] J. Pradines, *Théorie de Lie pour les groupoïdes différentiels. Calcul différentiel dans la catégorie des groupoïdes infinitésimaux*, C.R.A.S. **264** (1967), 245–248.

[15] J. Pradines, *Troisième théorème de Lie pour les groupoïdes différentiables*, C.R.A.S. **267** (1968), 21–23.

[16] M.A. Semenov et Tian-Shansky, *Dressing transformations and Poisson group actions*, Publ. R.I.M.S. Kyoto University **21** (1985), 1237–1260.

[17] J.M. Souriau, "Structure des systèmes dynamiques," Dunod, Paris, 1970.

[18] J.L. Verdier, *Groupes quantiques*, Sém. Bourbaki, no. 685 (juin 1987).

[19] A. Weinstein, *The local structure of Poisson manifolds*, J. of Diff. Geometry **18** (1983), 523–557.

[20] A. Weinstein, *Some remarks on dressing transformations*, J. of the Faculty of Science of the University of Tokyo **35** no. 1 (1988), 163–167.

P. Dazord et D. Sondaz
URA CNRS 746 GDR 144
Institut de Mathématiques et Informatique
43, boulevard du 11 Novembre 1918
69622 VILLEURBANNE CEDEX (France)

Singular Lagrangian Foliation Associated to an Integrable Hamiltonian Vector Field

NICOLE DESOLNEUX-MOULIS

Abstract. In this paper we show what the geometry of an integrable hamiltonian system is under a rather "generic assumptions". These hypotheses are closely related to those of Fomenko [10] and [11] on Bott integrals, but are distinct and allow us to study higher codimension singularities. In a "companion" paper Jair Koiller shows this gives a good setting in order to study a perturbed system by Melnikov method. The author thanks the referee for his corrections both mathematical and linguistic.

0. INTRODUCTION

Let M be a compact symplectic manifold of dimension $2n$. We denote by $\{f, g\}$ the Poisson bracket associated to the symplectic structure. Let X be a hamiltonian vector field on M. We assume X admits n integrals $h_1 \dots h_n$ in involution. Let X_i be the hamiltonian vector field of h_i. We assume $X = X_1$. Let H denote the momentum map: $H = (h_1, \dots, h_n)$ and let $\mathcal{H}$ be the affine space over $\mathbf{R}$ spanned by $(h_1, \dots, h_n)$ and the constant functions (adding constant may be useful and change nothing in the geometry of the problem).

In the 1st paragraph we shall explain what condition $(*)$ of Eliasson is (see [**8**] or [**9**]). In the 2nd paragraph we shall describe the Lagrangian singular foliation of M whose leaves are the connected components of $H^{-1}(c)$ (c a point in $\mathbf{R}^n$).

I. ELIASSON'S HYPOTHESIS FOR AN INTEGRABLE SYSTEM AND "NORMAL FORM" THEOREM

We first summarize the hypothesis and results of [**8**].

Condition $(*)$ on $\mathcal{H}$.

Condition $(*)$ is a condition on the 2-jets of the functions $h_i (1 \leq i \leq n)$ at each point z in M.

Let z_o be a given point in M and ω_o be the symplectic form on $T_{z_o}(M)$.

- *If rank* $DH(z_o) = n$.

Condition $(*)$ is void.

- *If rank* $DH(z_o) = o$.

Let $\mathcal{H}^{(2)}(z_o)$ be the space generated by the two jets of the functions $h_i (1 \leq i \leq n)$. $\mathcal{H}^{(2)}(z_o)$ is a commutative subalgebra of the Lie algebra Q of quadratic forms on $\mathbb{R}^{2n}$ (the bracket is the Poisson bracket). Condition $(*)$ at z_o is: $\mathcal{H}^{(2)}(z_o)$ is a Cartan subalgebra of Q (that is a maximal commutative subalgebra).

- *If rank* $DH(z_o) = r (o < r < n)$.

Let K be the kernel of $DH(z_o)$ and let O be the space generated by $X_i(z_o)$ $(1 \leq i \leq n)$. O is a maximal isotropic subspace of K with respect to the symplectic structure ω_o. Hence the quotient space $K/O = \overline{R}$ carries a natural symplectic structure $\overline{\omega_o}$. $\overline{R}$ is symplectically isomorphic to a subspace R of $T_{z_o}M$ of dimension $2n - 2r$.

So the 2-jets at z_o of the $h_i (1 \leq i \leq n)$ generate a well defined subspace $\mathcal{H}_R^{(2)}(z_o)$ of the space of quadratic forms on R. Condition $(*)$ at z_o is : $\mathcal{H}_R^{(2)}(z_o)$ is a Cartan subalgebra of the algebra of quadratic forms on R.

REMARK: In the Boucetta–Dufour–Molino terminology [4] [7] $\mathcal{H}_R^{(}2)(z_o)$ is the "linéarisé transverse" of $\mathcal{H}$.

The following result is classical ([1]).

THEOREM 1. *Any Cartan sub-algebra $\mathcal{C}$ of Q is of dimension n ; there exists a canonical system of coordinates $(x_1, \ldots, x_n, y_1, \ldots, y_n)$ in $\mathbb{R}^{2n}$ and a basis $q_1, \ldots, q_n$ of $\mathcal{C}$ such that each q_i is one of the following*

$$q_i = x_i^2 + y_i^2 \text{ elliptic type.}$$

$$q_i = x_i y_i \text{ real hyperbolic type.}$$

$$\begin{cases} q_i = x_i y_{i+1} - x_{i+1} y_i \\ q_{i+1} = x_i y_i + x_{i+1} y_{i+1} \end{cases} \quad \text{complex hyperbolic of mixed type.}$$

Theorem 2 follows directly from the results of Eliasson [8] and [9].

THEOREM 2. *Let X be an integrable hamiltonian vector field which satisfies condition $(*)$ at each point of M. Let z_o be a given point on M and $r = \operatorname{rank} DH(z_o)$. Then there exists a neighborhood U of z_o, a diffeomorphism φ defined on U and functions ψ_i such that:*

$$h_i o\varphi = \psi_i (1 \leq i \leq r)$$

$$h_i o\varphi = \psi_i(q_1, \ldots, q_{n-r}) \quad r < i \leq n$$

where $q_1 \dots q_{n-r}$ *is a basis of the Cartan subalgebra* $\mathcal{H}_R^{(2)}(z_o)$.

ADDENDUM 1: The theorem defines a symplectic system of coordinates around $z_o(x_1, \dots, x_n, y_1 \dots y_n)$ such that in these coordinates,

$$-\text{the equation of } R \text{ is } \begin{cases} x_i = o & 1 \le i \le r \\ y_i = o & 1 \le i \le r \end{cases}$$

$$\text{the } q_j \text{ are functions of } (x_i, y_i) \text{ for } r < i \le n$$

$$-\text{the equation of } O \text{ is } \begin{cases} x_i = o & i > r \\ y_i = o & \forall i \end{cases}$$

$$-\text{the equation of } K \text{ is } \{ \; y_i = o \quad 1 \le i \le r$$

ADDENDUM 2: See [**8**, p. 17].

In case $\mathcal{H}_R^{(2)}(z_o)$ has real hyperbolic type elements, because the fiber $x_i y_i$ = constant is not connected, we may simply say that $h_i o \varphi$ is invariant under the linear action of Lie algebra generated by $q_1, \dots, q_n$; and $D(h_i o \varphi)$ is a linear combination of $Dq_1 \dots Dq_n$; but the coefficients of the combination may vary.

Condition $(*)$ seems to be fulfilled by most of the well known integrable systems: spherical pendulum, Kowalewskaya top (see [**11**, p. 311], [**12**]).

From now we shall assume condition $(*)$ is fulfilled.

II. SINGULAR LAGRANGIAN FOLIATION

We assume X is an integrable vector field on M satisfying condition $(*)$ at each point z of M.

We define a distribution D on M by the following formula: $D(z)$ = subspace of T_zM generated by $X_i(z)(1 \le i \le n)$. The distribution D is stable under the Lie bracket of vector fields.

Following Sussman ([**15**]), we define L_z as the orbit of z under the flow of the commuting vector fields $X_1 \dots X_n$. The manifolds $L_z(z \in M)$ define a partition of M, Sussman calls a singular foliation $\mathcal{F}$. $\mathcal{F}$ induces a regular foliation on the open dense set of points z such that rank $(X_1(z), \dots, X_n(z)) = n$.

See also [**5**] for more details in the symplectic context.

The following proposition is an immediate corollary of Arnold-Liouville theorem:

PROPOSITION.

1) Let c be a regular value of H and let z_o belong to $H^{-1}(c)$, then the leaf through z_o, L_{z_o} is a compact Liouville torus. In a neighborhood of this torus there exists action-angle coordinates (I_i, θ_i) and the leaves of the foliation are defined by equations $I_i = ci \quad (1 \leq i \leq n)$.

2) Let z_o be a regular point of H (but $H(z_o)$ may not be a regular value of H), then L_{z_o} is either a torus T^k or a cylinder $T^k \times \mathbf{R}^{n-k}$ or an n dimensional space $\mathbf{R}^n$.

We extend this result to the singular leaves:

THEOREM 3. *Any leaf of $\mathcal{F}$ is a torus, a cylinder or a plane (eventually of dimension less than n).*

PROOF: There exists on M a natural stratification in the Whitney sense [**16**]. We define the strata Σ_r as:

$$\Sigma_r = \{z; z \in M \text{ and rank } DH(z) = r\}.$$

It is easy to see from theorem 1 that the connected components of Σ_r are symplectic manifolds of dimension $2r$. On each Σ_r, the vector field X is an integrable hamiltonian vector field with r independant commuting integrals.

The result follows then from Arnold-Liouville theorem.

III. BIFURCATION OF A REAL HYPERBOLIC INVARIANT TORUS

Let $X = X_1$ be a hamiltonian vector field on M satisfying condition $(*)$. We study how the invariant Liouville tori bifurcate along a path in the image of the momentum map transverse to $H(\Sigma_{n-1})$.

On Σ_{n-1}, $(n-1)$ integrals of X are independant, say $h_1, \ldots, h_{n-1}$ and one of them, h_n is such that $Dh_n = o$ and is a nondegenerate Morse function in the transverse direction to Σ_{n-1}. So, we are in the case of a "Bott integral", studied by Fomenko in [**10**] or [**11**].

We first recall some definitions.

DEFINITIONS:

a) *A p-toric handle* $\varepsilon^m_{p,k}$ of dimension m and index k is the total space of a bundle $E^m_{p,k}$ whose basis is a torus T^p, and whose fiber is $D^{m-p-k} \times D^k$.

b) *Attachement of a toric handle* to a manifold N with boundary ∂N.

Let $\varepsilon'^{m}_{p,k}$ be the subbundle of $\varepsilon^{m}_{p,k}$ whose fiber is $D^{m-p-k} \times S^{k-1}$ and let $E'^{m}_{p,k}$ be the total space of $\varepsilon_{p,k}$.

Let f be an embedding of $E'^{m}_{p,k}$ into the boundary ∂N of N. We define the manifold N' obtained from N by attaching the handle $\varepsilon^{m}_{p,k}$ along f by the formula:

$$N' = N \underset{f}{\cup} E^{m}_{p,k}$$

This is a generalisation of round handles introduced by Asimov [**2**].

Using the notation of §I and §II, let z_o be a point of M on Σ_{n-1}. Furthermore, we assume that the leaf of the foliation f through z_o is a torus $T^{n-1}_{z_o}$. Hence all the leaves on Σ_{n-1} in a neighborhood of $T^{n-1}_{z_o}$ are tori of dimension $n-1$.

As $H(\Sigma_{n-1})$ is of codimension 1 submanifold of $\mathbb{R}^n$, a simplified version of theorem 2 (using Bott-Morse lemma) shows there exists a basis of $\mathcal{H}$, $(h_1, \ldots, h_n)$ such that $Dh_1(z_o) \ldots Dh_{n-1}(z_o)$ are independant, $Dh_n(z_o) = o$ and in some local symplectic system of coordinates around z_o:

$$\begin{aligned} h_n &= x_n^2 + y_n^2 \qquad \text{(elliptic case)} \\ \text{or } h_n &= x_n^2 - y_n^2 \qquad \text{(real hyperbolic case)} \end{aligned}$$

$$\begin{aligned} \text{Let } a_i &= h_i(z_o) \qquad 1 \le i \le n-1 \text{ and } o = h_n(z_o) \\ \text{and } N &= H^{-1}(a_1, \ldots, a_{n-1}] - \infty, -\varepsilon[) \\ N' &= H^{-1}(a_1, \ldots, a_{n-1},] - \infty, +\varepsilon[) \end{aligned}$$

where ε is choosen small enough such that o is the only critical value in the interval $]-\varepsilon, +\varepsilon[$ (N is void in the elliptic case).

THEOREM 4. *With all notations and hypotheses we had before, we assume further more that $T^{n-1}_{z_o}$ is the only critical manifold on the level $(a_1 \ldots a_{n-1}, o)$ then the manifold N' is obtained from N by attaching a $(n-1)$ toric handle of index o (elliptic case) or 1 (hyperbolic case).*

The proof is similar to the classical one [**14**].

Let M_o be the manifold $H^{-1}(a_1, \ldots, a_{n-1})M_o$ is a $n+1$-submanifold of M. For a riemannian structure on M_o, a tubular neighborhood of $T^{n-1}_{z_o}$ admits a fibration whose base space is $T^{n-1}_{z_o}$ and fiber D^2. Hence, in the elliptic case, N' is diffeomorphic to $T^{n-1}_{z_o} \times D^2$.

In the hyperbolic case, one constructs a retraction of N' on $N \underset{f}{\cup} E^{n+1}_{n-1,1}$ along the gradient lines of h_n in each fiber of the fibration.

The handle is attached along 2 copies of $T^{n-1} \times D^1$ which may be on the same Liouville torus of the boundary of N or on 2 different ones.

REMARKS:

1) If the assumption "$T^{n-1}_{z_o}$ is the only critical submanifold on the level $(a_1, \ldots, a_{n-1}, o)$" is not fulfilled, but if it is a connected component of the critical set, we obtain a similar theorem in an appropriate neighborhood of $T^{n-1}_{z_o}$; how all these neighborhoods glue together is explained in [**11**].

2) The preceeding construction is parametrized by $(n-1)$ real numbers $a_1 \ldots a_{n-1}$.

We precise what the geometry of the bifurcation looks like.

Index o or 2 (Elliptic case).

In that case $T^{n-1}_{z_o}$ is a extremum for h_n; the fiber bundle ε^n_{n-1} has fiber D^2, N is void and the boundary of N' is a Liouville torus T^n.

Hence we have the following bifurcation diagram:

$$\phi \longrightarrow T^{n-1} \longrightarrow T^n$$

Index 1 (Hyperbolic case).

The fiber bundle $\varepsilon^n_{n-1,1}$ has fiber $D^1 \times D^1$ and $\varepsilon'^n_{n-1,1}$ has fiber $D^1 \times S^o$, the monodromy map along a generator of T^{n-1} is either trivial or exchanges the 2 connected components of $D^1 \times S^o$.

• *case 1*: monodromy map is trivial.

Let H_1 be the trivial bundle associated to $\varepsilon^n_{n-1,1}$ with basis T^{n-1} and fiber "the eight curve".

8

We have the following bifurcation diagram:

$$2T^n \longrightarrow H_1 \longrightarrow T^n$$

• *case 2*: monodromy map is non trivial. (In this case the corresponding fiber spaces are classified by the non zero elements α of $H_1(T^{n-1}, \mathbb{Z}^2)$ [**11**, p. 106]).

Let H_2 be the non trivial bundle associated to $\varepsilon^n_{n-1,1}$ with basis T^{n-1} and fiber "the eight curve".

We have the following bifurcation diagram:

$$T^n \longrightarrow H_2 \longrightarrow T_n$$

COROLLARY. *In the hyperbolic case 1, on a neighborhood of $T^{n-1}_{z_o}$, there exists a symplectic system of coordinates $(I_1, \ldots, I_{n-1}, \Theta_1, \ldots, \Theta_{n-1}, p, q)$ and $(I_i, \Theta_i)(1 \leq i \leq n-1)$ are action-angle coordinates on Σ_{n-1} and $h_n = p^2 - q^2$.*

This is exactly the good setting to study perturbations of such a system by Melnikov methods; see the companion paper by Jair Koiller [**13**].

We note that the non triviality of H_2 is an obstruction to the existence of global coordinates.

Bibliographie

1. Arnold V., "Méthodes mathématiques de la mécanique," (Edition MIR), Moscou, 1974.
2. Asimov D., *Round handles and non singular Morse-Smale flows*, Annals of Math. **102** (1975), 248–261.
3. Bott R., *Non degenerate critical manifolds*, Annals of Math. **60** (1954), 248–261.
4. Boucetta M., *Géométrie globale des systèmes hamiltoniens complètement intégrables et variables action-angle avec singularités*, Same volume.
5. Dazord P., *Feuilletages à singularités*, Indagationes Mathematicae, Volume 47, fasc. 1 (1985).
6. Desolneux-Moulis N., *Dynamique des systèmes hamiltoniens complètement intégrables sur les variétés compactes*, Actes du Colloque de La Grande-Motte, no. **1416** (1990), Lecture Notes, Springer.
7. Dufour J.P. & Molino P., *Compactification d'actions de* $\mathbb{R}^n$ *et variables action-angle à singularités*, Publications du Dépt. de Math. de Lyon, Séminaire Sud-Rhodanien I (1988).
8. Eliasson L., *Normal forms for hamiltonian systems with Poisson commuting integrals. Elliptic case.*, Commentarii Mathematici Heveltici **65**, no. 1 (1990).
9. Eliasson L., *Hamiltonian systems with Poisson commuting integrals.*, Thesis, Stockholm, 1984.
10. Fomenko A., *The topology of surfaces of constant energy in integrable Hamiltonian systems and obstruction to integrability*, Math. USS. Izvestiya **29**, no. 3 (1987), 629–658.
11. Fomenko A., "Integrability and non integrability in geometry and mechanics," Math. and its Applications, Kluwer Academic Publishers, Dordrecht, 1988.
12. Kharlamov M.P., *Bifurcation of common levels of first integrals of the Kowalewskaya problem*, P.M.M. USSR **47**, no. 6 (1983), 737–743.
13. Koiller J., *Melnikov formulas for nearly integrable hamiltonian systems*, this volume.
14. Milnor J., *Morse theory*, Annals of Mathematics studies no. 51, Princeton.
15. Sussman H.J., *Orbits of families of vector fields and integrability of distributions*, Trans. A.M.S. **180** (1973), 171–188.
16. Thom B., *Ensembles et morphismes stratifiés,*, Bull. A.M.S. **75** (1969), 240–284.

URA CNRS 746—GDR 144
Institut de Mathematiques et d'Informatique
Université Claude Bernard—Lyon 1
43, bd du 11 novembre 1918
69622—Villeurbanne Cedex—France

This research was carried out as the author was invited visitor at the M.S.R.I.—Berkeley

Hyperbolic Actions of $\mathbf{R}^p$ on Poisson Manifolds

JEAN-PAUL DUFOUR

§1. INTRODUCTION

Unless otherwise explicitly stated all manifolds and mappings are C^∞. Recall that a Poisson manifold ([**W**]) is a manifold V with a Lie algebra structure $(f,g) \mapsto \{f,g\}$ on $C^\infty(V)$ (the set of C^∞ mappings $f : V \longrightarrow \mathbf{R}$) such that

$$\{f, gh\} = \{f,g\}h + g\{f,h\}.$$

An equivalent way to get such a bracket $\{,\}$ is to give 2-vector (section of $\Lambda^2 TV$) Π satisfying

$$[\Pi, \Pi] = 0$$

where $[,]$ is the Schouten bracket ([**Sch**]). The link between these structures is given by

$$\Pi(df, dg) = \{f, g\}.$$

Suppose that the rank of Π at a point p is zero ($\{f,g\}(p)$ vanishes for every f and g). Then we can speak of the *linearization* ($\Pi^{(1)}$) of Π at p : if $(x_1, ..., x_n)$ are local coordinates, vanishing at p, $\Pi^{(1)}$ corresponds to the bracket $\{,\}^{(1)}$ given by

$$\{x_i, x_j\}^{(1)} = 1 - \text{jet of } \{x_i, x_j\} \text{ at } 0 = \sum_k c_{ij}^k x_k.$$

We see ([**W**]) that c_{ij}^k are structure constants of a well defined Lie algebra which is called, also, the *linearization* of Π at p.

Here we will give criteria to decide if such a Π is *linearizable*: i.e. is locally isomorphic to $\Pi^{(1)}$ (we are able to find local coordinates $x_1, \ldots, x_n$ such that $\{x_i, x_j\}$ are linear).

Recall that a Lie algebra $\mathcal{A}$ is said to be non degenerate ([**W2**]) if every Π with $\mathcal{A}$ as linearization is linearizable. In [**D**] we gave the list of the 3-dimensional non degenerate Lie algebras. It appears that techniques used in [**D**] can be extended to the more general situation we will present below.

For the sequel we will consider a Poisson structure $\{,\}$ (Π) on $\mathbf{R}^{n+p}$ with zero rank at 0. We impose the following three hypotheses

(1) The maximum rank of Π is $2p$.
(2) There are p independent commuting functions $f_1, \dots, f_p$ on $\mathbf{R}^{n+p}$ ($df_1 \wedge \dots \wedge df_p \neq 0$, $\{f_i, f_j\} = 0$ for every i and j). So $X_{f_1}, \dots, X_{f_p}$ the corresponding "hamiltonian" fields, give an infinitesimal action ρ of $\mathbf{R}^p$ on the submanifold $V = \cap_i (f_i^{-1}(0))$.
(3) We impose that this infinitesimal action is "hyperbolic" at 0. By this we mean that the weights $\lambda_1, \dots, \lambda_n$ of the linearization $\rho^{(1)}$ of ρ at 0 (defined by

$$0 \neq \{v; \rho^{(1)}(a)(v) = \lambda_i(a)v, (\forall a \in \mathbf{R}^p)\},$$
$$\lambda_i : \mathbf{R}^p \longrightarrow \mathbf{C}, \mathbf{R} - \text{linear})$$

verify

a) real parts of λ_i are p by p $\mathbf{R}$-independent (we don't distinguish $Re\lambda_i$ and $Re\overline{\lambda}_i$
b) there is no "*resonance relation*": $\lambda_i = \Sigma_{j=1}^n k_j \lambda_j$ where k_j are non-negative integers with $k_1 + \dots + k_n \geq 2$.

Conjecture. Under the preceeding three hypotheses Π is linearizable. Moreover there are local coordinates $x_1, \dots, x_n, u_1, \dots, u_p$ such that

$$\{x_i, x_j\} = \{u_r, u_s\} = 0 \tag{1}$$

$$\{x_i, u_r\} = \sum_{l=1}^{n} c_{ir}^l x_l \tag{2}$$

$$f_s = g_s(u_1, \dots, u_p), \tag{3}$$

for every i, j, r, s.

Note that the "hyperbolicity" condition (Hypothesis 3)) is a generic one ([**Ch**]). If this conjecture were true it would give a normal form for "completely integrable" systems on Poisson manifold ([**G.S**]).

Now we can reformulate the central result of [**D**] to obtain the following theorem.

THEOREM 1. *If* $p = 1$ *the conjecture is true.*

In this paper we will prove the following result:

THEOREM 2. *The conjecture is true for* $p > 1$ *and* $n > p + 1$.

Note that hypotheses 1), 2), 3) imply

$$n \geq p;$$

so we have the gap $n = p\ (\geq 2)$, $n = p + 1$ to fulfill.

Our paragraph 2 will be completely devoted to the proof of theorem 2. The central tool will be the linearization theorem of Chaperon [**Ch**].

§2. PROOFS.

Notation. For each (C^∞) function $f(x, u)$, (x, u) in $\mathbf{R}^n \times \mathbf{R}^p$, we will consider its Taylor expansion along $\{0\} \times \mathbf{R}^p$

$$f^{(0)} + f^{(1)} + \cdots + f^{(q)} + \cdots$$

where $f^{(q)}$ is the "q-homogenous part" of f in x:

$$f^{(q)} = \sum_{|K|=q} f_K(u) x^K$$

with

$$K = (k_1, \ldots, k_n), |K| = \sum_{i=1}^{n} k_i, x^K = x_1^{k_1} \cdots x_n^{k_n}.$$

We will develop similarly each vector field X (in the form $X^{(0)} + X^{(1)} + \cdots$) and 2-vector Π (in the form $\Pi^{(0)} + \Pi^{(1)} + \cdots$).

LEMMA 1. *Hypothesis 2) and 3) imply that there are local coordinates* $(x_1, \ldots, x_n, u_1, \ldots, u_p)$, *vanishing at* 0 *with*

$$f_i = u_i + \text{ constant}$$

$$\{x_i, u_j\}^{(0)} = \{x_i, x_k\}^{(0)} = \{x_i, x_k\}^{(1)} = 0$$

for all i, j, k.

PROOF: We choose a first coordinate system $(x_1, \ldots, x_n, u_1, \ldots, u_p)(= (x, u))$ with $u_i = f_i +$ constant . Eventually adding a linear combination of the $f_i (i > 1)$, we can suppose that X_{f_1} alone is "hyperbolic" at 0 when we restrict it to "$u = 0$". So implicit function theorem leads to the fact that, locally, $X_{f_1} = 0$ is equivalent to an equation

$$x = g(u).$$

Because each of the vector fields X_{f_i} commutes with X_{f_1},their flows must preserve the manifold $S = \{(x,u); x = g(u)\}$, and thus each X_{f_i} is tangent to S. Moreover, for $1 \le i,j \le p$, we have

$$X_{f_i} u_j = \{f_i, f_j\} = 0.$$

Since the functions $(u_1, \ldots, u_p)$ give coordinates on S, we conclude that each X_{f_i} vanish along S. Now we perform the change of variables $(x,u) \mapsto (x - g(u), u)$ to obtain that all the X_{f_i} vanish along the manifold "$x = 0$". This leads to the fact that $\{x_i, u_j\}^{(0)}$ vanishes.

We write

$$\tilde{\Pi} = \sum_{i<j} \{x_i, x_j\} \frac{\partial}{\partial x_i} \wedge \frac{\partial}{\partial x_j}$$

and we have

$$\Pi = \tilde{\Pi} + \sum_{i=1}^{p} \frac{\partial}{\partial u_i} \wedge U_i$$

with

$$U_i = -X_{f_i}.$$

Because U_i is an hamiltonian vector field, a fortiori an infinitesimal automorphism of Π, we have

$$0 = [U_i, \Pi] = [U_i, \tilde{\Pi}] - \sum_{j=1}^{p} \frac{\partial U_i}{\partial u_j} \wedge U_j.$$

So we obtain

$$\left[U_i, \tilde{\Pi}\right] = \sum_j \frac{\partial U_i}{\partial u_j} \wedge U_j. \tag{4}$$

Using above notation we write

$$\tilde{\Pi} = \sum_{r<s} \left(a_{rs}^{(0)} + a_{rs}^{(1)} + \cdots\right) \frac{\partial}{\partial x_r} \wedge \frac{\partial}{\partial x_s}$$

and we have

$$\left[U_i, \tilde{\Pi}\right] = \left(U_i^{(1)}\left(a_{rs}^{(1)}\right) + \cdots\right) \frac{\partial}{\partial x_r} \wedge \frac{\partial}{\partial x_s}$$
$$- \left(a_{rs}^{(0)} + \cdots\right)\left(\left[\frac{\partial}{\partial x_r}, U_i\right] \wedge \frac{\partial}{\partial x_s} + \frac{\partial}{\partial x_r} \wedge \left[\frac{\partial}{\partial x_s}, U_i\right]\right).$$

So the 0-order terms in (4) give

$$\sum_{r<s} a_{rs}^{(0)}(\,)_{rs} = 0$$

with

$$(\,)_{rs} = \sum_l \frac{\partial U_i^{(1)l}}{\partial x_r}\frac{\partial}{\partial x_l} \wedge \frac{\partial}{\partial x_s} + \frac{\partial U_i^{(1)l}}{\partial x_s}\frac{\partial}{\partial x_r} \wedge \frac{\partial}{\partial x_l}.$$

Now note that hypothesis 3a) implies that $\lambda_1, \ldots, \lambda_n$ are 2 by 2 distinct. So, working with complex variables x_i (this is possible for the following calculation), we can suppose that $U_i^{(1)}$ are all in diagonal form

$$U_i^{(1)} = \sum_{s=1}^{n} \lambda_s^i x_s \frac{\partial}{\partial x_s}$$

when we restrict to $u = 0$. We consider $U_1, \ldots, U_p$ as p commuting vector fields on $\mathbf{R}^n$ depending on u; for u fixed, sufficiently near from 0, they give another infinitesimal action of $\mathbf{R}^p$ leaving 0 fixed and verifying hypothesis 3a). Performing an x-linear change of variables $(x, u) \mapsto (a(u) \cdot x, u)$ we can suppose

$$U_i^{(1)} = \sum_{s=1}^{n} \lambda_s^i(u) x_s \frac{\partial}{\partial x_s}$$

for every u near 0 and

$$(\,)_{rs} = \left(\lambda_r^i(u) + \lambda_s^i(u)\right) \frac{\partial}{\partial x_r} \wedge \frac{\partial}{\partial x_s}$$

then we have

$$a_{rs}^{(0)}\left(\lambda_r^i(u) + \lambda_s^i(u)\right) = 0$$

for every i, so the no-resonance condition gives

$$a_{rs}^{(0)} = 0.$$

Then we consider the 1st-order terms in (4) to get

$$U_i^{(1)} a_{rs}^{(1)} \frac{\partial}{\partial x_r} \wedge \frac{\partial}{\partial x_s} = a_{rs}^{(1)}(\,)_{rs};$$

with

$$a_{rs}^{(1)} = \sum_j a^j x_j$$

this leads to

$$a^j\left(\lambda_j^i(u) - \lambda_r^i(u) - \lambda_s^i(u)\right) = 0$$

and the no-resonance condition gives

$$a_{rs}^{(1)} = 0.$$

So we obtain the desired result. □

Remarks.

1. A corollary of Lemma 1 is that the linearization of Π is a semi-direct product of $\mathbf{R}^p$ by $\mathbf{R}^n$ (under hypotheses 2) and 3)).
2. The only resonance relations to be avoided (for lemma 1) are

$$\lambda_i + \lambda_j = 0$$
$$\lambda_k = \lambda_i + \lambda_j.$$

LEMMA 2. *Under a change of variables* $(x, u) \mapsto (x, \mu(u))$ *we can assume that* $U_1^{(1)}, \dots, U_p^{(1)}$ *are independent of* u.

PROOF: We study second order terms in (4) to get

$$\sum_{r,s} U_i^{(1)} a_{rs}^{(2)} \frac{\partial}{\partial x_r} \wedge \frac{\partial}{\partial x_s} = a_{rs}^{(2)}(\,)_{rs} + \sum_j \frac{\partial U_i^{(1)}}{\partial u_j} \wedge U_j^{(1)}.$$

Computing terms in $x_r x_s \frac{\partial}{\partial x_r} \wedge \frac{\partial}{\partial x_s}$ in the two members we obtain

$$0 = \sum_j \frac{\partial \lambda_s^i}{\partial u_j} \lambda_r^j - \frac{\partial \lambda_r^i}{\partial u_j} \lambda_s^j$$

which can be rewritten

$$0 = [\Lambda_s, \Lambda_r]$$

with

$$\Lambda_m = \sum \lambda_m^i(u) \frac{\partial}{\partial u_i}.$$

As these Λ_m are p by p independent (3a) there is a change of variables $u' = \mu(u)$ which gives

$$\Lambda_m = \frac{\partial}{\partial u'_m} \quad , \quad m \leq p$$

and further, that all the Λ_m have constant coordinates λ'^i_m in these new variables. Now the formulae

$$\{x_i, u'_j\}^{(1)} = \sum_r \frac{\partial \mu_j}{\partial u_r} \lambda_i^r x_i = \sum_r \lambda'^j_i x_i$$

give the result. □

LEMMA 3. *Under a local coordinates change $(x,u) \mapsto (x',u)$ we can linearize the fields U_i.*

PROOF: As above we see $U_1, \ldots, U_p$ as an infinitesimal action of $\mathbf{R}^p$ on $\mathbf{R}^n$ depending on u. From Lemma 2 we have that the linear part of this action is independent of u and hyperbolic: we can apply techniques of [**Ch**] to get a local diffeomorphism φ^u of $\mathbf{R}^n$, depending smoothly on u, with

$$\varphi^u_*(U_i^u) = U_i^{(1)}$$

for every i and u (near 0). So $(x,u) \mapsto (\varphi^u(x), u)$ gives the good change of coordinates. □

This lemma is the main step of the proof of theorem 2. Now it only remains to get $\{x_i, x_j\} = 0$. Note that we have only used hypotheses 2 and 3 until now. There is an example in [**D**] which show that without an extra hypothesis there is no hope to complete the proof. In the sequel we will use deeply hypothesis 1.

From now on we will suppose (lemma 3) that U_i are x-linear and u-independent.

LEMMA 4. *We have*

$$\Pi = \sum_i \left(\frac{\partial}{\partial u_i} + A_i \right) \wedge U_i$$

where

$$A_i = \sum_{j=1}^n A_i^j \frac{\partial}{\partial x_j}.$$

PROOF: With notation of the proof of lemma 1 we need to prove

$$\tilde{\Pi} = \sum_i A_i \wedge U_i. \qquad (5)$$

For this we rewrite hypothesis 1) in the form

$$\underbrace{\Pi \wedge \Pi \wedge \cdots \wedge \Pi}_{(p+1) \text{ times}} = 0;$$

this leads to

$$0 = \underbrace{\tilde{\Pi} \wedge \cdots \wedge \tilde{\Pi}}_{(p+1) \text{ times}} + \underbrace{\tilde{\Pi} \wedge \cdots \wedge \tilde{\Pi}}_{p \text{ times}} \wedge N_1 + \cdots + (p+1)\tilde{\Pi} \wedge \frac{\partial}{\partial u_1} \wedge \cdots \wedge \frac{\partial}{\partial u_p} \wedge U_1 \cdots \wedge U_p.$$

Terms with $\frac{\partial}{\partial u_1} \wedge \cdots \wedge \frac{\partial}{\partial u_p}$ in this equation give

$$\tilde{\Pi} \wedge U_1 \wedge \cdots \wedge U_p = 0. \tag{6}$$

Now we want to use Saito's division theorem ([**S**]) to pass from (6) to (5). For this we need to show that ideal I of coefficients of $U_1 \wedge \cdots \wedge U_p$ contains at least three elements a, b, c such that a is not a zero divisor of the ring A of germs of C^∞ functions $f(u, x)$, the class of b is not a zero divisor in $A/(a)$ ((a) = ideal generated by a), the class of c is not a zero divisor in $A/(a, b)$.

Working in $\mathbb{C}$ and using 3a) we can diagonalize each U_i and see that I is the ideal generated by all monomials $x_{i_1} x_{i_2} \dots x_{i_p}$ with $i_1 < i_2 < \cdots < i_p$. So we can take

$$a = x_1 x_2 \dots x_p,$$

$$b = \sum_{i=1}^{p} x_1 \dots x_{i-1} \hat{x}_i x_{i+1} \dots x_p x_{p+1}$$

$$c = \sum_{1 \le i < j \le p+1} x_1 \dots x_{i-1} \hat{x}_i x_{i+1} \dots x_{j-1} \hat{x}_j x_{j+1} \dots x_{p+2}$$

This leads to the result. □

Note that we needed $n > p + 1$ to be able to use Saito's result; it seems that we can obtain a similar result for $n = p$ or $n = p + 1$. This is done for $p = 1$ ([**D**]) and some low dimensional cases.

We will write

$$\tilde{A}_i = \frac{\partial}{\partial u_i} + A_i$$

and we want to express the "Jacobi identity"

$$[\Pi, \Pi] = 0.$$

As we have the formula (see [**Sch**])

$$\left[\tilde{A}_i \wedge U_i, \tilde{A}_j \wedge U_j\right] = \left[\tilde{A}_i, \tilde{A}_j\right] \wedge U_i \wedge U_j + \left[\tilde{A}_j, U_i\right] \wedge \tilde{A}_i \wedge U_j + \left[\tilde{A}_i, U_j\right] \wedge \tilde{A}_j \wedge U_i$$

(the $[U_i, U_j] \wedge A_i \wedge A_j$ term vanishes),
this Jacobi identity gives

$$\sum_{ij} \left[\tilde{A}_j, U_i\right] \wedge \tilde{A}_i \wedge U_j + \sum_{i<j} \left[\tilde{A}_i, \tilde{A}_j\right] \wedge U_i \wedge U_j = 0.$$

Terms with $\frac{\partial}{\partial u_i}$ give

$$\sum_j \left[\tilde{A}_j, U_i\right] \wedge U_j = 0, \tag{7}$$

for every i , and other terms give

$$\sum_{i<j} \left[\tilde{A}_i, \tilde{A}_j\right] \wedge U_i \wedge U_j = 0. \tag{8}$$

The product of each member of (7) with $U_1 \wedge \cdots \wedge U_{j-1} \wedge U_{j+1} \wedge \cdots \wedge U_p$ gives

$$\left[\tilde{A}_j, U_i\right] \wedge U_1 \wedge \cdots \wedge U_p = 0.$$

So using Saito's division theorem (like in lemma 4) we obtain

$$\left[\tilde{A}_j, U_i\right] = \sum_l \Theta_{ji}^l U_l \tag{9}$$

$$\left[\tilde{A}_i, \tilde{A}_j\right] = \sum_l \Lambda_{ji}^l U_l \tag{10}$$

in a neighborhood of 0 for every i and j (we need here at least $n > p$).

LEMMA 5. *We can choose the A_i such that, for every r and s,*

$$[A_r, U_s] = 0.$$

PROOF: First remark that lemma 2 implies

$$A_i^{(0)} = 0.$$

We study first order terms in each member of (9) . For this we can work in $\mathbb{C}$ with

$$A_j^{(1)} = \sum a_h^k x_k \frac{\partial}{\partial x_h}$$

$$U_i = \sum \lambda_h^i x_h \frac{\partial}{\partial x_h}$$

and we get, for every i, h and j,

$$\sum_k (\lambda_k^i - \lambda_h^i) a_h^k x_k = \sum_l \Theta_{ji}^{(0)l} \lambda_h^l x_h.$$

So x_n terms give

$$0 = \sum_l \Theta_{ji}^{(0)l} \lambda_h^l$$

and (hypothesis 3a) we get

(11) $$\Theta_{ij}^{(0)l} = 0$$

for every i,j and l.

Now we remark

$$\sum_i A_i \Lambda U_i = \sum_i \left(A_i + \sum_{l=1}^{p} f_i^l U_l \right) \Lambda U_i$$

for every symmetric matrix (f_i^l). So to obtain the desired result we only have to construct such a matrix with

$$\left[A_i + \sum_l f_i^l U_l, U_j \right] = 0$$

for every i and j. This can be rewritten

(12) $$U_j(f_i^l) = \Theta_{ij}^l$$

for every i, j and l. As we obtain

$$U_k\left(\Theta_{ij}^l\right) = U_j\left(\Theta_{ik}^l\right)$$

from the Jacobi identity

$$[U_k, [A_i, U_j]] = [U_j, [A_j, U_k]]$$

it results (using (11)) and the techniques of [**Ch**] that we are able to solve equation (12).

Finally we return precisely on (7) (it is in fact an instance of Cartan's lemma) to get

$$\Theta_{ij}^l = \Theta_{lj}^i$$

which permits the symmetry of (f_i^l). □

Note that conclusion of lemma 5 and no resonance condition imply that A_j is formally of the form

$$A_j = \sum \mu_l^j(u) x_l \frac{\partial}{\partial x_l}$$

in complex x. Performing a good change of coordinates $x_l' = \nu_l(u).x_l$ we get that A_j is formally 0. We need, in general, a new ("flat") change of coordinates to complete the proof. In fact we will use another way: we will get $A_1 = 0, A_2 = 0 \dots$ step by step with the following induction procedure.

a– As $\left[U_i, \tilde{A}_1\right] = 0$ for every i we can straighten the field $\tilde{A}_1$ by a change of coordinates $(x,u) \mapsto (x',u)$ which respects the U_i. In these new coordinates we have

$$\tilde{A}_1 = \frac{\partial}{\partial u_1} \qquad (A_1 = 0).$$

b– Our induction hypothesis will be

$$A_1 = \cdots = A_{q-1} = 0$$

So we have, for $i < q$,

$$\tilde{A}_i = \frac{\partial}{\partial u_i}$$

In a <u>first step</u> we will construct a change of coordinates $(x,u) \mapsto (x',u)$ which preserves $U_1, \dots, U_p, \frac{\partial}{\partial u_1}, \dots, \frac{\partial}{\partial u_{q-1}}$ and replaces $\tilde{A}_q$ by $\frac{\partial}{\partial u_q} + \sum_l \alpha^l U_l$ where α^l are constant along U_i orbits. For this we try to construct functions $\beta^1, \dots, \beta^p$, constant along U_i orbits, such that

$$\left[\tilde{A}_i, \tilde{A}_q - \sum_l \beta^l U_l\right] = 0 \tag{13}$$

for $i = 1, \dots q-1$. We rewrite this equation (use (10))

$$\Lambda_{iq}^l = \frac{\partial \beta^l}{\partial u_i}.$$

As Jacobi identity

$$\left[\tilde{A}_i, \left[\tilde{A}_j, \tilde{A}_q\right]\right] = \left[\tilde{A}_j, \left[\tilde{A}_i, \tilde{A}_q\right]\right]$$

can be rewritten

$$\frac{\partial \Lambda^l_{iq}}{\partial u_j} = \frac{\partial \Lambda^l_{jq}}{\partial u_i}$$

we have solutions β^l for these equations; but as we have

$$\left[U_j, \left[\tilde{A}_i, \tilde{A}_q\right]\right] = 0$$

we see that Λ^l_{iq} is constant along U_j orbits and we can also choose β^l constant along these orbits. Now returning to (13) and using

$$\left[U_i, \tilde{A}_q - \sum_l \beta^l U_l\right] = 0$$

for every i we can straighten the field $\tilde{A}_q - \sum_l \beta^l U_l$ by a change of coordinates which preserves $U_1, \ldots, U_p, \frac{\partial}{\partial u_1}, \ldots, \frac{\partial}{\partial u_{q-1}}$. Relabeling the new variables we can suppose

$$\tilde{A}_q - \sum_\ell \beta^\ell U_\ell = \frac{\partial}{\partial u_q};$$

this achieves our first step.

In a <u>second step</u> we will modify the A_i like in the proof of lemma 5: we will try to replace each A_i by $A_i + \sum_\ell f_i^\ell U_\ell$ where (f_i^ℓ) is a symmetric matrix such that

$$\left[\tilde{A}_i + \sum_\ell f_i^\ell U_\ell, \tilde{A}_j + \sum_\ell f_j^\ell U_\ell\right] = 0 \tag{14}$$

for every i, j with $i < j \leq q$. Also we will impose that f_i^ℓ is constant along the U_r orbits. For this we rewrite (14) in the form

$$\frac{\partial f_j^\ell}{\partial u_i} - \frac{\partial f_i^\ell}{\partial u_j} = 0$$

for $i < j < q$ and in the form

$$\frac{\partial f_q^\ell}{\partial u_i} - \frac{\partial f_i^\ell}{\partial u_q} = -\frac{\partial \alpha^\ell}{\partial u_i}$$

for $i < j = q$. The first set of equations has solutions

$$f_i^\ell = \frac{\partial g^\ell}{\partial u_i} \qquad (i < q, \ell = 1, \ldots, p)$$

and the last

$$f_q^\ell = \frac{\partial g^\ell}{\partial u_q} - \alpha^\ell$$

(g^ℓ being constant along U_i orbits). However we need (f_i^ℓ) to be symmetric; so we need

$$\frac{\partial g^\ell}{\partial u_i} = \frac{\partial g^i}{\partial u_\ell} \qquad (i < \ell < q)$$

$$\frac{\partial g^\ell}{\partial u_q} - \alpha^\ell = \frac{\partial g^q}{\partial u_\ell} \qquad (\ell < q);$$

with

$$\omega = \sum_{\ell=1}^{q} g^\ell du_\ell \quad , \quad \alpha = \sum_{\ell=1}^{q-1} \alpha^\ell du_\ell$$

we can rewrite this

$$d\omega = du_q \wedge \alpha.$$

To solve this it suffices to show that

(15) $$d\alpha = 0.$$

To do that we see that the only terms in the first member of (8) containing $U_i \wedge U_j \wedge U_q$ with $i < j < q$, is

$$\left(\frac{\partial \alpha^j}{\partial u_i} - \frac{\partial \alpha^i}{\partial u_j}\right) U_i \wedge U_j \wedge U_q$$

so we get

$$\frac{\partial \alpha^j}{\partial u_i} - \frac{\partial \alpha^i}{\partial u_j} = 0$$

and we obtain (15).

Replacing A_i by $A_i + \sum_\ell f_i^\ell U_\ell$ we can suppose, for $i < j \leq q$,

$$\left[\tilde{A}_i, \tilde{A}_j\right] = 0.$$

In a <u>third step</u> we can perform a change of coordinates which preserves the U_i and straightens simultaneously all the $\tilde{A}_i$, $i = 1, \ldots, q$. So we obtain

$$\tilde{A}_i = \frac{\partial}{\partial u_i} \qquad i = 1, \ldots, q;$$

this completes our induction procedure and the proof of theorem 2.

References

[**Ch**] Chaperon M., *Géométrie différentielle et singularités de systèmes dynamiques*, Astérisque **138–139** (1986), Société Math. de France.

[**D**] Dufour J.P., *Formes normales de certaines structures de Poisson*, J. of Diff. Geometry (1989) (to appear).

[**G.S**] Guillemin V.—Sternberg S., "Symplectic Techniques in physics," Cambridge University Press, 1984.

[**R**] Roussarie R., *Modèles locaux de champs et de formes*, Astérisque **30** (1975), Société Math. de France.

[**S**] Saito K., *On a generalization of De-Rham lemma*, Ann. Inst. Fourier, Grenoble 26 **2** (1976), 165–170.

[**Sch**] Schouten, *On the differential operators of first order in tensor calculus*, Convegno Intern. geom. diff., Italy (1953), Ed. Cremonese, Rome.

[**W1**] Weinstein A., *The local structure of Poisson manifolds*, J. of Diff. Geometry **18** (1983).

[**W2**] ——————, *The geometry of Poisson brackets*, Int. publ. of the Tokyo University (1987).

J.P. Dufour
Getodim URA 1407—GDR 144
Mathématiques—Université Montpellier II
Pl. E. Bataillon
34095 MONTPELLIER CEDEX 05
FRANCE

Compactification d'Actions de $\mathbb{R}^n$ et Variables Action-Angle avec Singularités

J.P. Dufour et P. Molino

Abstract. Résumé. On considère une action infinitésimale de $\mathbb{R}^n$ sur une variété V, munie d'un espace vectoriel d'intégrales premières; on donne une condition suffisante pour que, au voisinage d'un orbite compacte, il existe une action du tore $\mathbb{T}^n$ ayant les même orbites, et commutant avec l'action infinitésimale donnée. Comme corollaire, on retrouve le théorème de H. Eliasson sur l'existence de variables Action-Angle avec singularités pour un système hamiltonien.

I. Introduction

Dans ce travail, la différentiabilité est entendue, sauf mention expresse du contraire, au sens C^∞.

On considère une variété différentiable V, et sur cette variété un couple $(\mathcal{X}, \mathcal{A})$, où $\mathcal{X}$ est une algèbre de Lie commutative de dimension n de champs de vecteurs différentiables, et $\mathcal{A}$ un espace vectoriel de dimension p d'intégrales premières communes à tous ces champs de vecteurs. On verra $\mathcal{X}$ comme définissant une action infinitésimale de $\mathbb{R}^n$ sur V; si les éléments de $\mathcal{X}$ sont complets, alors on peut intégrer cette action infinitésimale pour obtenir une action de $\mathbb{R}^n$ sur V admettant $\mathcal{X}$ comme algèbre de champs fondamentaux. Pour tout $x \in V$, on notera $\mathcal{O}_x$ l'orbite de x par $\mathcal{X}$.

I.1 Ellipticité transverse de $(\mathcal{X}, \mathcal{A})$ en un point x_0

Soit $x_0 \in V$. On notera $\mathcal{J}_{x_0}$ l'isotropie de $\mathcal{X}$ en x_0, c.-à.-d. l'ensemble des champs de $\mathcal{X}$ qui s'annulent en x_0. On notera $\mathcal{X}_{x_0}$ le sous-espace de $T_{x_0}V$ formé des vecteurs $X(x_0)$ où X parcourt $\mathcal{X}$; c'est le tangent à $\mathcal{O}_{x_0}$ en x_0. On pose:

$$K_{x_0} = \bigcap_{f \in \mathcal{A}} \operatorname{Ker} df_{x_0}$$

et

$$N_{x_0}^T = K_{x_0} / \mathcal{X}_{x_0}.$$

Tout élément X de $\mathcal{J}_{x_0}$ est tel que son linéarisé X'_{x_0} en x_0 laisse invariants K_{x_0} et $\mathcal{X}_{x_0}$. Il détermine donc un champ de vecteurs linéaire $X_T'^{x_0}$ sur $N_{x_0}^T$, que l'on appellera "linéarisé transverse" de X en x_0. On notera $\mathcal{X}_T'^{x_0}$ l'algèbre de Lie abélienne formée par ces linéarisés transverses.

De même, si $\mathcal{B}_{x_0}$ est l'ensemble des $f \in \mathcal{A}$ telles que $df_{x_0} = 0$, pour toute $f \in \mathcal{B}_{x_0}$, le jet d'ordre 2 en x_0 de la fonction $f - f(x_0)$ détermine une forme quadratique sur K_{x_0}, dont le noyau contient $\mathcal{X}_{x_0}$. Par passage au quotient, on obtient une forme quadratique $f_T^{\prime x_0}$ sur $N_{x_0}^T$. L'ensemble des formes quadratiques ainsi obtenues sera noté $\mathcal{A}_T^{\prime x_0}$.

DÉFINITION: Le couple $(\mathcal{X}_T^{\prime x_0}, \mathcal{A}_T^{\prime x_0})$ est le linéarisé transverse de $(\mathcal{X}, \mathcal{A})$ en x_0. On dira que $(\mathcal{X}, \mathcal{A})$ est *transversalement elliptique en* x_0 si son linéarisé transverse est tel que:

(*i*) $\dim \mathcal{J}_{x_0} = \dim \mathcal{X}_T^{\prime x_0}$ et $\dim \mathcal{B}_{x_0} = \dim \mathcal{A}_T^{\prime x_0}$;

(*ii*) il existe des coordonnées linéaires $(x^1, \ldots, x^s, \; y^1, \ldots, y^s)$ sur $N_{x_0}^T$ telles que $\mathcal{X}_T^{\prime x_0}$ admette pour base les rotations infinitésimales $y^j \frac{\partial}{\partial x^j} - x^j \frac{\partial}{\partial x^j}$, $j = 1, \ldots, s$, et que $\mathcal{A}_T^{\prime x_0}$ admette pour base les fonctions $(x^j)^2 + (y^j)^2$, $j = 1, \ldots, s$.

On peut réécrire la condition (ii) en disant que $N_{x_0}^T$ admet une structure d'espace vectoriel symplectique pour laquelle $\mathcal{X}_T^{\prime x_0}$ est l'algèbre de Lie d'un tore maximal du groupe $SP(N_{x_0})$, $\mathcal{A}_T^{\prime x_0}$ étant l'algèbre de Poisson des hamiltoniens correspondants.

On observera également que la condition d'ellipticité transverse impose les relations

$$\dim V = n + p; \quad \dim \mathcal{O}_{x_0} = n - s; \quad \operatorname{rang}_{x_0} \mathcal{A} = p - s,$$

où $\operatorname{rang}_{x_0} \mathcal{A}$ est égal à $\dim\{df_{x_0} / f \in \mathcal{A}\}$.

I.2. Le résultat principal

THÉORÈME. *Soit $(\mathcal{X}, \mathcal{A})$ un couple formé d'une algèbre de Lie abélienne de dimension n de champs de vecteurs sur la variété V, et d'un espace vectoriel d'intégrales premières de cette algèbre de Lie. On considère un point $x_0 \in V$ tel que:*

(*i*) *l'orbite $\mathcal{O}_{x_0}$ de x_0 par $\mathcal{X}$ est compacte;*

(*ii*) *$(\mathcal{X}, \mathcal{A})$ est transversalement elliptique en x_0;*

alors il existe un voisinage U de x_0, saturé d'orbites de $\mathcal{X}$, et une action différentiable effective du tore $\mathbf{T}^n$ sur U ayant les même orbites que $\mathcal{X}$ et laissant invariants tous les champs de vecteurs appartenant à $\mathcal{X}$.

Dans le cas où $s = 0$, on retrouve un résultat élémentaire: l'action infinitésimale de $\mathbf{R}^n$ définie par $\mathcal{X}$ est localement libre au voisinage de $\mathcal{O}_{x_0}$, qui est nécessairement un tore. L'existence des intégrales premières assure que la feuille $\mathcal{O}_{x_0}$ du feuilletage en orbites est sans holonomie; par suite, les orbites voisines sont les fibres d'une fibration localement triviale $\pi : U \to \overline{U} \subset \mathbf{R}^p$ de fibre-type $\mathbf{T}^n$. Dans U, les champs de $\mathcal{X}$ sont complets et définissent donc une action φ de $\mathbb{R}^n$. L'isotropie I_x de cette action en un point x de U dépend alors différentiablement de $\pi(x)$ et définit en chaque point un réseau dans $\mathbb{R}^n$. Le passage au quotient par ce réseau fournit l'action cherchée de $\mathbb{T}^n$.

Dans le cas général, la situation est la suivante: pour $x \in \mathcal{O}_{x_0}$, soient $K_x = \bigcap_{f\in\mathcal{A}} \operatorname{Ker} df_x$ et $N_x^T = K_x/\mathcal{X}_x$. Alors $\mathcal{N}_{\mathcal{O}_{x_0}}^T = \bigcup_{x\in\mathcal{O}_{x_0}} N_x^T$ est un fibré vectoriel sur $\mathcal{O}_{x_0}$ de fibre-type $\mathbb{R}^{2s}$. L'algèbre $\mathcal{X}$ se relève — via les groupes locaux à un paramètre — en une algèbre abélienne $\mathcal{X}^B$ d'automorphismes infinitésimaux du fibré principal $B(\mathcal{N}_{\mathcal{O}_{x_0}}^T)$ des repères de $\mathcal{N}_{\mathcal{O}_{x_0}}^T$. Les hypothèses faites impliquent que les orbites de $\mathcal{X}^B$ sont des tores de dimension n, sous-fibrés principaux de $B(\mathcal{N}_{\mathcal{O}_{x_0}}^T)$ de groupe structural $\mathbb{T}^s$. Par intégration des champs de $\mathcal{X}^B$, on définit une action φ^B de $\mathbb{R}^n$ comme groupe d'automorphismes de $B(\mathcal{N}_{\mathcal{O}_{x_0}}^T)$. Utilisant les propriétés de l'espace $\mathcal{A}$ d'intégrales premières, on vérifiera:

(*i*) que les champs de $\mathcal{X}$ sont encore complets dans un voisinage saturé U de $\mathcal{O}_{x_0}$;

(*ii*) que, pour l'action correspondante φ de $\mathbb{R}^n$ sur U, le réseau Γ_{x_0} d'isotropie de l'action φ^B se prolonge dans U en réseau Γ_x dépendant différentiablement de x, et tel que Γ_x soit contenu dans l'isotropie I_x de l'action φ.

Il ne restera plus alors qu'à passer au quotient par le réseau Γ_x pour obtenir l'action cherchée de $\mathbb{T}^n$.

I.3. Application aux variables Action-Angle avec singularités

On considère un système hamiltonien (P,ω,H), où P est une variété différentiable de dimension $2n$ munie de la forme symplectique ω et du hamiltonien différentiable $H : P \to \mathbb{R}$.

DÉFINITION: Un système de coordonnées Action-Angle avec singularités de rang ℓ, adapté au système, sur un ouvert U de P est un système $(x^1, y^1, \ldots, x^k, y^k, q^1, \ldots, q^\ell, \theta^1, \ldots, \theta^\ell)$ avec $n = k + \ell$, tel que:

(*i*) $x \to (x^1(x), \ldots, \theta^\ell(x))$ définisse un difféomorphisme ϕ de U sur $D(0, r_i) \times \cdots \times D(0, r_k) \times \Omega \times \mathbb{T}^\ell$, où $D(0, r_i)$ est le disque ouvert de rayon r_1 dans $\mathbb{R}^2, \Omega$ un ouvert de $\mathbb{R}^\ell$ et $\mathbb{T}^\ell$ le tore de dimension ℓ.

(*ii*) $\omega = \phi^*\omega_0$, où $\omega_0 = \sum_{i=1}^k dx^i \wedge dy^i + \sum_{j=1}^\ell dq^j \wedge d\theta^j$;

(*iii*) $H \circ \phi^{-1}$ n'est fonction que de $q^1, \ldots, q^\ell$, $(x^1)^2 + (y^1)^2, \ldots, (x^k)^2 + (y^k)^2$.

Les coordonnées Action-Angle classiques correspondent à $k = 0$. Les sous-variétés $(x^i, y^i) = 0$ définissent les singularités des coordonnées Action-Angle. On peut utiliser les coordonnées polaires classiques (ρ^i, φ^i) sur les disques $D(0, r_i)$; alors, en dehors des singularités, le système $(\frac{1}{2}(\rho^1)^2, \ldots, \frac{1}{2}(\rho^k)^2, q^1, \ldots, q^\ell, \varphi^1, \ldots, \varphi^k, \theta^1, \ldots, \theta^\ell)$ forme un système de coordonnées Action-Angle classique. Le passage de ces dernières à $(x^1, y^1, \ldots, x^k, y^k, q^1, \ldots, q^\ell, \theta^1, \ldots, \theta^\ell)$ généralise le passage des "coordonnées de Delaunay" aux "coordonnées de Poincaré" dans le problème des deux corps [**A-M**].

Le théorème d'Arnold-Liouville [**A-M**] donne un critère d'existence de coordonnées Action-Angle classiques; il a été généralisé depuis de plusieurs manières [voir [**F-M**] et les références qui y figurent, [**D-D**], [**F**]], en particulier pour obtenir des coordonnées Action-Angle à singularités: d'abord par Vey [**V**], dans le cas analytique avec $\ell = 0$, et Rüssmann [**R**] dans le cas $n = 2$; enfin, récemment, par Eliasson [**E**].

Utilisant la notion d'ellipticité transverse introduite en I.1, on peut énoncer le théorème d'Eliasson de la manière suivante:

THÉORÈME D'ELIASSON. *Soit $\mathcal{A}$ une algèbre de Lie abélienne [pour le crochet de Poisson] de dimension n d'intégrales premières du système hamiltonien (P, ω, H). On note $\mathcal{A}'$ l'algèbre de Lie abélienne des champs hamiltoniens correspondants. Soit $x_0 \in P$ tel que:*

(*i*) *l'orbite F_{x_0} de x_0 par $\mathcal{A}'$ est compacte et de dimension ℓ;*

(*ii*) *$(\mathcal{A}', \mathcal{A})$ est transversalement elliptique en x_0.*

Alors, il existe, sur un voisinage ouvert U de x_0 dans P, un système de coordonnées Action-Angle avec singularités de rang ℓ adapté au système.

Ici, la condition (ii) d'ellipticité transverse se traduit de la façon suivante: la forme ω_{x_0} restreinte à K_{x_0} a pour noyau $\mathcal{A}'_{x_0}$ et définit donc une forme symplectique réduite $\omega^T_{x_0}$ sur $N^T_{x_0}$. Si l'on veut, c'est la version infinitésimale du procédé classique de réduction de l'espace des phases par une action hamiltonienne, voir [**A-M**]. L'isotropie $\mathcal{J}_{x_0}$ de $\mathcal{A}'_{x_0}$ en x_0 opère naturellement dans $(N^T_{x_0}, \omega^T_{x_0})$ et définit ainsi une sous-algèbre abélienne $\mathcal{J}^T_{x_0}$ *d'isotropie infinitésimale réduite* de $sp(N^T_{x_0}, \omega^T_{x_0})$. La condition (ii) signifie alors que $\mathcal{J}^T_{x_0}$ est l'algèbre de Lie d'un tore maximal de $SP(N^T_{x_0}, \omega^T_{x_0})$.

Montrons comment *le théorème d'Eliasson se déduit de façon élémentaire de notre résultat principal*: d'après celui-ci, il existe un voisinage ouvert U de x_0 dans P, saturé d'orbites de $\mathcal{A}'$, et une action différentiable effective

$$\psi : \mathsf{T}^n \times U \to U$$

qui a les même orbites que $\mathcal{A}'$ et respecte les champs appartenant à $\mathcal{A}'$.

L'action ψ étant effective, la réunion U' dans U des orbites de dimension n est un ouvert dense connexe de U [c'est une propriété bien connue des actions de groupes de Lie compacts]. Dans U', les hypothèses du théorème d'Arnold-Liouville sont satisfaites en chaque point pour le système d'intégrales premières $\mathcal{A}$, ce qui permet [au voisinage de chaque point] de construire une action symplectique ψ' de T^n ayant les mêmes orbites que ψ et commutant avec celle-ci. Ceci implique que l'on passe [localement] de ψ à ψ' par un changement de base du tore à coefficients entiers; il en résulte que ψ est elle-même symplectique dans U', donc par continuité dans U tout entier.

Ceci étant, il ne reste plus qu'à appliquer les résultats classiques concernant les formes normales d'actions symplectiques de tores, voir par exemple [**A-M-M**], pour arriver au résultat.

II. Démonstration du résultat principal

Comme ci-dessus, la dimension de V sera $n+p$, celle de $\mathcal{X}$ sera n, celle de $\mathcal{A}$ sera p, et celle de N_{x_0} sera $2s$. On notera $r = n - s$ la dimension de l'orbite $\mathcal{O}_{x_0}$, et $r' = p - s$ celle de $d\mathcal{A}_{x_0} = \{df_{x_0} / f \in \mathcal{A}\}$.

La démonstration se fera en utilisant une *récurrence sur* s: on se ramènera par un procédé d'éclatement du cas $\dim \mathcal{J}_{x_0} = s$ au cas $\dim \mathcal{J}_{x_0} < s$.

Observons au préalable qu'on ne change rien au problème si l'on remplace $\mathcal{A}$ par un autre espace $\mathcal{A}_1$ de même dimension d'intégrales premières de $\mathcal{X}$ ayant la propriété d'engendrer fonctionnellement la même algèbre $\hat{\mathcal{A}}$ de fonctions sur V. En particulier, on pourra toujours se ramener au cas où *toutes les fonctions de* $\mathcal{A}$ *s'annulent en* x_0.

II.1. Construction de bonnes coordonnées, et intégration des champs de $\mathcal{X}$ au voisinage de $\mathcal{O}_{x_0}$

Lemme 1. *Il existe un voisinage ouvert $\mathcal{U}_{x_0}$ de x_0, muni de coordonnées locales $(v, \mu, u) = (v^1, \ldots, v^r, \mu^1, \ldots, \mu^{r'}, u^1, \ldots, u^{2s})$ telles que, en notant $x = (x^1, \ldots, x^s) = (u^1, \ldots, u^s)$ et $y = (y^1, \ldots, y^s) = (u^{s+1}, \ldots, u^{2s})$, on ait les propriétés suivantes:*

(*i*) *les coordonnées de x_0 sont nulles;*

(*ii*) *$\mathcal{X}$ admet une base $(V_1, \ldots, V_r, W_1, \ldots, W_s)$ qui s'écrit en coordonnées locales*

$$V_k = \frac{\partial}{\partial v^k} \qquad \text{pour} \quad k = 1, \ldots, r$$

$$W_i = \sum_{k=1}^{r} W_i^k(\mu, u) \frac{\partial}{\partial v^k} + \sum_{a=1}^{2s} W_i''^a(\mu, u) \frac{\partial}{\partial u^a} \qquad \text{pour} \quad i = 1, \ldots, s$$

où les W_i s'annulent en x_0, où $W_i''^a(\mu, 0) = 0$, et où le linéarisé en x_0 de
$\sum_{a=1}^{2s} W_i''^a(\mu, u) \frac{\partial}{\partial u^a}$ est égal à $y^i \frac{\partial}{\partial x^i} - x^i \frac{\partial}{\partial y^i}$ pour $i = 1, \ldots, s$;

(iii) $\mathcal{A}$ *admet une base* $(g_1, \ldots, g_r, f_1, \ldots, f_s)$ *qui s'écrit en coordonnées locales*

$$g_{k'}(v, \mu, u) = u^{k'} \qquad \text{pour } k' = 1, \ldots, r'$$
$$f_j(v, \mu, u) = \gamma_j^0(\mu) + (x^j)^2 + (y^j)^2 + \gamma_j^2(\mu)(u) + \|u\|^2 \epsilon_j(\mu, u) \qquad \text{pour } j = 1, \ldots, s,$$

où $\gamma_j^2(\mu)$ *est une forme quadratique en* u*, dépendant du paramètre* μ*, avec* $\gamma_j^0(0) = \gamma_j^2(0) = 0$

$$\|u\|^2 = \sum_{a=1}^{2s} |u^a|^2 \quad et \quad \lim_{u \to 0} \epsilon_j(\mu, u) = 0;$$

(iv) *la fonction* $f = f_1 + \cdots + f_s$ *s'écrit en coordonnées locales* $f(v, \mu, u) = \|u\|^2 + \gamma(\mu)$*, où* γ *est une fonction différentiable nulle pour* $\mu = 0$.

DÉMONSTRATION: On commence par choisir des bases $(V_1, \ldots, V_r, W_1, \ldots, W_s)$ de $\mathcal{X}$, et $(g_1, \ldots, g_{r'}, f_1, \ldots, f_s)$ de $\mathcal{A}$, telles que $W_1, \ldots, W_s$, $df_1, \ldots, df_s$ s'annulent en x_0. On peut alors choisir des coordonnées (v, μ, u) centrées en x_0, telles que:

$$V_k = \frac{\partial}{\partial v^k} \quad \text{pour } k = 1, \ldots, r, \quad \text{et} \quad g_{k'}(v, \mu, u) = \mu^{k'} \quad \text{pour } k' = 1, \ldots, r'.$$

On a alors nécessairement:

$$W_i = \sum_{k=1}^{r} W_i^k(\mu, u) \frac{\partial}{\partial v^k} + \sum_{a=1}^{2s} W_i''^a(\mu, u) \frac{\partial}{\partial u^a} \quad \text{pour } i = 1, \ldots, s.$$

Les espaces K_{x_0} et $\mathcal{X}_{x_0}$ s'identifient aux espaces engendrés respectivement par $\left(\frac{\partial}{\partial v^1}, \ldots, \frac{\partial}{\partial v^r}, \frac{\partial}{\partial u^1}, \ldots, \frac{\partial}{\partial u^{2s}}\right)$ et $\left(\frac{\partial}{\partial v^1}, \ldots, \frac{\partial}{\partial v^r}\right)$; donc $N_{x_0}^T$ s'identifie naturellement à l'espace engendré par $\left(\frac{\partial}{\partial u^1}, \ldots, \frac{\partial}{\partial u^{2s}}\right)$. Pour $j = 1, \ldots, s$, la forme quadratique sur $N_{x_0}^T$ définie par le jet d'ordre 2 de f_j correspond à $\sum_{a,b=1}^{2s} \frac{\partial^2 f_j}{\partial u^a \partial u^b}(0, \ldots, 0)\, u^a u^b$. De même, le linéarisé transverse de W_i correspond, pour $i = 1, \ldots, s$, au champ $\sum_{a,b=1}^{2s} \frac{\partial W_i''^a}{\partial u^b}(0, \ldots, 0)\, u^b \frac{\partial}{du^a}$. L'hypothèse d'ellipticité transverse montre alors que, par un changement linéaire sur les u^a, on peut imposer:

– que le linéarisé en x_0 de $\sum_{a=1}^{2s} W_i''^a(\mu, u) \frac{\partial}{\partial u^a}$ s'écrive

$$y^i \frac{\partial}{\partial x^i} - x^i \frac{\partial}{\partial y^i} + \sum_{\substack{a=1,\ldots,2s \\ k'=1,\ldots r'}} \lambda_{ik}^a \mu^{k'} \frac{\partial}{\partial u^a}, \quad \text{pour } i = 1, \ldots, s,$$

– que $f_j(v,\mu,u) = \gamma_j^0(\mu)+\gamma_j^1(\mu)(u)+(x^j)^2+(y^j)^2+\gamma_j^2(\mu)(u)+\|u\|^2\epsilon_j(\mu,u)$, pour $j = 1,\ldots,s$, où $\gamma_j^1(\mu)$ et $\gamma_j^2(\mu)$ sont des formes respectivement linéaire et quadratique en u, dépendant du paramètre μ, et telles que $\gamma_j^1(0) = 0$ et $\gamma_j^2(0) = 0$.

Ceci étant, $f = f_1+\cdots+f_s$ apparaît comme un déploiement de paramètre μ d'une fonction de Morse des variables u^a, de la forme $u \to \|u\|^2 +$ termes de degré > 2. La théorie élémentaire du déploiement [qui peut, ici, être retrouvée directement "à la main"] permet d'affirmer qu'il existe un changement de variables $(\mu,u) \to (\mu, h_\mu(u))$, dont le jet d'ordre 1 en $(0,0)$ est l'identité, et qui met f sous la forme (iv); cf. [**W**].

Dans les nouvelles coordonnées, la fonction $\|u\|^2 = f(v,\mu,u) - \gamma(\mu)$ est une intégrale première locale de $\mathcal{X}$. En écrivant en particulier que la dérivée de $\|u\|^2$ suivant W_i est nulle, on vérifie la propriété (ii).

Fixons maintenant j, et écrivons que $W_i \cdot f_j = 0$ pour $i = 1,\ldots,s$. On notera $f_j^{(\mu)}$ la fonction f_j, regardée comme fonction de $u^1,\ldots,u^{2s}$, à paramètre μ, et $W_i''^{(\mu)}$ le champ de vecteurs $W_i'' = \sum_{a=1}^{2s} W_i''^a(\mu,u)\frac{\partial}{\partial u^a}$, regardé comme champ de vecteurs sur $\mathbf{R}^{2s}$, à paramètre μ. On remarque que $W_i''^{(\mu)}$ est nul à l'origine de $\mathbf{R}^{2s}$, et on notera $\overline{W}_i''^{(\mu)}$ son linéarisé à l'origine. En écrivant que $W_i''^{(\mu)} \cdot f_j^{(\mu)} = 0$, donc que la partie principale à l'origine de cette fonction est nulle, il vient $\langle \gamma_j^1(\mu), \overline{W}_i''^{(\mu)} \rangle = 0$. Posant:

$$\gamma_j^1(\mu)(u) = \sum_{a=1}^{2s} \varphi_{ja}(\mu)u^a \quad \text{et} \quad \overline{W}_i''^{(\mu)} = \sum_{a,b=1}^{2s} \eta_{ib}^a(\mu)u^b \frac{\partial}{\partial u^a},$$

il vient:

$$\sum_{a=1}^{2s} \varphi_{ja}(\mu)\eta_{ib}^a(\mu) = 0 \quad \text{pour} \quad i = 1,\ldots,s \ \text{ et } \ b = 1,\ldots,2s.$$

Considérons ceci comme un système linéaire de $2s^2$ équations en les inconnues $\varphi_{ja}(\mu)$. Pour $\mu = 0$, compte tenu de (ii), ce système est de rang $2s$. Il en sera de même pour μ assez petit, ce qui implique la nullité des fonctions $\varphi_{ja}(\mu)$. Ainsi, au besoin en restreignant le domaine $\mathcal{U}_{x_0}$, on vérifie $\gamma_j^1(\mu) = 0$, ce qui complète le point (iii). □

La fonction différentiable $\gamma(\mu^1,\ldots,\mu^{r'})$ qui apparaît au point (iv) du lemme ci-dessus n'est a priori définie qu'au voisinage de l'origine. On la prolonge arbitrairement en une fonctions différentiable sur $\mathbf{R}^{r'}$, ce qui permet de définir sur V la fonction globale

$$h = f - \gamma(g_1,\ldots,g_{r'})$$

qui est par construction une intégrale première de $\mathcal{X}$. L'expression de cette fonction dans les "bonnes coordonnées" (v, μ, u) est

$$h(v, \mu, u) = \|u\|^2.$$

On notera S la partie de V d'équation $h = 0$. C'est automatiquement une réunion d'orbites de $\mathcal{X}$.

LEMME 2. *On peut restreindre V de manière que:*

(i) S soit une sous-variété plongée V;

(ii) au voisinage de tout point de S il existe des coordonnées locales (v, μ, u) dans lesquelles h s'écrive $\|u\|^2$;

(iii) les champs appartenant à $\mathcal{X}$ soient complets.

DÉMONSTRATION: En transportant les coordonnées obtenues au lemme 1 par un difféomorphisme local obtenu en intégrant un champ appartenant à $\mathcal{X}$, on peut construire de "bonnes coordonnées" au voisinage d'un point x quelconque de l'orbite $\mathcal{O}_{x_0}$. En restreignant V à un voisinage tubulaire assez petit de $\mathcal{O}_{x_0}$, on peut ainsi assurer le point (ii), qui implique (i).

Observons maintenant que, dans tous les systèmes de "bonnes coordonnées" considérés, la base $(g_1, \ldots, g_{r'}, f_1, \ldots, f_s)$ de $\mathcal{A}$ utilisée est la même, et aussi la fonction $h = \|u\|^2$. On peut définir l'application globale $G : V \to \mathbb{R}^{r'}$ de composantes $g_1, \ldots, g_{r'}$, dont la restriction G_s à S est une submersion. De plus, $G_s^{-1}(0)$ a l'orbite $\mathcal{O}_{x_0}$ comme composante connexe. Quitte à restreindre V, on pourra donc supposer que $G_s : S \to \Omega_s \subset \mathbb{R}^{r'}$ est une fibration triviale, dont $\mathcal{O}_{x_0}$ est la fibre au-dessus de l'origine. En restriction à S, les orbites de $\mathcal{X}$ ont toutes pour dimension r, et sont les fibres de G_s.

Remarquons finalement que la fonction $h + \|G\|^2$ s'écrit dans les bonnes coordonnées:

$$\sum_{i=1}^{s}[(x^i)^2 + (y^i)^2] + \sum_{k'=1}^{r'}(\mu^{k'})^2.$$

Pour $\epsilon > 0$ assez petit, la condition $h + \|G\|^2 < \epsilon$ définit un voisinage tubulaire de $\mathcal{O}_{x_0}$, dans lequel les orbites de $\mathcal{X}$ sont tracées sur les tubes compacts d'équation $h + \|G\|^2 =$ cste. En remplaçant V par un tel voisinage tubulaire, on en déduit que les champs de $\mathcal{X}$ sont complets. □

II.2. Contrôle de l'isotropie au voisinage de $\mathcal{O}_{x_0}$

Utilisant désormais les conclusions du Lemme 2, on peut intégrer les champs de vecteurs de $\mathcal{X}$ de manière à définir une action $\varphi : E \times V \to V$, où $E \simeq \mathbb{R}^n$. On notera $\varphi(\tau, x) = \varphi_\tau(x)$.

Pour $x \in \mathcal{O}_{x_0}$, on note comme en I.3, $K_x = \bigcap_{f \in \mathcal{A}} Ker\ df_x$, $N_x^T = K_x/\mathcal{X}_x$; $\mathcal{N}_{\mathcal{O}_{x_0}}^T = \bigcup_{x \in \mathcal{O}_{x_0}} N_x^T$ est un fibré vectoriel sur $\mathcal{O}_{x_0}$ de fibre-type $\mathbf{R}^{2s}$, et de fibré de repères $B(\mathcal{N}_{\mathcal{O}_{x_0}}^T)$. L'action φ se relève de façon naturelle en une action $\varphi^B : E \times B(\mathcal{N}_{\mathcal{O}_{x_0}}^T) \to B(\mathcal{N}_{\mathcal{O}_{x_0}}^T)$, par laquelle E agit comme groupe d'automorphismes de ce fibré de repères.

Le jet d'ordre 2 de h détermine en tout point x de $\mathcal{O}_{x_0}$ une forme bilinéaire symétrique définie positive sur N_x^T, ce qui munit $\mathcal{N}_{\mathcal{O}_{x_0}}^T$ d'une structure de fibré vectoriel euclidien. Cette structure est invariante par l'action de E. Si donc $0(\mathcal{N}_{\mathcal{O}_{x_0}}^T)$ est le fibré des repères orthonormés correspondant, l'action φ^B laisse invariant ce sous-fibré principal de $B(\mathcal{N}_{\mathcal{O}_{x_0}}^T)$. L'isotropie I_{x_0} de φ en x_0 se relève en un tore maximal dans le groupe orthogonal de $N_{x_0}^T$. Il en résulte que les orbites de φ^B sont des tores de dimension n, c.-à-d. que l'isotropie de φ^B en un point de $0(\mathcal{N}_{\mathcal{O}_{x_0}}^T)$ [elle est d'ailleurs indépendante du point choisi] sera un réseau Γ_{x_0} de E, contenu dans I_{x_0}.

On dira que Γ_{x_0} est *l'isotropie transverse* de l'action φ en x_0.

Le pas essentiel de la démonstration du résultat principal est la proposition suivante:

PROPOSITION 1. *Il existe un voisinage ouvert $\mathcal{V}$ de x_0 dans V et, pour tout $\tau_0 \in \Gamma_{x_0}$, une unique application différentiable $\tau : \mathcal{V} \to E$ vérifiant:*

(*i*) $\tau(x_0) = \tau_0$.

(*ii*) *pour tout $x \in \mathcal{V}$, $\tau(x)$ appartient à l'isotropie I_x de φ en x.*

Montrons comment ce résultat entraîne facilement le théorème: on choisit une base $(\tau_0^1, \ldots, \tau_0^n)$ du réseau Γ_{x_0}, et on prolonge pour tout i l'élément τ_0^i en une application différentiable $\tau^i : \mathcal{V} \to E$ à valeurs dans l'isotropie de φ. On restreint $\mathcal{V}$ pour que les τ^i restent linéairement indépendants, puis on le sature d'orbites [on sait que l'isotropie est constante sur chaque orbite]. Finalement, on obtient l'action $\psi : \mathbf{T}^n \times \mathcal{V} \to \mathcal{V}$ cherchée en posant:

$$\psi(t_1, \ldots, t_n, x) = \varphi(t_1\tau^1(x) + \cdots + t_n\tau^n(x),\ x).$$

Reste à démontrer la Proposition 1. La fin de ce travail est consacrée à cette démonstration, qui se fait par ***récurrence sur*** s.

Si $s = 0$, φ est localement libre, et $\mathcal{A}$ est engendré par p fonctions dont les différentielles restent linéairement indépendantes au voisinage de l'orbite $\mathcal{O}_{x_0}$. La résolution de l'équation $\varphi_{\tau(x)}(x) = x$ en la fonction inconnue $\tau : \mathcal{V} \to E$ vérifiant $\tau(x_0) = \tau_0$ se fait par simple application du théorème des fonctions implicites, τ ne dépendant en fait que des p variables transverses aux orbites. D'où le résultat.

On supposera dans la suite le résultat démontré dans tous les cas où la dimension de $N^T_{x_0}$ est $< s$. L'idée est d'utiliser un éclatement de V le long de la sous-variété S pour se ramener à cette situation.

II.3. Description générale de la méthode d'éclatement

Le principe de l'éclatement est de remplacer la sous-variété S par le fibré en espaces projectifs associé au fibré normal à S. En fait, ici, on utilisera la fonction h pour décrire un "éclatement orienté" qui s'identifie au revêtement d'orientation du précédent.

La fonction h induit une métrique sur le fibré normal $\mathcal{N}^T_s$ à S [dont la restriction à $\mathcal{O}_{x_0}$ n'est autre que $\mathcal{N}^T$]; on note $\check{S}$ le fibré en sphères de rayon 1 pour cette métrique. En tant qu'ensemble, la variété éclatée $\check{V}$ sera

$$\check{V} = (V - S)^- \cup \check{S} \cup (V - S)^+$$

où $(V - S)^-$ et $(V - S)^+$ sont deux copies de $(V - S)$. On construit un atlas sur $\check{V}$ comme suit: au voisinage de tout point de S, on a une carte $(\mathcal{U}, \eta)$ munie de "bonnes coordonnées" (v, μ, u) dans lesquelles $h = \|u\|^2$. On associe à cette carte la "carte cylindrique" $(\check{\mathcal{U}}, \check{\eta})$ de $\check{V}$, où

$$\check{\mathcal{U}} = (\mathcal{U} - S)^- \cup (\mathcal{U}\check{\cap} S) \cup (\mathcal{U} - S)^+$$

$$\check{\eta} : \check{\mathcal{U}} \to \mathbb{R}^r \times \mathbb{R}^{r'} \times \mathbb{R} \times S^{2s-1}, \ S^{2s-1} \quad \text{étant la sphère unité de } \mathbb{R}^{2s},$$

avec :

$$\check{\eta}(x^\pm) = \left(v, \ \mu, \ \pm\|u\|, \ \frac{u}{\pm\|u\|}\right) \text{ si } \eta(x) = (v, \mu, u), \ u \neq 0,$$

$$\check{\eta}(Y_x) = (v, \mu, 0, u) \text{ si } \eta(x) = (v, \mu, 0) \text{ et}$$

$$Y_x = \sum_a u^a \frac{\partial}{\partial u^a}|_x \mod T_x S,$$

$$u = (u^1, \dots, u^{2s}) \in S^{2s-1}.$$

On peut également regarder $\check{\eta}$ comme à valeurs dans $\mathbb{R}^r \times \mathbb{R}^{r'} \times \mathbb{R} \times \mathbb{R}^{2s}$, ce qui définit sur $\check{\mathcal{U}}$ des "coordonnées cylindriques" $(v, \mu, \rho, \overline{u})$, dans lesquelles *l'application d'éclatement* $\check{E} : \check{V} \to V$ s'écrit $(v, \mu, \rho, \overline{u}) \to (v, \mu, \rho\overline{u})$.

Tout champ de vecteurs dans V tangent à S se relève de manière unique en un champ de vecteurs sur $\check{V}$. Par exemple, si X est le champ d'expression locale

$$X = \sum_k X^k(v, \mu, u) \frac{\partial}{\partial v^k} + \sum_{k'} X'^{k'}(v, \mu, u) \frac{\partial}{\partial \mu^{k'}} + \sum_a X''^a(v, \mu, u) \frac{\partial}{\partial u^a}$$

ayant h comme intégrale première, alors il se relève en $\check{X}$ d'expression locale [aux points où $\rho \neq 0$]:

(1)

$$\check{X} = \sum_k X^k(v, \mu, \rho\overline{u}) \frac{\partial}{\partial v^k} + \sum_{k'} X'^{k'}(v, \mu, \rho\overline{u}) \frac{\partial}{\partial \mu^{k'}} + \frac{1}{\rho} \sum_a X''^a(v, \mu, \rho\overline{u}) \frac{\partial}{\partial \overline{u}^a}$$

De même, tout difféomorphisme Φ de V respectant S se relève de manière unique en un difféomorphisme $\check{\Phi}$ de $\check{V}$; si, en particulier, Φ respecte h et a l'expression locale $(v, \mu, u) \to (V(v, \mu, u),\ M(v, \mu, u),\ U(v, \mu, u))$, alors $\check{\Phi}$ a l'expression locale [aux points où $\rho \neq 0$]:

$$(2) \qquad \check{\Phi}(v, \mu, \rho, \overline{u}) = (V(v, \mu, \rho\overline{u}),\ M(v, \mu, \rho\overline{u}),\ \rho,\ \frac{1}{\rho}U(v, \mu, \rho\overline{u})).$$

L'action $\phi : E \times V \to V$, pour laquelle S est une sous-variété invariante, se relève ainsi en une action $\check{\phi} : E \times \check{V} \to \check{V}$ de $E = \mathbb{R}^n$ sur $\check{V}$.

Une fonction différentiable $\check{\chi} : \check{V} \to \mathbb{R}$ sera dite *descendable* s'il existe une fonction différentiable $\chi : V \to \mathbb{R}$ telle que $\check{\chi} = \chi \circ \check{E}$.

LEMME 3. *La fonction différentiable $\check{\chi} : \check{V} \to \mathbb{R}$ est descendable si, et seulement si:*

(*i*) *elle est constante sur les préimages des points par $\check{E}$,*

(*ii*) *en coordonnées cylindriques $(v, \mu, \rho, \overline{u})$, elle admet aux points de $\check{S}$ une série de Taylor en ρ de la forme*

$$(*) \qquad \chi_0(v, \mu, \overline{u}) + \rho\chi_1(v, \mu, \overline{u}) + \cdots + \rho^k\chi_k(v, \mu, \overline{u}) + \ldots$$

où les $\chi_k(v, \mu, \overline{u})$ sont, pour v et μ fixés, polynômiales et homogènes de degré k en les variables $\overline{u}$.

REMARQUE: Les fonctions $\chi_k(v, \nu, \overline{u})$ n'ont pas une expression unique en $\overline{u}$ [compte tenu de $\|\overline{u}\| = 1$]. Toutefois, leur expression polynômiale et homogène de degré k en $\overline{u}$ est bien unique!

DÉMONSTRATION:

– Si $\check{\chi}$ est descendable, on a $\check{\chi}(v, \mu, \rho, \overline{u}) = \chi(v, \mu, \rho\overline{u})$, ce qui entraîne visiblement (i), (ii).

– Réciproquement, si $\check{\chi}$ vérifie (i), elle est "ensemblistement" descendable: il existe $\chi : V \to \mathbb{R}$ unique telle que $\check{\chi} = \chi \circ \check{E}$. De plus, χ est automatiquement différentiable sur $V - S$. Reste donc à vérifier sa différentiabilité aux points de S.

Pour $k \in \mathbb{N}$, posons

$$\chi^k(v, \mu, u) = \chi_0(v, \mu, u) + \chi_1(v, \mu, u) + \cdots + \chi_k(v, \mu, u).$$

L'hypothèse (ii) implique:

$$\check{\chi}(v, \mu, \rho, \overline{u}) - \chi^k \circ \check{E}(v, \mu, \rho, \overline{u}) = \rho^k\, \epsilon(v, \mu, \rho, \overline{u}), \quad \text{avec } \lim_{\rho \to 0} \epsilon(v, \mu, \rho, \overline{u}) = 0.$$

On en déduit:

$$\chi(v,\mu,u) - \chi^k(v,\mu,u) = \|u\|^k \,\overline{\epsilon}(v,\mu,u), \quad \text{avec} \quad \lim_{u\to 0} \overline{\epsilon}(v,\mu,u) = 0$$

ce qui démontre l'existence en tout point de S des dérivées partielles successives de χ par rapport aux variables u^a. On peut recommencer l'argument en remplaçant $\check{\chi}$ par l'une quelconque de ses dérivées partielles par rapport aux variables v^k, $\mu^{k'}$; d'où le résultat. □

II.4. Désingularisation de l'action φ

On notera $\check{\mathcal{X}}$ l'espace vectoriel des champs fondamentaux de l'action relevée $\check{\phi} : E \times \check{V} \to \check{V}$. On utilisera la base $(\check{V}_1, \ldots, \check{V}_r, \check{W}_1, \ldots, \check{W}_s)$ de $\check{\mathcal{X}}$ obtenue en relevant les éléments de la base de $\mathcal{X}$ utilisée au Lemme 1.

Reprenons les notations de ce lemme. Pour $k' = 1, \ldots, r'$, on posera $\check{g}_{k'} = g_{k'} \circ \check{E}$. Pour $j = 1, \ldots, s$, au besoin en restreignant V, on peut définir une nouvelle intégrale première globale de $\mathcal{X}$ en posant:

$$f'_j = f_j - \gamma^0_j(g_1, \ldots, g_{r'}).$$

On posera alors:

$$\check{f}_j = \frac{1}{h} f'_j \circ \check{E}, \quad \text{pour} \quad j = 1, \ldots, s,$$

et on observe que les fonctions ainsi définies se prolongent différentiablement sur $\check{S}$, de manière à définir des intégrales premières globales de $\check{X}$.

On notera $\check{\mathcal{A}}$ l'espace d'intégrales premières de $\check{\mathcal{X}}$ de base $(\check{g}_1, \ldots, \check{g}_{r'}, \rho, \check{f}_1, \ldots, \check{f}_{s-1})$. En fait, on remarque que $\sum_{j=1}^{s} \check{f}_j = 1$, ce qui veut dire que $\check{f}_s$ appartient à l'espace engendré par $\check{\mathcal{A}}$ et les constantes.

LEMME 4. *Soit $\check{x}_0 \in \check{E}^{-1}(x_0)$; alors:*

(*i*) *l'orbite de $\check{x}_0$ par $\check{\mathcal{X}}$ est compacte;*

(*ii*) *$(\check{\mathcal{X}}, \check{\mathcal{A}})$ est transversalement elliptique en $\check{x}_0$;*

(*iii*) *l'isotropie transverse de $\check{\varphi}$ en $\check{x}_0$ coïncide avec l'isotropie transverse Γ_{x_0} de φ en x_0.*

DÉMONSTRATION: Notons $\check{S}_{\mathcal{O}_{x_0}} = \check{E}^{-1}(\mathcal{O}_{x_0})$. C'est la sous-variété de $\check{V}$ d'équations $\check{g}_1 = \cdots = \check{g}_{r'} = \rho = 0$. Dans la démonstration, il suffit de regarder ce qui se passe sur cette sous-variété, en remplaçant $\check{\mathcal{X}}$ par l'espace des champs de vecteurs induits, et $\check{\mathcal{A}}$ par l'espace des fonctions induites [engendré par les fonctions induites par $\check{f}_1, \ldots, \check{f}_{s-1}$].

Rappelons qu'on a noté $0(\mathcal{N}^T_{\mathcal{O}_{x_0}})$ le fibré des repères de $\mathcal{N}^T_{\mathcal{O}_{x_0}}$ orthonormés pour la métrique définie par h, φ^B l'action relevée de E dans ce fibré. Observons aussi que $\check{S}_{\mathcal{O}_{x_0}}$ n'est autre que le fibré associé à $0(\mathcal{N}^T_{\mathcal{O}_{x_0}})$ de fibre-type la sphère unité de $\mathbb{R}^{2s}$, et que $\check{\varphi}$ est l'action déduite de φ^B par passage au fibré associé. Comme on a déjà vu que les orbites de φ^B sont compactes, il en est de même de celles de $\check{\varphi}$, *d'où le point (i).*

Dans de bonnes coordonnées $(v, \overline{u})$ sur $\check{S}_{\mathcal{O}_{x_0}}$, les champs de vecteurs de $\check{\mathcal{X}}$ s'écrivent [compte tenu du Lemme 1 et de la formule (1)]:

$$\check{V}_k = \frac{\partial}{\partial v^k}, \ k = 1, \dots, r$$
$$\check{W}_i = \overline{y}^i \frac{\partial}{\partial \overline{x}^i} - \overline{x}^i \frac{\partial}{\partial \overline{y}^i}, \ i = 1, \dots, s, \quad \text{avec } \overline{u} = (\overline{x}^1, \dots, \overline{x}^s, \overline{y}^1, \dots, \overline{y}^s),$$

car $W_i^k(0,0) = 0$, et $\lim_{\rho \to 0} \frac{1}{\rho} \sum_a W_i''^a(0, \rho\overline{u}) \frac{\partial}{\partial \overline{u}^a}$ s'exprime à l'aide du linéarisé de $\sum_a W_i''^a(\mu, u) \frac{\partial}{\partial u^a}$ en $(0,0)$.

De même, les fonctions $\check{f}_j$ s'écrivent:

$$\check{f}_j(v, \overline{u}) = (\overline{x}^j)^2 + (\overline{y}^j)^2, \ j = 1, \dots, s, \quad \text{car } \gamma_j^2(0) = 0 \text{ et } \lim_{\rho \to 0} \epsilon_j(0, \rho\overline{u}) = 0.$$

Sous cette forme, il est clair que $(\check{\mathcal{X}}, \check{\mathcal{A}})$ est transversalement elliptique en tout point de $\check{S}_{\mathcal{O}_{x_0}}$, *d'où (ii).*

Finalement, comme le réseau Γ_{x_0} est l'isotropie de φ^B en tout point de $0(\mathcal{N}^T_{\mathcal{O}_{x_0}})$, on obtient par passage au quotient à partir de $\check{\varphi}$ une action effective

$$\tilde{\varphi} : E/\Gamma_{x_0} \times \check{S}_{\mathcal{O}_{x_0}} \to \check{S}_{\mathcal{O}_{x_0}}$$

du tore $\mathsf{T}^n = E/\Gamma_{x_0}$ sur la variété $\check{S}_{\mathcal{O}_{x_0}}$. L'isotropie transverse d'une telle action est nulle en tout point, *ce qui entraîne (iii).* □

REMARQUE: En tout point $\check{x}_0 \in \check{E}^{-1}(x_0)$, l'orbite de $\check{\mathcal{X}}$ est de dimension $> r$, donc *la dimension de l'espace transverse en ce point $N^T_{\check{x}_0}$ est $< s$.*

II.5. Démonstration de la Proposition 1

Soit $\tau_0 \in \Gamma_{x_0}$.

Le Lemme 4, la dernière remarque, et l'hypothèse de récurrence, entraînent que, pour tout $\check{x}_0 \in \check{E}^{-1}(x_0)$, il existe un voisinage ouvert $\check{\mathcal{U}}_{\check{x}_0}$ de $\check{x}_0$ dans $\check{V}$ et une unique application différentiable:

$$\check{\tau}_{\check{x}_0} : \check{\mathcal{U}}_{\check{x}_0} \to E$$

vérifiant:

$$(3) \quad \begin{cases} \check{\tau}_{\check{x}_0}(\check{x}_0) = \tau_0 \\ \text{pour tout } \check{x} \in \check{\mathcal{U}}_{\check{x}_0},\ \check{\tau}_{\check{x}_0}(\check{x}) \text{ appartient à l'isotropie de } \check{\varphi} \text{ en } \check{x}. \end{cases}$$

Remarquons que l'isotropie transverse en x_0 coïncide avec l'isotropie de $\check{\varphi}$ en presque tout point de $\check{E}^{-1}(x_0)$; donc, en restriction à $\check{\mathcal{U}}_{\check{x}_0} \cap \check{E}^{-1}(x_0)$, l'application $\check{\tau}_{\check{x}_0}$ est constante et égale à τ_0. L'unicité locale de $\check{\tau}_{\check{x}_0}$ au voisinage de chaque point entraîne alors que *les applications $\check{\tau}_{\check{x}_0}$ se recollent en une application différentiable*

$$(4) \qquad \check{\tau} : \check{\mathcal{U}} \to E,$$

où $\check{\mathcal{U}}$ est un voisinage de $\check{\mathcal{U}}^{-1}(x_0)$ défini par des inéquations $|\rho| < \epsilon$, $\|\mu\| < \eta'$, $\|v\| < \eta$, avec:

$$(5) \quad \begin{cases} \check{\tau}(\check{E}^{-1}(x_0)) = \{\tau_0\} \\ \text{pour tout } \check{x} \in \check{\mathcal{U}},\ \check{\tau}(\check{x}) \text{ est dans l'isotropie de } \check{\varphi} \text{ en } \check{x}, \end{cases}$$

l'application $\check{\tau}$ *étant uniquement déterminée par les conditions (5).*

LEMME 5. *L'application $\check{\tau}$ est descendable,* c.-à-d. *qu'il existe $\tau : \mathcal{U} \to E$ différentiable, avec $\mathcal{U} = \check{E}(\check{\mathcal{U}})$ et $\check{\tau} = \tau \circ \check{E}$.*

DÉMONSTRATION: On utilise [pour les fonctions à valeurs vectorielles] la caractérisation des fonctions "descendables" donnée par le Lemme 3.

On commence par remarquer que la fonction $\check{\tau}' : \check{\mathcal{U}} \to E$ définie, dans les bonnes coordonnées $(v, \mu, \rho, \overline{u})$, par

$$\check{\tau}'(v, \mu, \rho, \overline{u}) = \check{\tau}(v, \mu, -\rho, -\overline{u})$$

satisfait, elle aussi, aux conditions (5). Par unicité, on a donc $\check{\tau}' = \check{\tau}$. Ceci, et le fait que $\check{\tau}$ est constante sur $\check{E}^{-1}(x_0)$, entraîne que $\check{\tau}$ est "ensemblistement descendable", c.-à-d. *la condition (i) du Lemme 3.*

Remarquons aussi que la fonction $\check{\tau}(v, \mu, \rho, \overline{u})$ est, en fait, *indépendante de la variable v*, car $\check{\tau}(0, \mu, \rho, \overline{u})$ vérifie aussi les conditions (5).

On posera dans la suite $E = \mathbf{R}^n = \mathbf{R}^r \times \mathbf{R}^s$, de sorte que tout élément $\tau \in E$ pourra s'écrire

$$(6) \qquad \tau = \tau_0 + (t, t'), \quad \text{avec} \quad t \in \mathbf{R}^r \text{ et } t' \in \mathbf{R}^s.$$

En particulier, la fonction $\check{\tau}$ s'écrira

$$(7) \qquad \check{\tau} = \tau_0 + (\check{t}, \check{t}'), \quad \text{où} \quad \check{t} : \check{\mathcal{U}} \to \mathbf{R}^r \text{ et } \check{t}' : \check{\mathcal{U}} \to \mathbf{R}^s.$$

Si $\tau = \tau_0 + (t, t')$ est assez voisin de τ_0, c.-à-d. si (t, t') est assez petit, $\varphi_\tau(x_0)$ sera encore dans $\mathcal{U}$, et on pourra écrire φ_τ dans les bonnes coordonnées, au voisinage de x_0. D'après le Lemme 1, on aura:

$$\varphi_{\tau_0+(t,t')}(v, \mu, u) = (v + t + \alpha(t', \mu, u),\ \mu,\ \beta^{(\mu)}(t', u)) \tag{8}$$

où l'écriture $\beta^{(\mu)}(t', u)$ est destinée à faire apparaître μ comme un paramètre. On aura, toujours d'après le Lemme 1:

$$\beta^{(\mu)}(t', 0) = 0 \tag{9}$$

et, en posant $W_i''^{(\mu)}(u) = (W_i''^i(\mu, u), \ldots, W_i''^{2s}(\mu, u))$

$$\frac{\partial^2 \beta^{(\mu)}}{\partial t''^i \partial u}(0,0) = \frac{\partial W_i''^{(\mu)}}{\partial u}(0). \tag{10}$$

En utilisant l'expression (2) du relevé d'un difféomorphisme, on obtient:

$$\check{\varphi}_{\tau_0+(\check{t},\check{t}')}(v, \mu, \rho, \overline{u}) = (v + \check{t} + \alpha(\check{t}', \mu, \rho\overline{u}),\ \mu,\ \rho,\ \frac{1}{\rho}\beta^{(\mu)}(\check{t}', \rho\overline{u})) \tag{11}$$

pour $\rho \neq 0$, et la condition (5) s'écrit:

$$\check{t} = -\alpha(t', \mu, \rho\overline{u}) \tag{12a}$$

$$\beta^{(\mu)}(\check{t}, \rho\overline{u}) = \rho\overline{u}. \tag{12b}$$

Si $\check{t}'$ est descendable, alors d'après (12a), il en sera de même de $\check{t}$, donc de $\check{\tau}$. *Reste à prouver que $\check{t}'$ est descendable.* Pour cela, on écrit la série de Taylor en ρ de $\check{t}'$ aux points de $\check{S}$. La propriété (9) implique que cette série n'a pas de terme constant [en presque tous les points de $\check{E}^{-1}(x_0)$ l'isotropie est discrète, donc se prolonge de façon unique sur $\check{S}$, localement, par $\check{t}' = 0$]. On aura donc:

$$\check{t}' = \rho t_1'(\mu, \overline{u}) + \cdots + \rho^k t_k'(\mu, \overline{u}) + \ldots \tag{13}$$

En développant en série de Taylor en ρ les deux membres de (12b), il vient, compte tenu de (9):

(14)

$$\frac{\partial \beta^{(\mu)}}{\partial u}(0,0)(\rho\overline{u}) + \frac{1}{2}\Big[2\frac{\partial^2 \beta^{(\mu)}}{\partial t' \partial u}(0,0)(\rho t_1' + \ldots, \rho\overline{u}) +$$
$$\frac{\partial^2 \beta^{(\mu)}}{\partial u^2}((\rho\overline{u})^{(2)})\Big] + \cdots + \frac{1}{k!}\Big[k\frac{\partial^k \beta^{(\mu)}}{\partial t^{k-1}\partial u}(0,0)((\rho t_1' + \ldots)^{(k-1)}, \rho\overline{u}) + \ldots$$
$$\cdots + \frac{\partial^k \beta^{(\mu)}}{\partial u^k}(0,0)((\rho\overline{u})^{(k)})\Big] + \cdots = \rho\overline{u}.$$

Identifiant les termes en ρ, on obtient $\frac{\partial\beta^{(\mu)}}{\partial u}(0,0) = Id$.

Identifiant les termes en ρ^2, on obtient:

$$2\frac{\partial^2\beta^{(\mu)}}{\partial t'\partial u}(0,0)(t'_1,\overline{u}) = -\frac{\partial^2\beta^{(\mu)}}{\partial u^2}(0,0)((\overline{u})^{(2)}) \tag{15}$$

et en posant:

$$\begin{cases} \overline{W}_i^{(\mu)} = 2\sum_{a,b}\frac{\partial W_i''^a}{\partial u^b}(\mu,0)\,\overline{u}^b\frac{\partial}{\partial\overline{u}^a} \\ \overline{Z}_2^{(\mu)} = -\sum_{a,b_1,b_2}\frac{\partial^2\beta^{(\mu)a}}{\partial u^{b_1}\partial u^{b_2}}(0,0)\,\overline{u}^{b_1}\overline{u}^{b_2}\frac{\partial}{\partial\overline{u}^a} \end{cases} \tag{16}$$

on peut remplacer (15) par l'équation équivalente

$$\sum_{i=1}^{s} t'_1(\mu,\overline{u})^i\overline{W}_2^{(\mu)} = \overline{Z}_2^{(\mu)} \quad \text{pour} \quad \|\overline{u}\| = 1. \tag{17}$$

Les deux membres de cette équation sont des champs de vecteurs — dépendant du paramètre μ — sur $\mathbb{R}^{2s}$ tangents à la sphère S_0 d'équation $\|\overline{u}\| = 1$.

Pour $\mu = 0$, on a $\overline{W}_i^{(0)} = \overline{y}^i\frac{\partial}{\partial\overline{x}^i} - \overline{x}^i\frac{\partial}{\partial\overline{y}^i}$. Si $\overline{Z}_2^{(0)} = \xi_2(\overline{u})^i\frac{\partial}{\partial\overline{x}^i} + \xi_2(\overline{u})^i\frac{\partial}{\partial\overline{y}^i}$, il vient $\overline{y}^i t'_1(0,\overline{u})^i = \xi_2(\overline{u})^i$. Comme $t'_1(0,\overline{u})^i$ est différentiable sur S_0, le polynôme quadratique $\xi_2(\overline{u})^i$ est divisible par $\overline{y}^i$, *et* $t'_1(0,\overline{u})^i$ *est un polynôme homogène et de degré 1 en* $\overline{u}$.

Observons maintenant que l'argument reste valable *pour* μ *voisin de 0*: on a utilisé seulement l'expression de $\overline{W}_i^{(0)}$ dans les bonnes coordonnées, c'est-à-dire l'ellipticité transverse sur l'orbite $\mathcal{O}_{x_0}$. Mais on a encore l'ellipticité transverse sur les orbites voisines dans S [les orbites de l'action relevée de E dans les repères du fibré normal à S restent, pour μ voisin de 0, des tores de dimension n]. Donc $t'_1(\mu,\overline{u})^i$ *est un polynôme homogène de degré 1 en* $\overline{u}$.

Pour achever, on procède par *récurrence sur* k: si l'on suppose démontré que, pour $i = 1,\ldots,k$, les t'_i sont des polynômes homogènes de degré i en $\overline{u}$, alors l'étude des termes de degré $(k+1)$ dans (14) donne:

$$\sum_{i=1}^{s} t'_{k+1}(\mu,\overline{u})^i\overline{W}_i^{(\mu)} = \overline{Z}_{k+2}^{(\mu)} \quad \text{pour} \quad \|\overline{u}\| = 1, \tag{18}$$

où $\overline{Z}_{k+2}^{(\mu)}$ est un champ de vecteurs polynômial homogène de degré $(k+2)$. Le même argument que ci-dessus prouve alors que $t'_{k+1}(\mu,\overline{u})^i$ est polynômial et homogène de degré $(k+1)$ en $\overline{u}$, ce qui achève la démonstration du Lemme. □

Pour terminer la preuve de la Proposition 1 [et, par suite, celle du Théorème], il suffit d'observer que la fonction $\tau : \mathcal{U} \to \mathbb{R}^n$ obtenue est unique, car une telle fonction se relève en $\check{\tau} : \check{\mathcal{U}} \to E$ vérifiant les conditions (5).

BIBLIOGRAPHIE

[**A-M**] R. Abraham—J.E. Marsden, "Foundations of Mechanics," (2nd edition), Benjamin-Cummings, Reading, 1978.

[**A-M-M**] J. Arms—J.E. Marsden—V. Moncrief, *Symmetry and Bifurcations of Momentum Mapping*, Commun. Math. Phys. **78** (1981), 455–478.

[**D-D**] P. Dazord—T. Delzant, *Le problème général des variables action-angles*, Jour. of Diff. Geometry **26(2)** (1987), 223–252.

[**D**] H. Duistermaat, *On Global Action-Angle Coordinates*, Commun. on Pure and Appl. Math. **32** (1980), 687–706.

[**E**] H. Eliasson, *Hamiltonian Systems With Poisson Commuting Integrals*, Thèse (1984), Stokholm.

[**F-M**] H. Fomenko—A. Mischenko, *Generalized Liouville Method of Integration of Hamiltonian Systems*, Functional Anal-Appl. **12** (1978), 113–121.

[**F**] J.P. Françoise, *Calculs explicites d'actions-angles*, Séminaire de mathématiques supérieures (1985), Montréal.

[**R**] Rüssmann, *Uber das Verhalten analytischer Hamiltonscher Differential gleichungen in der Nähe einer Gleichgewichtslösung*, Math. Ann. **154** (1964), 285–300.

[**V**] J. Vey, *Sur certains systèmes dynamiques séparables*, Am. J. Math. **100** (1978), 591–614.

[**W**] G. Wassermann, *Stability of Unfoldings*, Lecture Notes Math. **393** (1974), Springer-Verlag.

J.P Dufour - P. Molino
Getodim, URA 1407—GDR 144
Mathématiques—Université Montpellier II
Pl. E. Bataillon
34095 MONTPELLIER CEDEX 05
FRANCE

Ce rapport a été publié en partie grâce à une subvention du Fonds FCAR pour l'aide et le soutien à la recherche.

On the Diameter of the Symplectomorphism Group of the Ball

YAKOV ELIASHBERG AND TUDOR RATIU

Abstract. It is shown that the diameter of the symplectomorphism group of the ball in $\mathbb{R}^{2n}$ is infinite.

§1. Statement of the main results

It is known (Arnold [**1966**], Ebin and Marsden [**1970**]) that the group of symplectomorphisms carries a natural weak Riemannian metric. In this paper the underlying manifold will always be the closed unit ball B in $\mathbb{R}^{2n}$ endowed with the canonical symplectic structure. We will show here that the diameter (in the metric discussed below) of the group of symplectomorphisms of B which leaves the boundary ∂B pointwise fixed is infinite. In another paper (see Eliashberg and Ratiu [**1989**]) we extend the result to the group of all symplectomorphisms of any compact exact symplectic manifold. However, the proof in the case of the unit ball simplifies considerably and contains already the key ingredient of topological nature needed in the general case.

We will always work with diffeomorphisms of class H^s, $s > n+1$; in particular they are at least of class C^1. $\mathcal{D}_{\omega,\partial}$ will denote the group of symplectomorphisms of class H^s of B fixing the boundary ∂B pointwise.

The weak Riemannian metric on $\mathcal{D}_{\omega,\partial}$ is given by the formula

$$\langle X_\eta, Y_\eta \rangle = \int_B X_\eta(x) \cdot Y_\eta(x)\, d^{2n}x \tag{1-1}$$

where $X_\eta, Y_\eta \in T_\eta \mathcal{D}_{\omega,\partial}$. The tangent space consists of vector fields covering η and vanishing on ∂B. This Riemannian metric induces a length function on paths and, therefore, a distance function d on $\mathcal{D}_{\omega,\partial}$ as the infimum over all C^1 piecewise smooth paths connecting two given elements in a given connected component. Let $\operatorname{diam}(\mathcal{D}_{\omega,\partial})$ denote the diameter of $\mathcal{D}_{\omega,\partial}$ relative to this distance function d. We will prove in §2

THEOREM. $\operatorname{diam}(\mathcal{D}_{\omega,\partial}) = +\infty$.

The key topological ingredient underlying the proof is the Calabi invariant which we now recall for our setting (see Calabi [**1970**], Banyaga [**1978**]).

Let η_t be a path in $\mathcal{D}_{\omega,\partial}$ and H_t be the unique Hamiltonian generated by it, i.e.

$$\frac{d\eta_t}{dt} = X_{H_t} \circ \eta_t$$

such that H_t, ∇H_t vanish identically on ∂B. Let θ be any one-form such that $\omega = -d\theta$ and let $h : B \to \mathbf{R}$ be the unique function vanishing together with its gradient on ∂B and such that $\theta - \eta^*\theta = dh$. Then we have the equality

$$\text{(1-2)} \qquad \mathcal{C}(\eta) := \int_B h d^{2n} x = (n+1) \int_0^1 \int_B H_t d^{2n} x dt$$

and therefore these integrals do not depend on the choice of path η_t connecting e = identity to η as well as on the choice of the one-form θ satisfying $d\theta = -\omega$. In other words (1-2) *depends only on* ω *and* η. The number $\mathcal{C}(\eta)$ is called the *Calabi invariant of* $\eta \in \mathcal{D}_{\omega,\partial}$. Calabi showed that $\mathcal{C}$ defines an epimorphism of $\mathcal{D}_{\omega,\partial}$ onto $\mathbf{R}$.

Acknowledgements.

Our work in the direction of this paper was motivated by a theorem of Shnirelman [**1985**], who proves that the diameter of the group of volume-preserving diffeomorphisms of the n-ball for $n \geq 3$ is finite. We would like to thank V.I. Arnold who told us about Shnirelman's theorem and conjectured the result which is proved in this paper.

§2. Proof of the theorem

Let η_t be a path in $\mathcal{D}_{\omega,\partial}$ such that η_0 = identity, $\eta_1 = \eta$, a given element of $(\mathcal{D}_{\omega,\partial})_0$, the connected component of the identity of $\mathcal{D}_{\omega,\partial}$. Let $H : [0,1] \times B \to \mathbf{R}$ be the time-dependent Hamiltonian of class H^{s+1}, uniquely determined by the conditions

$$\frac{d\eta_t}{dt} = X_{H_t} \circ \eta_t$$

$$H \mid_{\partial B} = 0, \ \nabla H \mid_{\partial B} = 0.$$

The length of the path $\{\eta_t \mid t \in [0,1]\}$ is given by

$$
\begin{aligned}
l(\eta_t) &= \int_0^1 \left(\int_B \left\| \frac{d\eta_t(x)}{dt} \right\|^2 d^{2n}x \right)^{1/2} dt \\
&= \int_0^1 \left(\int_B \|\nabla H_t(\eta_t(x))\|^2 d^2x \right)^{1/2} dt \qquad \text{(2-1)} \\
&= \int_0^1 \|\nabla H_t\|_{L^2(B)} dt.
\end{aligned}
$$

However, since $L^2(B)$ is continuously embedded in $L^1(B)$, there is a constant $C_1 > 0$ such that

$$\|H_t\|_{L^1(B)} \leq C_1 \|H_t\|_{L^2(B)}. \qquad \text{(2-2)}$$

This inequality, together with the Poincaré inequality

$$\|H_t\|_{L^2(B)} \leq C_2 \|\nabla H_t\|_{L^2(B)} \qquad \text{(2-3)}$$

implies

$$\|H_t\|_{L^1(B)} \leq C_3 \|\nabla H_t\|_{L^2(B)}, \qquad \text{(2-4)}$$

for some constant $C_3 > 0$. Therefore, by (2-4) and (2-1) we get

$$\int_0^1 \int_B H_t(x) d^{2n}x dt \leq C_4 \int_0^1 \|\nabla H_t\|_{L^2(B)} dt = C_4 l(\eta_t). \qquad \text{(2-5)}$$

The left-hand side of (2-6) is (up to a constant) the Calabi invariant discussed in §1 and, therefore, it depends only on η and not on the path η_t connecting e = identity to η. Therefore, taking the infimum over all piecewise C^1-paths in (2-5) we get

$$\mathcal{C}(\eta) \leq C_5 d(e, \eta), \qquad \text{(2-6)}$$

where d is the metric on $\mathcal{D}_{\omega,\partial}$ (see ¶1). But as it was mentioned in §1 the map $\mathcal{C} : \mathcal{D}_{\omega,\partial} \to \mathbf{R}$ is surjective and, therefore, the Calabi invariant $\mathcal{C}(\eta)$ takes arbitrarily large values. This completes the proof of the theorem.

Finally note that in spite of the crucial role of the Calabi invariant in the proof above, additional arguments which we give in Eliashberg and Ratiu [**1989**] show that the subgroup $\operatorname{Ker} \mathcal{C}$ still has infinite diameter.

REFERENCES

[**Arnold, V.I., 1966**] *Sur la géometrie differentielle des groupes de Lie de dimension infinie et ses applications a l'hydrodynamique des fluids parfaits*, Ann. Inst. Fourier, Grenoble **16** (1966), 319–361.

[**Banyaga, A., 1978**] *Sur la structure du groupe des diffeomorphismes qui préservent une forme symplectique*, Comment. Math. Helvitici **53** (1978), 174–227.

[**Calabi, E., 1970**] *On the group of automorphisms of a symplectic manifold*, in "Problems in Analysis," Symposium in honor of S. Bochner, ed. R. Gunning, Princeton University Press, 1970, pp. 1–26.

[**Ebin, D. and Marsden, J., 1970**] *Groups of diffeomorphisms and the motion of an incompressible fluid*, Ann. of Math. **92(2)** (1970), 102–163.

[**Eliashberg, Ya. and Ratiu, T., 1989**] *The diameter of the symplectomorphism group is infinite*, Invent. Mat. (to appear).

[**Shnirelman, A.I., 1985**] *On the geometry of the group of diffeomorphisms and the dynamics of an ideal incompressible fluid*, Matem. Sbornik **128(170)(1)** (1985); English translation, Math. USSR Sbornik **56(1)** (1987), 79–105.

Y. ELIASHBERG: Mathematical Sciences Research Institute, Berkeley, CA 94720 and Department of Mathematics, Stanford University, Stanford, CA 94305.
Research partially supported by NSF Grant DMS-8996210 and at MSRI partially supported by NSF Grant DMS-8505550.

T. RATIU: Mathematical Sciences Research Institute, Berkeley, CA 94720 and Department of Mathematics, University of California, Santa Cruz, CA 95064.
Research partially supported by NSF Grant DMS-8922699 and at MSRI partially supported by NSF Grant DMS-8505550.

A Symplectic Analogue of the Mostow-Palais Theorem

M.J. GOTAY AND G.M. TUYNMAN

Abstract. We show that given a Hamiltonian action of a compact and connected Lie group G on a symplectic manifold (M, ω) of finite type, there exists a linear symplectic action of G on some $\mathbf{R}^{2n}$ equipped with its standard symplectic structure such that (M, ω, G) can be realized as a reduction of this $\mathbf{R}^{2n}$ with the induced action of G.

Introduction

Whitney's embedding theorem tells us that every manifold M can be realized as a closed submanifold of some $\mathbf{R}^n$. The equivariant version of this result is the Mostow-Palais theorem ([**Mo**],[**Pa**]), which states that if a compact Lie group G acts smoothly on M with finitely many orbit types, then M can be equivariantly embedded in some orthogonal representation space for G. That is, there exists an $\mathbf{R}^n$ with an orthogonal action of G such that M is realized as a closed G-invariant submanifold of this $\mathbf{R}^n$ and the induced action of G on M coincides with the original action. One can ask to what extent analogous results hold in symplectic geometry. But in the symplectic category there is no general embedding theorem; only when one restricts to special classes of symplectic manifolds is it possible to obtain a strict analogy with the differentiable category. For instance, a result of Gromov and Tischler ([**Gr**],[**Ti**]) asserts that every integral compact symplectic manifold can be symplectically embedded in some $\mathbf{CP}^n$ with its usual Kähler structure. Ono has proven an equivariant version of this theorem under the assumption that the compact group action can be lifted to some prequantization of (M, ω) [**On**]. Similar results for open symplectic manifolds can be found in [**Gr**].

However, in the symplectic category the most interesting construction is not embedding, but *reduction*. We say that a symplectic manifold $(\overline{M}, \overline{\omega})$ is obtained as the reduction of a symplectic manifold (M, ω) by the submanifold $C \subset M$ if the pullback ω_C of ω to C has constant rank, its characteristic distribution $ker\, \omega_C$ is fibrating and the quotient (symplectic) manifold $C/ker\, \omega_C$ is symplectomorphic to $(\overline{M}, \overline{\omega})$. In this context one has the following symplectic analogue of the Whitney embedding theorem.

THEOREM 0 ([**GT**]). *If M is a symplectic manifold of finite type, then M can be realized as a reduction of some $\mathbf{R}^{2n}$ with its standard symplectic structure.*

Now if $(\overline{M},\overline{\omega})$ is obtained as the reduction of (M,ω) by C, and if C is invariant under the symplectic action of a Lie group G on M, then we obtain an induced symplectic action of G on $(\overline{M},\overline{\omega})$. We then say that the triple $(\overline{M},\overline{\omega},G)$ is obtained as the *equivariant reduction* of (M,ω,G) by C. With these preparations we now can state the main result of this paper.

THEOREM 1. *Let there be given a symplectic action of a compact and connected Lie group G on (M,ω), where M is of finite type. If the G-action admits a momentum map, then (M,ω,G) can be obtained as an equivariant reduction of some $\mathbf{R}^{2n}$ with its standard symplectic structure. Moreover, one may suppose that the G-action on $\mathbf{R}^{2n}$ is the cotangent lift of an orthogonal action of G on $\mathbf{R}^{n}$.*

Suppose $(\overline{M},\overline{\omega},G)$ is obtained as an equivariant reduction of (M,ω,G). Then one easily shows that if there exists a momentum map for the action on M, then there exists an induced one for the action on $\overline{M}$. Moreover, if the momentum map on M is Ad*-equivariant, then so is the one on $\overline{M}$. Thus the natural symplectic analogue of the Mostow-Palais theorem is not for *symplectic* G-actions, but rather for *Hamiltonian* G-actions, because a cotangent G-action on $\mathbf{R}^{2n}$ always admits an Ad*-equivariant momentum map. Actually, in view of the following result, we see that the natural symplectic analogue of the Mostow-Palais theorem is for *weakly* hamiltonian actions.

PROPOSITION 2. *Suppose that a compact Lie group G acts smoothly on a manifold M, leaving a closed 2-form ω invariant. If there exists a momentum map for this action, then there exists an Ad*-equivariant momentum map.*

Proof of Theorem 1

Theorem 0 was proved in [**GT**], and we briefly recall the three steps of that proof because we need some terminology and since the proof of Theorem 1 proceeds along the same lines. In step 1 one realizes (M,ω) as a reduction of T^*M with the modified symplectic structure $\omega_M = d\theta_M + \tau_M{}^*\omega$, where $\tau_M : T^*M \to M$ is the canonical projection and θ_M the canonical 1-form on T^*M. We call any cotangent bundle T^*M with such a symplectic form (where ω is a closed 2-form on M) a modified cotangent bundle; if $\omega = 0$ we call it canonical. In step 2 one realizes any modified cotangent bundle as a reduction of a canonical cotangent bundle and in step 3 one realizes a canonical cotangent bundle as a reduction of some standard $\mathbf{R}^{2n}$. One then invokes the transitivity of reduction [**GT**] to consolidate these three steps. We will show that with the assumptions on the group G, we can tag along the G-action.

We start by giving the equivariant versions of steps 1 and 3; we do not provide (full) proofs because these are elementary and moreover similar to the corresponding proofs of the non-equivariant version in [**GT**]. Finally we prove the equivariant version of step 2.

PROPOSITION 3 (STEP 1). *Let a Lie group G act symplectically on a symplectic manifold (M,ω). Then M can be realized as an equivariant reduction of the modified cotangent bundle $(T^*M, d\theta_M + \tau_M{}^*\omega)$ by the zero-section. The symplectic action of G on T^*M is just the cotangent lift of the action on M.*

PROPOSITION 4 (STEP 3). *Let a compact Lie group G act on a manifold P of finite type. Then the canonical cotangent bundle T^*P along with the cotangent action of G can be realized as an equivariant reduction of some $\mathbf{R}^{2n}$, with its standard symplectic structure, where the G-action on $\mathbf{R}^{2n}$ is the cotangent lift of an orthogonal action of G on $\mathbf{R}^n$.*

PROOF: According to the Mostow-Palais theorem ([**Mo**],[**Pa**]) the conditions stated above enable us to find an orthogonal representation space $\mathbf{R}^n$ for G in which P can be equivariantly embedded. We then define $C = \tau_{\mathbf{R}^n}{}^{-1}(P) \subset T^*\mathbf{R}^n \cong \mathbf{R}^{2n}$ and it easily follows that T^*P is realized as the equivariant reduction of $\mathbf{R}^{2n}$ by C. □

It remains to provide an equivariant version of step 2. Since this requires a rather technical proof, we start with some preparations. If ω is a closed 2-form on a manifold M, we can define the set

$$\mathcal{P}_\omega = \{\, f \in C^\infty(M) \mid \exists \text{ a vectorfield } X \text{ on } M : i(X)\omega + df = 0 \,\} .$$

Denote by X_f any vector field satisfying $i(X_f)\omega + df = 0$. Using these X_f, $\mathcal{P}_\omega$ can be turned into a Poisson algebra by defining

$$\{f, g\} = \omega(X_f, X_g) = X_f g \ .$$

Now let G be a Lie group acting smoothly on M and leaving the closed 2-form ω invariant. Denote by ξ_M the fundamental vector field on M associated to $\xi \in \mathfrak{g}$ ($\mathfrak{g}$ the Lie algebra of G) whose flow φ_t is the action of $\exp(-\xi t)$ on M. A momentum map J for ω is a map $J : M \to \mathfrak{g}^*$ such that

$$\forall \xi \in \mathfrak{g} : i(\xi_M)\omega + d\, J^*\xi = 0$$

where we view $\xi \in \mathfrak{g}$ as a (linear) function on $\mathfrak{g}^*$, i.e., $J^*\xi \in C^\infty(M)$. It follows that $J^*\xi \in \mathcal{P}_\omega$. We will say that J is an Ad*-equivariant momentum map if $J^* : \mathfrak{g} \to \mathcal{P}_\omega$ is a Lie algebra morphism. If the group G is connected, this is equivalent to the characterization that J is equivariant with respect to the given action of G on M and the Ad*-action on $\mathfrak{g}^*$.

We continue our preparations by recalling an elementary fact from differential geometry. Let $U(1) = \mathbf{T}$ act on the manifold M, let α be a closed (k+1)-form on M which is invariant under the $\mathbf{T}$-action, and let γ be a k-cycle (for the homology of M with coefficients in $\mathbf{Z}$). If we denote by $\widetilde{\gamma}$ the orbit of γ under the $\mathbf{T}$-action, then $\widetilde{\gamma}$ is a (k+1)-cycle. Finally let ξ be a generator of the $\mathbf{T}$-action of period 1, i.e., $\exp(\xi t) = 1 \Leftrightarrow t \in \mathbf{Z}$. Given all this, the next lemma is elementary although perhaps not standard; the minus sign comes from our convention on the fundamental vector field ξ_M.

LEMMA 5. $\int_{\widetilde{\gamma}} \alpha = -\int_\gamma i(\xi_M)\alpha$.

The next ingredient we will need is a special way to decompose a given closed 2-form.

LEMMA 6. *Let ω be a closed 2-form on a manifold M of finite type. Let G be a compact and connected Lie group acting smoothly on M and leaving ω invariant. Then there exists a finite number of G-invariant integral closed 2-forms $c_1, \cdots, c_r$ and real numbers μ_j such that $\omega = \sum_j \mu_j \cdot c_j$.*

Moreover, if ω admits a momentum map, then each c_j also admits a momentum map. Even stronger, each c_j admits an Ad-equivariant momentum map.*

PROOF: Since M is of finite type, the universal coefficient theorem implies that there exist a finite number of integral closed 2-forms $c_1, \cdots, c_r$ and constants $\mu_j \in \mathbf{R}$ such that $\omega = \sum_j \mu_j \cdot c_j$. Since G is compact and acts smoothly on M, we can form the averages $\overline{c_j}$ of the c_j :

$$\overline{c_j} = \int_G g^* c_j \, dg$$

where dg is an invariant Haar measure on G of total volume 1. Obviously the $\overline{c_j}$ are G-invariant, and $\omega = \sum_j \mu_j \cdot \overline{c_j}$ because ω is G-invariant. If γ is a 2-cycle on M, then for $g \in G$ we have : $\int_\gamma g^* c_j = \int_{g\cdot\gamma} c_j \equiv n_j(g) \in \mathbf{Z}$ because c_j is integral. Since G acts smoothly, $n_j(g)$ is a smooth function on G and hence is constant on the connected group G. It follows that $\int_\gamma \overline{c_j} = \int_\gamma c_j$ for all 2-cycles γ and hence by de Rham duality we find that the cohomology class of $\overline{c_j}$ is the same as that of c_j. In particular $\overline{c_j}$ is integral. This proves the first assertion.

Next we assume that the number r of c_j's involved is minimal. It then follows that the real numbers μ_j are independent over $\mathbf{Q}$. To see this, suppose $\mu_r = \sum_{j=1}^{r-1} p_j \cdot \mu_j / q_j$ with $p_j, q_j \in \mathbf{Z}, q_j \neq 0$, then $\omega = \sum_{j=1}^{r-1} (\mu_j/q_j) \cdot (q_j \cdot c_j + p_j \cdot c_r)$, contradicting the minimality of r.

Now suppose ω admits a momentum map, i.e., for all $\xi \in \mathfrak{g} : i(\xi_M)\omega$ is exact. Using de Rham duality, this is equivalent to saying that for all 1-cycles γ we have $\int_\gamma i(\xi_M)\omega = 0$. The argument to prove that each c_j admits a momentum map breaks into two parts. The structure theory of compact groups tells us that there exists a finite cover of G which is the direct product of a torus $\mathbf{T}^d$ and a simply connected semi-simple compact group H. It follows that the Lie algebra $\mathfrak{g}$ of G is the direct sum $\mathfrak{g} = \mathfrak{a} \oplus \mathfrak{h}$, with $\mathfrak{a}$ the abelian Lie algebra of $\mathbf{T}^d$ and $\mathfrak{h}$ the semi-simple Lie algebra of H. Since $\mathfrak{h}$ is semi-simple, it follows from the Whitehead lemmas that there exists an Ad*-equivariant momentum map $M \to \mathfrak{h}^*$ for each c_j separately. Now let $\xi \in \mathfrak{a}$ be a vector of period 1. We then apply lemma 5 (with γ an arbitrary 1-cycle) to the equation $i(\xi_M)\omega = \sum_j \mu_j \cdot i(\xi_M)c_j$ to obtain

$$0 = -\int_\gamma i(\xi_M)\omega = \sum_j \mu_j \cdot (\int_{\tilde{\gamma}} c_j) = \sum_j \mu_j \cdot n_j \qquad (n_j \in \mathbf{Z}) .$$

Since the μ_j are independent over $\mathbf{Q}$, the integers n_j must be zero. Hence, again by lemma 5, we have $\int_\gamma i(\xi_M)c_j = 0$, i.e., $i(\xi_M)c_j$ is exact because γ was arbitrary. Since by the compactness of $\mathbf{T}^d$ vectors of period 1 span $\mathfrak{a}$, this proves the existence of a momentum map $M \to \mathfrak{a}^*$ for each c_j separately. By combining this with with the momentum map to $\mathfrak{h}^*$ we thus have proven the second assertion.

Finally we have to prove that the momentum map for each c_j can be chosen to be Ad*-equivariant. We know already that there exists an Ad*-equivariant momentum map for the $\mathfrak{h}$ part. It remains to show that we can complete this to a momentum map $J : M \to \mathfrak{g}^*$ such that for $\xi \in \mathfrak{a}$ and $\eta \in \mathfrak{g}$ (!) we have $c_j(\xi_M, \eta_M) = J^*([\xi, \eta]) \equiv J^*0 = 0$. But this is nearly trivial, regardless of the extension of the momentum map for $\mathfrak{h}$ to one for $\mathfrak{g}$. Again suppose $\xi \in \mathfrak{a}$ is of period 1, then for any 0-cycle $\{m\}$ we have

$$c_j(\eta_M, \xi_M)|_m = i(\xi_M)(i(\eta_M)c_j)|_m = -\int_{\widetilde{\{m\}}} i(\eta_M)c_j = 0$$

where we use that $i(\eta_M)c_j$ is invariant under the flow of ξ_M (ξ commutes with η) and that $i(\eta_M)c_j$ is exact (there exists a momentum map). This proves the last assertion. □

We now come to the basic ingredient for step 2 : the prequantization construction. Given a closed 2-form ω on a manifold M which represents an integral cohomology class, there exists a principal $\mathbf{T}$-bundle P over M with a connection α whose curvature is exactly ω. Such a principal bundle (P, α) is called a *prequantization* of (M, ω). To incorporate a group action we need the following lemma.

LEMMA 7. *Let a compact connected Lie group G act on M preserving ω. Then there exists an integer k depending only on G such that the action of G can be lifted to a connection preserving action on any prequantization (P, α) of $(M, k\omega)$ if and only if the G-action admits an Ad*-equivariant momentum map.*

PROOF: A proof of this lemma based on spectral sequence arguments can be found in [**On**]; we present here a more elementary proof using the theory of central extensions developed in [**TW**].

First note that if the G-action can be lifted to a prequantization of $(M, k\omega)$ for some $k \in \mathbf{Z}$, then there exists an Ad*-equivariant momentum map (given by contracting the fundamental vector fields of the action on P with the connection form α).

On the other hand, as in the proof of lemma 6, there exists a finite cover $\mathbf{T}^d \times H \to G$ with H simply connected and compact. Since $\mathbf{T}^d \times H$ is a cover of G, it also acts on M and admits the same Ad*-equivariant momentum map. The existence of this momentum map guarantees that there exists a connection preserving action of a central extension E of $\mathbf{T}^d \times H$ by $\mathbf{T}$ on any prequantization (P, α) of (M, ω). The fact that the momentum map is Ad*-equivariant implies that this extension is trivial on the level of Lie algebras. Finally the classification of the different possible group extensions for a given algebra extension tells us that for $\mathbf{T}^d \times H$ the extension is unique. Hence this extension E must be the trivial one $E = \mathbf{T}^d \times H \times \mathbf{T}$, so we obtain a connection preserving action of $\mathbf{T}^d \times H$ on any prequantization (P, α) of (M, ω). Now denote by K the kernel of the cover $\mathbf{T}^d \times H \to G$ and define $k = \#K$. Since the action of K on P covers the identity transformation on M and preserves the connection, this action coincides with the action of a (finite) subgroup of the torus $\mathbf{T}$. Now the manifold $P/(\mathbf{Z}/k\mathbf{Z})$ (where $\mathbf{Z}/k\mathbf{Z}$ has to be seen as a subgroup of $\mathbf{T}$) is a prequantization of $(M, k\omega)$. (This process is called by Souriau "quantization by fusion"[**So**].) Moreover, by construction the induced action of $\mathbf{T}^d \times H$ is trivial for elements of K and hence it defines an action of G itself on $P/(\mathbf{Z}/k\mathbf{Z})$. Since every prequantization of $(M, k\omega)$ can be obtained in this way from a prequantization of (M, ω) we have proven the lemma. □

With these preparations we can proceed with the equivariant version of step 2. Let ω be a closed 2-form on the manifold M of finite type and let G be a compact, connected Lie group acting on M leaving ω invariant and admitting a momentum map. We apply lemma 6 to find integral closed 2-forms $c_1, \ldots, c_r$ and constants μ_j such that $\omega = \sum_j (\mu_j/k) \cdot (kc_j)$, where k is defined as in the proof of lemma 7. If we denote by (P_j, α_j) any prequantization of (M, kc_j), then we can form the product bundle $P = \prod_M P_j$ as the principal $\mathbf{T}^r$-bundle over M with connection $\alpha = (\alpha_1, \ldots, \alpha_r)$ whose curvature is $(kc_1, \ldots, kc_r)$.

According to lemma 6 we see that the kc_j satisfy the conditions of lemma 7. As a consequence, the G-action on M lifts to a connection preserving action on P and hence commutes with the $\mathbf{T}^r$-action. We now invoke the cotangent bundle reduction theorem ([**Ku**],[**MR**]) to prove in the first place that $(T^*M, d\theta_M + \tau_M{}^*\omega)$ can be realized as the reduction of the canonical cotangent bundle T^*P by the submanifold $C = J^{-1}(\mu_1/k, \ldots, \mu_r/k)$, where J is the canonical momentum map for the lifted $\mathbf{T}^r$-action on T^*P. In the second place, if we lift the G-action on P canonically to T^*P, then a careful analysis of the proof of the cotangent bundle reduction theorem (using the facts that the G-action preserves the connection and commutes with the

$\mathbf{T}^r$-action) shows that this reduction is actually an equivariant reduction. This discussion proves the next proposition, which is the equivariant version of step 2.

PROPOSITION 8 (STEP 2). *Let ω be a closed 2-form on the manifold M of finite type and let G be a compact, connected Lie group acting on M, leaving ω invariant and admitting a momentum map. The cotangent action of G on T^*M is a symplectic action for the modified symplectic form $d\theta_M + \tau_M{}^*\omega$, and we can realize $(T^*M, d\theta_M + \tau_M{}^*\omega, G)$ as an equivariant reduction of some canonical cotangent bundle T^*P, where the action of G on T^*P is the canonically lifted action.*

It is routine to verify that equivariant reduction is transitive. Combining this observation with propositions 3, 8 and 4 consecutively proves Theorem 1.

Proof of Proposition 2

First we consider the following slightly more general situation. Suppose that $G = H \times K$ with K compact acts on M leaving ω invariant, and suppose that the H-action admits a momentum map J. Since the actions of H and K commute, the average $\overline{J}$ of J over K is also a momentum map for H, one which is moreover invariant under the action of K. Since two momentum maps differ by a locally constant function on M, it follows that J is infinitesimally invariant under the action of K. In particular, if K or M is connected, J is globally invariant under the K action.

We now return to the assumptions of the proposition and note again that the connected component of a compact group is up to a finite cover the direct product of a semi simple group and circles $\mathbf{T}^1$. Since the G-action admits a momentum map, all the separate factors of this cover admit momentum maps. But, a semi-simple group always admits an Ad*-equivariant momentum map, and a momentum map for a circle action is always Ad*-equivariant. Hence the various factors admit Ad*-equivariant momentum maps. Next we note that if we combine the Ad*-equivariant momentum maps of the various factors into one momentum map for (the cover of) G, a necessary and sufficient condition for the combination also to be Ad*-equivariant is that the momentum map of each factor is infinitesimally invariant under the action of the other factors. But this follows from our averaging argument above because all the separate factors are compact. Thus we have proven Proposition 2.

REMARK: If we assume in Proposition 2 that M is of finite type, then it is an immediate corollary of lemma 6 by the following argument. Let J_j be Ad*-equivariant momentum maps for the c_j according to lemma 6, then $J = \sum \mu_j \cdot J_j$ is an Ad*-equivariant momentum map for ω.

ACKNOWLEDGEMENTS: We would like to thank R. Cushman, J. Koiller and A. Weinstein for their encouragement to provide an equivariant version of our reduction theorem. We also thank R. Blattner for helpful remarks. Finally we would like to thank the referee for pointing out an omission in our argument, which led to the addition of lemma 6.

References

[**Gr**] M. Gromov, "Partial differential relations," Springer-Verlag, New York, 1986.

[**GT**] M.J. Gotay & G.M. Tuynman, $\mathbf{R}^{2n}$ *is a universal symplectic manifold for reduction*, Lett. Math. Phys. **18** (1989), 55–59.

[**Ku**] M. Kummer, *On the construction of the reduced phase space of a Hamiltonian system with symmetry*, Indiana Univ. Math. J. **30** (1981), 281–291.

[**Mo**] G.D. Mostow, *Equivariant embeddings in Euclidean space*, Ann. Math. **65** (1957), 432–446.

[**MR**] J.E. Marsden & T.S. Ratiu, "Mechanics and symmetry" (to appear).

[**On**] K. Ono, *Equivariant projective imbedding theorem for symplectic manifolds*, J. Fac. Sci. Univ. Tokyo **35** (1988), 381–392.

[**Pa**] R.S. Palais, *Imbedding of compact differentiable transformation groups in orthogonal representations*, J. Math. Mech. **6** (1957), 673–678.

[**So**] J.-M. Souriau, "Structure des syst.mes dynamiques," Dunod, Paris, 1969.

[**Ti**] D. Tischler, *Closed 2-forms and an embedding theorem for symplectic manifolds*, J. Diff. Geom. **12** (1977), 229–235.

[**TW**] G.M. Tuynman & W.A.J.J. Wiegerinck, *Central extensions in physics*, J. Geom. Phys. **4** (1987), 207–258.

M.J. Gotay.
—Mathematical Sciences Research Institute; 1000 Centennial Drive; Berkeley, CA 94720; USA.
—Permanent address : Department of Mathematics; U.S. Naval Academy; Annapolis, MD 21402-5000; USA.
—E-mail : gotay@n1.usna.navy.mil
—Supported in part as a Ford Foundation Fellow and by NSF grant #DMS-8805699.

G.M. Tuynman.
—Mathematical Sciences Research Institute; 1000 Centennial Drive; Berkeley, CA 94720; USA.
—Permanent address : UFR de Mathématiques; Université de Lille I; F-59655 Villeneuve d'Ascq Cedex; France.
—E-mail : gmt@frcit181.bitnet
—Research done while supported by The Netherlands Organisation for Scientific Research (NWO).

Melnikov Formulas For Nearly Integrable Hamiltonian Systems

JAIR KOILLER

Abstract. An "intrinsic" Melnikov vector valued function is given, which can be used to detect homoclinic orbits in Hamiltonian perturbations of completely integrable systems. We use the description given by Prof. Nicole Desolneux-Moulis [1] of the dynamics along a singular leaf of the unperturbed system. As an example, it is shown that perturbations of the spherical pendulum on a rotating frame (or in a magnetic field) produce Silnikov's spiralling chaos.

§0. Introduction

The aim of this note is to give a synthesis of results by Holmes/Marsden, Lerman/Umanskii, the author, Clark Robinson and S.Wiggins. We refer to Wiggins' book [2] for background, notations, dynamical consequences and comprehensive references. Let (M^{2n},ω) a compact symplectic manifold admitting a set $H = (h_1,\ldots,h_n)$ of integrals in involution satisfying condition (*) of Desolneux-Moulis [1]. Let $h_0 = h_0(h_1,\ldots,h_n)$ be a completely integrable system, ie., h_0 is a function of $h_1,\ldots,h_n$ (it is sufficient to assume compactness of inverse images). Let $z \in M$ be a regular point on a singular leaf F_z, i.e., $H(z)$ is a singular value of the momentum H. Let O_z be the trajectory through z of the Hamiltonian system $X_0 = J\,dh_0$.

THEOREM 1. *(Desolneux-Moulis [1]).*

1. *The alpha and omega-limits of O_z are tori $\tau \approx T^r (0 \le r \le n-1)$.*
2. *$F_z \approx R^k \times T^l (k \neq 0, k+l = n)$.*
3. *A torus τ^r belongs to the stratum $\Sigma_r = \{y \in M; rank\ dH(y) = r\}$ which is a symplectic submanifold of dimension 2r.*
4. *Arnold-Liouville theorem holds on Σ_r.*

In short, the τ_r are "whiskered tori". The whiskers are singular Lagrangian leaves F.

EXAMPLE: (see §2). In the spherical pendulum, consider the singular leaf given by zero angular momentum and energy equal that of the unstable equilibrium. Here $k = l = 1$, $r = 0$ (this seems to contradict [3, Theorem 3]).

A SPECIAL CASE: Wiggins [2] assumes that there are *global* coordinates $(x, I, \theta) \in R^{2q} \times R^r \times T^r$ such that the integrals are $h_i = h_i(x, I)$ for

$1 \leq i \leq q$ and $h_{q+j} = I_j$, $1 \leq j \leq r$ (we used the same setting in a working paper [4]). One assumes that $\{h_i, h_j\}_x = 0$, $1 \leq i,j \leq q$ and that for each I the reduced system $\dot{x} = J\, d_x h_0$ has a hyperbolic fixed point $x = \gamma(I)$, varying smoothly with I, with q-dimensional homoclinic manifold connecting the fixed point to itself. In general there are topological obstructions for the existence of such coordinates (see §3).

§1. An intrinsic Melnikov formula

First, a translation of languages between [**1**] and [**2**] is perhaps in order. The central manifold [**2**, p. 382, eq. (4.1.72)] $\mathcal{M} = \{(\gamma(I), I, \theta)\}$, foliated by the tori $\tau : I = const.$, is the stratum Σ_r. The conciding stable and unstable manifold Γ_I [**2**, p. 382, eq. (4.1.76)] is the singular leaf F. Suppose $H = (h_1, \ldots, h_n)$ satisfies condition (*); let $\psi(t,z)$ be the flow of $h_0 = h_0(h_1, \ldots, h_n)$ on a singular leaf F and $h = h_0 + \varepsilon \widetilde{h}$ be a perturbation (the word "intrinsic" means that the Melnikov function will be given in terms of this data). By persistence of hyperbolic structures, there is a perturbed central manifold $\mathcal{M}_\varepsilon$ and by KAM, most r-dimensional invariant tori survive in it for sufficiently small ε. The tori τ_ϵ depend smoothly on ϵ ([**5**], p.400). Let $z \in W^s(\tau) = W^u(\tau) = F$ where τ is a Diophantine torus of h_0. Consider the tubular neighbourhood of F associated to any Riemannian metric. The n-dimensional fiber π_z (see [**2**, p. 383]) is complementary to the tangent space T_zF spanned by the symplectic gradients $Jdh_i(z)$. By transversality, there are unique points $z_\varepsilon^{s,u} \in \pi_z \cap W^{s,u}(\tau_\varepsilon)$, depending smoothly on ε, which are closest to $\mathcal{M}_\varepsilon$ in the sense of positive (negative) time of flow (see [**5**, p. 400] for a technical point here). In Wiggins' case [**2**, p. 389], $z_\varepsilon^{s,u} = (x_\varepsilon^{s,u}, I_\varepsilon^{s,u})$. Taking $h_1, \ldots, h_n$ as coordinates on π_z, one defines the *Melnikov distances*

$$d_i(z,\varepsilon) = h_i(z_\varepsilon^u) - h_i(z_\varepsilon^s) = \varepsilon\, M_i(z) + O(\varepsilon^2) \tag{1.1}$$

where $M_i(z)$ are the *Melnikov functions* of $z \in F$.

THEOREM 2. *Choose T_j, $T_j^* \to \infty$ such that $\psi(T_j, z)$ and $\psi(-T_j^*, z)$ converge to the same point of the unperturbed torus τ^r (this condition is automatic for $r = 0$). Then*

$$M_j(z) = \lim_{j \to \infty} \int_{-T_j^*}^{T_j} \{h_i, \widetilde{h}\}_{\psi(t,z)} dt. \tag{1.2}$$

PROOF: See Robinson [**5**] for two-degrees of freedom, for $r = n-1$, and for the necessity of taking the sequences T_j, T_j^* (it will be clear the extra hypothesis needed in the heteroclinic case). For $n \geq 2$ the proof is just the same.

COROLLARY: M_i is constant along the flow $\psi(t,z)$. Thus the domain for the Melnikov functions is the set $D^{n-1} = F/\psi$ of all trajectories of the unperturbed system belonging to the singular leaf F.

LEMMA: $z_\varepsilon^u = z_\varepsilon^s$ if and only if $d_i(z,\varepsilon) = 0$ for $i = 2, \dots, n$.

PROOF: See [**2**, p. 391] or Lerman and Umanskii [**6**]. This means that one of the Melnikov distances can be disregarded. One may assume $h_0 = h_1$, so it is natural to discard the first integral. Define the *Melnikov vector valued function*

$$M = (M_2, \dots, M_n) : D^{n-1} x R^p \to R^{n-1}$$

where the factor R^p contains the dependence of M on parameters $\mu_1, \dots, \mu_p$ possibly appearing in the perturbation $\widetilde{h}$.

THEOREM 3. *Assume τ^r is a Diophantine torus for the unperturbed restricted system to Σ_r (this condition is void for $r = 0$)*

a. *If $M(z_0, \mu_0) = 0$ and (z_0, μ_0) is a regular point of M, then for ε sufficiently small $W^s(\tau_\varepsilon)$ and $W^u(\tau_\varepsilon)$ intersect near (z_0, μ_0).*
b. *If $M(z_0) = 0$ and z_0 is a regular point of $M_{/D}$, then for ε sufficiently small $W^s(\tau_\varepsilon) \pitchfork W^u(\tau_\varepsilon)$ in the $2n-1$ dimensional energy surface of h.*

PROOF: See [**2**, Theorems 4.1.19, 4.1.20].

Note: In (b) $M(z_0, \mu_0) = 0$ and z_0 is a regular point of M keeping μ_0 fixed and differentiating with respect to z along D^{n-1}.

§2. The perturbed spherical pendulum on a rotating frame

Devaney has studied Silnikov's phenomenon for Hamiltonian systems [**7**]. The following is an example on a nearly integrable system. Consider a particle of unit mass constrained to the ellipsoid $E \approx S^2$ given by $x = a \sin\phi\cos\theta$, $y = b \sin\phi\sin\theta$, $z = c\cos\phi$, moving under the influence of gravity $g = 1$, on a rotating frame with angular velocity ω with respect to the z-axis. Take $a = c = 1$, $b^2 = 1 + \varepsilon$, so that we have a perturbed spherical pendulum. The Hamiltonian is $h = h_0 + \varepsilon\widetilde{h} + O(\varepsilon^2)$ where

$$\begin{aligned} h_0 &= (1/2)p_\phi^2 + p_\theta^2/(2\sin^2\phi) - \omega p_\theta + \cos\phi \\ \widetilde{h} &= -(\cos\phi\sin\theta p_\phi + p_\theta\cos\theta/\sin\phi)^2 \end{aligned} \tag{2.1}$$

The unperturbed system has a second integral $h_1 = p_\theta$. At $\omega^2 = 1/8$ the unstable equilibrium undergoes a Hamiltonian Hopf bifurcation, from saddle-saddle to saddle-focus. Consider the singular leaf $F : h_0 = 1, h_1 = 0$ given by $p_\theta = 0$, $p_\phi^2 = 2(1 - \cos\phi)$. It has the topology of a cylinder: sew two copies of $\{(\theta,\phi); \theta \in S^1, 0 < \phi \le \pi\}$ along the boundary $\phi = \pi$ shifting

θ by 180º. One of the cylinders is the local stable manifold F^s of the north pole, the other is the local unstable manifold F^u. The flow of h_0 on F^u is

$$(2.2) \qquad \theta(t) = \theta_0 - \omega t, \quad \phi(t) = \pi + 2\arctan\sinh(t - \alpha).$$

Notice that $\alpha \in -0, \infty)$ reparametrizes the coordinate ϕ_0 via

$$\phi_0 = \pi - 2\arctan\sinh(\alpha).$$

The Melnikov function, restricted to F^u, is given by

$$(2.3) \quad M(\theta_0, \alpha) = \int_{-\infty}^{\infty} (\partial\tilde{h}/\partial\phi)dt \qquad (\theta(t), \phi(t), p_\theta = 0, p_\phi = -2(1 - \cos\phi)-^{1/2})$$

After some manipulations we get

$$(2.4) \qquad \begin{aligned} M(\theta_0, \alpha) &= A_1(\alpha)\sin(2\theta_0) + A_2(\alpha)\cos(2\theta_0) \\ A_1 + iA_2 &= -2\int_{-\infty}^{\infty} \cos^2\phi(t)(1 - \cos\phi(t))\exp(-2i\omega t)dt \end{aligned}$$

The domain $D = F/\psi = F^u/\psi$ results by fixing, for instance, the meridian $\theta_0 = 0$. The Melnikov function is therefore $M(\alpha) = A_2$. Using residues, we get

$$(2.5) \qquad \begin{aligned} M(\alpha) &= C(\omega)\sin(2\omega\alpha) \\ C(\omega) &= 8\pi\omega \text{ cosech } (\omega) - 1 - (8/3)\omega^2 + (16/30)\omega^4 - \end{aligned}$$

Hence provided $C(\omega) \neq 0$, for ε sufficiently small there are transversal homoclinic trajectories for the perturbed system, passing ε-close to the points $\theta_0 = 0$, $\phi_0 = \pi - 2\arctan\sinh(k\pi/2\omega)$, $k = 0, 1, 2, \ldots$.

QUESTION: Is the perturbed system integrable for the values $\omega \approx 0.064$, 2.14 at which $C(\omega) = 0$?

§3. Final Remarks

i. Intrinsic Melnikov formulas for non-Hamiltonian perturbations can also be given, generalizing the study of systems of "types I, II" in [**2**].

ii. Perestroika (bifurcations of Liouville tori, see Fomenko [**8**], [**9**]) has been accomplished for $r = n - 1$. There are two types of associated fibrations; nontriviality gives an obstruction for the existence of global coordinates (x, I, θ). An example occurs in Kovalevskaya's top [**10**]. Perestroika for all $0 \leq r \leq n - 1$, although not relevant for the problems studied by Fomenko, seems to be important in this context.

iii. One reason for being interested to locate the singular leaves on an integrable system is the fact that, in Hamiltonian or non-Hamiltonian perturbations, transversal splitting of these leaves is the main source of transport phenomena (the Hamiltonian perturbations, the regular region Σ_n can produce only a slow Arnold's diffusion). In short, the topology of the singular leaves dominates the statistical mechanics of nearly integrable systems [**11,12**].

ACKNOWLEDGMENTS: I would like to thank Prof. Nicole Desolneux-Moulis for several conversations and Prof. Alan Weinstein and J.E. Marsden for sponsoring a visit to MSRI, May-June 1989. I thank the referee for his (her) remarks.

References

1. N. Desolneux-Moulis, *Dynamique des systemes Hamiltoniens complement integrables sur les varietés compactes*, this Proceedings.
2. S. Wiggins, "Global bifurcations and chaos: analytical methods," Springer-Verlag, New York, Berlin, Heidelberg, 1988.
3. L.M. Lerman and Ya.L. Umanskii, *Structure of the Poisson action of R^2 on a four-dimensional symplectic manifold II*, Sel. Math. Sov. **7** (1988), 39–48.
4. J. Koiller, *Splitting of homoclinic Lagrangian submanifolds in perturbations of integrable Hamiltonian systems*, Laboratório Nacional de Computação Científica **36/84** (1984).
5. C. Robinson, *Horseshoes for autonomous Hamiltonian systems using the Melnikov integral*, Ergod. Th. and Dynam. Sys. **8** (1988), 395–409.
6. L.M. Lerman and Ya.L. Umanskii, *On the existence of separatrix loops in four dimensional systems similar to the integrable Hamiltonian systems*, PMM USSR **47** (1984), 335–340.
7. R. Devaney, *Blue sky catastrophes in reversible and Hamiltonian systems*, Indiana Univ. Math. J. **26** (1970), 247–263.
8. A. T. Fomenko, *The topology of surfaces of constant energy in integrable Hamiltonian systems and obstructions to integrability*, Math. USSR Izvestiya **29** (1987), 629–658.
9. A.T. Fomenko and Kh. Tsishang, *On typical topological properties of integrable Hamiltonian systems*, Math. USSR Izvestiya **32** (1989), 385–412.
10. M.P. Kharlamov, *Bifurcation of common levels of first integrals of the Kovalevskaya problem*, PMM USSR **47** (1983), 737–743.
11. V. Rom-Kedar and S. Wiggins, *Transport in two-dimensional maps*, Arch. Rational Mech. Anal. **109** (1990), 239–298.
12. S. Wiggins, *On the geometry of transport in phase space I. Transport in K-degree of freedom Hamiltonian systems, $2 \leq K < \infty$*, Physica D, in press.

Laboratório Nacional de Computação Científica
Rua Lauro Müller 455
22290, Rio de Janeiro, RJ, Brazil

Instituto de Matemática da UFRJ
Caixa Postal 68530
21944, Rio de Janeiro, RJ, Brazil

Research at MSRI supported by DOE Grant BE-SG03-88ER25604. Travel was financed by the Brazilian agency FAPERJ.

A Non-Linear Hadamard Theorem

JACQUES LAFONTAINE

Abstract. Using Gromov theory of pseudo-holomorphic curves, we derive a pseudo-holomorphic version of the classical result of Hadamard: a holomorphic function with bounded real part is constant. It is a pleasure to thank Gilbert Hector for providing a much simpler proof of Proposition 1, Michel N'Guiffo Boyom and the referee for valuable remarks.

§0. INTRODUCTION

DEFINITION: A *pseudo-holomorphic map* is a smooth map f from an open set of $\mathbf{C}$ into an almost complex manifold (M, J) such that $Tf \circ i = J \circ Tf$.

This condition is equivalent to a (non-linear!) elliptic system, so that, locally, there are plenty of such maps (the appendix of [**Be2**] provides a good reference for the non-expert). It turns out (this is one of the main ideas of Gromov's paper [**Gr1**] on symplectic geometry) that many properties of holomorphic functions extend to this pseudo-holomorphic case. We give here such an example, which can be viewed as analogous to the classical Hadamard theorem.

We shall be concerned with almost complex structures on $\mathbf{R}^{2n}$ which are *tamed* by a symplectic structure ω. This means that there is a constant $c > 0$ such that

$$\omega(x, Jx) > c|x|^2 \quad \text{for any } x$$

Moreover, we shall assume that the coefficients of ω are *bounded*.

§1. AN L^∞ POINCARÉ LEMMA

We shall start from the following (folk?) result.

PROPOSITION 1. *The standard symplectic form of $\mathbf{R}^{2n}$ has no bounded primitive.*

PROOF: It is enough to prove the same result for the standard volume form η. Let ϑ such that $d\vartheta = \eta$. By integrating over a standard ball and using Stokes theorem, we get

$$\mathrm{vol}(B^n(r)) = \int_{B^n(r)} \eta = \int_{S^{n-1}(r)} \vartheta \leq \text{Const } x \ \mathrm{vol}(S^{n-1}(r)),$$

a contradiction. □

REMARK: The same result clearly holds for a half-space, and for the cylinder $S^1 \times \mathbb{R}$ (in this case, integrate over $S^1 \times I$, and make the interval I large). This simple fact yields the following generalization of Proposition 1.

PROPOSITION 2. *Let (M, g) be a complete Riemannian manifold, and equip TM with the standard metric deduced from g. Then the standard symplectic form of TM has no bounded primitive.*

PROOF: If M is compact, then there is at least one closed non-trivial geodesic (Fet-Lusternik theorem, cf. [**K1**], p. 23). Otherwise, there is one geodesic ray. In both cases, embed in TM the tangent bundle to this geodesic. Using the computations of [**Be1**], Ch. 1, one sees that the Riemannian metric of TM induces the standard Euclidean metric, and that the symplectic form of TM induces the standard symplectic form of the cylinder (compact case) or of the half-plane (non-compact case). Then apply the remark above. □

On the other hand, the symplectic form of a symmetric Hermitian space of non-compact type has a bounded primitive (cf. [**GR2**]), and so has a bounded neighborhood of M in TM. Another example is the following:

PROPOSITION 3. *Let U be any bounded tubular neighborhood of an isotropic submanifold I of $\mathbb{R}^{2n}$. Then the ω form has a bounded primitive on U.*

PROOF: Suppose first that $U = \{y, d(y, I) < r\}$ for some r, so that any y in U can be written as $x + v$, with $v \in N_x I$, the map $y \to (x, v)$ being a diffeomorphism of U onto $I \times B^{\mathrm{codim}(I)}(r)$. Let X be the vector field associated with the local group of diffeomorphisms given by $\phi_t(x + v) = x + e^t v$. Then, by integrating the relation

$$L_X\omega = d(i_X\omega) + i_X d\omega$$

as in the classical proof of Poincaré lemma, we find that the one-form

$$\int_{-\infty}^{0} \phi_t^*(i_X\omega)$$

provides the claimed bounded primitive (just notice that

$$\phi_{-\infty}^*(\omega) = \lim_{t\to-\infty} \phi_t^*\omega = \omega|_I = 0$$

since I is isotropic). The general case follows in the same way, using a suitable local flow ϕ_t. □

§2. An application of the "non-linear" Schwarz lemma

Now, Gromov proved a "non-linear Schwarz lemma" ([**Gr1**], 1.2.A, see also [**Bn**], [**P**] or [**L**] for a more explicit version, pointed out by P. Pansu), a particular case of which is the following:

LEMMA. *Let J be an almost complex structure on $\mathbb{R}^{2n}$ tamed by a symplectic structure ω. Let U be an open set on which ω admits a bounded primitive. Then the derivative at the origin of any J-holomorphic map of the unit disk $D \subset \mathbb{C}$ into U is a priori bounded.*

REMARK: Using Stokes theorem, it is seen that the bounded domains of a pseudo-holomorphic curve which is contained in such a U satisfy a *linear* area-length isoperimetric inequality ([**Gr1**], p. 317). This inequality is the main tool of the proof of the lemma for pseudo-holomorphic immersions. The general case follows by noticing that, in any case, $f \times id : D \to U \times \mathbb{C}$ is a pseudo-holomorphic immersion.

The proof (but not the statement!) of the following property is partly contained in [**Gr1**], and could be compared to similar properties concerning harmonic maps (cf. [**H**]).

THEOREM. *Let f be a pseudo-holomorphic map of $\mathbb{C}$ into $(\mathbb{R}^{2n}, J)$, where the almost complex structure J is tamed by a symplectic structure ω. If f is bounded, then it is constant. More generally, if the range of f is contained in a bounded tubular neighborhood of an isotropic submanifold I, then f is constant.*

PROOF: For the first part, apply the non-linear Schwarz lemma to $g(z) = f(a+rz)$ for any a, and let r go to infinite. Now (see [**Gr1**], and [**P**] or [**L**] for details), this lemma can be applied as soon as the range of f is contained in an open set on which ω admits a bounded primitive. Therefore, our second claim is a direct consequence of Proposition 3. □

REMARK: The first part corresponds to the case where I is a point. On the other hand, when J is the standard complex structure of $\mathbb{C}^n$ and I the Lagrangian submanifold $\{x_i = 0, 1 \leq i \leq n\}$, we get back a weaker form of Hadamard theorem.

References

[**Bn**] D. Bennequin, *Problèmes elliptiques, surfaces de Riemann et structures symplectiques*, Séminaire Bourbaki, Exposé No. 657, Astérique **145–146** (1987), 111-136.

[**Be1**] A. Besse, "Manifolds, All of Whose Geodesics are Closed," Springer-Verlag, Berlin, Heidelberg, 1978.

[**Be2**] ———, "Einstein Manifolds," Springer-Verlag, Berlin, Heidelberg, 1987.

[**Gr1**] M. Gromov, *Pseudo-holomorphic curves in symplectic manifolds*, Inv. Math. **82** (1985), 307-347.

[**Gr2**] ———, *Sur le groupe fondamental d'une variété Kählérienne*, C.R. Acad. Sc. Paris I **304** (1989), 67-70.

[**H**] S. Hildebrandt, *Harmonic mappings of Riemannian manifolds*, in "Harmonic Mappings and Minimal Immersions," Springer L.N. No. 1161.

[**Kl**] W. Klingenberg, "Closed Geodesics on Riemmanian Manifolds," C.B.M.S. Lectures No. 53, Amer. Math. Soc., Providence, 1983.

[**L**] J. Lafontaine, *Equicontinuité des courbes pseudo-holomorphes: une version géométrique du lemme du Schwarz*, Séminaire de Géométrie Différentielle, GETODIM, Université de Montpellier (to appear).

[**P**] P. Pansu, *Notes sur l'article de Gromov "Pseudo-holomorphic curves in symplectic manifolds"*, preprint (1986), Ecole Polytechnique.

J. Lafontaine
URA CNRS 1407—GDR 144
Institut de Mathématiques
Université des Sciences et Techniques du Languedoc
Place Eugène Bataillon
F-34060 Montpellier Cedex
FRANCE

Research at MSRI supported in part by NSF Grant DMS-8505550.

Equivariant Prequantization

R. LASHOF

Introduction

If (S, ω) is a symplectic manifold, a prequantization of S is a principal circle bundle over S together with a connection form whose curvature is $-\omega$. Such a circle bundle exists iff the period group of ω is contained in $\mathbf{Z}$; i.e., the class $[\omega] \in H^2(S, \mathbf{R})$ comes from an integral class. If S is simply connected it follows from the universal coefficient theorem that the integral class is unique. Also note that for simply connected S, the period group of ω is in $\mathbf{Z}$ iff the spherical period group is in $\mathbf{Z}$; i.e., $\pi_2(S) \cong H_2(S)$.[1] If S is not simply connected it may have inequivalent prequantizations. Inequivalent prequantizations of S also induce inequivalent prequantizations of $S \times \bar{S}$, $\bar{S}$ denoting $(S, -\omega)$. But one can show such prequantizations become equivalent when pulled back to the fundamental groupoid $\pi(S)$. ($\pi(S) = \tilde{S} \times \tilde{S}/\pi_1(S)$, $\lambda : \tilde{S} \to S$ the universal cover, with the form induced from $S \times \bar{S}$ by $\lambda \times \lambda$). Further if we only assume ω is integral on spherical classes, no prequantization may exist. In his preprint [**10**], Alan Weinstein gives a method for prequantizing the fundamental groupoid of a symplectic manifold (S, ω) when ω is integral on spherical classes, using connection theory. His result is equivalent to the statement (Corollary 1.3): For any symplectic manifold (S, ω) the period group of the fundamental groupoid $\pi(S)$ is contained in $\mathbf{Z}$ iff the spherical period group of S is contained in $\mathbf{Z}$. Since this is a statement about cohomology, Weinstein raises the question of giving a purely algebraic topology proof of this result. In developing such a proof we show his result is really about two dimensional cohomology groups of arbitrary spaces and that it generalizes to an equivariant setting. In particular, we give general homological conditions under which a Lie Group of symplectic diffeomorphisms lifts to a group of contact transformations.

[1] $H_2(X)$ (resp. $H^2(X)$) is homology (resp. cohomology) with integer coefficients unless otherwise noted.

1. Gauge groupoids

Let $p : E \to B$ be a principal G bundle. (We assume our spaces and groups have the homotopy type of a CW complex.) The gauge groupoid [8] of E is the (non principal) bundle $E^2/G = (E \times E)/G \to B \times B$ induced by $p \times p$. Sections of this bundle over the diagonal correspond to the gauge group of bundle equivalences of E with itself, over the identity. In particular, the section $\sigma : B \to E^2/G$ induced by the diagonal $E \to E \times E$ corresponds to the identity map of E.

EXAMPLE: The fundamental groupoid $\pi(S) = \tilde{S}^2/\pi$, of a connected CW complex S, is the gauge groupoid of the universal cover $\lambda : \tilde{S} \to S$.

Let S be a space which has the homotopy type of a connected CW complex. Equivalence classes of circle bundles are in bijective correspondence with $H^2(S)$ since $K(\mathbb{Z}, 2) \approx BT$, the classifying space for the circle group T. Let $p : X \to S$ be a circle bundle over S determined by $\beta \in H^2(S)$. Let $\bar{p} : \bar{X} \to \bar{S}$ be the circle bundle corresponding to $-\beta$. $\bar{X} = X$, but with T action via the inverse. Then $p \times p : X \times \bar{X} \to S \times S$ is a $T \times T$ bundle and $J_X = (X \times \bar{X})/T$, anti-diagonal T action, is a $T = (T \times T)/T$ bundle over $S \times S$ where T acts on $T \times T$ by $(t_1, t_2)t = (t_1 t, t_2 t^{-1})$. Note that $J_X = X^2/T = (X \times X)/T$, diagonal T action, and that this is the gauge groupoid of X. If $f : S \to BT$ classifies β and $\bar{f} : S \to BT$ classifies $-\beta$, then J_X is classified by $B\mu \circ (f \times \bar{f}) : S \times S \to BT$, $B\mu$ induced by the multiplication $\mu : T \times T \to T$, $\mu(t_1, t_2) = t_1 t_2$, since μ induces an isomorphism of $(T \times T/T$ onto T. In particular we have:

LEMMA 1.1. *The class in $H^2(S \times S)$ determined by $J_X \to S \times S$ is $1 \otimes \beta - \beta \otimes 1$.*

THEOREM 1.2. *Let $q : E \to B$ be a principal G bundle, G an arbitrary topological group, and suppose E is 1-connected and we are given $\gamma \in H^2(B, \mathbf{R})$ such that $q^*(\gamma)$ comes from anintegral class $\beta \in H^2(E)$. Let $p : X \to E$ be the circle bundle corresponding to β. Then there is a unique (up to equivalence) circle bundle Y over E^2/G which is trivial over $\sigma(B)$ and pulls back to J_X over $E \times E$.*

COROLLARY 1.3. *Let $\lambda : \tilde{S} \to S$ be the universal cover of a connected CW complex S. Suppose $\gamma \in H^2(S, \mathbf{R})$ has integral periods on spherical classes so that it determines a unique circle bundle X over $\tilde{S}$. Then there is a* *unique circle bundle Y over $\pi(S)$ which is trivial over $\sigma(S)$ and pulls back to J_X over $\tilde{S} \times \tilde{S}$.*

In particular, applying the above Corollary to a symplectic manifold such that ω has integral periods on spherical classes yields Weinstein's result.

PROOF OF THEOREM 1.2: We need the Serre exact sequence of a fibration [**12**]. (This version is proved without spectral sequences and does not require B to be 1-connected or the fibration to be oriented.)

THEOREM (Serre). *If $p : X \to B$ is a fibration with fibre F, $\bar{H}_q(F) = 0$, $q < n$, and B is $m - 1$ connected, then*

$$H_{m+n-1}(F) \to H_{m+n-1}(X) \to H_{m+n-1}(B) \to H_{m+n-2}(F) \to \dots,$$

is exact.

In particular, if B is connected and F is 1-connected, then $H_2(F) \to H_2(X) \to H_2(B) \to 0$ is exact, and if $\sigma : B \to X$ is a cross-section, $H_2(X) = i_* H_2(F) \oplus \sigma_* H_2(B)$.

Consider the map of fibrations:

$$\begin{array}{ccccc}
E & \longrightarrow & E & \xrightarrow{q} & B \\
{\scriptstyle i_1}\downarrow & & {\scriptstyle i}\downarrow & & {\scriptstyle i_1}\downarrow \\
E \times E & \xrightarrow{\nu} & E^2/G & \xrightarrow{\kappa} & B \times B \\
{\scriptstyle \rho_2}\downarrow & & {\scriptstyle \rho}\downarrow & & {\scriptstyle \rho_2}\downarrow \\
E & \xrightarrow[q]{} & B & \longrightarrow & B
\end{array}$$

a) $H_2(E^2/G) \cong i_* H_2(E) \oplus \sigma_* H_2(B)$
   $H_1(E^2/G) \cong \sigma_* H_1(B)$

b) ν and κ are the obvious quotient maps and $\kappa \circ \nu = q \times q$

c) $q^* \times q^*(\gamma \otimes 1 - 1 \otimes \gamma) = j_*\beta \otimes 1 - 1 \otimes j_*\beta$, $j_* : H^*(E) \to H^*(E, \mathbf{R})$ induced by the inclusion $j : \mathbf{Z} \to \mathbf{R}$

d) $i^*\kappa^*(\gamma \otimes 1) = q^* i_1^*(\gamma \otimes 1) = j_*\beta$ and $i^*\kappa^*(1 \otimes \gamma) = q^* i_1^*(1 \otimes \gamma) = 0$ and hence $\kappa^*(\gamma \otimes 1 - 1 \otimes \gamma)$ is integral on $i_* H_2(E)$

e) $0^*\kappa^*(\gamma \otimes 1 - 1 \otimes \gamma) = \Delta^*(\gamma \otimes 1 - 1 \otimes \gamma) = \gamma - \gamma = 0$, $\Delta : B \to B \times B$ the diagonal and hence $\kappa^*(\gamma \otimes 1 - 1 \otimes \gamma)$ is zero on $\sigma_*(H_2(B))$.

Now by the naturality of the universal coefficient theorem:

$$\begin{array}{ccccccccc} 0 & \longrightarrow & \mathrm{Ext}(H_1(X),\mathbf{Z}) & \longrightarrow & H^2(X,\mathbf{Z}) & \longrightarrow & \mathrm{Hom}(H_2(X),\mathbf{Z}) & \longrightarrow & 0 \\ & & \downarrow & & \downarrow & & \downarrow & & \\ & & 0 & \longrightarrow & H^2(X,\mathbf{R}) & \longrightarrow & \mathrm{Hom}(H_2(X),\mathbf{R}) & \longrightarrow & 0, \end{array}$$

we see that a class in $H^2(X,\mathbf{R})$ comes from $H^2(X,\mathbf{Z})$ if and only if it has integral values on $H_2(X)$. Thus

f) By (a), (d) and (e) $\kappa^*(\gamma\otimes 1-1\otimes\gamma)$ is integral and hence of the form $j_*\tau$, $\tau\in H^2(E^2/G)$, and we can choose τ to be zero on $\sigma_*(H_2(B))=0$. Since $E\times E$ is 1-connected and $j_*\nu^*\tau=\nu^*\kappa^*(\gamma\otimes 1-1\otimes\gamma)=j_*(\beta\otimes 1-1\otimes\beta)$, it follows that $\nu^*\tau=\beta\otimes 1-1\otimes\beta$. Hence if Y is a circle bundle corresponding to τ, $\nu^*Y\cong J_X$.

g) We can choose τ so that $\sigma^*(\tau)=0$ and hence $Y\mid\sigma(B)$ is trivial. In fact, $H^2(E^2/G)=\mathrm{Im}(\rho^*)\oplus\mathrm{Ker}(\sigma^*)$ and $H^2(E^2/G,\mathbf{R})=\mathrm{Im}(\rho^*_{\mathbf{R}})\oplus\mathrm{Ker}(\sigma^*_{\mathbf{R}})$. Also $\rho^*_{\mathbf{R}}j_*=j_*\rho^*$ and $\sigma^*_{\mathbf{R}}j_*=j_*\sigma^*$. So $j_*:\mathrm{Ker}\,\sigma^*\to\mathrm{Ker}\,\sigma^*_{\mathbf{R}}$ and $j_*:\mathrm{Im}\,\rho^*\to\mathrm{Im}\,\rho^*_{\mathbf{R}}$. Write $\tau=\tau'\oplus\tau''$, $\tau'\in\mathrm{Im}\,\rho^*$, $\tau''\in\ker\sigma^*$. Now $\sigma^*_{\mathbf{R}}j_*\tau=0$ by (e), so that $j_*\tau\in\mathrm{Ker}\,\sigma^*_{\mathbf{R}}$. Hence $j_*\tau'=0$, so that $j_*\tau''=j_*\tau$ and $\sigma^*\tau''=0$. Thus if we replace τ by τ'', we have $\nu^*Y=J_X$ and σ^*Y trivial.

h) A circle bundle Y over E^2/G such that σ^*Y is trivial and $\nu^*Y=J_X$ is unique (up to equivalence): We need to show that a class τ with $\sigma^*\tau=0$ is uniquely determined by $\nu^*\tau$. But this follows from the naturality of the universal coefficient theorem (w.r.t. the 1st factor):

$$\begin{array}{ccccccccc} 0 & \longrightarrow & \mathrm{Ext}(H_1(B),\mathbf{Z}) & \longrightarrow & H^2(B) & \longrightarrow & \mathrm{Hom}(H_2(B),\mathbf{Z}) & \longrightarrow & 0 \\ & & \sigma^*\uparrow & & \sigma^*\uparrow & & \sigma^*\uparrow & & \\ 0 & \longrightarrow & \mathrm{Ext}(H_1(E^2/G),\mathbf{Z}) & \longrightarrow & H^2(E^2/G) & \longrightarrow & \mathrm{Hom}(H_2(E^2/G,\mathbf{Z}) & \longrightarrow & 0 \end{array}$$

and the fact that $\sigma_*:H_1(B)\cong H_1(E^2/G)$ and $\sigma^*:H_2(B)\to H_2(E^2/G)$ is injective by (a). I.e., τ is uniquely determined by its value on $i_*(H_2(E))=\nu_*\circ i_{1*}(H_2(E))$ and hence by $\nu^*\tau$.

DEFINITION: Let E be a G space, $\mu:G\times E\to E$ the action. A class $\alpha\in H^k(E,\mathbf{R})$ *vanishes on the orbits of* G if $\mu^*\alpha=\rho_2^*\alpha$, $\rho_2:G\times E\to E$ the projection; or equivalently if $\alpha\mu_*(x\otimes y)=0$ for $x\in H_i(G)$, $y\in H_j(E)$, $i+j=k$, whenever $i>0$. Similarly for right actions.

EXAMPLE: If E is a smooth G manifold, G a Lie group, and ω a k-form, then we say ω is *transverse to the orbits of* G if for $x\in E$, $\omega_X(A_1,A_2,\ldots,A_k)$

$= 0$ whenever some $A_i \in T_x(G(x))$. If ω is a closed k form which is transverse to the orbits of G, then $[\omega]$ vanishes on the orbits of G. If E/G is a manifold and $q : E \to E/G$ is a submersion, then a closed form ω pulls back from a closed form on E/G iff it is G invariant and transverse to the orbits.

If $p : E \to B$ is a principal G bundle, $\mu : E \times G \to E$, then $p\mu = p \circ \rho_1$, $\rho_1 : E \times G \to E$ the projection. Thus if $x \in H_i(G)$, $y \in H_j(E)$, $i + j = k$, $i > 0$, $p_*\mu_*(y \otimes x) = 0$. Hence if $\alpha \in p^*(H^k(B, \mathbf{R}))$, α will vanish on the orbits of G. Conversely,

THEOREM 1.4. *Let $p : E \to B$ be a principal G bundle, B and G connected. Let $\alpha \in H^2(E, \mathbf{R})$ vanish on the orbits of G. Then $\alpha \in p^*(H^2(B, \mathbf{R}))$.*

PROOF: G connected implies $\pi_1(B)$ acts trivially on $H_*(G)$. I.e., if $a \in E$ and $c : I \to B$, $c(0) = c(1) = b$, is a loop based at $b = p(a)$, then carrying $G = p^{-1}(b)$ around c sends a to ag_0 and ag to ag_0g. Since g_0 is connected by a path to $1 \in G$, $c_* : p^{-1}(b) \to p^{-1}(b)$, is homotopic to the identity and $c_* : H_*(G) \to H_*(G)$ is the identity. Thus we have a spectral sequence $E^2_{p,q} = H_p(B) \otimes H_1(G) \Rightarrow H_{p+q}(E)$. Further the map $\mu : E \times G \to E$ induces an action of $H_*(G)$ on the spectral sequence: $\mu_* : E^r_{p,q} \otimes H_i(G) \to E^r_{p,q+i}$, $\mu_*([x \otimes y] \otimes z) = [x \otimes yz]$. In $E^2_{p,q}$, $p+q = 2$, we have $H_2(B) \otimes H_0(G)$, $H_1(B) \otimes H_1(G)$ and $H_0(B) \otimes H_2(G)$. Now $d_2 : E^2_{p,q} \to E^2_{p-2,q+1}$ and $d_2(x \otimes y) = d_2(x) \otimes y + (-1)^{\dim x} x \otimes d_2 y$. Since $d_2 y = 0$, the second term is zero. On the other hand, if

a) $x \in H_i(B)$, $i = 0$ or 1, then $d_2 x = 0$
b) $x \in H_2(B)$, $d_2 x \in H_1(G)$.

Thus $H_1(B) \otimes H_1(G)$ and $H_0(B) \otimes H_2(G)$ are permanent cycles. But $[x \otimes y] = \mu_*([x] \otimes y) \in H_2(E)$, if $d_2(x) = 0$. Thus only for $x \in H_2(B)$ with $d_2 x = 0$ is $[x]$ a permanent cycle and $\alpha([x])$ possibly non-zero. But $p_*([x]) = x$, and hence $\alpha \in p^*(H^2(B, \mathbf{R}))$.

COROLLARY 1.5. *Let $p : E \to B$ be a principal G bundle with E connected and G having a finite number of ocmponents. Then $\alpha \in p^*(H^2(B, \mathbf{R}))$ iff α is G invariant and vanishes on the orbits of G.*

PROOF: Let G_0 be the identity component of G. Then $q : E/G_0 \to E/G = B$ is a finite cover. Hence from the spectral sequence of a covering [4], [**9**] (or using the transfer), $q^* : H^*(B, \mathbf{R}) \to H^*(E/G_0, \mathbf{R})^G$ is an isomorphism. (Recall that G_0 acts trivially on cohomology.) By the theorem and the remark preceding it, if $p_0 : E \to E/G_0$, p_0^* sends $H^2(E/G_0, \mathbf{R})$ onto $\{\alpha \in H^2(E, \mathbf{R}) \mid \alpha$ vanishes on the orbits of $G_0\}$. Since p_0^* is a G/G_0 map, by averaging over G/G_0 we see that p_0^* sends $H^2(E/G_0, \mathbf{R})^G$ onto $\{\alpha \in H^2(E, \mathbf{R})^G \mid \alpha$ vanishes on the orbits of $G\}$.

2. Lifting group actions

DEFINITION: A principal $G - K$ *bundle* over a G space B is a principal K bundle $p : E \to B$ with an action of G on E commuting with the action of K and such that p is a G map. One usually imposes a $G - K$ local triviality condition, but this always holds if G and K are compact Lie groups, or more generally K is a closed subgroup of a general linear group [**6**].

A K-bundle induced by a G-map $f : A \to B$ from a $G - K$ bundle over B is again a $G - K$ bundle. If G and K are Lie groups and B is a smooth G manifold, then E has a (unique up to isotopy) smooth structure such that p is smooth and G and K act smoothly. (This last follows as in the G trivial case by smoothing the overlaps of the $G - K$ local trivializations or by smoothing the G-classifying map into a smooth 'n-universal' $G - K$ bundle.)

We will need the following results:

THEOREM (Abels [**1**]). *Let G be a locally compact group with finitely many components. Then it has a maximal compact subgroup K, and if X is a proper G space it has a global K slice X_0; i.e., X is G equivalent to $G \times_K X_0$. If G is a Lie group and X a smooth proper G space, X_0 is a smooth K submanifold and X is G diffeomorphic to $G \times_K X_0$.*

THEOREM 2.1. *Let G be a Lie group with finitely many components, A a compact abelian Lie group and S a (left) G space. There is a bijective correspondence between equivalence classes of $G - A$ bundles over S and equivalence classes of A bundles over $EG \times_G S$, EG the universal G bundle.*

PROOF: If G is also compact, this is the main theorem of [**7**], and was originally proved by Hattori–Yoshida [**3**] when A was a torus. Since by Abels' theorem, $S \cong G \times_K S_0$, and a $G - A$ bundle P over S is of the form $G \times_K p_0$, $p_0 = P \mid S_0$, we have for equivalence classes: $[G - A$ bundles over $S] \cong [K - A$ bundles over $S_0] \cong [A$ bundles over $EG \times_K S_0 = EG \times_G (G \times_K S_0) = EG \times_G S]$.

THEOREM (Bredon [**2**]). *Let S be a connected and locally 1-connected G space, G a Lie group. Let $\lambda : \tilde{S} \to S$ be the universal cover and $\pi = \pi_1(S)$ the group of deck transformations. Then the group Γ of all homeomorphisms of $\tilde{S}$ covering actions of some $g \in G$ on S satisfies $1 \to \pi \to \Gamma \to G \to 1$. Further Γ carries a topological group structure such that the identity component Γ_0 is open and covers G_0.*

PROPOSITION 2.2. *Let $p : E \to G$ be a principal G bundle with E a connected CW-complex and G with finitely many components. Let $\lambda : \tilde{E} \to E$ be the universal cover and let Γ act on $\tilde{E}$, $1 \to \pi_1(E) \to \Gamma \to G \to 1$, covering the action of G on E as given by Bredon's theorem. Let $\alpha \in H^2(E, \mathbb{R})^G$ be such that;*

a) *α is integral on spherical classes*
b) *α vanishes on the orbits of G.*

Then if X is the circle bundle over $\tilde{E}$ corresponding to $\lambda^*\alpha$, there is a unique lift of the diagonal action of Γ on $\tilde{E} \times \tilde{E}$ to the circle bundle $J_X = X^2/T$ over $\tilde{E} \times \tilde{E}$, as a group of T-bundle automorphisms such that if $\Delta : \tilde{E} \to \tilde{E} \times \tilde{E}$ is the diagonal, $\Delta^* J_X \simeq \tilde{E} \times T$ with Γ acting on the first factor only.

PROOF: $\tilde{p} = p \circ \lambda : \tilde{E} \to B$ is a principal Γ-bundle. By (1.5), $\alpha \in p^* H^2(B, \mathbb{R})$ and hence $\lambda^*\alpha \in \tilde{p}^* H^2(B, \mathbb{R})$. By (1.3), J_X comes from a circle bundle Y over $\tilde{E} \times \tilde{E}/\Gamma$ and hence is a $\Gamma - T$ bundle over $\tilde{E} \to \tilde{E}$. Also $\sigma^* Y \cong B \times T$, $\sigma : B \to \tilde{E} \times \tilde{E}/\Gamma$ induced by Δ. Hence $\Delta^* J_X \cong p^* \sigma^* Y \cong \tilde{E} \times T$ with Γ acting on the first factor only. Conversely such a $\Gamma - T$ bundle structure on J_X gives the T-bundle J_X/Γ over $E \times E/\Gamma$ with $\sigma^*(J_X/\Gamma)$ trivial, and hence $J_X/\Gamma \cong Y$ by (1.3) and the $\Gamma - T$ structure is unique.

THEOREM 2.3. *Let S be a connected CW complex and a proper G space, G a Lie group with finitely many components. Let $\alpha \in H^2(S, \mathbb{R})^G$ be integral on spherical classes and vanish on the orbits of G. Let X be the circle bundle over $\tilde{S}$ corresponding to the unique $\beta \in H^2(S)$ such that $j_*\beta = \lambda^*\alpha$. Then there is a unique $G - T$ bundle Y over $\pi(S)$ such that:*

a) *Y pulls back over $\tilde{S} \times \tilde{S}$ to J_X*
b) *$\sigma^* Y \cong S \times T$, G acting on the first factor only, $\sigma : S \to \pi(S)$ the identity section.*

PROOF: Let Γ be as in Bredon's theorem and let $\tilde{E} = E\Gamma \times \tilde{S}$ with Γ acting on both factors. The projection $\rho_2 : E\Gamma \times \tilde{S} \to \tilde{S}$ is a Γ map and a homotopy equivalence. Then $Z = \rho_2^* X$ satisfies the hypothesis of Proposition 2.2 for the principal bundle $E = E\Gamma \times_\pi \tilde{S} \to E\Gamma \times_\Gamma \tilde{S}$. Thus J_Z is a $\Gamma - T$ bundle over $\tilde{E} \times \tilde{E}$ such that $\Delta^* J_Z \cong \tilde{E} \times T$ with Γ acting on the first factor only.

The $\Gamma - T$ bundle J_Z over $\tilde{E} \times \tilde{E}$ yields a $G - T$ bundle J_Z/π over $(\tilde{E} \times \tilde{E})/\pi$, which in turn corresponds to a unique T bundle over $EG \times_G [(\tilde{E} \times \tilde{E})/\pi]$, by (2.1). But $\rho_2 \times \rho_2$ is a Γ-map and induces a G-map $(\tilde{E}\times\tilde{E})/\pi \to (\tilde{S}\times\tilde{S})/\pi = \pi(S)$, which is a homotopy equivalence, and hence induces a homotopy equivalence $\phi : EG \times_G [(\tilde{E} \times \tilde{E})/\pi] \to EG \times_G \pi(S)$. Thus there is a unique T-bundle over $EG \times_G \pi(S)$ pulling back by ϕ to $EG \times_G [J_Z/\pi]$. Let Y be the corresponding $G - T$ bundle over $\pi(S)$ given by Theorem 2.1; i.e., $EG \times_G Y$ is the T bundle over $EG \times_G \pi(S)$.

From the commutative diagram:

$$\begin{array}{ccc}
\tilde{E} \times \tilde{E} & \xrightarrow{\rho_2 \times \rho_2} & \tilde{S} \times \tilde{S} \\
\downarrow & & \downarrow \\
(\tilde{E} \times \tilde{E})/\pi & \longrightarrow & \pi(S) \\
\downarrow & & \downarrow \\
EG \times_G [(\tilde{E} \times \tilde{E})/\pi] & \xrightarrow[\phi]{} & EG \times_G \pi(S)
\end{array}$$

and the fact that ϕ and ρ_2 are homotopy equivalences, $EG \times_G Y$ and hence Y, pulls back to J_X over $\tilde{S} \times \tilde{S}$ as a T-bundle. By Theorem 2.1 and the fact that ϕ is a homotopy equivalence, the $G - T$ bundle structure on Y is the unique one that pulls back to the $G - T$ bundle structure on J_Z/π; and hence the $\Gamma - T$ structure on J_X is the unique one that pulls back to that on J_Z.

From the commutative diagram:

$$\begin{array}{ccc}
\tilde{E}/\pi & \xrightarrow{\rho_2} & S \\
\downarrow & & \downarrow \sigma \\
(\tilde{E} \times \tilde{E})/\pi & \xrightarrow[(\rho_2 \times \rho_2)/\pi]{} & \pi(S)
\end{array}$$

we get the commutative diagram:

$$\begin{array}{ccc}
EG \times_G \tilde{E}/\pi & \longrightarrow & EG \times_G S \\
\downarrow & & \downarrow \\
EG \times_G (\tilde{E} \times \tilde{E})/\pi & \longrightarrow & EG \times_G \pi(S).
\end{array}$$

Since the $G-T$ bundle over $\tilde{E}/\pi$ comes from the trivial T bundle over $\tilde{E}/\Gamma$ by (2.2), it is equivalent to $\tilde{E}/\pi \times T$ with G action on the first factor only. Hence the corresponding T bundle over $EG \times_G \tilde{E}/\pi$ is trivial. Since the horizontal maps in the second diagram are homotopy equivalences the T bundle corresponding to σ^*Y is trivial and hence $\sigma^*Y \cong S \times T$ with G action on the first factor only. Thus Y satisfies a) and b).

Conversely, given a $G-T$ bundle Y' over $\pi(S)$ satisfying a) and b), we get a $\Gamma - T$ structure on J_X which pulls back to a $\Gamma - T$ structure on J_Z. Using the second diagram above, we see that this $\Gamma - T$ structure on J_Z satisfies $\sigma^* J_Z \cong \tilde{E} \times T$ with Γ acting on the first factor only. Since by (2.2) this structure is unique, it follows that $Y' \cong Y$ as a $G-T$ bundle.

COROLLARY 2.4. *Let (S,ω) be a symplectic manifold with ω integral on spherical classes and let X be the circle bundle over $\tilde{S}$ admitting a connection with curvature form $-\tilde{\omega}$, $\tilde{\omega}$ the pull back of ω. Let G be a Lie group with finitely many components acting properly as symplectomorphisms of S such that $[\omega]$ vanishes on the orbits of G. Then there is unique $G-T$ bundle Y over $\pi(S)$ such that Y pulls back to $J_X = X^2/T$ and $\sigma^*Y \cong S \times T$, with G acting on the first factor only.*

Next we give some criteria for a class in $H^2(S,\mathbf{R})^G$ to vanish on orbits of G:

LEMMA 2.5. *Let G be a Lie group with finitely many components and S a connected G space. Then $\alpha \in H^2(S,\mathbf{R})^G$ vanishes on orbits of G if one of the following holds:*

a) $H^1(S,\mathbf{R}) = 0$

b) $H^1(G_0,\mathbf{R}) = 0$.

PROOF: Since α is fixed under G, α vanishes on the orbits of G iff it vanishes on the orbits of G_0. Now G_0 has a maximal compact subgroup K_0 with finite cover $\hat{K}_0$ of the form $T^r \times C$, T^r the r-torus and C a compact 1-connected Lie group. Thus any 2-dimensional class in $H_*(G_0,\mathbf{R}) \cong H_*(\hat{K}_0,\mathbf{R})$ is the product of 1-dimensional classes. But if $\mu : G \times S \to S$ is the action and $i : G \to S$, $i(g) = gz \in S$, z a base point in S; then in cases a) or b), if $y_1, y_2 \in H_1(G_0,\mathbf{R})$, $\mu_*(y_1 y_2 \otimes 1) = \mu_*(y_1 \otimes i_* y_2) = 0$. Also if $y \in H_1(G,\mathbf{R})$ and $w \in H_1(S,\mathbf{R}) \mu_*(y \otimes w) = 0$.

REMARK: $\pi_1(S)$ finite implies $H_1(S,\mathbf{R}) = H^1(S,\mathbf{R}) = 0$, and $\pi_1(G_0)$ finite implies $H_1(G_0,\mathbf{R}) = H^1(G_0,\mathbf{R}) = 0$.

Theorem 2.1 also yields results on lifting group actions for circle bundles over arbitrary G spaces:

PROPOSITION 2.6. *Let G be a connected Lie group acting properly on a connected G space S. Let $p : X \to S$ be a circle bundle determined by $\beta \in H^2(S)$. Then the action of G lifts to X if one of the following conditions holds:*

a) *G is 1-connected*
b) *$H^1(S) = 0$ and $i_z^*\beta =$) for some $z \in S$, where $i_z(g) = gz$.*
c) *$\pi_1(S) = 0$ and $\pi_1(G) = \mathbf{Z}^r$, $r \geq 0$.*

PROOF: By (2.1) it suffices to show that β pulls back from $H^2(EG \times_G S)$. Now we may apply the usual Serre exact sequence [**4**] to the fibration, $EG \times S \to EG \times_G S \to BG$, since BG is 1-connected, to obtain:

$$\leftarrow H^3(BG) \leftarrow H^2(EG \times S) \leftarrow H^2(EG \times_G S) \leftarrow H^2(BG) \leftarrow .$$

a) In this case $H^3(BG) = 0$ and the result is immediate.
b) By mapping the fibration $G \to EG \to BG$ into the above fibration we see that $H^2(EG \times S) \to H^3(BG)$ factors through $i^* : H^2(EG \times S) \to H^2(G)$. Since this last is equivalent to i_z^*, the action lifts.
c) The exact homotopy sequence $0 \to \pi_2(EG \times S) \to \pi_2(EG \times_G S) \to \pi_2(BG) \to 0$ splits, since $\pi_2(BG) = \mathbf{Z}^r$. Hence $H_2(EG \times_G S) \cong \pi_2(EG \times_G S) \cong \pi_2(EG \times S) \oplus \mathbf{Z}^r$. Thus there is a $\gamma \in H^2(EG \times_G S) \cong \mathrm{Hom}(H_2(EG \times_G S), \mathbf{Z})$ which pulls back to $\rho_2^*\beta \in H^2(EG \times S) \cong \mathrm{Hom}(H_2(EG \times S), \mathbf{Z})$, and the action lifts.

REMARK: The lift in (2.6) is unique up to $G - T$ equivalence in case (a), and also in case (b) if $\pi_1(G)$ is finite.

3. Lifting to contact transformations

From the point of view of symplectic geometry, we wish to know in the case that G is a group of symplectomorphisms of (S, ω) if the lift of G to X in (2.4) (resp. (2.6)) is a group of contact transformations with respect to a given contact form; i.e. a connection form ζ in X with $d\zeta = -\omega$. These results should be compared to those using Lie algebra methods [**11**].

PROPOSITION 3.1. *Let (S,ω) be a symplectic manifold and G be a compact Lie group of symplectic transformations. Let $p: X \to S$ be a circle bundle corresponding to $\beta \in H^2(S)$ with $j_*(\beta) = [\omega]$, $j_* : H^2(S) \to H^2(S, \mathbf{R})$. if G lifts to X, then there is an invariant connection form ζ on X such that $d\zeta = -p^*\omega$¿ I.e., G acts as a group of contact transformations on (X, ζ).*

PROOF: As is well known, there is a connection form η on X with $d\eta = -p^*\omega$. Then $\zeta_x = \int_G g^*\eta_{gx}$ defines an invariant connection form with $d\zeta = d\eta = -p^*\omega$, since p is a G map and ω is invariant.

QUESTION: Is there a similar result for proper actions of non-compact groups?

LEMMA 3.2. *Let (S,ω) be a symplectic manifold and $p: X \to S$ a circle bundle with connectionf orm ζ with $d\zeta = -p^*\omega$. Let $f: S \to T$ be a smooth function and $\phi: X \to X$ the bundle equivalence given by $\phi(x) = xf(p(x))$. Then $\phi^*\zeta = \zeta + \rho_2 f_* p_*$, $\rho_2 : \mathsf{T}(T) \cong T \times R \to R$, the projection, $\mathsf{T}(T)$ the tangent bundle of T.*

PROOF: Let (H,V) be a tangent vector to X at x, H horizontal, V vertical. Then if $a = f(p(x))$, $(\phi^*\zeta)(H,V) = \zeta\phi_*(H,V) = \zeta(R_{a^*}(H), L_{x^*}f_*p_*(H) + R_{a^*}(V)) = \rho_2 f_* p_*(H) + \zeta(V) = \rho_2 f_* p_*(H,V) + \zeta(H,V)$.

LEMMA 3.3. *Let (S,ω), $p: X \to S$ and ζ be as in (3.2). If η is another connection form for X with $d\eta = -p^*\omega$, then $\eta = \zeta + p^*\mu$, μ a closed 1-form on S.*

PROOF: $d(\eta - \zeta) = 0$ and $\eta - \zeta$ is transverse to the fibres of p. Hence $\eta - \zeta = p^*\mu$, μ a unique 1-form on S; and since $p^*d\mu = dp^*\mu = 0$, $d\mu = 0$ by uniqueness.

COROLLARY 3.4. *If the class $\mu \in H^1(S, \mathbf{R})$ is zero, then there is a bundle equivalence $\phi: X \to X$ over S such tha $\phi^*\zeta = \eta$.*

PROOF: $\mu = df$, $f \in C^\infty(S,R)$. Let $q: R \to T$ be the quotient map. By (3.3) there is a bundle equivalence ϕ with $\phi^*\zeta = \zeta + \rho_2(qf)_*p_*$. But $\rho_2(qf)_* = df$ and $df \circ p_* = p_* df$. Thus $\phi^*\zeta = \zeta + p^*df = \zeta + p^*\mu = \eta$.

THEOREM 3.5. *Let (S,ω) be a symplectic manifold and $p: X \to S$ a circle bundle with connection form ζ satisfying $d\zeta = -p^*\omega$. Let G be a compact Lie group of symplectomorphisms. If G acts trivially on $H^1(S, \mathbf{R})$, and the action of G on S lifts to X, then it lifts to a group of contact transformations of (X, ζ).*

PROOF: Let $\bar{\zeta} = \int_G g^*\zeta$. Then $d\bar{\zeta} = -p^*\omega$ and $\zeta - \bar{\zeta} = p^*\eta$, η a closed 1-form on S. By assumption $g^*\eta$ is cohomologous to η; i.e., $g^*\eta - \eta \in dC^\infty(S,R)$. Hence $\int_G g^*\eta - \eta = \bar{\eta} - \eta \in dC^\infty(S,R)$. But $p^*\bar{\eta} = \int_G g^*(\zeta - \bar{\zeta}) = (\int_G \zeta) - \bar{\zeta} = 0$ and $\bar{\eta} = 0$. Thus $\eta \in dC^\infty(S,R)$. By (3.4), there is a bundle equivalence $\phi : X \to X$ over S with $\phi^*\bar{\zeta} = \zeta$.

Thus for $g \in G$, $(\phi g \phi^{-1})_*\zeta = \zeta$, and conjugating by ϕ gives a lift of G leaving ζ invariant.

REMARK: G acts trivially on $H^1(S,\mathbf{R})$ if either G is connected or $H^1(S,\mathbf{R}) = 0$.

By (2.6) and (3.5) we have:

THEOREM 3.6. *Let G be a connected compact Lie group of symplectomorphisms of a connected symplectic manifold (S,ω), and let $p : X \to S$ be a circle bundle with connection form ζ satisfying $d\zeta = -p^*\omega$. Then the action lifts to a group of contact transformations of (X,ζ) if one of the following holds:*

a) *G is 1-connected*
b) *$H^1(S) = 0$ and $i_z^*\beta = 0$ (β as in 2.6) for some $z \in S$, where $i_z(g) = gz$*
c) *$\pi_1(S) = 0$ and $\pi_1(G) = \mathbf{Z}^r$, $r \geq 0$.*

On the other hand by (2.3), (2.4) and (3.5) we have:

THEOREM 3.7. *Let (S,ω) be a connected symplectic manifold with ω having integral periods on spherical classes. If $k : \pi(S) = S \times S/\pi \to S \times S$ is the projection, let $\nu = k^*(\omega, -\omega)$ be the induced symplectic structure on $\pi(S)$. Let $q : Y \to \pi(S)$ be the corresponding circle bundle given in (1.3) and let ζ be a connection with $d\zeta = -q^*\nu$. If G is a compact Lie group leaving ω invariant, the diagonal action of G on $\pi(S)$ leaves ν invariant; further it lifts to a grup of contact transformations of (Y,ζ) if one of the following holds:*

a) *$\pi_1(S)$ is finite*
b) *G is connected and $H^1(G,\mathbf{R}) = 0$.*

EXAMPLE 1: Let $S = S^2$ and let ω be the $SO(3)$ invariant volume form (with total volume 1). Then $\omega = j_*\gamma$, $\gamma \in H^2(S^2)$ the generator, and γ is represented by the Hopf bundle $p : S^3 \to S^2$. The action of $SO(3)$ on S^2 does not lift to S^3. In fact, p factors through the double cover $\lambda : S^3 \to SO(3)$, and hence the Hurewicz map sends the generator of $\pi_3(SO(3))$ onto twice the generator of $H_3(SO(3))$. If $\mu : SO(3) \to S^3$ lifts

$SO(3) \to S^2$, then $\mu_* : \pi_3(SO(3)) \simeq \pi_3(S^3) \simeq H_3(S^3)$, contradicting the Hurewicz map for $SO(3)$. (Note that $i_z^*\gamma = 0$ in $H^2(S)$ but $j_* i_z^* \gamma = 0$ in $H^2(S, \mathbf{R})$.) On the other hand, Theorem (3.7) implies the action lifts for $Y = S^3 \times S^3/T \to S^2 \times S^2$.

EXAMPLE 2: If in Example 1 we restrict the action to $SO(2) \subset SO(3)$, the action of $SO(2)$ does lift to S^3, by (3.6). In fact, the lifted action is given by $t : (z_1, z_2) \to (tz_1, z_2)$, t, z_1, z_2 complex numbers wih $|t| = 1$ and $|z_1|^2 + |z_2|^2 = 1$.

Finally we give some examples of non-compact Lie group actions that lift.

PROPOSITION 3.8. *Let S be a smooth G manifold, G a connected Lie group, and let $p : X \to S$ be a circle bundle of the form $\tilde{S} \times_\pi T$ with π acting on T via a homomorphism $\rho : \pi \to T$. If either G is 1-connected or G has a fixed point in S, the action of G lifts to an action on $\tilde{S}$ commuting with π and thus to a group of bundle automorphisms of X.*

PROOF: If G is 1-connected, and Γ is as in Bredon's theorem, then $\Gamma = G \times \pi$. Also if G has a fixed point $s_0 \in S$ and $\tilde{s}_0 \in \lambda^{-1}(s_0) \subset \tilde{S}$, then the action of $g \in G$ on S lifts uniquely to a diffeomorphism of $\tilde{S}$ leaving $\tilde{s}_0$ fixed, defining a lift of G to a smooth action on $\tilde{S}$. On the other hand, if Γ is as in Bredon's theorem, $G \subset \Gamma_0$, and hence commutes with π. Since π acts freely on $\tilde{S}$, $G \cap \pi = 1$, and $\Gamma = G \times \pi$. In either case, since the action of G on $\tilde{S}$ commutes with the π action, we get an action on $\tilde{S} \times_\pi T$, commuting with the T action.

THEOREM 3.9. *Let (S, ω) be a symplectic manifold and G a connected Lie group of symplectomorphisms. Suppose $p : X \to S$ is a circle bundle with connection form ζ with $d\zeta = -p^*\omega$. If $\omega = d\eta$, where η is G invariant, then if either G is 1-connected or G has a fixed point, the action of G lifts to an action on X leaving ζ invariant.*

PROOF: $\zeta + p^*\eta$ is a connection form on X with curvature zero. By [5], the holonomy group of X reduces to a quotient of $\pi = \pi_1(S)$, and the holonomy bundle is a covering of S. Thus $X \cong \tilde{S} \times_\pi T$, where π acts on T via a homomorphism $\rho : \pi \to T$. Also $\zeta + p^*\eta$ pulls back to $d\theta$ on $S \times T$. Since $d\theta$ is invariant under the G action on $\tilde{S}$ given by (3.8) and the G action on $\tilde{S}$ commutes with π, the induced G action on X leaves $\zeta + p^*\eta$ invariant. Since $p^*\eta$ is G invariant, so is ζ.

LEMMA 3.10. *Let G be a connected semisimple Lie group and let $p : X \to M$ be a circle bundle over a G space M. Let $\rho : \tilde{G} \to G$ be the 1-connected covering group and suppose the (ineffective) action of $\tilde{G}$ on M via ρ lifts to bundle automorphisms of X. Suppose also that for any maximal compact subgroup K of G the action of K also lifts to bundle automorphisms of X then the action of G lifts to a group of bundle automorphisms of X.*

PROOF: Since G is homeomorphis to $K \times R^n$ and has a finite fundamental group, $\tilde{G}$ is homeomorphic to $\tilde{K} \times R^n$, and $\tilde{K}$ is a maximal compact subgroup of $\tilde{G}$. Since $\operatorname{Ker} \rho$ is finite, we can choose $\tilde{K}$ and K so that $\operatorname{Ker}(\rho) \subset \tilde{K}$ and $\operatorname{Ker}(\rho \mid \tilde{K}) = \operatorname{Ker} \rho$. Assuming the action of K lifts, we get a lift of the action of $\tilde{K}$, which is unique since $\tilde{K}$ is 1-connected (cf. remark following (2.6)). Hence the restriction of the $\tilde{G}$ action on X to $\tilde{K}$ must factor through K; i.e. $\ker \rho$ acts ineffectively on X and the action of $\tilde{G}$ on X factors through G, giving a lift of the G action from M to X.

THEOREM 3.11. *Let (S, ω) be a connected symplectic manifold with $H^1(S) = 0$ and suppose the connected semisimple Lie group G acts on S by symplectomorphisms. If $p : X \to S$ is a circle bundle with connection form ζ with $d\zeta = -p^*\omega$, then the G action lifts to a group of contact transformations of (X, ζ), provided $i_z^* = 0$, $\beta \in H^2(S)$ representing X for some $z \in S$ and $i_z : G \to S$, $i_z(g) = gz$.*

PROOF: It is well known [**11**] that the action of the semisimple simply connected Lie group $\tilde{G}$ lifts to a group of automorphisms of (X, ζ). By Proposition 2.6, the action of K lifts under the hypothesis. Hence by the Lemma above, the action of $\tilde{G}$ factors through G and provides a lift of the G action.

REMARK: If G has a fixed point in S, it satisfies the hypothesis of the theorem.

References

1. Abels, H., *Parallelizability of proper actions, global K slices and maximal compact subgroups*, Math. Ann. **212** (1974), 1–19.
2. Bredon, G., "Introduction to Compact Transformation Groups," Ch. I, Section 9, Academic Press, New York, 1972.
3. Hattori, A. and Yoshida, T., *Lifting compact group actions in fibre bundles*, Japan J. Math. **2** (1976), 13–25.
4. Hilton and Wylie, "Homology Theory," Cambridge Univ. Press, 1962.
5. Kobayashi and Nomizu, "Foundation of Differential Geometry I," Interscience Tracts, 15, New York, 1963.
6. Lashof, R., *Equivariant bundles*, Ill. J. of Math. **26** (1982), 257–271.
7. Lashof, R.; May, P. and Segal, G., *Equivariant bundles with abelian structure group*, Contemp. Math. **19**, AMS, Proc. Northwestern Homotopy Theory Conf. (1982).
8. Mackenzie, K., *Classification of principal bundles and Lie groupoids with prescribed gauge group bundle*, J. Pure and Appl. Algebra.
9. MacLane, S., "Homology," Springer, Berlin, 1963.
10. Weinstein, A., *Blowing up realizations of Heisenberg–Poisson manifolds*, Preprint, MSRI, Berkeley, February 1989.
11. ———, *Lectures on symplectic manifolds*, CBMS 29, Amer. Math. Soc. (1977).
12. Whitehead, G., "Elements of Homotopy Theory," Ch. VII, Section 6, Springer.

University of California at Berkeley
Berkeley, California 94720

Momentum Mappings And Reduction of Poisson Actions

JIANG-HUA LU

INTRODUCTION

An action $\sigma : G \times P \to P$ of a Poisson Lie group G on a Poisson manifold P is called a Poisson action if σ is a Poisson map. It is believed that Poisson actions should be used to understand the "hidden symmetries" of certain integrable systems [**STS2**]. If the Poisson Lie group G has the zero Poisson structure, then σ being a Poisson action is equivalent to each transformation $\sigma_g : P \to P$ for $g \in G$ preserving the Poisson structure on P. In this case, if the orbit space $G \setminus P$ is a smooth manifold, it has a reduced Poisson structure such that the projection map $P \to G \setminus P$ is a Poisson map. If P is symplectic and if the action σ is generated by an equivariant momentum mapping $J : P \to \mathfrak{g}^*$, the reduction procedure of Meyer [**Me**] and Marsden and Weinstein [**Ms-We**] gives a way of describing the symplectic leaves of $G \setminus P$ as the quotients $P_\mu := G_\mu \setminus J^{-1}(\mu)$, where $\mu \in \mathfrak{g}^*$ and $G_\mu \subset G$ is the coadjoint isotropy subgroup of μ.

If the Poisson Lie group G has a nonzero Poisson structure, then each individual transformation σ_g does not necessarily preserve the Poisson structure on P. However, the algebra of G-invariant functions on P is still closed under the Poisson bracket on $C^\infty(P)$. Therefore if the orbit space $G \setminus P$ is a smooth manifold, it still carries a Poisson structure such that the natural projection map $P \to G \setminus P$ is a Poisson map. In order to describe the symplectic leaves of $G \setminus P$, a generalized reduction theory is necessary. In particular, one needs an appropriate definition of a momentum mapping, as well as the notion of G-equivariance.

Every Poisson Lie group G has a naturally defined dual Poisson Lie group G^*. There are also naturally defined left and right "dressing" actions of G on G^*. When G has the zero Poisson structure, its dual Poisson Lie group is simply the Lie Poisson space $\mathfrak{g}^*$ with the abelian Lie group structure, and the left and right dressing actions are simply the left and right coadjoint actions of G on $\mathfrak{g}^*$. Generalizing this example, a momentum mapping for a general left (resp. right) Poisson action $\sigma : G \times P \to P$ should be a map from P into G^* with certain properties, and the G-equivariance should be with respect to the left (resp. right) dressing action of G on G^*.

We first review the procedure of Poisson reduction [**STS2**] and then give an infinitesimal version of it. An action on a Poisson manifold P is said to be tangential if it leaves the symplectic leaves in P invariant. For such actions, we give a Maurer-Cartan type criterion for them to be Poisson. As a consequence, we prove that the dressing actions on a Poisson Lie group are Poisson actions. Momentum mappings for Poisson actions are defined. We show that every Poisson action on a simply connected symplectic manifold has a momentum mapping. When a tangential action admits a momentum mapping, we show how to carry out the Marsden-Weinstein reduction. Finally, we define the semi-direct product Poisson structure on $P \times G^*$ associated with a (right) Poisson action of G on P, which is used in [**Lu**] to construct symplectic groupoids for affine Poisson structures on Lie groups.

ACKNOWLEDGMENT: I would like to express my sincere thanks to my thesis adviser Prof. Alan Weinstein for his constant encouragement and advice. I would also like to thank Ping Xu and Viktor Ginzburg for helpful discussions.

1. POISSON LIE GROUPS

In this section, we state some properties of Poisson Lie groups which will be used in this paper. For more details on this subject, see [**Dr**] [**KS**] [**KS-Ma**] [**Lu-We**] [**STS1**] [**STS2**] [**Lu**].

DEFINITION 1.1: A Poisson Lie group is a Lie group G with a Poisson structure such that the multiplication map $G \times G \rightarrow G$ is a Poisson map, where $G \times G$ has the product Poisson structure. Such a Poisson structure on G is said to be multiplicative.

Let G be a Poisson Lie group with Lie algebra $\mathfrak{g}$. The Poisson tensor π on G vanishes at the identity element e. The dual map of the derivative $d_e\pi : \mathfrak{g} \rightarrow \mathfrak{g} \wedge \mathfrak{g}$ of π at e defines a Lie algebra structure on the dual space $\mathfrak{g}^*$ of $\mathfrak{g}$ [**We1**]. The simply connected Lie group G^* with $\mathfrak{g}^*$ as its Lie algebra is called the dual group of G. It is also a Poisson Lie group and its dual group is the universal covering group of G.

One feature of a Poisson Lie group G is the existence of dressing actions of G^* on G whose orbits are exactly the symplectic leaves of G. Recall that [**CT-D-W**] the cotangent bundle of a Poisson manifold (P, π) has a Lie algebroid structure over P with the Lie bracket on the 1-forms on P given by

$$(1) \qquad \{\omega_1, \omega_2\} = d\pi(\omega_1, \omega_2) - (\pi^{\#}\omega_1) \lrcorner\, d\omega_2 + (\pi^{\#}\omega_2) \lrcorner\, d\omega_1$$

where $\pi^{\#}$ denotes the bundle map $T^*P \to TP$ defined by $\eta \lrcorner\, \pi^{\#}\omega = \pi(\eta, \omega)$ for $\omega, \eta \in \Omega^1(P)$, and $\lrcorner$ denotes the contraction between vector fields and forms. If V is a vector field on P, then

$$(2) \quad V \lrcorner \{\omega_1, \omega_2\} \\ = (L_V\pi)(\omega_1, \omega_2) - \pi^{\#}\omega_1 \lrcorner\, d(V \lrcorner\, \omega_2) + \pi^{\#}\omega_2 \lrcorner\, d(V \lrcorner\, \omega_1).$$

If (G, π) is a Poisson Lie group, then ([**We4**]) the right (left) invariant 1-forms on G form a Lie subalgebra with respect to the bracket defined by (1). In fact, the inverse is also true if $\pi(e) = 0$ [**Da-So1**] [**Da-So2**]. The corresponding Lie algebra structure on $\mathfrak{g}^*$ coincides with the one given by linearizing π at e. For $\xi \in \mathfrak{g}^*$, let ξ^l and ξ^r be respectively the left and right invariant 1-forms on G with value ξ at e. Define the maps

$$\lambda : \mathfrak{g}^* \longrightarrow \chi(G) : \xi \longmapsto \pi^{\#}(\xi^l), \quad \rho : \mathfrak{g}^* \longrightarrow \chi(G) : \xi \longmapsto -\pi^{\#}(\xi^r).$$

Then λ is a Lie algebra anti-homomorphism, while ρ is a Lie algebra homomorphism. In fact $\rho(\xi) = -\tau(\lambda(\xi))$ where τ denotes the inversion map of G, as well as its differential map.

DEFINITION 1.2: We call λ (resp. ρ) the left (resp. right) infinitesimal dressing action of $\mathfrak{g}^*$ on G. Integrating λ (resp. ρ) gives rise to a local (and global if the dressing vector fields are complete) left (resp. right) action of G^* on G, called the left (resp. right) dressing action of G^* on G. The Poisson tensor π on G is said to be complete if each left (or, equivalently, each right) dressing vector field is complete on G.

REMARK 1.3: It is clear from the definition that the orbits of the dressing actions are precisely the symplectic leaves in G. The name "dressing transformation" comes from the theory of integrable systems and was introduced in this context in [**STS2**].

One other important feature of a Poisson Lie group G is its tangent Lie bialgebra [**Dr**].

DEFINITION 1.4: Let $\mathfrak{g}$ be a Lie algebra with dual space $\mathfrak{g}^*$. We say that $(\mathfrak{g}, \mathfrak{g}^*)$ form a Lie bialgebra over $\mathfrak{g}$ if there is given a Lie algebra structure on

$\mathfrak{g}^*$ such that the map $\delta : \mathfrak{g} \to \mathfrak{g}\wedge\mathfrak{g}$ dual to the Lie bracket map $\mathfrak{g}^*\wedge\mathfrak{g}^* \to \mathfrak{g}^*$ on $\mathfrak{g}^*$ is a 1-cocycle on $\mathfrak{g}$ relative to the adjoint representation of $\mathfrak{g}$ on $\mathfrak{g}\wedge\mathfrak{g}$. Sometimes we denote the Lie bialgebra by $(\mathfrak{g}, \mathfrak{g}^*, \delta)$ to put emphasis on the 1-cocycle.

The proof of the following theorem can be found in [**KS**] [**Lu-We**].

THEOREM 1.5. *If* (G,π) *is a Poisson Lie group, then there is a Lie algebra structure on* $\mathfrak{g}^*$ *such that* $(\mathfrak{g},\mathfrak{g}^*)$ *form a Lie bialgebra over* $\mathfrak{g}$, *called the tangent Lie bialgebra to* (G,π); *the cocycle is the derivative of* π *at the identity element* e *of* G. *Conversely, if* G *is connected and simply connected, then every Lie bialgebra* $(\mathfrak{g},\mathfrak{g}^*,\delta)$ *over* $\mathfrak{g}$ *defines a unique multiplicative Poisson structure* π *on* G *such that* $(\mathfrak{g},\mathfrak{g}^*,\delta)$ *is the tangent Lie bialgebra to the Poisson Lie group* (G,π).

Given a Lie bialgebra $(\mathfrak{g},\mathfrak{g}^*)$, we can form the double Lie algebra $\mathfrak{d} = \mathfrak{g} \bowtie \mathfrak{g}^*$. As a vector space, $\mathfrak{d} = \mathfrak{g} \oplus \mathfrak{g}^*$. Its Lie bracket is the unique one such that: 1) both $\mathfrak{g}$ and $\mathfrak{g}^*$ are Lie subalgebras; and 2) the natural scalar product on $\mathfrak{d}$ defined by

$$\langle X_1+\xi_1, X_2+\xi_2\rangle = \xi_1(X_2) + \xi_2(X_1), \quad X_1,X_2\in\mathfrak{g},\ \xi_1,\xi_2\in\mathfrak{g}^*$$

is *ad*-invariant. We will use D to denote the connected and simply connected Lie group with $\mathfrak{d}$ as its Lie algebra.

EXAMPLE 1.6: Consider the Lie group

$$SU(2) = \left\{ \begin{pmatrix} \alpha & \beta \\ -\overline{\beta} & \overline{\alpha} \end{pmatrix} : \alpha,\beta\in\mathbb{C},\ |\alpha|^2+|\beta|^2 = 1 \right\}.$$

We choose the following basis

$$e_1 = \frac{1}{2}\begin{pmatrix} i & 0 \\ 0 & -i \end{pmatrix} \qquad e_2 = \frac{1}{2}\begin{pmatrix} 0 & 1 \\ -1 & 0 \end{pmatrix} \qquad e_3 = \frac{1}{2}\begin{pmatrix} 0 & i \\ i & 0 \end{pmatrix}$$

for the Lie algebra $su(2)$ of $SU(2)$. A Poisson structure on $SU(2)$ is defined by $\pi(g) = r_g\Lambda - l_g\Lambda,\ g\in G$, where r_g and l_g respectively denote the right and left translations on G by g, as well as their differential maps extended to multivector fields, and $\Lambda = e_2\wedge e_3 \in su(2)\wedge su(2)$. The Poisson brackets of the functions $\alpha,\overline{\alpha},\beta$ and $\overline{\beta}$ are given as follows:

$$\{\alpha,\ \overline{\alpha}\} = -i\beta\overline{\beta}, \qquad \{\alpha,\ \beta\} = \frac{i}{2}\alpha\beta, \qquad \{\alpha,\ \overline{\beta}\} = \frac{i}{2}\alpha\overline{\beta}, \qquad \{\beta,\ \overline{\beta}\} = 0.$$

$SU(2)$ together with π becomes a complete Poisson Lie group. Its dual group is the three dimensional solvable group

$$G^* = \left\{ \begin{pmatrix} a & b+ic \\ 0 & a^{-1} \end{pmatrix} : \quad a > 0,\ b, c \in \mathbf{R} \right\},$$

and the double Lie algebra is the Lie algebra $sl(2, \mathbf{C})$. This example can be generalized to any compact semisimple Lie group [**Lu-We**].

Since the universal covering group of any Poisson Lie group is again a Poisson Lie group with the natural projection map being Poisson, we can assume that G is simply connected. Then there exist Lie group homomorphisms $\varphi_1 : G \to D : g \mapsto \overline{g}$ and $\varphi_2 : G^* \to D : u \mapsto \overline{u}$, obtained by respectively integrating the inclusion maps $\mathfrak{g} \hookrightarrow \mathfrak{d}$ and $\mathfrak{g}^* \hookrightarrow \mathfrak{d}$. Using the adjoint action Ad of D on its Lie algebra $\mathfrak{d} = \mathfrak{g} \bowtie \mathfrak{g}^*$, we can express the Poisson tensors π_G of G and π_G^* of G^* as follows: for $g \in G, u \in G^*, x_1, x_2 \in \mathfrak{g}$ and $\xi_1, \xi_2 \in \mathfrak{g}^*$,

$$\begin{aligned} (l_{g^{-1}}\pi_G(g))(\xi_1, \xi_2) &= \langle \rho_1 Ad_{\overline{g}}\xi_1,\ \rho_2 Ad_{\overline{g}}\xi_2 \rangle, \\ (r_{u^{-1}}\pi_G^*(u))(x_1, x_2) &= \langle \rho_1 Ad_{\overline{u}^{-1}}x_1,\ \rho_2 Ad_{\overline{u}^{-1}}x_2 \rangle, \end{aligned}$$

where $\rho_1 : \mathfrak{d} \to \mathfrak{g}$ and $\rho_2 : \mathfrak{d} \to \mathfrak{g}^*$ are the two projections. The left and right dressing vector fields can also be explicitly given by

$$\lambda(\xi)(g) = -r_g \rho_1 Ad_{\overline{g}}\xi, \quad \text{and} \quad \rho(\xi)(g) = -l_g \rho_1 Ad_{\overline{g}^{-1}}\xi$$

where l_g (resp. r_g) denotes the left (resp. right) translation on G by g, as well as its differential map.

On the Lie group D, there are two natural Poisson structures π_- and π_+ defined by

$$\pi_\pm(d) = \frac{1}{2}(r_d\pi_0 \pm l_d\pi_0), \qquad d \in D,$$

where $\pi_0 \in \mathfrak{d} \wedge \mathfrak{d}$ is defined by $\pi_0(\xi_1 + x_1,\ \xi_2 + x_2) = \langle x_1,\ \xi_2 \rangle - \langle x_2,\ \xi_1 \rangle$ for $\xi_1 + x_1, \xi_2 + x_2 \in \mathfrak{d}^* \cong \mathfrak{g}^* \oplus \mathfrak{g}$. The Poisson structure π_+ is an example of affine Poisson structures ([**Da-So2**]). The relations between the various Poisson structures are summarized in the following proposition.

PROPOSITION 1.7. *1) The homomorphisms* $\varphi_1 : (G, \pi_G) \to (D, \pi_-) : g \mapsto \overline{g}$ *and* $\varphi_2 : (G^*, \pi_G^*) \to (D, \pi_-) : u \mapsto \overline{u}$ *are respectively Poisson and anti-Poisson maps. Therefore* (G, π_G) *and* $(G^*, -\pi_G^*)$ *are Poisson Lie subgroups of* (D, π_-).

2) The multiplication maps $(D, \pi_-) \times (D, \pi_+) \to (D, \pi_+)$ and $(D, \pi_+) \times (D, -\pi_-) \to (D, \pi_+)$ are Poisson maps, so they define left and right Poisson actions of (D, π_-) and $(D, -\pi_-)$ on (D, π_+).

3) The maps $(G, \pi_G) \times (D, \pi_+) \to (D, \pi_+) : (g, d) \mapsto \overline{g}d$ and $(D, \pi_+) \times (G^*, \pi_G^*) \to (D, \pi_+) : (d, u) \mapsto d\overline{u}$ are Poisson, so they define left and right Poisson actions of (G, π_G) and (G^*, π_G^*) on (D, π_+).

4) If $d \in D$ can be factored as $d = \overline{g}\overline{u}$ for some $g \in G$ and $u \in G^*$, then explicit formulas for $\pi_\pm$ are respectively given by

$$\begin{aligned}
&((\lambda_{\overline{g}^{-1}} \circ r_{\overline{u}^{-1}})\pi_+(d))(\xi_1 + x_1,\ \xi_2 + x_2) \\
=&\langle x_1,\ \xi_2\rangle \ - \ \langle x_2,\ \xi_1\rangle \ + \ (l_{g^{-1}}\pi_G(g))(\xi_1,\ \xi_2) \ + \ (r_{u^{-1}}\pi_G^*(u))(x_1,\ x_2) \\
&((\lambda_{\overline{g}^{-1}} \circ r_{\overline{u}^{-1}})\pi_-(d))(\xi_1 + x_1,\ \xi_2 + x_2) \\
=&\ (l_{g^{-1}}\pi_G(g))(\xi_1,\ \xi_2) \ - \ (r_{u^{-1}}\pi_G^*(u))(x_1,\ x_2).
\end{aligned}$$

Since the map $\varphi_1 \times \varphi_2 : G \times G^* \to D : (g, u) \mapsto \overline{g}\overline{u}$ is a local diffeomorphism, there is a unique Poisson structure on $G \times G^*$ such that $\varphi_1 \times \varphi_2$ becomes a local Poisson diffeomorphism into (D, π_+). We denote this Poisson structure on $G \times G^*$ also by π_+. It will be used in Section 5 to define the semi-direct product Poisson structure.

2. Poisson Actions

Definition 2.1: A left action $\sigma : G \times P \to P$ of a Poisson Lie group G on a Poisson manifold P is called a Poisson action if σ is a Poisson map, where the manifold $G \times P$ has the product Poisson structure. Similarly a right action $\tau : P \times G \to P$ is a Poisson action if τ is a Poisson map.

If a subgroup H of a Poisson Lie group G is also a coisotropic submanifold [**We3**], H is called a coisotropic subgroup of G. When H is connected, this is equivalent to $\mathfrak{h}^\perp \subset \mathfrak{g}^*$ being a Lie subalgebra of $\mathfrak{g}^*$, where $\mathfrak{h}$ is the Lie algebra of H. The following fact about reduction by a coisotropic subgroup is proved in [**STS2**] and [**We3**].

Proposition 2.2. *Let $\sigma : G \times P \to P$ be a Poisson action and let H be a coisotropic subgroup of G. If the orbit space $H \setminus P$ is a smooth manifold, then there is a unique Poisson structure on $H \setminus P$ such that the natural projection map $P \to H \setminus P$ is Poisson.*

For an action $\sigma : G \times P \to P$, we use $\sigma : \mathfrak{g} \to \chi(P)$ to denote the Lie algebra anti-homomorphism which defines the infinitesimal generators of this action. The proof of the following theorem can be found in [**Lu-We**].

THEOREM 2.3. *Assume that G is connected. Then σ is a Poisson action if and only if for any $X \in \mathfrak{g}$,*

$$\mathcal{L}_{\sigma_X}\pi_P = (\sigma \wedge \sigma)\delta(X), \tag{3}$$

where $\delta = d_e\pi_G : \mathfrak{g} \to \mathfrak{g} \wedge \mathfrak{g}$ is the derivative of π_G at e.

Motivated by this fact, we make the following definition.

DEFINITION 2.4: Let $(\mathfrak{g}, \mathfrak{g}^*, \delta)$ be a Lie bialgebra. A left (resp. right) infinitesimal Poisson action of $(\mathfrak{g}, \mathfrak{g}^*, \delta)$ on a Poisson manifold (P, π_P) is a Lie algebra anti-homomorphism (resp. homomorphism) $\sigma : \mathfrak{g} \to \chi(P)$ such that Equation (3) holds for all $X \in \mathfrak{g}$.

Therefore when G is connected, an action $G \times P \to P$ is Poisson if and only if the corresponding infinitesimal action of $\mathfrak{g}$ on P defines an infinitesimal Poisson action of the tangent Lie bialgebra $(\mathfrak{g}, \mathfrak{g}^*, \delta)$ on P.

For infinitesimal Poisson actions, one can also carry out the Poisson reduction procedure. The proof of the following theorem was pointed out by A. Weinstein. This fact is especially useful when the vector fileds σ_X are not complete.

PROPOSITION 2.5. *Let $\sigma : \mathfrak{g} \to \chi(P)$ be an infinitesimal Poisson action of a Lie bialgebra $(\mathfrak{g}, \mathfrak{g}^*, \delta)$ on a Poisson manifold P. If $\mathfrak{h}$ is a subalgebra of $\mathfrak{g}$ such that $\mathfrak{h}^{\perp} \subset \mathfrak{g}^*$ is a Lie subalgebra of $\mathfrak{g}^*$ (such an $\mathfrak{h}$ is called a coisotropic subalgebra of $\mathfrak{g}$), then the algebra of $\mathfrak{h}$-invariant functions on P is closed under the Poisson bracket on P. Therefore if the leaf space $\mathfrak{h} \setminus P$ is a manifold, it has a unique Poisson structure such that the projection map $P \to \mathfrak{h} \setminus P$ is Poisson.*

PROOF: For any $\varphi_1, \varphi_2 \in C^{\infty}(P)$ and $X \in \mathfrak{g}$, we have

$$\sigma_X\{\varphi_1, \varphi_2\} = \{\sigma_X\varphi_1, \varphi_2\} + \{\varphi_1, \sigma_X\varphi_2\} + \langle [\xi_{\varphi_1}, \xi_{\varphi_2}], X\rangle$$

where ξ_{φ_i} is a $\mathfrak{g}^*$-valued function on P defined by $\langle \xi_{\varphi_i}, Y\rangle = \sigma_Y\varphi_i$ for $Y \in \mathfrak{g}$ and $i = 1, 2$. If φ_1 and φ_2 are $\mathfrak{h}$-invariant, then the first two terms on the right hand side are zero for any $X \in \mathfrak{h}$. Moreover, ξ_{φ_1} and ξ_{φ_2} takes values in $\mathfrak{h}^{\perp}$, so the last term is also zero. Therefore $\{\varphi_1, \varphi_2\}$ is $\mathfrak{h}$-invariant on P. □

3. Tangential Poisson actions

Definition 3.1: A left (resp. right) action σ of a Lie group G or a Lie algebra $\mathfrak{g}$ on a Poisson manifold (P, π_P) is said to be tangential if every infinitesimal generator $\sigma_X \in \chi(P)$ of this action is tangent to each symplectic leaf of P. A linear map $\mathfrak{g} \to \Omega^1(P) : X \mapsto \theta_X$ is called a pre-momentum mapping for σ if for all $X \in \mathfrak{g}$, $\pi_P^\#(\theta_X) = \sigma_X$ (resp. $\pi_P^\#(-\theta_X) = \sigma_X$).

An action on a symplectic manifold is always tangential and has a unique pre-momentum mapping. But the left action of a Poisson Lie group on itself by left translations is never tangential. On the other hand, for a general tangential action, there can be more than one choice of a pre-momentum mapping. In this case, we make the choice for a set of basis vectors for $\mathfrak{g}$ and then extend linearly to get a linear map $\mathfrak{g} \to \Omega^1(P)$. I do not know whether every tangential action has a pre-momentum mapping.

Example 3.2: Given a Poisson Lie group G, both the left and right dressing actions λ and ρ of $\mathfrak{g}^*$ on G are tangential. A pre-momentum mapping for λ is given by $\mathfrak{g}^* \to \Omega^1(G) : \xi \mapsto \xi^l$ and a pre-momentum mapping for ρ is given by $\mathfrak{g}^* \to \Omega^1(G) : \xi \mapsto \xi^r$, where ξ^l and ξ^r respectively denote the left and right invariant 1-forms on G with value ξ at e.

Assume now that $(\mathfrak{g}, \mathfrak{g}^*, \delta)$ is a Lie bialgebra and that $\sigma : \mathfrak{g} \to \chi(P)$ is a left (resp. right) infinitesimal tangential action with a pre-momentum mapping $\theta : \mathfrak{g} \to \Omega^1(P) : X \mapsto \theta_X$. The dual map of θ defines a $\mathfrak{g}^*$-valued 1-form Θ on P, i.e.,

$$\langle \Theta(p)(v),\ X \rangle = \langle v,\ \theta_X(p) \rangle, \qquad p \in P,\ v \in T_pP,\ X \in \mathfrak{g}.$$

Theorem 3.3. *σ is a left (resp. right) Poisson action of the Lie bialgebra $(\mathfrak{g}, \mathfrak{g}^*, \delta)$ on P if and only if $d\Theta + [\Theta, \Theta] = 0$ (resp. $d\Theta - [\Theta, \Theta] = 0$) on each symplectic leaf of P.*

Proof: Assume that σ is a left action. By definition, σ is Poisson if and only if formula (3) holds for any $X \in \mathfrak{g}$. Let θ_1 and θ_2 be two arbitrary 1-forms on P. Then

$$(\sigma \wedge \sigma)\delta(X)(\theta_1, \theta_2) = \langle [\Theta, \Theta](\pi_P^\# \theta_1,\ \pi_P^\# \theta_2),\ X \rangle.$$

On the other hand, by Formula (1) and the fact that

$$[\pi_P^\# \theta_1,\ \pi_P^\# \theta_2] = -\pi_P^\# \{\theta_1, \theta_2\},$$

we get

$$\begin{aligned}(\mathcal{L}_{\sigma_X}\pi_P)(\theta_1,\theta_2) &= \langle \sigma_X,\ \{\theta_1,\theta_2\}\rangle + \pi_P^{\#}\theta_1\langle\sigma_X,\theta_2\rangle - \pi_P^{\#}\theta_2\langle\sigma_X,\theta_1\rangle \\ &= \langle\Theta([\pi_P^{\#}\theta_1,\ \pi_P^{\#}\theta_2]),\ X\rangle \\ &\quad - \pi_P^{\#}\theta_1\langle\Theta(\pi_P^{\#}\theta_2),\ X\rangle + \pi_P^{\#}\theta_2\langle\Theta(\pi_P^{\#}\theta_1),\ X\rangle \\ &= -\langle d\Theta(\pi_P^{\#}\theta_1,\pi_P^{\#}\theta_2),\ X\rangle.\end{aligned}$$

Therefore σ is Poisson if and only if $(d\Theta + [\Theta,\Theta])(\pi_P^{\#}\theta_1,\pi_P^{\#}\theta_2) = 0$ for arbitrary 1-forms θ_1 and θ_2 on P, i.e., $d\Theta + [\Theta,\Theta] = 0$ on each symplectic leaf of P. □

THEOREM 3.4. *Let G be a Poisson Lie group and let λ and ρ be respectively the left and right infinitesimal dressing actions of $\mathfrak{g}^*$ on G. Then λ and ρ are respectively left and right infinitesimal Poisson actions of the Lie bialgebra $(\mathfrak{g},\mathfrak{g}^*)$ on G.*

PROOF: A pre-momentum mapping for λ is given by $\mathfrak{g}^* \to \Omega^1(G) : \xi \mapsto \xi^l$, where ξ^l is the left invariant 1-form on G with value ξ at e. The corresponding $\mathfrak{g}$-valued 1-form Θ on G is simply the left invariant Maurer-Cartan 1-form. It satisfies $d\Theta + [\Theta,\Theta] = 0$. Therefore λ is a left infinitesimal Poisson action of the Lie bialgebra $(\mathfrak{g},\mathfrak{g}^*)$ on G. Similarly ρ is a right infinitesimal Poisson action of the Lie bialgebra $(\mathfrak{g},\mathfrak{g}^*)$ on G. □

COROLLARY 3.5. *If the multiplicative Poisson structure on G is complete, then both the left and right dressing actions of G^* on G are Poisson.*

COROLLARY 3.6. *Let G be a Poisson Lie group with tangent Lie bialgebra $(\mathfrak{g},\mathfrak{g}^*,\delta)$ and dual group G^*. Let $J : P \to G^*$ be a Poisson map. Then the map $\sigma : \mathfrak{g} \to \chi(P) : X \mapsto \pi_P^{\#}(J^*(X^l))$, where X^l is the left invariant 1-form on G^* with value X at e, defines a left infinitesimal Poisson action of the Lie bialgebra $(\mathfrak{g},\mathfrak{g}^*,\delta)$ on P. We say that σ is generated by J. When each vector field σ_X is complete, we obtain a Poisson action of G on P.*

EXAMPLE 3.7: For any Poisson Lie group G, the group multiplication $G \times G \to G$ generates left and right Poisson actions (in the complete case) of its dual group G^* on $G \times G$. In general, we can consider the multiplication map from N-copies of G to G. The actions which it generates of G^* on G^N play a very important role in the theory of lattice models [**STS2**].

4. MOMENTUM MAPPINGS AND SYMPLECTIC REDUCTION

We now turn to the study of momentum mappings for Poisson actions.

Let $\sigma : G \times P \to P$ be a left (resp. right) Poisson action of a Poisson Lie group G on a Poisson manifold (P, π_P). Let G^* be the dual Poisson Lie group of G. For each $X \in \mathfrak{g}$, let X^l (resp. X^r) be the left (resp. right) invariant 1-form on G^* with value X at e, and let σ_X be the vector field on P which generates the action $\sigma_{\exp tX}$ on P.

DEFINITION 4.1: A C^∞ map $J : P \to G^*$ is called a momentum mapping for the Poisson action $\sigma : G \times P \to P$ if for each $X \in \mathfrak{g}$,

$$\sigma_X = \pi_P^\#(J^*(X^l)), \qquad (\text{resp. } \sigma_X = -\pi_P^\#(J^*(X^r))).$$

REMARK 4.2: Definition 4.1 reduces to the usual definition of a momentum mapping when G has the zero Poisson structure. Even in this special case, there are already examples of symplectic actions without momentum mappings. (See [**Ab-Ma**]).

EXAMPLE 4.3: For both the left and the right dressing actions of G^* on G, the identity map of G is a momentum mapping.

Noether's theorem still holds in this general context.

THEOREM 4.4. *Let $\sigma : G \times P \to P$ be a Poisson action of a Poisson Lie group G on a Poisson manifold P with a momentum mapping $J : P \to G^*$. If $H \in C^\infty(P)$ is G-invariant, then J is an integral of the Hamiltonian vector field ξ_H of H.*

PROOF: Let J_* be the differential map of J. For $X \in \mathfrak{g}$, let X^l be the corresponding left invariant 1-form on G^*. Then $\langle J_*\xi_H, X^l \rangle = \langle \xi_H, J^*(X^l) \rangle = -\langle dH, \sigma_X \rangle = 0$. Hence $J_*(\xi_H) = 0$ and J is an integral of ξ_H. □

Using the following proposition (see [**Bo**] Proposition 15 on page 206), we see that every Poisson action on a simply connected symplectic manifold has a momentum mapping.

PROPOSITION 4.5. *Let P be a simply connected manifold, K a Lie group with Lie algebra $\mathfrak{k}$ and θ a $\mathfrak{k}$-valued one form on P satisfying $d\theta + [\theta, \theta] = 0$. Then for any $x_0 \in P$ and $k_0 \in K$, there exists a unique smooth map $f : P \to K$ such that $f^*(\theta_K) = \theta$ and $f(x_0) = k_0$, where θ_K is the $\mathfrak{k}$-valued left invariant Maurer-Cartan 1-form on K.*

THEOREM 4.6. *Let $\sigma : G \times P \to P$ be a Poisson action of the Poisson Lie group G on the symplectic manifold P. Assume that P is simply connected.*

Then for every $x_0 \in P$ and $u_0 \in G^*$, there is a unique momentum mapping $J : P \to G^*$ with $J(x_0) = u_0$.

The uniqueness statement in the above theorem says that if J_1 and J_2 are two momentum mappings for the same left Poisson action on the symplectic manifold P, then J_1 and J_2 differ by a left translation in G^*. An easy way to see this is to notice that in this case the pullbacks of the left invariant Maurer-Cartan form of G^* to P by J_1 and J_2 are the same. This then implies that J_1 and J_2 differ by a left translation in G^*. (For a proof of this fact, see [**Sp**], page 540.)

Assume now that G is a complete Poisson Lie group (Definition 1.2). We respectively denote the left and right dressing actions of G on its dual group G^* by $g \mapsto \lambda_g$ and $g \mapsto \rho_g$.

DEFINITION 4.7: A momentum mapping $J : P \to G^*$ for a left (resp. right) Poisson action σ is said to be G-equivariant if for every $g \in G$, we have $J \cdot \sigma_g = \lambda_g \cdot J$ (resp. $J \cdot \sigma_g = \rho_g \cdot J$).

As in the usual case, a momentum mapping is G-equivariant if and only if it is Poisson.

THEOREM 4.8. *Assume that G is connected. A momentum mapping $J : P \to G^*$ for a Poisson action σ is G-equivariant if and only if J is a Poisson map.*

PROOF: We will only prove the theorem for left Poisson actions. In this case, J is Poisson if and only if for every $X \in \mathfrak{g}$, $J_* \pi_P^\#(J^*(X^l)) = \pi_{G^*}^\#(X^l)$. But by definition, $\pi_P^\#(J^*(X^l)) = \sigma_X$ and $\pi_{G^*}^\#(X^l) = \lambda_X$. Since G is connected, this is equivalent to J being equivariant with respect to σ and λ.

□

In the case when G has the zero Poisson structure, so that G^* is the linear space $\mathfrak{g}^*$ with the linear Poisson structure π_0, it is known (see, for example [**Ab-Ma**]) that for any momentum mapping $J : P \to \mathfrak{g}^*$ (not necessarily equivariant), there is an "affine" Poisson structure π_J on $\mathfrak{g}^*$, which is equal to π_0 plus a 2-cocycle on $\mathfrak{g}$, such that J becomes Poisson with respect to π_J and equivariant with respect to a new action of G on $\mathfrak{g}^*$ defined by the 2-cocycle. This is still true in our general setting. The new Poisson structure we need on G^* is an example of affine Poisson structures on G^* [**Da-So2**] [**Lu**].

THEOREM 4.9. *For any momentum mapping $J : P \to G^*$ of a left (resp. right) Poisson action $\sigma : G \times P \to P$ on a symplectic manifold P, there exists a Poisson structure π_J on G^* such that $J : P \to (G^*, \pi_J)$ is a Poisson map. Moreover, we can choose π_J to be the original multiplicative Poisson structure π_G^* on G^* plus a right (resp. left) invariant bivector field on G^*.*

PROOF: Without loss of generality, we assume that there exists $x_0 \in P$ such that $J(x_0) = e$, the identity element of G^*. Let $\Lambda = J_* \pi_P(x_0)$. Define π_J on G^* by $\pi_J(u) = \pi_G^*(u) + r_u \Lambda$ for $u \in G^*$.

LEMMA 4.10. *For any $x \in P$, we have $J_* \pi_P(x) = \pi_J(J(x))$.*

Assuming the lemma, we show that π_J is Poisson. Since π_J is J-related to π_P, its Schouten bracket $[\pi_J, \pi_J]$ with itself vanishes on the image of J. On the other hand, setting $\Lambda^r(u) = r_u \Lambda$, we have

$$[\pi_J, \pi_J] = [\pi_G^* + \Lambda^r, \pi_G^* + \Lambda^r] = 2[\pi_G^*, \Lambda^r] + [\Lambda^r, \Lambda^r].$$

Since π_G^* is multiplicative, $[\pi_G^*, \Lambda^r]$ is right invariant [**We4**]. Therefore $[\pi_J, \pi_J]$ is right invariant on G^*, so it has to be zero everywhere. Hence π_J is a Poisson structure. □

PROOF OF LEMMA 4.10: Recall that every bivector field on a manifold defines a bracket operation on the space of 1-forms given by Formula (1). For the Lie group G^*, we identify $\mathfrak{g}$ with the space $\mathcal{L}^*(G^*)$ of left invariant 1-forms on G^*. Then $\mathcal{L}^*(G^*)$ is closed under the bracket defined by π_G^*, and the induced bracket on $\mathfrak{g}$ by the above identification coincides with the original Lie bracket on $\mathfrak{g}$ ([**We4**]). On the other hand, Formula (2) shows that two bivector fields on G^* define the same bracket on $\mathcal{L}^*(G^*)$ if and only if they differ by a right invariant bivector field. In particular, π_G^* and π_J define the same bracket on $\mathfrak{g} \cong \mathcal{L}^*(G^*)$.

Let $\{\,,\,\}_{\pi_P}$ be the bracket on the space $\Omega^1(P)$ of 1-forms on P. Then the map $J : P \to G^*$ being a momentum mapping means exactly that the map

$$\mathfrak{g} \longrightarrow \Omega^1(P) : X \longmapsto J^* X^l, \quad \text{where} \quad X^l \in \mathcal{L}^*(G^*) \quad \text{and} \quad X^l(e) = X,$$

is a Lie algebra homomorphism. (Notice here we have used the nondegeneracy of π_P). Therefore, for any $X, Y \in \mathfrak{g}$, we have

$$J^*\{X^l, Y^l\}_{\pi_J} = \{J^* X^l, J^* Y^l\}_{\pi_P}.$$

Rewriting both sides by using Formula (1), we get

$$\begin{aligned} &d\pi_P(J^*X^l,\ J^*Y^l) \ - \ \sigma_X \lrcorner dJ^*Y^l \ + \ \sigma_Y \lrcorner dJ^*X^l \\ &= \ J^* \left(d\pi_J(X^l, Y^l) \ - \ \pi_J^{\#}(X^l) \lrcorner dY^l \ + \ \pi_J^{\#}(Y^l) \lrcorner dX^l \right). \end{aligned}$$

Define a $\mathfrak{g}^* \wedge \mathfrak{g}^*$-valued function φ on P by

$$\varphi_{X,Y} \ = \ \pi_P(J^*X^l,\ J^*Y^l) \ - \ J^*\pi_J(X^l, Y^l).$$

By using the Maurer-Cartan equation for the left invariant Maurer-Cartan 1-form on G^*, we can rewrite the above equation as

(4) $$d\varphi \ = \ \Xi\varphi,$$

where Ξ is an End $(\mathfrak{g}^* \wedge \mathfrak{g}^*)$-valued 1-form on P. By our choice of π_J, the function φ vanishes at the point $x_0 \in P$. Since Equation (4) is a system of O.D.E's, its solution is unique. Hence φ is identically zero. This proves the lemma. □

REMARK 4.11: Let π_J be defined as in Theorem 4.9. The the map

$$\mathfrak{g} \longrightarrow \chi(G^*) : \ X \longmapsto \lambda_{J,X} = \pi_J^{\#}(X^l)$$

is a Lie algebra anti-homomorphism into the space of vector fields on G^* with the commutator Lie bracket. By Lemma 4.10, we have $J_*\sigma_X = \lambda_{J,X}$ for every $X \in \mathfrak{g}$. Therefore when the vector fields $\lambda_{J,X}$ are complete so that they integrate to a left action λ_J of G on G^*, the momentum mapping $J : P \to G^*$ is equivariant with respect to the actions σ and λ_J. The action λ_J is called the left dressing action of G on G^* defined by the affine Poisson structure π_J (see **[Da-So2]** **[Lu]**).

We now show that the usual Marsden-Weinstein symplectic reduction procedure can be carried out for Poisson actions with momentum mappings.

Let $\sigma : G \times P \to P$ be a left Poisson action on a symplectic manifold P. Assume that the orbit space $G \setminus P$ is a smooth manifold. By Proposition 2.2, there is a unique Poisson structure on $G \setminus P$ such that the natural projection $\mathfrak{p} : P \to G \setminus P$ is a Poisson map. Symplectic leaves in $G \setminus P$ can be described with the help of a momentum mapping for the action σ.

By definition, symplectic leaves of $G \setminus P$ are the integral submanifolds of the involutive distribution spanned by Hamiltonian vector fields on $G \setminus P$.

Any such a vector field on $G \setminus P$ is the push-down by $\mathfrak{p}$ of the Hamiltonian vector field of a G-invariant function on P. If $J : P \to G^*$ is a momentum mapping for σ, then Noether's Theorem 4.4 implies that the distribution in P spanned by the Hamiltonian vector fields of G-invariant functions on P is contained in the distribution defined by the kernel of the differential map of J. At regular points of J, a dimension count shows that these two distributions coincide. Therefore if $x \in P$ and $J(x) = u \in G^*$ is a regular value of J, the image under $\mathfrak{p}$ of the x-connected component of the level surface $J^{-1}(u)$ is the symplectic leaf of $\mathfrak{p}(x)$ in $G \setminus P$. But J is always equivariant with respect to σ and the left action λ_J of G on G^* as defined in Remark 4.11. Let G_u be the isotropy subgroup of G with respect to λ_J. Assume that G_u acts on $J^{-1}(u)$ freely and properly. Then the image under $\mathfrak{p}$ of $J^{-1}(u)$ can be identified with the quotient manifold $P_u = G_u \setminus J^{-1}(u)$. Therefore P_u carries a natural symplectic structure ω_u, which, when we regard P_u as the submanifold $p(J^{-1}(u))$ of $G \setminus P$, is exactly the one that makes the connected components of P_u as symplectic leaves of $G \setminus P$. Another way to describe this symplectic structure on P_u is that it is the unique symplectic 2-form ω_u on P_u such that $\mathfrak{p}_u^* \omega_u = i_u^* \omega$, where ω is the symplectic two form on P, $\mathfrak{p}_u : J^{-1}(u) \to P_u = G_u \setminus J^{-1}(u)$ is the natural projection map, and $i_u : J^{-1}(u) \hookrightarrow P$ is the inclusion map. We summarize the above result in the following theorem.

THEOREM 4.12. *Let $\sigma : G \times P \to P$ be a Poisson action of a Poisson Lie group G on a symplectic manifold (P, ω). Let $J : P \to G^*$ be a momentum mapping for σ. Let λ_J be the left action of G on G^* as defined in Remark 4.11. Assume that $u \in G^*$ is a regular value of J and that G_u acts freely and properly on $J^{-1}(u)$. Then there is a symplectic 2-form ω_u on $P_u = G_u \setminus J^{-1}(u)$ such that $\mathfrak{p}_u^* \omega_u = i_u^* \omega$, where $\mathfrak{p}_u : J^{-1}(u) \to P_u = G_u \setminus J^{-1}(u)$ is the natural projection map and $i_u : J^{-1}(u) \hookrightarrow P$ is the inclusion map. When $G \setminus P$ is a smooth manifold and is equipped with the unique Poisson structure such that the natural projection $\mathfrak{p}$ from P to $G \setminus P$ is a Poisson map, the connected components of P_u can be identified with the symplectic leaves in $G \setminus P$.*

5. Semi-direct product Poisson structures

In this section, we show that associated with every right Poisson Lie group action $\sigma : P \times G \to P$ there is a so-called semi-direct product Poisson structure on the manifold $P \times G^*$, where G^* is the dual group of G, which encodes the Poisson structures on P and G^*, as well as the action σ. When G has the zero Poisson structure, the semidirect product Poisson structure on the manifold $P \times \mathfrak{g}^*$ was introduced in [**We2**].

Let $\sigma : P \times G \to P : (x, g) \mapsto x \cdot g = \sigma(x, g)$ be a right Poisson action. Consider the right action of $G \times G$ on $P \times (G \times G^*)$ by

$$G \times G \ni (h_1, h_2) : (x, g, u) \longmapsto (x \cdot h_1, h_2^{-1} g, u).$$

By 3) of Proposition 1.7, it is a Poisson action if we equip $G \times G$ with the Poisson structure $\pi_G \oplus (-\pi_G)$ and $P \times (G \times G^*)$ with $\pi_P \oplus \pi_+$. By identifying G with the diagonal of $G \times G$, it becomes a coisotropic subgroup of $(G \times G, \pi_G \oplus (-\pi_G))$, and the orbit space of the above action restricted to G can be identified with the manifold $P \times G^*$ with the natural projection given by

$$p : P \times (G \times G^*) \longrightarrow P \times G^* : (x, g, u) \longmapsto (x \cdot g, u).$$

Therefore by using the method of Poisson reduction as described in Proposition 2.2, we find a unique Poisson structure on $P \times G^*$ such that the projection p is a Poisson submersion with $\pi_P \oplus \pi_+$ as the Poisson structure on $P \times (G \times G^*)$. We denote this Poisson structure on $P \times G^*$ by π_σ.

PROPOSITION 5.1. *There is a unique Poisson structure π_σ on $P \times G^*$ such that the map*

$$p : (P \times (G \times G^*), \pi_P \oplus \pi_+) \longmapsto (P \times G^*, \pi_\sigma) : (x, g, u) \longmapsto (x \cdot g, u)$$

is a Poisson map. π_σ is called the semi-direct Poisson structure on $P \times G^*$ defined by the Poisson action σ.

EXAMPLE 5.2: Take σ to be the right action of G on itself by right translations. Then π_σ is simply π_+.

To derive an explicit formula for π_σ, we notice from the formula for π_+ in 4) of Proposition 1.7 that $\pi_P \oplus \pi_+$ on $P \times (G \times G^*)$ can be written as the sum of $\pi_P \oplus (\pi_G \oplus \pi_G^*)$ with another bivector field $0 \oplus \pi_1$, where 0 is the zero bivector field on P, and π_1 is a bivector field on $G \times G^*$ whose value at $(g,u) \in G \times G^*$ is determined by $l_{g^{-1}} r_{u^{-1}} \pi_1(g,u) = \pi_0$, where π_0 is a bivector at the point $(e,e) \in G \times G^*$ defined by

$$(5)\quad \pi_0(\xi_1+X_1, \xi_2+X_2) = \langle X_1, \xi_2\rangle - \langle X_2, \xi_1\rangle, \qquad X_1, X_2 \in \mathfrak{g},\ \xi_1, \xi_2 \in \mathfrak{g}^*.$$

Since the map p pushes $\pi_P \oplus (\pi_G \oplus \pi_G^*)$ to $\pi_P \oplus \pi_G^*$ on $P \times G^*$ (because σ is a Poisson action), π_σ is the sum of $\pi_P \oplus \pi_G^*$ with another term . By calculating this term out, we get the following explicit formula for π_σ:

PROPOSITION 5.3. *For $x \in P, u \in G^*$ and $\theta_x, \theta_x' \in T_x^*P, \theta_u, \theta_u' \in T_u^*G^*$, we have*

$$\begin{aligned} \pi_\sigma(x,u)\left((\theta_x,\theta_u),\ (\theta_x',\theta_u')\right) &= \pi_P(x)(\theta_x,\theta_x') \ +\ \pi_G^*(u)(\theta_u,\theta_u') \\ &\quad + \langle \sigma_{r_u^*\theta_u},\ \theta_x'\rangle \ -\ \langle \sigma_{r_u^*\theta_u'},\ \theta_x\rangle, \end{aligned} \tag{6}$$

where for $X \in \mathfrak{g}$, σ_X denotes the infinitesimal generator of σ in the direction of X.

COROLLARY 5.4. *With the semi-direct Poisson structure π_σ on $P \times G^*$, the projections from $P \times G^*$ to the two factors P and G^* are both Poisson maps.*

PROPOSITION 5.5. *Let $e \in G^*$ be the identity element of G^*. Then $P \hookrightarrow P \times G^* : x \mapsto (x,e)$ is a coisotropic submanifold of $(P \times G^*, \pi_\sigma)$. The conormal bundle of P in $P \times G^*$ can be identified with the trivial vector bundle $P \times \mathfrak{g}$, and the induced Lie algebroid structure on $P \times \mathfrak{g}$ [**We3**] is exactly the transformation algebroid structure defined by σ.*

PROOF: It is clear that the conormal bundle of P in $P \times G^*$ can be identified with the trivial vector bundle $P \times \mathfrak{g}$. If $x \in P$ and if $(0,X), X \in \mathfrak{g}$, is a conormal vector of P at x, then one finds from the formula for π_σ that $\pi_\sigma{}^\#(x,e)(0,X) = (-\sigma_X(x),0)$. Therefore $P \hookrightarrow P \times G^*$ is coisotropic and the induced Lie algebroid structure on $P \times \mathfrak{g}$ has σ as its anchor map. Let $\overline{X}$ and $\overline{Y} \in C^\infty(P,\mathfrak{g})$ be two smooth sections of the vector bundle $P \times \mathfrak{g}$. Extend them to 1-forms $\tilde{X}$ and $\tilde{Y}$ on $P \times G^*$ by $\tilde{X}(x,u) = (0, r_{u^{-1}}^*\overline{X}(x))$ and $\tilde{Y}(x,u) = (0, r_{u^{-1}}^*\overline{Y}(x))$. Then one calculates by Formula (1) that

$$\{\tilde{X},\tilde{Y}\} = (0,\ [\overline{X}(x),\overline{Y}(x)] + (\sigma_{\overline{X}}\cdot\overline{Y})(x) - (\sigma_{\overline{Y}}\cdot\overline{X})(x)),$$

where $\sigma_{\overline{X}}$ is the vector field on P defined by $\sigma_{\overline{X}}(x) = \sigma_{\overline{X}(x)}(x)$ and $\sigma_{\overline{X}}\cdot\overline{Y}$ denotes the Lie derivative of the $\mathfrak{g}$-valued function $\overline{Y}$ in the direction of $\sigma_{\overline{X}}$.

This induced bracket on $C^\infty(P, \mathfrak{g})$ coincides with the one induced by the transformation algebroid structure on $P \times \mathfrak{g}$ defined by σ. Therefore these two algebroid structures are the same. □

REMARK 5.6: By using infinitesimal reduction (Proposition 2.5), one can show that π_σ still defines a Poisson structure even when σ is only an infinitesimal Poisson action of the Lie-bialgebra $(\mathfrak{g}, \mathfrak{g}^*)$ on P.

REMARK 5.7: If the dual group G^* of G also acts on P from the right, then this action defines a transformation groupoid structure on $P \times G^*$. Some necessary and sufficient conditions can be given for π_σ to be compatible with this groupoid structure, making $P \times G^*$ into a Poisson groupoid [**We3**]. This result can be used to construct symplectic groupoids for affine Poisson structures on Lie groups. See [**Lu**] for more details.

REFERENCES

[**Ab-Ma**] Abraham, R., Marsden, J.E., "Foundations of mechanics," 2nd ed., Benjamin/Cummings, New York, 1978.

[**Bo**] Bourbaki, N., "Groupes et algèbres de Lie," Chapîtres 2 et 3, Hermann, Paris, 1972.

[**Dt-D-W**] Coste, A., Dazord, P., Weinstein, A., *Groupoides symplectiques*, (notes d'un cours de A. Weinstein), Publ. Dept. Math. (1987), Université Claude Bernard Lyon I.

[**Da-So1**] Dazord, P., Sondaz, D., *Variétés de Poisson-algébroïdes de Lie*, Séminaire Sud-Rhodanien (1988-1/B), Publ. Univ. Claude Bernard-Lyon 1.

[**Da-So2**] ——————, *Groupes de Poisson affines*, Proceedings of the Seminaire Sud-Rhodanien de Geometrie (1989) (to appear), Springer-MSRI series.

[**Dr**] Drinfel'd, V.G., *Hamiltonian structures on Lie groups, Lie bialgebras and the geometric meaning of the classical Yang-Baxter equations*, Soviet Math. Dokl. **27** **(1)** (1983), 68–71.

[**KS**] Kosmann-Schwarzbach, Y., *Poisson-Drinfel'd groups*, Topics in soliton theory and exactly solvable nonlinear equations, M. Ablowitz, B. Fuchsteiner and M. Kruskal, eds. (1987), 191–215, World Scientific, Singapore.

[**KS-Ma**] Kosmann-Schwarzbach, Y., Magri, F., *Poisson-Lie groups and complete integrability, part 1, Drinfel'd bialgebras, dual extensions and their canonical representations*, Annales Inst. Henri Poincaré, Série A (Physique Théorique) **49** **(4)** (1988), 433–460.

[**Lu-We**] Lu, J.H., Weinstein, A., *Poisson Lie groups, dressing transformations, and Bruhat decompositions*, Journal of Differential Geometry **31** (1990), 501–526.

[**Lu**] Lu, J.H., *Multiplicative and affine Poisson structures on Lie groups*, PhD thesis (1990), University of California, Berkeley.

[**Ms-We**] Marsden, J., Weinstein, A., *Reduction of symplectic manifolds with symmetry*, Rep. Math. Phys. **5** (1974), 121–129.

[**Me**] Meyer, K.R., *Symmetries and integrals in mechanics*, in "Dynamical Systems," M.N. Peixoto, ed., Academic Press, New York, 1973, pp. 259–272.

[**STS1**] Semenov-Tian-Shansky, M.A., *What is a classical r-matrix ?*, Funct. Anal. Appl. **17** **(4)** (1983), 259–272.

[**STS2**] ——————, *Dressing transformations and Poisson group actions*, Publ. RIMS, Kyoto University **21** (1985), 1237—1260.

[**Sp**] Spivak, M., "A comprehensive introduction to differential geometry," Vol. 1, Publish or Perish, 1970.

[**We1**] Weinstein, A., *The local structure of Poisson manifolds*, J. Diff. Geometry **18** (1983), 523–557.

[**We2**] ——————, *Poisson geometry of the principal series and nonlinearizable structures*, J. Diff. Geometry **23** (1987), 55–73.

[**We3**] ——————, *Coisotropic calculus and Poisson groupoids*, J. Math. Soc. Japan **40** **(4)** (1988), 705–727.

[**We4**] ——————, *Some remarks on dressing transformations*, J. Fac. Sci. Univ. Tokyo. Sect. 1A, Math. **36** (1988), 163–167.

Department of Mathematics, University of California at Berkeley, Berkeley, CA 94720

Current address: Department of Mathematics, MIT, Cambridge, MA 02139

Research partially supported by DOE contract AT 381-ER 12097.

On Jacobi Manifolds and Jacobi Bundles

CHARLES-MICHEL MARLE

Abstract. We introduce the notion of a Jacobi bundle, which generalizes that of a Jacobi manifold. The construction of a Jacobi bundle over a conformal Jacobi manifold has, as particular cases, the constructions made by A. Weinstein [**21**] of a Le Brun-Poisson manifold over a contact manifold, and that of a Heisenberg-Poisson manifold over a symplectic (or Poisson) manifold. We show that the total space of a Jacobi bundle has a natural homogeneous Poisson structure, and that with each section of that bundle is associated a Hamiltonian vector field, defined on the total space of the bundle, tangent to the zero section, which projects onto the base manifold.

1. INTRODUCTION

The construction which associates a vector field (which is said to be Hamiltonian) with every smooth function on a symplectic manifold, is of central importance in symplectic geometry, and has many applications in mechanics and mathematical physics. It is now well known that such a construction exists also for manifolds with various structures, which need not be symplectic: odd-dimensional manifolds equipped with a contact 1-form, Poisson manifolds, Jacobi manifolds. Symplectic and Poisson manifolds are particular classes of Jacobi manifolds, but other important classes of manifolds, such as contact manifolds with no specified, globally defined contact form, are not. In section 3, we introduce the notion of a Jacobi bundle, which encompasses contact structures, as well as locally conformally symplectic structures. The notion of a Jacobi bundle is essentially equivalent to that of a conformal Jacobi structure on a manifold: the base space of a Jacobi bundle is a conformal Jacobi manifold, and conversely, under some mild assumptions, one can canonically build a Jacobi bundle over a given conformal Jacobi manifold [**2**, section 1.4]. We shall see (4.5) that in the particular cases when the given conformal Jacobi manifold is a contact manifold or a symplectic manifold, we obtain the constructions, made by A. Weinstein [**21**], of a Le Brun-Poisson manifold and of a Heisenberg-Poisson manifold, respectively. We shall prove (4.6) that on a Jacobi bundle, a Hamiltonian vector field is associated with every smooth section. This vector field is defined on the whole total space of the bundle, although, for its construction, we use a function defined on the open dense subset complementary to the zero section. It is tangent to the zero section, and projects onto the base space. Up to our knowledge, these properties do not seem to have been observed before. Finally (4.8), we compare some properties of Jacobi bundles with those of Lie algebroids, in the sense of Pradines [**13**].

2. Definitions and elementary properties

2.1. Definition: A *Jacobi structure* on a manifold M is defined by choosing a bilinear map from $C^\infty(M,\mathbf{R})\times C^\infty(M,\mathbf{R})$ into $C^\infty(M,\mathbf{R})$, called the *Jacobi bracket*, and denoted by

$$(f,g)\mapsto \{f,g\},$$

which satisfies the following properties:

(*i*) it is skew-symmetric,

$$\{g,f\}=-\{f,g\};$$

(*ii*) it satisfies the Jacobi identity,

$$\{f,\{g,h\}\}+\{g,\{h,f\}\}+\{h,\{f,g\}\}=0;$$

(*iii*) it is local, *i.e.*, the support of $\{f,g\}$ is contained in the intersection of the supports of f and of g.

A manifold with such a structure is called a *Jacobi manifold*.

2.2. Comments and properties: Jacobi manifolds were introduced independently by Kirillov [**6**] and Lichnerowicz [**11**], who used different, but equivalent, definitions.

Definition 2.1 of Jacobi manifolds is that introduced by Kirillov, who called them "local Lie algebras". Kirillov proved that on a Jacobi manifold M, the Jacobi bracket is expressed by a bidifferential operator of order at most one in each of its arguments. With the skew-symmetry property, this shows that there exist on M a vector field E and a skew-symmetric, contravariant 2-tensor Λ, both uniquely defined, such that for all f and $g\in C^\infty(M,\mathbf{R})$,

$$\{f,g\}=\Lambda(df,dg)+\langle f\,dg-g\,df,E\rangle\,. \tag{1}$$

Of course, Λ and E must satisfy some properties (indicated below) so that the Jacobi bracket satisfy the Jacobi identity.

A. Lichnerowicz [**11**] considered a manifold M equipped with a vector field E and a contravariant skew-symmetric 2-tensor Λ. He defined the Jacobi bracket of two functions f and $g \in C^\infty(M, \mathbf{R})$ by formula (1) above, and proved that the Jacobi bracket satisfies the Jacobi identity if and only if Λ and E satisfy the following two identities:

$$[E, \Lambda] = \mathcal{L}(E)\Lambda = 0\,, \qquad [\Lambda, \Lambda] = 2E \wedge \Lambda\,. \tag{2}$$

The bracket which appears in the above expressions is the Schouten bracket [**15**] [**8**]. Lichnerowicz defined a Jacobi manifold as a manifold M, equipped with a vector field E and a contravariant, skew-symmetric 2-tensor Λ, which satisfy identities (2). Clearly, this definition is equivalent to 2.1.

In what follows, such a Jacobi manifold will be denoted by (M, Λ, E).

2.3. EXAMPLES:

1. Let E be a smooth vector field on a manifold M. We set, for all f and $g \in C^\infty(M, \mathbf{R})$,

$$\{f, g\} = \langle f\,dg - g\,df, E\rangle\,.$$

One may easily verify that this bracket satisfies the Jacobi identity, and therefore defines a Jacobi structure on M.

2. Let (M, Ω) be a symplectic manifold. The bundle map

$$\Omega^\flat : TM \to T^*M\,, \qquad \Omega^\flat(X) = -i(X)\Omega\,, \tag{3}$$

is an isomorphism, since Ω is nondegenerate. Let $\Lambda^\sharp = (\Omega^\flat)^{-1} : T^*M \to TM$ be its inverse. The well known Poisson bracket of two functions f and $g \in C^\infty(M, \mathbf{R})$ is defined by

$$\{f, g\} = \Omega\big(\Lambda^\sharp(df), \Lambda^\sharp(dg)\big) = \big\langle dg, \Lambda^\sharp(df)\big\rangle = -\big\langle df, \Lambda^\sharp(dg)\big\rangle\,.$$

As it satisfies the Jacobi identity, we see that symplectic manifolds are a special class of Jacobi manifolds.

3. A Jacobi manifold (M, Λ, E) in which the vector field E vanishes identically is called a Poisson manifold [**10**] [**20**], and denoted by (M, Λ). A Jacobi manifold M is a Poisson manifold if and only if the Poisson bracket is

a derivation (for the ordinary product of functions) in each of its arguments, *i.e.*, if and only if, for all $f, f_1, f_2, g, g_1, g_2 \in C^\infty(M, \mathbf{R})$,

$$\{f_1 f_2, g\} = f_1\{f_2, g\} + \{f_1, g\}f_2\,; \quad \{f, g_1 g_2\} = \{f, g_1\}g_2 + g_1\{f, g_2\}\,.$$

In particular, a symplectic manifold (M, Ω) (example 2) is a Poisson manifold: its 2-tensor Λ is such that the associated bundle map $\Lambda^\sharp : T^*M \to TM$, defined by $\langle \eta, \Lambda^\sharp \xi \rangle = \Lambda(\xi, \eta)$, is the inverse of the bundle map $\Omega^\flat : TM \to T^*M$ defined by equation (3).

4. A locally conformally symplectic structure [**4**] [**9**] on an even-dimensional manifold M is defined by a pair (Ω, ω), where Ω is a 2-form and ω a 1-form, such that Ω is everywhere of rank $2n = \dim M$, which satisfy

$$d\omega = 0\,, \qquad d\Omega + \omega \wedge \Omega = 0\,.$$

Let E be the unique vector field and Λ be the unique 2-tensor such that

$$i(E)\Omega = -\omega\,, \qquad i(\Lambda^\sharp \beta) = -\beta \quad \text{for every} \quad \beta \in T^*M\,.$$

Then (M, Λ, E) is a Jacobi manifold: this can be easily verified by observing that on a neighborhood of each point, there exists a function f such that $\omega = df$, and that the locally defined 2-form $\exp(f)\,\Omega$ is symplectic. See also example 6 below.

5. Let M be a $(2n+1)$-dimensional manifold equipped with a contact 1-form ω, *i.e.*, a Pfaffian form such that $\omega \wedge (d\omega)^n$ nowhere vanishes. Let E be the Reeb vector field [**14**], *i.e.*, the unique vector field on M such that

$$i(E)\omega = 1\,, \qquad i(E)d\omega = 0\,.$$

Let $\Lambda^\sharp : T^*M \to TM$ be the vector bundle map such that, for each $\xi \in T^*M$,

$$i(\Lambda^\sharp \xi)\omega = 0 \quad \text{and} \quad i(\Lambda^\sharp \xi)d\omega = -(\xi - \langle \xi, E \rangle \omega)\,.$$

We define the 2-tensor Λ by

$$\Lambda(\xi, \eta) = \langle \eta, \Lambda^\sharp \xi \rangle = -\langle \xi, \Lambda^\sharp \eta \rangle\,,$$

where ξ and η are two elements in T^*M which belong to the same fiber. Then Λ and E define a Jacobi structure on M, determined by the contact form ω.

6. Let (M, Λ, E) be a Jacobi manifold, and $a \in C^\infty(M, \mathbf{R})$ be a function which vanishes nowhere on M. For each pair (f, g) of functions in $C^\infty(M, \mathbf{R})$, we may set

$$\{f, g\}_a = \frac{1}{a}\{af, ag\}.$$

It can be seen easily that this new bracket is skew-symmetric, local, and satisfies the Jacobi identity. Therefore it defines another Jacobi structure on M, which is said to be *a-conformal* to the initially given one. The vector field E_a and the 2-tensor Λ_a which come with this new structure are given by

$$\Lambda_a = a\Lambda\,; \qquad E_a = aE + \Lambda^\sharp(da) = \Phi(a)\,.$$

The map Φ, which associates with any function f a vector field $\Phi(f)$, will be formally defined in 2.6.

When the initially given Jacobi structure on M comes from a symplectic 2-form Ω (example 2), the a-conformal Jacobi structure is such that

$$\Lambda_a^\sharp = a(\Omega^\flat)^{-1}\,; \qquad E_a = (\Omega^\flat)^{-1}(da) = \Lambda^\sharp(da)\,.$$

It is associated with the locally conformally symplectic structure (example 4) defined on M by the pair

$$\Omega_a = \frac{1}{a}\Omega\,, \qquad \omega_a = \frac{da}{a}\,.$$

Since ω_a is exact, such a structure on M is said to be *conformally symplectic.*

When the initially given Jacobi structure on M comes from a contact 1-form ω (example 5), the a-conformal Jacobi structure comes from the contact 1-form

$$\omega_a = \frac{1}{a}\omega\,.$$

2.4. DEFINITION: Let (M_1, Λ_1, E_1) and (M_2, Λ_2, E_2) be two Jacobi manifolds, and $\varphi : M_1 \to M_2$ be a smooth map.

1. The map φ is said to be a *Jacobi map* if, for every pair (f, g) of functions on M_2,

$$\{f \circ \varphi, g \circ \varphi\}_1 = \{f, g\}_2 \circ \varphi\,.$$

2. The map φ is said to be a *conformal Jacobi map* if there exists a nowhere vanishing function a on M_1, such that φ is a Jacobi map when

M_1 is equipped with the Jacobi structure a-conformal to the initially given one, *i.e.*, if, for every pair (f,g) of functions on M_2,

$$\{af\circ\varphi, ag\circ\varphi\}_1 = a(\{f,g\}_2\circ\varphi)\,.$$

A map $\varphi : M_1 \to M_2$ is a Jacobi map if and only if the pairs (Λ_1,Λ_2) and (E_1,E_2) are compatible with φ.

2.5. EXAMPLE: (I am indebted to A. Weinstein for pointing out this example, although it appears under a hidden form in [**2**].) Let (M,Ω) be a prequantizable symplectic manifold [**16**] [**7**], *i.e.*, a manifold with a symplectic 2-form whose cohomology class is integer. Let (Q,ω,π,M) be a prequantization of (M,Ω), *i.e.*, $\pi : Q\to M$ is a $\mathbf{T}$-principal bundle with a connection form ω whose curvature is Ω. The connection form ω may be considered as a contact 1-form on Q. Then (Q,ω) and (M,Ω) are both particular Jacobi manifolds, and $\pi : Q\to M$ is a Jacobi map.

On Jacobi manifolds, just like on symplectic manifolds, we can associate a vector field (which is said to be ***Hamiltonian***) with every smooth function.

2.6. DEFINITION: Let (M,Λ,E) be a Jacobi manifold. We denote by $\Lambda^\sharp : T^*M\to TM$ the vector bundle map associated with Λ, *i.e.*, such that, for any $x\in M$, ξ and $\eta\in T_x^*M$,

$$\Lambda(\xi,\eta) = \langle\eta,\Lambda^\sharp(\xi)\rangle = -\langle\xi,\Lambda^\sharp(\eta)\rangle\,.$$

1. For any smooth function $f\in C^\infty(M,\mathbf{R})$, the vector field

$$\Phi(f) = \Lambda^\sharp(df) + fE$$

is called the ***Hamiltonian vector field*** associated with f, and the function f is called a ***Hamiltonian*** for the vector field $\Phi(f)$.

2. The *characteristic distribution* of (M,Λ,E) is the subset C of TM generated by the values of all the Hamiltonian vector fields.

2.7. REMARKS:

1. The constant function equal to unity is a Hamiltonian for the vector field $E = \Phi(1)$.

2. By using 2.6.1, we see that the fiber $C_x = C \cap T_x M$ of the characteristic distribution C over a point $x \in M$ is the vector subspace of $T_x M$ generated by the vector $E(x)$ and the image of the linear map $\Lambda_x^\sharp : T_x^* M \to T_x M$.

3. The Jacobi manifold (M, Λ, E) is said to be *transitive* if its characteristic distribution is the whole of its tangent bundle TM. Lichnerowicz [**11**] [**4**] and Kirillov [**6**] have shown that transitive Jacobi manifolds are, according to the parity of their dimension, either locally conformally symplectic manifolds (example 2.3.5), or manifolds equipped with a contact 1-form (example 2.3.5).

2.8. PROPOSITION. *Let (M, Λ, E) be a Jacobi manifold, and Φ be the map which associates with every function the corresponding Hamiltonian vector field.*

1. *The map Φ is a Lie algebra homomorphism, i.e.,*

$$\Phi(\{f, g\}) = [\Phi(f), \Phi(g)], \qquad f \text{ and } g \in C^\infty(M, \mathbf{R}).$$

2. *For any $f \in C^\infty(M, \mathbf{R})$, the first order differential operator $\Phi(f) - E.f$ is a derivation of the Jacobi Lie algebra $C^\infty(M, \mathbf{R})$ (equipped with the Jacobi bracket). In other words, for any f and $g \in C^\infty(M, \mathbf{R})$,*

$$\Phi(f).\{g, h\} - (E.f)\{g, h\} = \{\Phi(f).g - (E.f)g, h\} + \{g, \Phi(f).h - (E.f)h\}.$$

2.9. THEOREM. (Kirillov [**6**]) *The characteristic distribution of a Jacobi manifold (M, Λ, E) is completely integrable in the sense of Stefan* [**17**] *and Sussmann* [**19**], *thus defines on M a Stefan foliation (i.e., a foliation whose leaves may not be all of the same dimension), called the characteristic foliation. Each leaf of this foliation has a unique transitive Jacobi structure such that its canonical injection into M is a Jacobi map (2.4).*

2.10. REMARK: The last theorem, together with remark 2.7.3, shows that each leaf of the characteristic foliation of a Jacobi manifold is

- a locally conformally symplectic manifolds if its dimension is even,
- a manifold equipped with a contact 1-form if its dimension is odd.

For Poisson manifolds, the leaves of the characteristic foliation, all of even dimension, are symplectic manifolds.

3. Jacobi bundles

The following observations show that the notion of a Jacobi manifold may not be quite satisfactory for all practical purposes, and may need to be slightly generalized.

A contact structure on a $(2n+1)$-dimensional manifold M is defined by a vector sub-bundle P^* of rank 1 of its cotangent bundle T^*M such that any local, nowhere vanishing section ω of P^* is a contact 1-form (*i.e.*, $\omega \wedge (d\omega)^n \neq 0$ everywhere). In several important examples, such as the manifold of contact elements on $\mathbf{R}^{n+1}$, the contact structure of M cannot be defined by a single contact 1-form defined on the whole of M: one has to choose an open covering (U_i), $i \in I$, of M, such that on each U_i there exists a nowhere vanishing section ω_i of P^*. Of course,

$$\omega_j = f_{ji}\omega_i \qquad \text{on } U_i \cap U_j\,,$$

where f_{ji} is a real valued, nowhere vanishing function on $U_i \cap U_j$. Clearly, Jacobi manifolds are not generalizations of contact manifolds: as shown by example 2.3.5, they are only generalizations of manifolds equipped with a specified, globally defined contact 1-form.

On a Jacobi manifold (M, Λ, E), the flow of a Hamiltonian vector field $\Phi(f)$, with $f \in C^\infty(M, \mathbf{R})$, is not in general a one-parameter local group of Jacobi automorphisms: it is only a one-parameter local group of *conformal* Jacobi automorphisms. This follows from the fact that $\Phi(f) - E.f$, and not $\Phi(f)$ itself, is a derivation of the Jacobi Lie algebra $C^\infty(M, \mathbf{R})$ (proposition 2.8). Therefore, when looking at Hamiltonian vector fields, we are led to use not only the Jacobi structure initially defined by Λ and E on M, but also all the Jacobi structures which are conformal to that structure, in the sense of example 2.3.6.

The appropriate generalization of the notion of a Jacobi manifold, already introduced by Kirillov [**6**], is the following.

3.1. Definition: Let (P, π, M) be a line bundle over a manifold M, *i.e.*, a vector bundle whose fibers $\pi^{-1}(x)$, $x \in M$, are one-dimensional. Let $\Gamma^\infty(\pi)$ be the vector space of global smooth sections of π. A Jacobi bundle structure on (P, π, M) is defined by choosing a bilinear map from $\Gamma^\infty(\pi) \times \Gamma^\infty(\pi)$ into $\Gamma^\infty(\pi)$, called the *Jacobi bracket*, denoted by

$$(s_1, s_2) \mapsto \{s_1, s_2\}\,,$$

which satisfies the following properties:

(*i*) it is skew-symmetric,

$$\{s_2, s_1\} = -\{s_1, s_2\};$$

(*ii*) it satisfies the Jacobi identity,

$$\big\{s_1, \{s_2, s_3\}\big\} + \big\{s_2, \{s_3, s_1\}\big\} + \big\{s_3, \{s_1, s_2\}\big\} = 0;$$

(*iii*) it is local, *i.e.*, the support of $\{s_1, s_2\}$ is contained in the intersection of the supports of s_1 and s_2.

When equipped with such a structure, (P, π, M) is called a *Jacobi bundle*.

3.2. DEFINITION: Let (P_1, π_1, M_1) and (P_2, π_2, M_2) be two Jacobi bundles, and $\varphi : P_1 \to P_2$ be a vector bundle map, *i.e.*, a smooth map whose restriction to each fiber of P_1 is a linear isomorphism of that fiber onto a fiber of P_2. Let $\widetilde{\varphi} : M_1 \to M_2$ be the corresponding base map, *i.e.*, the unique smooth map such that $\pi_2 \circ \varphi = \widetilde{\varphi} \circ \pi_1$. Then φ is said to be a *Jacobi bundle map* if, for every pair (s_2, s_2') of sections of π_2,

$$\{s_2, s_2'\} \circ \widetilde{\varphi} = \varphi \circ \{s_1, s_1'\},$$

where s_1 and s_1' are the sections of π_1 such that $s_2 \circ \widetilde{\varphi} = \varphi \circ s_1$, $s_2' \circ \widetilde{\varphi} = \varphi \circ s_1'$.

3.3. REMARKS:

1. Let (M, Λ, E) be a Jacobi manifold, $P = \mathbf{R} \times M$, and $\pi : P \to M$ be the second projection. Every function $f \in C^\infty(M, \mathbf{R})$ may be identified with a section $x \mapsto \big(f(x), x\big)$ of π. Clearly, (P, π, M) is a (trivial) Jacobi bundle.

Let (M_i, Λ_i, E_i) ($i = 1$ or 2) be two Jacobi manifolds, $(P_i = \mathbf{R} \times M_i, \pi_i, M_i)$ be the corresponding trivial Jacobi bundles defined as above. Let $\widetilde{\varphi} : M_1 \to M_2$ be a Jacobi map. Then the map $\varphi : P_1 \to P_2$ defined by

$$\varphi(z, x) = \big(z, \widetilde{\varphi}(x)\big)$$

is a Jacobi bundle map.

2. Conversely, let (P, π, M) be a Jacobi bundle, and U an open subset of M on which there exists a nowhere vanishing section $s_0 : U \to P$ of π. Every function $f \in C^\infty(U, \mathbf{R})$ may be associated with the section $f s_0$ of π.

For every pair (f,g) of functions on U, let $\{f,g\}$ be the unique function on U such that

$$\{fs_0, gs_0\} = \{f,g\}s_0 .$$

Clearly this defines a Jacobi structure on U.

Let $s'_0 : U \to P$ be another nowhere vanishing section of π defined on U, and let $a : U \to \mathbf{R}$ be the unique, nowhere vanishing function on U such that for each $x \in U$,

$$s'_0(x) = a(x)s(x) .$$

Then the Jacobi structure on U defined by choosing s'_0 as reference-section, instead of s_0, is a-conformal to the one defined by choosing s_0 as a reference-section.

Let φ be a Jacobi bundle map from a Jacobi bundle (P_1, π_1, M_1) into another Jacobi bundle (P_2, π_2, M_2). Let $\widetilde{\varphi} : M_1 \to M_2$ be the associated base map. Let U_i be an open subset of M_i on which there exists a nowhere vanishing section $s_{i0} : U_i \to P_i$ of π_i ($i = 1$ or 2), such that $\widetilde{\varphi}(U_1) \subset U_2$. We equip each U_i ($i = 1$ or 2) with the Jacobi structure associated with s_{i0}, as indicated above. Let $a : U_1 \to \mathbf{R}$ be the unique, nowhere vanishing function on U_1 such that for each $x \in U_1$

$$s_{20} \circ \widetilde{\varphi}(x) = a(x)\varphi \circ s_{10}(x) = \varphi \circ (as_{10})(x) .$$

Then $\widetilde{\varphi}$ is an a-conformal Jacobi map from U_1 into U_2.

3. The notion of a Jacobi bundle is essentially equivalent to that of a conformal Jacobi structure, introduced for example in [**2**].

3.4. EXAMPLES:

1. Let M be a $(2n+1)$-dimensional manifold, equipped with a contact structure defined by a vector sub-bundle P^* of rank 1 of T^*M. Let $(P^*)^0$ be the annihilator of P^*, $P = TM/(P^*)^0$ be the dual bundle of P^*, and $\pi : P \to M$ be the canonical projection. There exists on P a natural Jacobi bundle structure, defined as follows. Let s_1 and s_2 be two (global) sections of π. Let U be an open subset of M on which there exists a nowhere vanishing section $\omega_0 : U \to P^*$ of P^*, and let $s_0 : U \to P$ be the dual section of P, *i.e.*, the nowhere vanishing section such that, for each $x \in U$, $\langle \omega_0(x), s_0(x) \rangle = 1$. There exist two functions f_1 and f_2 on U, both uniquely defined, such that

$$s_1 = f_1 s_0 , \qquad s_2 = f_2 s_0 .$$

We define $\{s_1, s_2\}$ on U by setting

$$\{s_1, s_2\}\big|_U = \{f_1, f_2\}_{\omega_0} s_0 \,,$$

where $\{f_1, f_2\}_{\omega_0}$ is the Jacobi bracket of the two functions f_1 and f_2, for the Jacobi structure on U associated with the contact 1-form ω_0.

The bracket $\{s_1, s_2\}\big|_U$ does not depend on the choice of ω_0: if we replace ω_0 by $\omega_0' = a^{-1}\omega_0$, where a is a nowhere vanishing function on U, s_0, f_1 and f_2 are replaced by $s_0' = as_0$, $f_1' = a^{-1}f_1$ and $f_2' = a^{-1}f_2$, respectively. But as seen in example 2.3.6,

$$\{f_1', f_2'\}_{\omega_0'} = \frac{1}{a}\{af_1', af_2'\}_{\omega_0} = \frac{1}{a}\{f_1, f_2\}_{\omega_0} \,,$$

thus

$$\{f_1', f_2'\}_{\omega_0'} s'0 = a\{f_1', f_2'\}_{\omega_0'} s_0 = \{f_1, f_2\}_{\omega_0} s_0 \,.$$

Therefore, by using this construction for each open subset of an open covering (U_i), $i \in I$, of M, such that on each U_i there exists a nowhere vanishing section of P^*, we obtain a globally defined Jacobi bundle structure on (P, π, M).

2. Let M be a $2n$-dimensional manifold, and let P^* be a vector subbundle of rank 1 of $\bigwedge^2 T^*M$ (the bundle of exterior 2-forms on M), such that any nowhere vanishing local section $\Omega : U \to P^*$ of that bundle is everywhere of rank $2n$ and such that there exists, on the open subset U of M, a 1-form ω which satisfies

$$d\Omega + \omega \wedge \Omega = 0 \,; \qquad d\omega = 0 \,.$$

We observe that if $\Omega : U \to P^*$ satisfies these conditions, then for any nowhere vanishing function a on U, the section $a\Omega$ satisfies the same conditions, since

$$d(a\Omega) + (\omega - a^{-1}da) \wedge (a\Omega) = 0 \,, \qquad d(\omega - a^{-1}da) = 0 \,.$$

We observe also that if $n > 1$, the 1-form ω is completely determined once Ω is chosen. For $n = 1$, we will impose $\omega = 0$, and the conditions which must be satisfied by P^* are trivially satisfied.

The structure so defined is obviously a slight generalization of that of a locally conformally symplectic structure (example 2.3.4).

Let P be the dual bundle of P^*, and $\pi : P \to M$ be the canonical projection. Then (P, π, M) has a natural Jacobi bundle structure, which may be defined in a way similar to that in the previous example: we take two sections s_1 and s_2 of π; for any local nowhere vanishing section $\Omega : U \to P^*$, we take the dual section $\sigma : U \to P$ such that $\langle \Omega, \sigma \rangle = 1$; we take the functions f_1 and f_2 such that $s_1 = f_1\sigma$ and $s_2 = f_2\sigma$; then we define $\{s_1, s_2\}$ on U as being the section $\{f_1, f_2\}\sigma$, where $\{f_1, f_2\}$ is the Jacobi bracket relative to the locally conformally symplectic structure defined on U by Ω.

Such a structure will be called a *locally conformally symplectic bundle structure* over M. Clearly, a locally conformally symplectic structure on M is a trivial locally conformally symplectic bundle structure over M, with a specified nowhere vanishing section of that trivial bundle.

3.5. REMARKS:

1. There are well known examples of contact manifolds with no globally defined contact 1-form corresponding to their contact structure. In a similar way, there exist locally conformally symplectic bundle structures which are not trivial: for example, the dual bundle of the area-element bundle on a non-orientable 2-dimensional manifold.

2. Let M be a $(2n+1)$-dimensional manifold with a contact structure defined by the rank 1 sub-bundle P^* of T^*M. Stong [**18**] has shown that if n is even, then M is orientable, and that if n is odd, then M is orientable if and only if the bundle P^* is trivial. Similarly, let (P, π, M) be a locally conformally symplectic bundle over a $(2n)$-dimensional manifold M. One can prove (F. Guédira and A. Lichnerowicz [**4**]) that if n is even, then M is orientable, and that if n is odd, then M is orientable if and only if the bundle P is trivial.

3. Let us give an example of an orientable $2n$-dimensional manifold, wit $n = 2p$ even, over which there exists a nontrivial locally conformally symplectic bundle structure. We define on $\mathbf{R}^4$ an equivalence relation, by saying that (x_1, x_2, x_3, x_4) and (x_1', x_2', x_3', x_4') are equivalent if and only if

$$x_1' - x_1 \in \mathbf{Z}, \quad x_2' - \epsilon x_2 = 0, \quad x_3' - x_3 = 0, \quad x_4' - \epsilon x_4 = 0,$$

with

$$\epsilon = \begin{cases} 1 & \text{if } x_1' - x_1 \text{ is even,} \\ -1 & \text{if } x_1' - x_1 \text{ is odd.} \end{cases}$$

The quotient of $\mathbf{R}^4$ by this equivalence relation is a manifold M, which may be identified with the cotangent bundle to a Möbius stripe; its canonical symplectic 2-form is the projection of the 2-form $-(dx_1 \wedge dx_3 + dx_2 \wedge dx_4)$ on $\mathbf{R}^4$. But if, instead of that 2-form, we consider the 2-form $dx_1 \wedge dx_2 + dx_3 \wedge dx_4$ on $\mathbf{R}^4$, we see that by projection it defines a nontrivial locally conformally symplectic bundle structure on M.

4. Jacobi bundles and homogeneous Poisson manifolds

The close relations between Jacobi manifolds and homogeneous Poisson manifolds were already indicated in [**2**]. In fact, it appears that even closer relations exist between Jacobi bundles and homogeneous Poisson manifolds. We use here the term "homogeneous Poisson manifold" to agree with previous usage, though this name may be misleading. Let us recall its definition

4.1. Definitions:

1. A *homogeneous Poisson manifold* (P, Λ, Z) is a Poisson manifold (P, Λ) with a vector field Z on P such that

$$\mathcal{L}(Z)\Lambda = -\Lambda .$$

2. Let (P_1, Λ_1, Z_1) and (P_2, Λ_2, Z_2) be two homogeneous Poisson manifolds. A *strict homogeneous Poisson map* is a Poisson map $\varphi : P_1 \to P_2$ such that, for every $x \in P_1$, $T_x\varphi(Z_1(x)) = Z_2(\varphi(x))$.

4.2. Example: Let $\mathcal{G}$ be a real, finite dimensional Lie algebra, and $(\mathcal{G}^*, \Lambda)$ be its dual space equipped with its canonical Lie-Poisson structure. We recall that the Poisson bracket of two functions f and $g \in C^\infty(\mathcal{G}^*, \mathbf{R})$ is given by

$$\{f, g\}(x) = \Lambda(x)\big(df(x), dg(x)\big) = \big\langle x, \big[df(x), dg(x)\big]\big\rangle , \qquad x \in \mathcal{G}^* ,$$

where the differentials $df(x)$ and $dg(x)$ are considered as elements in $\mathcal{G}$.

Let Z be the Liouville vector field on $\mathcal{G}^*$, *i.e.*, the vector field given by $Z(x) = x$ for each $x \in \mathcal{G}^*$. Then $(\mathcal{G}^*, \Lambda, Z)$ is a homogeneous Poisson manifold.

A. Lichnerowicz [**11**] and A.-M. Justino [**5**] have shown that with any Jacobi manifold (M, Λ, E) one can associate a homogeneous Poisson manifold (P, Λ_P, Z) by setting

$$P = \mathbf{R} \times M , \quad Z(t, x) = \frac{\partial}{\partial t} , \quad \Lambda_P(t, x) = \exp(-t)\big(\Lambda(x) + Z(t, x) \wedge E(x)\big) ,$$

where t is the usual coordinate on $\mathbf{R}$, and $x \in M$.

This construction is not quite satisfactory, because using a product of M with $\mathbf{R}$ may seem un-natural, and because it does not allow to lift as Poisson maps all the conformal Jacobi maps, but only those whose conformal factor is strictly positive.

The following construction allows us to associate with any Jacobi bundle a homogeneous Poisson manifold, in a way which is more natural and fully functorial.

4.3. PROPOSITION. *Let (P, π, M) be a Jacobi bundle. There exists on P a unique Poisson structure (P, Λ), with the following property. Let s_1 and s_2 be two sections of π, F_1 and F_2 be the functions, defined on the open subset P_0 of P complementary to the zero section, such that*

$$s_i\big(\pi(x)\big) = F_i(x)\,x\,, \quad i = 1 \text{ or } 2\,, \quad x \in P_0\,.$$

Then the bracket $\{F_1, F_2\}$ is such that

$$\{s_1, s_2\}\big(\pi(x)\big) = \{F_1, F_2\}(x)\,x\,, \qquad x \in P_0\,.$$

Moreover, this Poisson structure on P is homogeneous for the vector field Z on P, opposite to the Liouville vector field (i.e., for each $x \in P$, $Z(x)$ is the vector tangent to the fiber containing x and equal to $-x$).

PROOF: Let U be an open subset of M on which there exists a nowhere vanishing section $s_0 : U \to P_0$ of π. Let f_1 and f_2 be the real valued functions on U such that

$$s_1 = f_1 s_0\,, \qquad s_2 = f_2 s_0\,.$$

By choosing s_0, we have defined a Jacobi structure on U such that

$$\{f_1, f_2\} s_0 = \{f_1 s_0, f_2 s_0\}\,.$$

We will denote by Λ_{s_0} and E_{s_0} the corresponding tensor and vector field.

The map from $\mathbf{R} \times U$ onto $\pi^{-1}(U)$,

$$(\lambda, y) \mapsto \lambda s_0(y)$$

is a trivialization of P over U. The functions F_1 and F_2, defined on $P_0 \cap \pi^{-1}(U)$, may thus be considered as functions on $(\mathbf{R}\backslash\{0\}) \times U$. They are given by

$$F_i(\lambda, y) = \lambda^{-1} f_i(y)\,, \qquad i = 1 \text{ or } 2\,.$$

We want to define a Poisson tensor Λ_P on P, such that

$$\begin{aligned}\Lambda_P(\lambda,y)\big(dF_1(\lambda,y),dF_2(\lambda,y)\big) &= \{F_1,F_2\}(\lambda,y)\\ &= \lambda^{-1}\{f_1,f_2\}(y)\\ &= \lambda^{-1}\Big(\Lambda_{s_0}(y)\big(df_1(y),df_2(y)\big)\\ &\quad + \big\langle f_1(y)df_2(y)-f_2(y)df_1(y),E_{s_0}(y)\big\rangle\Big)\,.\end{aligned}$$

Since $dF_i(\lambda,y) = \lambda^{-1}\,df_i(y) - \lambda^{-2}f_i(y)\,d\lambda$, and since (f_1,f_2) can be any pair of functions on U, the only possible choice for Λ_P is

$$\Lambda_P(\lambda,y) = \lambda\Lambda_{s_0}(y) - \lambda^2\frac{\partial}{\partial\lambda}\wedge E_{s_0}(y)\,. \tag{4}$$

This defines indeed a Poisson tensor on $\pi^{-1}(U)$, because the change of variables $\lambda = e^{-t}$ yields

$$\Lambda_P(t,y) = e^{-t}\left(\Lambda_{s_0}(y) + \frac{\partial}{\partial t}\wedge E_{s_0}(y)\right)\,,$$

which is the formula used by Lichnerowicz [**11**] and Justino [**5**], with $Z = \dfrac{\partial}{\partial t} = -\lambda\dfrac{\partial}{\partial\lambda}$.

The above calculations are local, and show that Λ_P is a Poisson tensor. But the way in which the Poisson structure on P was defined is global, so there is no need to verify what happens when we replace the open subset U and the nowhere vanishing section s_0 by other data U' and s'_0: we know that under such a change, Λ_P remains invariant.

Moreover, the formula obtained above for $\Lambda_P(\lambda,y)$ shows that the Poisson structure, initially defined on P_0, extends smoothly to the zero section, where Λ_P vanishes. Therefore Λ_P defines a Poisson structure on the whole of P, and since $Z = -\lambda\dfrac{\partial}{\partial\lambda}$, this Poisson structure is homogeneous with respect to Z. □

4.4. PROPOSITION. *Let (P_1,π_1,M_1) and (P_2,π_2,M_2) be two Jacobi bundles. A smooth map $\varphi : P_1 \to P_2$ is a Jacobi bundle map if and only if it is a strict homogeneous Poisson map (P_1 and P_2 being endowed with their homogeneous Poisson structures defined in 4.3) which maps every nonzero element in P_1 onto a nonzero element in P_2.*

PROOF: Let $(P_1,\Lambda_{P_1},Z_{P_1})$ and $(P_2,\Lambda_{P_2},Z_{P_2})$ be the homogeneous Poisson structures on P_1 and P_2 defined in 4.3.

1. If φ is a Jacobi bundle map, its restriction to any fiber of π_1 is a linear isomorphism of that fiber onto a fiber of π_2. Therefore φ maps every nonzero element in P_1 onto a nonzero element in P_2 and satisfies

$$\varphi_* Z_1 = Z_2 .$$

By using local trivializations of (P_i, π_i, M_i), $i = 1$ or 2, and taking into account remark 3.2 and the local expressions of Λ_{P_i} obtained in the proof of Proposition 4.3, we obtain easily

$$\varphi_* \Lambda_{P_1} = \Lambda_{P_2} .$$

2. Conversely, if we assume that φ is a strict homogeneous Poisson map, it satisfies

$$\varphi_* Z_1 = Z_2 ;$$

thus its restriction to each fiber of π_1 is a linear map of that fiber into a fiber of π_2. If in addition we assume that φ maps every nonzero element in P_1 onto a nonzero element in P_2, its restriction to each fiber of π_1 is a linear isomorphism onto the corresponding fiber of π_2. In other words, φ is a vector bundle map. Let $\widetilde{\varphi} : M_1 \to M_2$ be the corresponding base map.

Let s_2 and s_2' be two sections of π_2, F_2 and F_2' be the associated real valued functions on $P_{20} = P_2$ minus the zero section, such that for each $y \in P_{20}$

$$s_2 \circ \pi_2(y) = F_2(y) y , \qquad s_2' \circ \pi_2(y) = F_2'(y) y .$$

Let s_1 and s_1' be the sections of π_1 such that $s_2 \circ \widetilde{\varphi} = \varphi \circ s_1$, $s_2' \circ \widetilde{\varphi} = \varphi \circ s_1'$. We observe that the real valued functions on $P_{10} = P_1$ minus the zero section associated with s_1 and s_1' are $F_2 \circ \varphi$ and $F_2' \circ \varphi$, respectively. By proposition 4.3, for each $x \in P_1$, we have

$$\begin{aligned} \{s_2, s_2'\} \circ \widetilde{\varphi} \circ \pi_1(x) &= \{s_2, s_2'\} \circ \pi_2 \circ \varphi(x) \\ &= \big(\{F_2, F_2'\} \circ \varphi(x)\big) \varphi(x) \\ &= \varphi\Big(\{F_2 \circ \varphi, F_2' \circ \varphi\}(x)\, x\Big) \\ &= \varphi \circ \{s_1, s_1'\} \circ \pi_1(x) . \end{aligned}$$

□

4.5. Remark: The homogeneous Poisson structure on the total space P of a Jacobi bundle (P, π, M) was already defined by F. Guédira and A. Lichnerowicz [**4**], and was obtained independently in [**12**], where I defined it on

P_0 only: I did not observe at that time that it extends smoothly to the zero section. I became aware of that property (which is quite clearly stated in the paper by F. Guédira and A. Lichnerowicz) by reading A. Weinstein's paper [**21**]. Weinstein uses the same construction in two particular cases: when M is a contact manifold, in which case he attributes that construction (already made in [**12**]) to Le Brun; when M is a symplectic or a Poisson manifold, in which case he obtains what he calls a Heisenberg-Poisson manifold.

The following proposition shows that on a Jacobi bundle, one may associate a vector field with every section.

4.6. PROPOSITION. *Let (P, π, M) be a Jacobi bundle. With every section s of π, we can associate a smooth vector field X_s on P, characterized by the following property. Let (P, Λ_P, Z) be the homogeneous Poisson structure on P defined in 4.4, and $F : P_0 \to \mathbf{R}$ be the function, defined on $P_0 = P$ minus the zero section, such that*

$$s \circ \pi(x) = F(x)\, x \qquad \text{for all } x \in P_0\,.$$

Then X_s restricted to P_0 is equal to $\Lambda_P^\sharp(dF)$. We will say that X_s is the Hamiltonian vector field on P associated with the section s.

PROOF: The vector field $\Lambda_P^\sharp(dF)$ is defined on the open dense subset P_0 of P, so we need only prove that it extends smoothly to the zero section. Let $s_0 : U \to P$ be a nowhere vanishing section of π, defined on an open subset U of M. We identify $\mathbf{R} \times U$ with $\pi^{-1}(U)$, by means of the map $(\lambda, x) \mapsto \lambda s_0(x)$. Let $f : U \to \mathbf{R}$ be the unique function such that

$$s(y) = f(y) s_0(y) \qquad \text{for all } y \in U\,.$$

On $\pi^{-1}(U)$, identified with $\mathbf{R} \times U$, the function F may be written as

$$F(\lambda, y) = \lambda^{-1} f(y)\,.$$

Using expression (4) of Λ_P, we obtain

$$\Lambda_P^\sharp\big(dF(\lambda, y)\big) = \Lambda_{s_0}^\sharp\big(df(y)\big) + f(y) E_{s_0}(y) - \big\langle df(y), E_{s_0}(y)\big\rangle Z(\lambda, y)\,,$$

which proves that $\Lambda_P^\sharp(dF)$ extends smoothly to the zero section. □

The following proposition states some properties of Hamiltonian vector fields.

4.7. PROPOSITION. *The assumptions and notations are those of proposition 4.6.*

1. *The Hamiltonian vector field X_s associated with a section s of π is projectible by π on M, i.e., there exists a unique vector field $\widetilde{X}_s$ on M such that $\pi_*(X_s) = \widetilde{X}_s$.*

2. *The Hamiltonian vector field X_s is tangent to the zero section, and its restriction to that zero section (identified with M) is equal to its projection $\widetilde{X}_s$.*

3. *The map $s \mapsto X_s$ is a Lie algebra homomorphism.*

PROOF: All these properties are easy consequences of the local expressions given in the proofs of 4.4 and 4.6. □

4.8. REMARKS: The assumptions and notations are those of propositions 4.6 and 4.7.

1. Let U be an open subset of M on which the section s nowhere vanishes, and let (U, Λ_U, E_U) be the corresponding Jacobi manifold structure on U, defined in remark 3.3.2. Then the restriction of $\widetilde{X}_s$ to U is equal to E_U.

2. The Hamiltonian vector field X_s associated with any section s of π satisfy

$$[Z, X_s] = 0 \, .$$

3. The map $s \mapsto \widetilde{X}_s$ is a Lie algebra homomorphism from the Lie algebra of sections of π into the Lie algebra of vector fields on M. This property follows from 4.7.3, since the projection $X_s \mapsto \widetilde{X}_s$ is a Lie algebra homomorphism. However, $s \mapsto \widetilde{X}_s$ does not come from a vector bundle map from P into TM, because if f is a function on M and s a section of π, $\widetilde{X}_{fs}$ is not in general equal to $f\widetilde{X}_s$. In other words, (P, π, M) is not a Lie algebroid in the sense of Pradines [**13**] [**1**].

4. Dazord and Sondaz define in [**3**] a Lie-Poisson structure as a vector bundle whose total space is endowed with a Poisson structure which is homogeneous with respect to the Liouville vector field. They show that the dual bundle of a Lie-Poisson structure is a Lie algebroid (and conversely). This result is not valid for a Jacobi bundle (P, π, M), because the Poisson structure on P is homogeneous with respect to the *opposite* of the Liouville vector field on P. If we consider the dual bundle P^* of P, and the map

which associates with every nonzero element z of P the element α in the corresponding fiber of P^* such that $\langle \alpha, z \rangle = 1$, we obtain a Poisson structure on the open subset P_0^* of P^* complementary to the zero section, which is homogeneous with respect to the Liouville vector field. But that structure does not extend smoothly to the zero section. That explains why Jacobi bundles are not Lie algebroids.

Acknowledgements. The author expresses its gratitude to the Mathematical Sciences Research Institute, where this work was done, for its support and hospitality. He adresses his thanks to all the mathematicians he met there, particularly Richard Cushman, Paulette Libermann and Alan Weinstein, for their interest in this work and helpful discussions.

REFERENCES

1. A. Coste, P. Dazord, A. Weinstein, *Groupoïdes symplectiques*, Université Claude Bernard, Lyon 1, Publications du département de mathématiques, nouvelle série **2/A** (1987), 1–62.
2. P. Dazord, A. Lichnerowicz, C.-M. Marle, *Structure locale des variétés de Jacobi*, J. Math. Pures et Appl. (1990) (to appear).
3. P. Dazord, D. Sondaz, *Variétés de Poisson, algébroïdes de Lie*, Séminaire sud-rhodanien, première partie. Université Claude Bernard, Lyon 1. Publications du département de mathématiques, nouvelle série **1/B** (1988), 1–68.
4. F. Guédira, A. Lichnerowicz, *Géométrie des algèbres de Lie de Kirillov*, J. Math. Pures et Appl. **63** (1984), 407–484.
5. A.M. Justino, *Géométrie des variétés de Poisson et des variétés de Jacobi*, thèse de troisième cycle, université Pierre et Marie Curie, Paris (1984).
6. A. Kirillov, *Local Lie algebras*, Russian Math. Surveys **31** (1976), 55–75.
7. B. Kostant, *Quantization and representation theory. Part 1: prequantization*, in "Lectures in modern analysis and applications, III," Springer Verlag, Lecture notes in mathematics **170**, Berlin, 1970, pp. 87–208.
8. J.-L. Koszul, *Crochet de Schouten-Nijenhuis et cohomologie*, Astérisque numéro hors série "Élie Cartan et les mathématiques d'aujourd'hui" (1985), 257–271.
9. J. Lefebvre, *Transformations infinitésimales conformes et automorphismes de certaines structures presque symplectiques*, thèse de doctorat d'état, Université de Paris-Sud, Orsay (1980).
10. A. Lichnerowicz, *Les variétés de Poisson et leurs algèbres de Lie associées*, J. Differential Geometry **12** (1977), 253–300.
11. A. Lichnerowicz, *Les variétés de Jacobi et leurs algèbres de Lie associées*, J. Math. Pures et Appl. **57** (1978), 453–488.
12. C.-M. Marle, *Quelques propriétés des variétés de Jacobi*, in "Géométrie symplectique et mécanique, séminaire sud-rhodanien de géométrie," (J.P. Dufour, ed.), Travaux en cours, Hermann, Paris, 1985, pp. 125–139.
13. J. Pradines, *Théorie de Lie pour les groupoïdes différentiables*, C. R. Acad. Sc. Paris **264 A** (1967), 245–248.
14. G. Reeb, *Sur certaines propriétés topologiques des trajectoires des systèmes dynamiques*, Mémoires Acad. Roy. Belgique, Sci. **27** (1952), 130–194.
15. J.A. Schouten, *On the differential operators of first order in tensor calculus*, in "Convegno Inter. Geometria Differenziale Italia," Edizioni Cremonese, Roma, 1953.
16. J.-M. Souriau, "Structure des systèmes dynamiques," Dunod, Paris, 1969.
17. P. Stefan, *Accessibility and foliations with singularities*, Bull. Amer. Math. Soc. **80** (1974), 1142–1145.
18. R.L. Stong, *Contact manifolds*, J. Differential Geometry **9** (1974), 219–238.
19. H.J. Sussmann, *Orbits of families of vector fields and integrability of distributions*, Trans. Amer. Math. Soc. **180** (1973), 171–188.
20. A. Weinstein, *The local structure of Poisson manifolds*, J. Differential Geometry **18** (1983), 523–557.
21. ——————, *Blowing up realizations of Heisenberg-Poisson manifolds*, Bulletin des Sciences Mathématiques **113** (1989), 381–406.

Université Pierre et Marie Curie, Mathématiques, 4, place Jussieu, 75252 Paris Cedex 05, France

Groupes de Lie à Structure Symplectique Invariante

Alberto Medina et Philippe Revoy

0.—Résumé

Un groupe de Lie G admet une structure symplectique invariante s'il existe sur G une 2-forme différentielle fermée invariante à gauche dont le rang est égal à la dimension de G. Un tel groupe sera appelé par abus de langage, symplectique et son algèbre de Lie sera dite symplectique. Le principal résultat de ce travail est de fournir une classification des groupes symplectiques nilpotents par leurs algèbres de Lie. L'idée centrale dans cette classification est la notion de double extension (section 2) d'une algèbre symplectique : grosso modo en additionnant un plan symplectique à une algèbre symplectique on obtient une algèbre symplectique. Cette notion est l'analogue symplectique de la notion de double extension des algèbres de Lie orthogonales, que nous avons introduite dans [**Me-Re 1**]. Nous montrons que toute algèbre symplectique nilpotente s'obtient par une suite de doubles extensions à partir de l'algèbre réduite à zéro (théorème 2.5). Dire que le groupe de Lie symplectique (G, ω) est double extension du groupe (H, Ω) veut dire que ce dernier est une variété réduite de Marsden-Weinstein de (G, ω). Toute nilvariété symplectique étant quotient d'un groupe nilpotent symplectique par un sous-groupe discret co-compact, [**Be-Go**] la double extension permet d'obtenir toutes ces variétés.

D'autre part il est connu qu'une structure symplectique invariante fait du groupe un groupe de Lie affine : les changements de cartes locales du groupe, sont affines et les translations à gauche du groupe préservent la connexion plate déduite de la structure affine. Nous montrons que cette connexion est complète si et seulement si le groupe est unimodulaire ([**Me2**], [**Me1**], [**Lich-Me**]). Nous montrons aussi que le groupe des transformations affines de K^n, $n \geq 1$, où $K = \mathbb{R}$ ou $\mathbb{C}$, admet une structure symplectique exacte invariante (Théorème 3.7).

Rappelons qu'une structure symplectique invariante sur G permet de définir sur G une structure de groupe de Lie-Poisson: la structure symplectique est une solution de l'équation de Yang-Baxter classique. Dans ce cas, si G est connexe, le groupe de Lie dual de G est le groupe revêtement universel de G.

Dans la suite les groupes de Lie sont réels ou complexes et les objets différentiables sont C^∞. Par K on désigne un corps de caractéristique nulle qui est la plupart du temps le corps des réels ou des complexes.

1.—Groupes symplectiques et groupes affines

Soit G un groupe de Lie, $\mathfrak{G}$ son algèbre de Lie. On dira que G admet une structure symplectique invariante s'il existe sur G une 2-forme différentielle fermée ω de rang égal à la dimension de G invariante par les translations à gauche de G. Il est clair que l'existence de ω équivaut à l'existence d'un 2-cocycle scalaire sur $\mathfrak{G}$ tel que $x \longmapsto \omega(x,\cdot) = i_x\omega$ soit un isomorphisme linéaire de $\mathfrak{G}$ sur $\mathfrak{G}^*$.

1.0. Définition: Si ω est une structure symplectique invariante sur G nous dirons que (G,ω) (resp. $(\mathfrak{G},\omega)$) est un groupe (respectivement, une algèbre) symplectique.

Considérons une 2-forme fermée invariante à gauche arbitraire ω sur G. Alors ω définit une structure de Poisson, affine $\wedge_\omega$, au sens de [**Me 2**], sur $\mathfrak{G}^*$ par la formule

$$\{x,y\}(\nu) = \nu([x,y]) + \omega(x,y)$$

pour $x,y \in \mathfrak{G} \equiv (\mathfrak{G}^*)^*$ et $\nu \in \mathfrak{G}^*$.

Si $\widetilde{G}$ est le groupe de Lie connexe et simplement connexe d'algèbre $\mathfrak{G}$, les feuilles de $\wedge_\omega$ sont les orbites de la représentation affine ρ_ω:

$$\widetilde{G} \to \mathrm{Aff}(\mathfrak{G}^*) \qquad \text{dont} \qquad x \longmapsto (\omega(x,\cdot), ad^*(x))$$

est la représentation infinitésimale associée. La classe d'isomorphie de $\wedge_\omega$ ne dépend que de la classe de cohomologie $[\omega] \in H^2(\mathfrak{G},K)$. De plus $\wedge_\omega$ est linéaire si et seulement si $[\omega] = 0$ ou ce qui revient au même si et seulement si ρ_ω admet un point fixe. Supposons que $\wedge_\omega$ ait une feuille ouverte $\widetilde{G}\cdot\nu$ et soit $\pi_\nu : \widetilde{G} \to \widetilde{G}\cdot\nu = 0(\nu)$ l'application orbitale. La structure symplectique de $0(\nu)$ étant invariante par $\widetilde{G}$, et π_ν étant équivariante, elle se relève par π_ν en une structure symplectique invariante sur $\widetilde{G}$. Ainsi G est symplectique. De plus si G est connexe et $\wedge_\omega$ est linéaire, la structure symplectique invariante sur $\widetilde{G}$, et donc sur G, est exacte.

Par conséquent G admet une structure symplectique invariante exacte si et seulement si la représentation co-adjointe de G admet une orbite ouverte. Plus généralement, G admet une structure symplectique invariante si et seulement si $\widetilde{G}$ admet une représentation affine, de partie linéaire la co-adjointe et de 1-cocycle antisymétrique, ayant une orbite ouverte (voir [**Me 2**]). Par ailleurs soit ∇_0 la connexion restriction à l'orbite $0(\nu)$ de la connexion plate usuelle sur $\mathfrak{G}^*$. Alors $\pi_\nu^*\nabla_0 = \nabla$ est une connexion plate, c'est-à-dire de courbure et torsion nulles, invariante à gauche sur $\widetilde{G}$. Par conséquent le groupe symplectique G est aussi un groupe affine. Si ω est la structure symplectique invariante sur G il est facile de constater que ∇ est donnée par la formule

$$(1.1) \qquad \omega(xy, z) = -\omega(y, [x, z]), \qquad \nabla_x y = xy,$$

pour x, y, z dans $\mathfrak{G}$, $\mathfrak{G}$ étant identifiée à l'algèbre des champs invariants à gauche sur G. En général la donnée d'une structure affine invariante sur G équivaut à la donnée d'une représentation affine $\rho : \widetilde{G} \to \mathrm{Aff}(V) = V \times GL(V)$ ayant une orbite ouverte à isotropie discrète. Du point de vue infinitésimal ceci correspond à se donner une représentation affine d'algèbre de Lie $\psi : \mathfrak{G} \to \mathrm{aff}(V) = V \times gl(V)$, $x \longmapsto (q(x), f_x)$ pour laquelle il existe $v \in V$ tel que $\psi_v : x \longmapsto q(x) + f_x(v)$ soit un isomorphisme des espaces vectoriels $\mathfrak{G}$ et V. La connexion plate invariante sur $\widetilde{G}$ déduite de l'orbite ouverte est alors donnée par

$$\nabla_x = L_x = \psi_v^{-1} o f_x o \psi_v, \qquad x \in \mathfrak{G}$$

et ψ est isomorphe à la représentation $x \longmapsto (x, L_x)$, $x \in \mathfrak{G}$. Que cette dernière application soit une représentation s'exprime par les formules

$$(1.2) \qquad (xy)z - x(yz) = (yx)z - y(xz)$$

$$(1.3) \qquad [x, y] = xy - yx$$

pour x, y, z dans $\mathfrak{G}$4.

Un espace vectoriel A muni d'un produit bilinéaire $xy = L_x(y) = R_y(x)$ vérifiant (1.2) est appelée une algèbre symétrique à gauche (S.G). Dans une telle algèbre A, le crochet défini par (1.3) fait de A une algèbre de Lie. Si ce crochet coïncide avec un crochet de Lie donné au départ sur A nous dirons que les structures d'algèbre S.G et d'algèbre de Lie sur A sont compatibles. Ainsi se donner une structure de groupe affine sur G revient à munir $\mathfrak{G}$ d'une structure d'algèbre S.G compatible avec sa structure d'algèbre de Lie. Dans

[**He**] il est montré qu'une algèbre de Lie n'admet pas de structure d'algèbre S.G. compatible avec son crochet de Lie si $\mathfrak{D}G = \mathfrak{G}$.

On sait qu'une structure affine invariante sur G est complète si et seulement si les multiplication à droite de l'algèbre symétrique à gauche $\mathfrak{G}$ sont nilpotentes. Dans ce cas on dit que l'algèbre S.G. est nilpotente. Que $\mathfrak{G}$ soit nilpotente revient à dire que la forme sur $\mathfrak{G}$, $a \longmapsto \mathrm{tr}(R_a)$ est nulle. Dans ce cas $\widetilde{G}$ et donc G est résoluble car l'application orbitale est un difféomorphisme de $\widetilde{G}$ sur V. Posons,

1.1. DÉFINITION.: Un groupe de Lie symplectique est dit complet si la structure affine définie par (1.1) est complète.

Nous avons ([**Lich-Me**] théorème 3):

1.2. THÉORÈME. *Un groupe symplectique connexe G est complet si et seulement si G est unimodulaire (et résoluble).*

En effet soit $\nu \in \mathfrak{G}^*$ tel que l'orbite $0(\nu)$ de ν pour ρ_ω soit ouverte. Alors la différentielle f_ν de π_ν en l'élément neutre de $\widetilde{G}$, $f_\nu(a) = \omega(a,\cdot) + ad^*(a)(\nu) = (\omega - \delta v)(a,\cdot)$ est un isomorphisme d'espaces vectoriels. La structure affine ∇ sur G est définie par,

$$L_a = f_\nu^{-1} \circ ad^*(a) \circ f_\nu$$

avec $\nabla_a b = L_a(b) = R_b(a)$ pour a, b dans $\mathfrak{G}$. Donc pour tout a dans $\mathfrak{G}$ on a, $\mathrm{tr}(L_a) = -\mathrm{tr}(ad(a))$ et par suite $L_a - R_a = ad(a)$ implique $\mathrm{tr}(R_a) = -2\,\mathrm{tr}(ad(a))$. D'autre part que ∇ soit (géodésiquement) complète signifie que ρ_ω est transitive. Les représentations $a \longmapsto (a, L_a)$, $a \longmapsto (\omega(a,\cdot)$, $ad^*(a))$ étant isomorphes, la transitivité de ρ_ω équivaut au fait que pour tout a dans $\mathfrak{G}$, l'application $x \longmapsto x + R_a(x)$ est un isomorphisme de l'espace $\mathfrak{G}$. Cependant cette dernière condition est satisfaite si et seulement si l'homomorphisme d'algèbres de Lie $a \longmapsto \mathrm{tr}(R_a)$ est nul.

Par conséquent pour que $\mathrm{tr}(R_a) = 0$ pour tout a dans $\mathfrak{G}$ il faut et il suffit que $\mathrm{tr}(ad(a)) = 0$ quel que soit a dans $\mathfrak{G}$ et le résultat est prouvé.

1.3. PROPOSITION.. *Soit A une algèbre S.G. A_- l'algèbre de Lie sous-jacente. Alors $\omega \in \wedge^2 A^*$ est une structure symplectique sur A_- si et seulement si ω est non dégénérée et vérifie les deux conditions suivantes:*

1) $\omega(ab, c) + \omega(cb, a) = 0$

2) $\sum_{cy} \omega(ab, c) = 0,$ où $\sum_{cy}$ *désigne la somme cyclique.*

REMARQUE: La proposition 1.3 caractérise parmi les algèbres S.G. celles pour lesquelles le produit S.G provient d'une structure symplectique sur l'algèbre de Lie sous-jacente.

En effet si l'on retranche l'identité 1) de l'identité 2) on obtient

$$\omega([b,c]\ , a) + \omega(ca, b) = 0.$$

Rappelons la définition suivante ([**Me 1**]). Si A est S.G on appelle noyau de A l'idéal bilatère de A, défini par

$$N(A) = \{a \in A\ ; \quad L_a = R_a = 0\}.$$

Il est clair que $N(A)$ est inclus dans le centre $Z(A_-)$ de l'algèbre A_-.

On a:

1.4. LEMME. *Si (A, ω) est une algèbre symplectique alors*

$$N(A) = Z(A_-) = Z(A).$$

En effet $\omega(ab, c) = -\omega(b, [a, c])$ montre que si $a \in Z(A_-)$ alors $L_a = 0$ et donc $R_a = 0$.

Soit (A, ω) symplectique. Si A est unimodulaire alors A est nilpotente en tant qu'algèbre S.G et A est résoluble en tant qu'algèbre de Lie compte tenu de (1.2).

2.—NOTION DE DOUBLE EXTENSION

La cohomologie des algèbres symétriques à gauche est développée dans [**Ni**]. Soit A une algèbre S.G., M un A-bimodule et N un A_- module. Désignons par $H^k_{SG}(A, M)$ et $H^k_L(A_-, N)$ le k-ième groupe de cohomologie de A et de A_- respectivement à coefficients dans M et N. Considérons K comme A bimodule trivial. Un 2-cocycle de A scalaire, ou à coefficients dans K, est une application bilinéaire $f : A \times A \to K$ qui vérifie la condition suivante:

$$f(ab - ba, c) = f(a, bc) - f(b, ac).$$

Un 2-cocycle de la forme $f(a,b) = \varphi(ab)$ où $\varphi \in A^*$ est un 2-cobord scalaire de A. Le groupe $H^2_{SG}(A,K)$ classifie les extensions de A par K définissant la structure de A bimodule donné sur K pour lesquelles $K.K = 0$. L'extension $K \times A$ est alors une algèbre S.G pour laquelle la suite canonique

$$0 \to K \to K \times A \to A \to 0$$

est une suite exacte d'algèbre S.G. On a:

2.1. LEMME. *Si (A,ω) est une algèbre de Lie symplectique, la formule*

$$f(a,b) = \omega(\delta a, b) \tag{2.1}$$

induit un isomorphisme entre $H^2_{SG}(A,K)$ et $H^1_L(A,A)$ où A est vu comme A-module pour la représentation adjointe.

Pour prouver le lemme il suffit de remarquer que f est un 2-cocycle (resp. un 2-cobord) d'algèbre S.G. si et seulement si δ est une dérivation (resp. une dérivation intérieure) de A. Par ailleurs, en associant à un 2-cocycle f son antisymétrisée $\widetilde{f}(a,b) = f(a,b) - f(b,a)$ on définit un homomorphisme $\Phi : H^2_{SG}(A,K) \to H^2_L(A_-,K)$. Donc si (A,ω) est symplectique on obtient d'après le lemme un homomorphisme $\mathfrak{N} : H^1_L(A,A) \to H^2_L(A,K)$ déduit de l'application $\delta \to \beta_\delta$ avec $\beta_\delta(a,b) = \omega(\delta a,b) - \omega(\delta b,a) = \omega(\delta + \delta^*)a,b)$ où δ^* est l'adjoint de δ vis-à-vis de $\omega : \omega(a,\delta b) = \omega(\delta^* a,b)$. On remarque alors que la classe de δ est dans le noyau de $\mathfrak{N}$ si et seulement si $\delta + \delta^*$ est de la forme R_x pour x dans A. En particulier si δ est infinitésimalement symplectique $\delta + \delta^* = 0$ et donc $\beta_\delta = 0$. Ainsi l'homomorphisme $\mathfrak{N}$ n'est pas injectif.

2.2. LEMME. *Soit (A,ω) une algèbre symplectique. Si $Z(A) \neq O$ et I est une droite de $Z(A)$ alors:*

1) *I et $I^\perp$ sont des idéaux bilatères de A et I est inclus dans $N(A)$.*
2) *L'algèbre symétrique à gauche quotient $A/I^\perp$ est à produit nul.*
3) *Les suites canoniques*

$$0 \to I \to I^\perp \to I^\perp/I = B \to 0$$
$$0 \to I^\perp \to A \to A/I^\perp \to 0$$

sont des suites exactes d'algèbres S.G.

4) *L'algèbre de Lie quotient $I^\perp/I$ est symplectique.*

En effet d'après 1.4, $Z(A) = N(A)$ et donc I est un idéal bilatère de A de produit nul. De plus la formule $\omega(ab,c)+\omega(cb,a) = 0$ pour a dans I et b et c dans A montre que $cb \in I^{\perp}$. Ainsi $A/I^{\perp}$ est un algèbre S.G de dimension un à produit nul. De plus ω définit sur l'algèbre de Lie quotient $B = I^{\perp}/I$ une structure symplectique par restriction et passage au quotient.

Etudions en détail les suites exactes d'algèbres S.G du lemme. La première suite est définie par la classe de cohomologie d'un cocycle $f \in Z^2_{SG}(B, K)$ et donc d'après 2.1, elle est définie par la classe de cohomologie d'une dérivation δ de l'algèbre de Lie B.

Pour étudier la seconde choisissons une décomposition $I^{\perp} = I \oplus B$, $I = Ke$ où le produit $(0,a)(0,b)$ est donné par $(f(a,b), ab)$ avec $f(a,b) = \omega'(\delta a, b)$, $\omega((0,a),(0,b)) = \omega'(a,b)$ et $e(0,a) = (0,a)e = 0$. Identifions A à $I^{\perp} \oplus Kd$ où $\omega((\lambda, a), d) = \lambda$. Pour connaître la seconde suite il suffit de connaître les produits $d(0,a)$, $(0,a)d$ et $dd = d^2$ en sachant que $de = ed = 0$ puisque $e \in N(A)$. Pour déterminer ces produits utilisons la relation générale $\omega(ab,c) = -\omega(b,[a,c])$ dans laquelle nous allons remplacer a, b ou c par d. Notant désormais par a l'élément $(0,a)$ de $I^{\perp}$ nous avons:

$$\omega(ad,b) = -\omega(d,[a,b]) = f(a,b) - f(b,a) = \omega'((\delta+\delta^*)a, b).$$

Il en résulte donc que $ad = (\delta+\delta^*)a + \varphi(a)e$ où $\varphi(a) \in K$.

De même,

$$\omega(ab,d) = -\omega(b,[a,d]) = f(a,b) = \omega'(\delta a, b)$$

implique

$$[a,d] = \delta a + \psi(a)e, \qquad \psi(a) \in K,$$

ce qui donne

$$da = ad - [a,d] = \delta^* a + (\varphi(a) - \psi(a))e.$$

Comme $\omega(da,d) = 0$ on a $\varphi = \psi$ qui se calcule à l'aide de,

$$\omega(d^2, a) = -\omega([a,d],d) = \varphi(a).$$

De plus puisque $\omega(d^2,d) = 0$, d^2 est un élément z de B.

En résumé nous avons les formules suivantes:

$$(2.2) \qquad \begin{cases} d^2 &= z \in B \\ ad &= (\delta + \delta^*)a + \omega'(z,a)e \\ da &= \delta^* a \end{cases}$$

Ces formules impliquent que l'action de l'algèbre de Lie Kd sur $I^\perp$, qui détermine la seconde suite exacte d'algèbre de Lie, est donnée par

$$(2.3) \qquad \begin{cases} [d,e] = de - ed = 0 - 0 \\ [d,a] = da - ad = -\omega'(z,a)e - \delta(a), \qquad a \in B. \end{cases}$$

Soit (B,ω') une algèbre de Lie symplectique, δ une dérivation de B et $z \in B$. D'après ce qui précède les formules

$$f(a,b) = \omega'(\delta a, b)$$
$$\beta_\delta(a,b) = \omega'((\delta + \delta^*)a, b)$$

définissent un 2-cocycle de l'algèbre symétrique à gauche (resp. de l'algèbre de Lie) B. Soit $I^\perp = Ke \underset{\beta_\delta}{\times} B$ l'algèbre de Lie extension centrale de B par Ke définie par β_δ et A l'algèbre de Lie produit semi direct de $I^\perp$ par Kd suivant la représentation (2.3). Nous dirons que A est l'algèbre de Lie double extension de l'algèbre symplectique (B,ω') par K suivant le couple (δ, z). Nous avons:

2.3. THÉORÈME. *Soit* (B,ω') *une algèbre de Lie symplectique,* δ *une dérivation de* B *et* $z \in B$. *Alors l'algèbre de Lie* $A = (Ke \times B) \times Kd$ *double extension de* (B,ω') *suivant le couple* δ, z *est munie d'une structure symplectique* ω *qui étend* ω' *et pour laquelle* $Vect_K\ (e,d)$ *est un plan symplectique orthogonal à* B avec $\omega(e,d) = 1$.

Que la forme ω *sur* A*, qui est non dégénérée, soit un 2-cocycle de l'algèbre de* A *résulte d'une vérification directe.*

2.4. REMARQUE.: Il faut souligner que la double extension de (B,ω') par K suivant un couple (δ, z) peut être considérée comme une double extension dans la catégorie des algèbres S.G. vérifiant la proposition 1.3.

En effet le produit S.G. sur B, défini par ω', s'étend en un produit bilinéaire sur l'espace $A = Ke \oplus B \oplus Kd$ au moyen des formules (2.2). Ce produit fait de A une algèbre S.G. De plus ω vérifie les conditions 1) et 2) de la proposition 1.3.

Soulignons aussi que puisque $[e,d]_A = 0$ et $e \in Z(Ke \oplus B)$, il suit que Ke est inclus dans le centre $Z(A)$ de A. On a:

2.5. THÉORÈME. 1) *Soit* (A, ω) *une algèbre de Lie symplectique de dimension* $2n$ *de centre non nul. Alors* A *est double extension d'une algèbre de Lie symplectique* B *de dimension* $2n-2$ *par* K *suivant un couple* (δ, z) *où* $z \in B$ *et* δ *est une dérivation de* B.

2) *Les algèbres symplectiques nilpotentes s'obtiennent par une suite de doubles extensions successives suivant des couples* (δ, z) *où* δ *est nilpotente à partir de l'algèbre de dimension zéro.*

Seule la seconde affirmation nécessite un complément de démonstration. Si A est nilpotente, $Z(A) \neq \{0\}$ et B sera également nilpotente ce qui permet de continuer la descente. De plus on peut remarquer que $ad(d)$ est nilpotente si et seulement si δ l'est car une récurrence immédiate donne,

$$(ad(d))^k(a) = (-1)^k\{\delta^k a + \omega'(z, \delta^{k-1}(a))e\}.$$

Rappelons qu'une nilvariété est une variété quotient G/Γ où G est une groupe de Lie connexe et simplement connexe et Γ est un sous- groupe discret co-compact de G. Une nilvariété munie d'une forme symplectique sera dite une nilvariété symplectique. Comme l'ont observé Benson et Gordon dans [**Be-Go**] un résultat de Nomizu entraîne:

2.6. THÉORÈME.. *Soit* $(G/\Gamma, \omega)$ *une nilvariété symplectique. Il existe sur* G *une structure symplectique invariante qui induit sur* $\Gamma \setminus G$ *une forme cohomologue à* ω.

Soit $(G/\Gamma, \omega)$ une nilvariété symplectique telle que ω est déduite d'une 2-forme symplectique invariante à gauche sur G notée encore ω. Le $\mathbb{Z}$-module $\mathfrak{L}$ engendré par $(\exp)^{-1}(\Gamma)$ est un réseau de l'espace vectoriel $\mathfrak{G}$ tel que les constantes de structure de $\mathfrak{G}$ relatives à toute base contenue dans $\mathfrak{L}$ sont rationnelles.

Nous dirons que ω est <u>rationnelle</u> relativement à Γ si les coefficients de la matrice de ω relatifs à toute base de $\mathfrak{G}$ contenue dans $\mathfrak{L}$ sont rationnels.

Il est clair qu'il existe ω' forme symplectique invariante à gauche rationnelle sur G aussi voisine que l'on veut de ω. Dans ce cas nous dirons que la nilvariété symplectique $(G/\Gamma, \omega')$ est rationnelle et voisine de $(G/\Gamma, \omega)$.

Soit (A, ω) une algèbre nilpotente symplectique réelle. On dira que (A, ω) est rationnelle s'il existe une base de A par rapport à laquelle les coefficients de ω et les constantes de structure de A sont rationnels. Dans ce cas l'algèbre symétrique à gauche A définie par (1.1) est à constantes de structure rationnelles. Noter que si $(G/\Gamma, \omega)$ est rationnelle, $(\mathfrak{G}, \omega)$ est aussi rationnelle. On a:

2.7. Lemme. 1) *Si* (A, ω) *est une algèbre symplectique rationnelle, alors il existe une algèbre symplectique rationnelle* (B, ω') *et un couple* (δ, z) *d'éléments rationnels tels que* (A, ω) *est double extension de* (B, ω') *suivant* (δ, z).

2) *Si* (B, ω') *est une algèbre symplectique rationnelle et* z, δ *sont rationnels alors la double extension de* (B, ω') *suivant* (δ, z) *est une algèbre symplectique rationnelle.*

Soit $\mathfrak{B} = (e_i)_i$ une base de A pour laquelle les constantes de structure de l'algèbre de Lie A et les coefficients de ω sont rationnels. Désignons par A_0 le $\mathbf{Q}$ espace vectoriel engendré par $\mathfrak{B}$. Le centre $Z(A)$ est rationnel car $Z(A) = \bigcap_i \operatorname{Ker}(ad(e_i))$. Soit $I = \mathbf{R}e \subset Z(A)$ une droite avec $e \in A_0$, $e \neq 0$. Alors I et $I^\perp = \operatorname{Ker} \omega(\ \ , e)$ sont rationnels. Par conséquent $B = I^\perp / I$ admet une base dans laquelle les constantes de structure de l'algèbre de Lie quotient B et les coefficients du cocycle ω' sur B, déduit de $\omega / I^\perp$, sont rationnels. Ceci implique que l'algèbre symétrique à gauche B est à constantes de structure rationnelles.

Choisissons une décomposition $I^\perp = \mathbf{R}e \oplus B$ de sorte à identifier B avec un sous-espace rationnel de $I^\perp$. Des identités $(0,a)(0,b) = (f(a,b), ab)$; $f(a,b) = \omega'(\delta a, b)$ il suit que δ est rationnelle. En outre si l'on identifie A à $I^\perp \oplus \mathbf{R}d$ où $\omega((\lambda, a), d) = \lambda$ et $d \in A_0$, on pourra affirmer que $z = dd$ est rationnel dans B.

Réciproquement puisque $[d,a] = -\omega(z', a)e - \delta(a)$ pour a dans B, l'algèbre $A = (\mathbf{R}e \oplus B) \times \mathbf{R}d$ double extension de (B, ω') suivant (δ, z) est à constantes de structure rationnelles sous les hypothèses de l'assertion 2). Dans ce cas il est clair que la forme ω extension de ω' à A avec $\omega(e,d) = 1$ et $\operatorname{vect} \mathbf{R}(e,d) \perp B$ est à coefficients rationnels.

Voici une conséquence du lemme et de 2.5.

2.8. COROLLAIRE. *Toute algèbre symplectique rationnelle s'obtient par une suite de doubles extensions à partir de l'algèbre réelle commutative de dimension* 2.

A toute nilvariété symplectique correspond donc une algèbre symplectique nilpotente et rationnelle obtenue à partir de l'algèbre abélienne de dimension 2 par une suite de double extensions. A chaque stade, le groupe de Lie associé possède des sous-groupes discrets cocompacts, d'où une suite de nilvariétés symplectiques dont le premier terme est le tore de dimension 2.

Pour terminer ce paragraphe voici une condition nécessaire pour qu'une nilvariété puisse admettre une forme symplectique.

2.9. THÉORÈME. *Soit $M = G/\Gamma$ une nilvariété. Si M admet une forme symplectique alors il existe sur M une structure affine rationnelle complète invariante par l'action canonique de G déduite d'une structure symplectique invariante à gauche G qui est rationnelle pour Γ.*

Supposons que Ω soit une forme symplectique sur M. D'après 2.6 il existe une forme symplectique ω_0 invariante à gauche sur G telle que Ω est cohomologue à $\bar{\omega}_0$. Mais alors on peut trouver ω voisine de ω_0 telle que $(M, \bar{\omega})$ soit symplectique rationnelle. Considérons la connexion invariante à gauche sur G définie par $\omega(ab, c) = -\omega(b, [a, c])$. D'après 1.2, cette connexion est complète et elle est rationnelle pour Γ. Par conséquent la connexion invariante induite par ∇ sur M est complète.

3.—AUTRES CONSTRUCTIONS D'ALGÈBRES DE LIE SYMPLECTIQUES

Dans la suite (A, ω) désigne une algèbre symplectique.

3.1. LEMME 1.. *L'orthogonal $I^\perp$ d'un idéal (de Lie) I de (A, ω) est une sous-algèbre de A ; $I^\perp$ est un idéal si et seulement si $I^\perp \subset Z_A(I)$ où $Z_A(I)$ est le centralisateur de I dans A.*

Le lemme est une conséquence immédiate du fait que ω est un 2-cocycle de l'algèbre de Lie A. On remarquera que si $I^\perp \subset Z_A(I)$ et ω/I est non dégénérée alors A est somme directe orthogonale des idéaux I et $I^\perp$.

Un idéal I de A tel que $I = I^{\perp}$ est dit lagrangien. On a:

3.2. COROLLAIRE.. *Si I est un idéal lagrangien de (A, ω) alors I est abélien et I est un idéal bilatère de l'algèbre symétrique à gauche A.*

En effet $I^{\perp} = I$ est un idéal et donc $I \subset Z_A(I)$.

3.3. LEMME. *L'orthogonal $\mathfrak{D}(A)^{\perp}$ de l'idéal dérivé de (A, ω) est une sous-algèbre abélienne non réduite à zéro de A qui contient le centre de A.*

Pour le montrer il suffit d'appliquer la condition de cocycle pour a, b dans $\mathfrak{D}(A)^{\perp}$ et c dans A puis pour a, b dans A et c dans $Z(A)$. Rappelons que si $\mathfrak{D}(A) = A$, A ne possède pas de 2-cocycle inversible car A n'admet pas de produit S.G compatible avec le crochet de A d'après le résultat de Helmstetter.

3.4. PROPOSITION.. *Soit $A = R \oplus S$ une décomposition de Levi de l'algèbre symplectique non abélienne A, R étant le radical résoluble. Alors R contient un S-module trivial distinct de 0; R n'est pas un S-module simple et R n'est pas abélien.*

Pour le prouver écrivons $\mathfrak{D}(A) = (\mathfrak{D}(R) + [R, S]) \oplus S$ et $Z(A) = Z(R) \cap \mathrm{Ann}_s(R)$ où $\mathrm{Ann}_s(R) = \{x \in R, [S, x] = 0\}$. Alors R contient un S-module trivial non nul, sinon $[S, R] = R$ et par suite $\mathfrak{D}(A) = A$ ce qui est impossible. Si R est simple alors R est isomorphe au corps K et $[S, R] = 0$ d'après la première assertion. Ainsi: $A = R \oplus S$ avec S idéal de A et $A = Z(A) \oplus \mathfrak{D}(A)$. Or $Z(A) \subset \mathfrak{D}(A)^{\perp}$ d'après 3.3 ce qui implique que $\omega \mid S \times S$ est non dégénérée, ce qui est absurde.

Finalement si R est abélien on aurait encore $Z(A) = \mathrm{Ann}_s(R)$, $\mathfrak{D}(A) = S \oplus [S, R]$ et $A = \mathfrak{D}(A) \oplus Z(A)$. Or le même raisonnement ci-dessus montre que $\omega|_{\mathfrak{D}(A)}$ est non dégénérée. Mais comme $\mathfrak{D}(\mathfrak{D}(A)) = \mathfrak{D}(A)$, le résultat serait absurde.

3.5. REMARQUES: Le lemme 3.1. fournit une méthode de construction d'algèbres symplectiques assez générale. Soieent (A_1, ω_1), (A_2, ω_2) deux algèbres symplectiques et $r : A_2 \to \mathrm{Dér}(A_1)$ une représentation de A_2 par des dérivations symplectiques de A_1, c'est-à-dire vérifiant la condition

$$\omega_1(x \cdot y, z) + \omega_1(y, x \cdot z) = 0, \quad x \in A_2, \quad y, z \in A_1.$$

Alors l'algèbre produit semi-direct $A = A_1 \underset{r}{\times} A_2$ possède $\omega = \omega_1 + \omega_2$ comme 2-cocycle non singulier.

Soit (A, ω) une algèbre symplectique. Supposons que $\mathfrak{D}(A)^{\perp}$ ne soit pas inclus dans $\mathfrak{D}(A)$ et soit B un supplémentaire de $\mathfrak{D}A) \cap \mathfrak{D}(A)^{\perp}$ dans $\mathfrak{D}(A)^{\perp}$. Alors $\omega | B \times B$ est non singulière; $B^{\perp}$ est un idéal de A car il contient $\mathfrak{D}(A)$. Son orthogonal B est une sous-algèbre de A, dont l'intersection avec $\mathfrak{D}(A)$ est $\{0\}$: B est abélienne et on a la suite exacte canonique d'algèbres de Lie:

$$0 \rightarrow B^{\perp} \rightarrow A \rightarrow B \rightarrow 0$$

autrement dit, A s'obtient par la méthode ci-dessus.

Ces remarques et le théorème 2.5. fournissent une méthode de dévissage des algèbres symplectiques qui s'arrête dès qu'on trouve une algèbre symplectique telle que $Z(A) = 0$ et $\mathfrak{D}(A)^{\perp} \subset \mathfrak{D}(A)$. Si $Z(A) = 0$ et $\mathfrak{D}(A)^{\perp} = \mathfrak{D}(A)$, l'algèbre A est metabelienne (ou 2-résoluble) compte tenu de 3.3. De plus, d'après la proposition 2.1 de l'appendice de [**Me 1**], A est une algèbre produit semi-direct $A = \mathfrak{D}(A) \times B$ où l'on peut prendre pour B une sous-algèbre de Cartan de A. Les seules algèbres symplectiques qui soient kähleriennes plates font partie de cette famille d'algèbres ([**Lich-Me**]).

3.6. Exemples: Supposons $\dim \mathfrak{D}(A) = 1$, $\dim A = 2n$. Alors $\mathfrak{D}(A) \subset \mathfrak{D}(A)^{\perp}$ et $\mathfrak{D}(A)^{\perp}$ contient une sous-algèbre abélienne B de A de dimension $2n - 2$ sur laquelle ω est non dégénérée et par suite $B^{\perp}$ est un idéal de A de dimension 2. Si $B^{\perp}$ est abélien on montre aisément que A est produit direct de l'algèbre d'Heisenberg de dimension 3 par une algèbre abélienne. Si $B^{\perp}$ est non abélienne, un choix convenable de B peut être fait de sorte que A soit produit direct des algèbres symplectiques $B^{\perp}$ et B.

Soit A_n l'algèbre produit direct de n copies de l'algèbre non commutative A_1 de dimension 2. Considérons A_n comme le produit semi-direct de K^n, idéal abélien, par l'algèbre D_n de toutes les matrices diagonales au moyen de l'action naturelle de D_n sur K^n:

$$0 \rightarrow K^n \rightarrow A_n \rightarrow D_n \rightarrow 0$$

Comme A_1 possède un 2-cocycle inversible (tout 2-cobord non nul est inversible), A_n possède des 2-cobords inversibles. Si $(e_i)_{i \in I}$ est la base canonique de K^n et $g = \sum \lambda_i e_i^*$, tout 2-cobord est de la forme $\beta_g(x, y) =$

$g([x,y])$, $x,y \in A_n$ et il est non singulier si et seulement si $\lambda_1\lambda_2\cdots\lambda_n \neq 0$. Cependant pour $n \geq 2$, A_n possède des 2-cocycles inversibles qui ne sont pas des cobords car $H^2(A_n, K) \neq (0)$: toute forme bilinéaire alternée $\beta_g + w$, où $w \in \wedge^2 D_n^*$, est un 2-cocycle non trivial si $w \neq 0$, non singulier si β_g ne l'est pas et si w est suffisamment proche de 0.

Dans cet exemple $Z(A) = 0$ et $\mathfrak{D}(A)^\perp = \mathfrak{D}(A)$. Cet exemple peut être généralisé de façon à obtenir les algèbres symplectiques non résolubles; rappelons que A_1 est l'algèbre de Lie du groupe des transformations affines de la droite K.

Considérons l'algèbre du groupe de transformations affines de K^n, $n > 1$, noté Aff_n:

$$0 \to K^n \to \mathrm{Aff}_n \to gl_n(K) \to 0.$$

Il s'agit d'une algèbre dont une composante de Levi S est $sl_n(K)$ et dont le radical résoluble est le produit semi-direct R:

$$0 \to K^n \to R \to K \to 0$$

où K agit par des homothéties sur K^n.

L'algèbre A_n apparaît comme une sous-algèbre de Aff_n en identifiant D_n à la somme du radical de $gl_n(K)$ et d'une sous-algèbre de Cartan déployante de $sl_n(K)$. Aussi il est facile de vérifier que $H^2(\mathrm{Aff}_n, K) = 0$ car il en est de même de $H^2(R, K)$. Pour mettre en évidence une structure sympelctique sur Aff_n il nous suffit donc de chercher des 2-cobords non singuliers de Aff_n.

Noter que l'on a $R = R_0 \oplus R_1$ où $\mathfrak{D}(R) = R_0 = [S, R]$ et $[S, R_1] = 0$.

Comme $sl_n(K)$ est simple sa forme de killing k est non dégénérée et tout 2-cocycle (2-cobord) y est de la forme $(u,v) \longmapsto k(M,[u,v])$ où M appartient à $sl_n(K)$. Par conséquent un 2-cobord β sur Aff_n est donné par la formule

$$\beta((x,u),(y,v)) = g(u(y) - v(x)) + k(M,[u,v])$$

avec $g \in (K^n)^*$ et $M \in sl_n(K)$.

Pour que β soit non singulier il est nécessaire que le radical de sa restriction à $gl_n(K)$ soit au plus de dimension n. La formule $k(M,[u,v]) = k([M,u],v)$ montre que ce radical est exactement le commutant de M dans $gl_n(K)$. On prendra donc par exemple pour M un élément semi-simple de valeurs propres distinctes de sorte que si l'on choisit pour base de K^n des vecteurs propres de M, le radical de $\beta/gl_n(K)$ s'identifie à D_n. Alors la restriction de β à $K^n \times D$ ne dépend que de g et d'après l'exemple précédent elle sera non dégénérée si et seulement si aucun vecteur propre de M n'est dans le noyau de g. Dans ces conditions il est clair que β est bien un 2-cobord non singulier sur Aff_n. Nous avons ainsi:

3.7. THÉORÈME. *Le groupe affine $GA(K^n)$ admet des structures symplectiques invariantes. Ces structures sont toutes exactes. En particulier $GA(K^n)$ admet une structure affine invariante déduite d'une structure symplectique qui n'est pas complète.*

Que la structure affine n'est pas complète résulte de la proposition suivante:

3.8. LEMME. *Soit (A,ω) une algèbre de Lie symplectique. Le 2-cocycle ω est un 2-cobord si et seulement si l'algèbre symétrique à gauche A possède un élément neutre à droite.*

En effet si $\omega(x,y) = g([x,y])$ avec $g \in A^*$ alors il existe $e \in A$ tel que $\omega(x,y) = -\omega(e,[x,y]) = \omega(xe,y)$. L'assertion réciproque résulte immédiatement de cette formule.

Soit B une algèbre symétrique à gauche (par exemple associative). L'espace dual B^* est un B-bimodule pour les opérations à droite et à gauche suivantes:

$$f \cdot b = f \circ R_b \qquad b \cdot f = ad^*(b)(f)$$

pour f dans B^* et b dans B. Considérons l'algèbre symétrique à gauche A extension de B par le B-bimodule B^*, idéal de carré nul. En tant qu'algèbre de Lie A est produit semi-direct de B par B^* considéré comme B-module au moyen de la représentation $b \longmapsto -{}^tL_b$ de B dans B^*.

Soit $\omega : A \times A \to K$ la forme bilinéaire alternée canonique $\omega(f,a),(g,b)) = f(b) - g(a)$. La forme ω vérifie les propriétés 1) et 2) de la proposition 1.4 de sorte que ω fait de A une algèbre symplectique. Ici B^* est un idéal lagrangien commutatif.

Soit maintenant R une K-algèbre de Lie quelconque et $\rho : R \to gl(V)$ une représentation fidèle de R de sorte que R s'identifie à une sous-algèbre de Lie de l'algèbre des commutateurs de l'algèbre associative $\mathrm{End}_K(V)$. Si

$A = \mathrm{End}_K(V)^* \times \mathrm{End}_K(V)$ est l'algèbre symplectique ci-dessus construite alors R s'identifie à une sous-algèbre de Lie de A. On a donc montré:

3.8. PROPOSITION. *Toute algèbre de Lie peut être plongée comme sous-algèbre d'une algèbre de Lie symplectique.*

Voici un exemple de cette situation où l'algèbre symplectique est de dimension minimale. Plongeons $so(3,\mathbb{R})$ de façon canonique dans l'anneau des quaternions $\mathbb{H}$. Alors $R = so(3,\mathbb{R})$ peut être vue comme une sous-algèbre de l'algèbre symplectique $A = \mathbb{H}^* \times H$ dont une composante de Levi est $so(3,\mathbb{R})$ et dont le radical est un R-module de dimension 5.

On remarquera que l'algèbre symétrique à gauche $A = \mathrm{End}_k(V)^* \times \mathrm{End}_k(V)$ ci-dessus considérée n'est pas associative en général.

Rappelons qu'un groupe de Lie muni d'une métrique pseudo-riemannienne invariante par les translations à gauche et à droite du groupe est appelé orthogonal: ces groupes ont été classifiés par leurs algèbres de Lie dans [**Me-Re 1**,2]. On a:

3.9. THÉORÈME. *Soit $(G, \omega, \langle , \rangle)$ un groupe de Lie symplectique orthogonal. Alors il existe une métrique invariante sur G de même indice que $\langle , \rangle$ telle que la connexion plate sur G déduite de ω soit la connexion de Levi-Civita de cette métrique.*

Soit A l'algèbre de Lie de G; A est munie d'une forme bilinéaire $\langle , \rangle$ vérifiant,

$$\langle ad(a)(x), y\rangle + \langle x, (ad(a))y\rangle = 0$$

et par suite toute 2-cocycle ω_1 de A s'écrit $\omega_1(x,y) = \langle Dx, y\rangle$ où D est une dérivation antisymétrique de A. Puisque ω est non singulier, la dérivation D déduite de ω est inversible et la structure S.G déduite de ω est définie par

$$L_a = D^{-1} o\, ad(a)\, o\, D$$

Considérons la forme bilinéaire sur A définie par

$$\begin{aligned} \langle u,v\rangle_1 &= \langle Du,Dv\rangle \cdot \quad \text{On a alors} \\ \langle L_a(u),v\rangle_1 &= \langle D(L_a u),Dv\rangle \\ &= \langle (ad(a)\, o\, D)(u),\, Dv\rangle \\ &= -\langle Du,(ad_a o\, D)(v)\rangle \\ &= -\langle Du,(D\, o\, L_a)(v)\rangle \\ &= -\langle u,L_a(v)\rangle_1 \end{aligned}$$

ce qui montre le résultat.

4.—Algèbres symplectiques de dimension 4

Toute algèbre symplectique étant de dimension paire, nous allons décrire celles de dimension ≤ 4. En dimension 2, les deux algèbres de Lie sont symplectiques: sur l'algèbre abélienne, toute forme bilinéaire alternée w est un 2-cobord, mais pas un 2-cocycle si elle est non nulle, et non singulière si $w \neq 0$. Sur l'algèbre A_1 du groupe affine de la droite, tout 2-cocycle non nul est un 2-cobord inversible.

Si (A,ω) est une algèbre symplectique non résoluble, elle a une partie semi simple de dimension au moins 3 et la proposition 3.4 dit que $\dim A \geq 6$: il en existe d'ailleurs une, c'est l'algèbre de Lie du groupe affine, $\mathrm{Aff}_2(K)$. On a donc le résultat suivant ([**Bo**, Thm. 9.]):

4.1. Lemme. *Si (A,ω) est symplectique de dimension 4, A est résoluble*

La classification des algèbres de Lie résolubles réelles de dimension 4 est donnée dans [**Ber**, ch. VIII]. Nous donnons ici par un tableau, les algèbres de Lie de dimension 4 qui sont symplectiques.

Nous fournissons ici, à isomorphisme près, pour chacune des algèbres résolubles, décomposables et indécomposables une série de renseignements: $\dim B^2(A,\mathbb{R}) = \dim \mathfrak{D}(A)$; $\dim H^2(A,\mathbb{R}) = \dim Z^2(A,\mathbb{R}) - \dim B^2(A,\mathbb{R})$ l'espace des 2-cocycles, modulo les 2-cobords. Enfin dans les deux dernières colonnes du tableau, nous indiquons par une croix si l'algèbre possède des 2-cobords (resp. des 2-cocycles inversibles), la première propriété entraînant naturellement la seconde.

Certaines algèbres forment une famille à un ou deux paramètres réels non nuls: il peut arriver que l'existence de 2-cobords (2-cocycles) inversibles et la dimension de H^2 dépendent des valeurs de ces paramètres. Les notations employées sont celles de [**Ber**].

4.2. Algèbres décomposables:

	(1)	(2)	(3)	(4)
Ab_4	0	6		×
$A_1 \times Ab_2$	1	3		×
A_2	2	1	×	×
$A_{3,1} \times Ab_1$	1	4		×
$A_{3,2}(-1) \times Ab_1$	2	2		×
$A_{3,2}(\alpha) \times Ab_1\ \alpha \neq -1$	2	1		
$A_{3,3} \times Ab_1$	2	1		
$A_{3,4}(0) \times Ab_1$	2	2		×
$A_{3,4}(\alpha) \times Ab_1 \quad \alpha \neq 0$	2	1		

Ab_i désigne l'algèbre abélienne de dimension i.

A_1 et A_2 sont les algèbres ainsi désignées dans 3.6.

$A_{3,i}$ $i = 1, 2, 3, 4$ sont les algèbres résolubles de dimension 3 de [**Be**] page 180.

Dans les colonnes (1) et (2) sont indiquées $\dim \mathfrak{D}(A)$ et $\dim H^2(A, \mathbb{R})$; dans 3 (respectivement (4)), est indiquée par une croix l'existence d'un cobord non singulier (resp. cocycle). Evidemment la présence d'une croix dans (3) implique celle d'une croix dans (4).

4.3. Algèbres indécomposables:

	(1)	(2)	(3)	(4)
$A_{4,1}$	2	1	×	×
$A_{4,2}$	2	1	×	×
$A_{4,3}$	2	2		×
$A_{4,4}$	2	2		×
$A_{4,5}(-1,1)$	3	2		×
$A_{4,5}(\alpha,-\alpha) \quad -1<\alpha<0$	3	1		×
$A_{4,5}(-1,\beta) \quad 0<\beta<1$	3	1		×
$A_{4,5}(\alpha,\beta) \quad ; \quad (\alpha+1)(\beta+1)(\alpha+\beta)\neq 0$	3	0		
$A_{4,6}(-1)$	3	1		×
$A_{4,6}(\alpha) \quad \alpha\neq -1$	3	0		
$A_{4,7}$	3	0		
$A_{4,8}(\alpha,0)$	3	1		×
$A_{4,8}(\alpha,\beta)$	3	0		
$A_{4,9}(\frac{1}{2})$	3	1	×	×
$A_{4,9}(0)$	3	0		
$A_{4,9}(\alpha)$	3	0	×	×
$A_{4,10}$	3	0	×	×
$A_{4,11}(0)$	3	0		
$A_{4,11}(\alpha)$	3	0	×	×

Bibliographie

[**Be-Go**] G. Benson, C. Gordon, *Kähler and symplectic structures on nilmanifolds.*, Topology **27,4** (1988), 513–518.

[**Ber**] Bernat et al ..., "Représentations des groupes de Lie résolubles," Dunod, Paris, 1972.

[**Bo**] Bon-Yao-Chu, *Symplectic homogeneous spaces*, Trans. Am. Math. Soc. **197** (1974), 145–159.

[**He**] J. Helmstetter, *Radical d'une algèbre symétrique à gauche*, Ann. Inst. Fourier **29,4** (1979), 17–35.

[**Lic-Me**] A. Lichnerowicz, A. Medina, *On Lie groups with left-invariant symplectic or kählerian structures*, Lett. in Math. Phys. **16** (1988), 225-235.

[**Me-Re 1**] A. Medina, Ph. Revoy, *Caractérisation des groupes de Lie ayant une pseudo-métrique bi-invariante.*, Applications, Sem. Sud-Rhodanien de Géom. Vol. III, Collection travaux en cours (1984), 149–166, Hermann, Paris.

[**Me-Re 2**] ________, *Algèbres de Lie et produit scalaire invariant*, Ann. Ec. Norm. Sup., 4ème série, **t18** (1985), 553–561.

[**Me 1**] A. Medina, *Flat left-invariant connections adapted to the automorphism structure of a Lie group*, J. of Diff. Geom. **16** (1981), 445–474.

[**Me 2**] ________, *Structures de Poisson affines*, Colloque International Casablanca (1987). (à paraître) (voir aussi Séminaire de Montpellier 1987).

[**Ni**] A. Nijenhuis, *Sur une classe de propriétés communes à quelques types différents d'algèbres*, L'enseignement Mathém. **XIV,** Fasc. 3-4, 225–275.

Alberto MEDINA:
URA CNRS 1407—GDR 144
Université d'Avignon
Départment de Mathématiques
33, rue Louis Pasteur
84000 Avignon
FRANCE

Philippe REVOY:
Université de Montpellier II
Institut de Mathématique
Case 051
Place Eugène Bataillon
34095 Montpellier Cedex 5
FRANCE

Holonomy Groupoids of Generalized Foliations. II. Transverse Measures and Modular Classes

HARUO SUZUKI

INTRODUCTION

A generalized foliation is a foliation with singular leaves in the sense of P. Stefan [St] and P. Dazord [D]. In the preceding paper [Su], we defined notions of holonomy maps and holonomy groupoids for a generalized foliation whose singular leaves are all tractable. We continue to investigate their properties.

Let $\mathcal{D}$ be a generalized C^∞-foliation on a manifold M. A singular leaf F is called tractable if F has a saturated neighborhood N in M with following conditions:

(i) N is isomorphic to a fiber bundle over F, $\pi : N \to F$ having a fiber V with a foliation Δ_V which is a representative of the germ Δ_F of transverse structure.

(ii) The structural group of the bundle is the group of isomorphisms of Δ_V and the foliation of N defined by a local product of the one leaf foliation of F and Δ_V is the restriction $\mathcal{D}_N$ of $\mathcal{D}$ to N.

If for a representative Δ_V of the germ Δ_F of transverse structure of any leaf F, the projection ρ of V onto its leaf space,

$$V \to V/\Delta_V$$

has a continuous section, the germ Δ_F is called *liftable*. The foliation $\mathcal{D}$ is called *locally liftable*, if for each leaf F of $\mathcal{D}$, the germ Δ_F of transverse structure is liftable. Note that a regular foliation is locally liftable and so the notion of the local liftable foliation includes a regular ergodic foliation in general, but a tractable singular leaf can not be ergodic because it is always proper.

If each singular leaf of the foliation $\mathcal{D}$ is tractable, then we have the holonomy groupoid $G(\mathcal{D})$ by [Su, THEOREM 2.2]. Let $H^1(G(\mathcal{D}))$ denote the groupoid 1-cohomology group of $G(\mathcal{D})$ for Borel cochains.

Let $C_{\mathcal{D}}$ be the sheaf of germs of real valued Lebesgue measurable functions on M constant along leaves, and $H^1(M; C_{\mathcal{D}})$ the 1-sheaf cohomology group of M with the coefficient sheaf $C_{\mathcal{D}}$. Then we have

THEOREM 3.1. *Let $\mathcal{D}$ be a foliation whose singular leaves are all tractable. If $\mathcal{D}$ is locally liftable, then there is a natural injective homomorphism*

$$H^1(G(\mathcal{D})) \to H^1(M; C_{\mathcal{D}}).$$

We can extend the notion of Connes' transverse measure [C1] (cf. [Y]) to a foliation with singular leaves.

THEOREM 4.2. *Let $\mathcal{D}$ be a locally liftable foliation whose singular leaves are all tractable. For every positive nowhere vanishing measure μ in M which is quasi invariant, there exists a transverse measure Λ and its module δ determined by μ through the Connes' bijection.*

As an application of these theorems one can obtain the modular class of the Connes' transverse measure of $G(\mathcal{D})$ for a generalized foliation $\mathcal{D}$. (See COROLLARY 4.3.)

In Section 1, we briefly review a groupoid cohomology group and a sheaf cohomology group. In Section 2, we make a 1-cocycle with coefficients in the sheaf $C_{\mathcal{D}}$ on M, from a groupoid 1-cocycle of $G(\mathcal{D})$. In Section 3, THEOREM 3.1 is proved. In the last section, THEOREM 4.2 is proved. Then the groupoid 1-cocycle associated with a transverse measure of $G(\mathcal{D})$ is constructed and a modular class of $\mathcal{D}$ is formulated as the image of its cohomology class by the homomorphism of THEOREM 3.1.

We use basically the groupoid cohomology of Borel cochains by comments of the referee. In particular, the proofs of LEMMA 4.1 and THEOREM 4.2 are improved to complete forms. The author appreciates very much valuable advices of the referee. He also thanks deeply the editors, Prof. P. Dazord and Prof. A. Weinstein.

1. COHOMOLOGY GROUPS

Let G be a topological groupoid with a base $G^{(0)}$. We set $G^{(1)} = G$ and define a subspace $G^{(n)}$ of the n-fold product $G \times \cdots \times G$ by

$$G^{(n)} = \{(a_1, \cdots, a_n) | a_i \in G, s(a_i) = r(a_{i+1}), 2 \leqq i < n\},$$

where $s, r : G \to G^{(0)}$ are the source and the target maps respectively. Let c be a Borel n-cochain of G, that is, a Lebesgue measurable function $c : G^{(n)} \to \mathbf{R}$.

The coboundary δc of c is a Lebesgue measurable function $G^{(n+1)} \to \mathbf{R}$ given by

$$\begin{aligned}\delta c(a_1, \cdots, a_{n+1}) &= c(a_2, \cdots, a_{n+1}) - c(a_1 a_2, a_3, \cdots, a_{n+1}) \\ &\quad + \cdots + (-1)^i c(a_1, \cdots, a_i, a_i a_{i+1}, a_{i+2}, \cdots, a_{n+1}) \\ &\quad + \cdots + (-1)^{n+1} c(a_1, \cdots, a_n), \quad n \geqq 1,\end{aligned}$$

$$\delta c(a) = c \cdot r(a) - c \cdot s(a), \quad n = 0.$$

The set of Borel n-cochains makes a natural additive group $C^n(G)$ and δ is extended to a homomorphism $\delta : C^n(G) \to C^{n+1}(G)$. We have $\delta\delta = 0$ and thus the groupoid n-cohomology $H^n(G(\mathcal{D}))$ is obtained.

Let $G = G(\mathcal{D})$ be the holonomy groupoid of a generalized C^∞-foliation $\mathcal{D}$ on a manifold M then $G^{(0)} = M$. If $\mathcal{E}$ is the regular part of $\mathcal{D}$, then we have the inclusion map $i : G(\mathcal{E}) \to G(\mathcal{D})$ which induces a cochain map $i^\sharp : C^n(G(\mathcal{D})) \to C^n(G(\mathcal{E}))$.

One can define a (compactly supported) continuous function on $G(\mathcal{D})$ according to A. Connes [C2, pp. 562-569]. The set of (compactly supported) continuous n-cochains of $G(\mathcal{D})$ makes a subgroup $C_0^n(G(\mathcal{D}))$ of $C^n(G(\mathcal{D}))$ and we have $\delta(C_0^n(G(\mathcal{D}))) \subset C_0^{n+1}(G(\mathcal{D}))$. Therefore, one can also define the groupoid n-cohomology $H^n_{conti}(G(\mathcal{D}))$ for continuous cochains.

PROPOSITION 1.1. *The inclusion map $i : G(\mathcal{E}) \to G(\mathcal{D})$ induces an injective cochain map*

$$i^\sharp : C_0^n(G(\mathcal{D})) \to C_0^n(G(\mathcal{E}))$$

for continuous n-cochain groups.

PROOF: This follows directly from the density of $G(\mathcal{E})$ into $G(\mathcal{D})$. □

This proposition can serve to show the vanishing of some element in $H^n_{conti}(G(\mathcal{D}))$.

2. 1-COCYCLES

Let $C_\mathcal{D}$ be the sheaf of germs of Lebesgue measurable functions on M constant along leaves of $\mathcal{D}$ and $\mathcal{U} = \{U_\alpha\}$ an open covering of M. The n-cohomology group of M with the coefficient sheaf $C_\mathcal{D}$ is defined by the direct limit,

$$H^n(M; C_\mathcal{D}) = \varinjlim_{\mathcal{U}} H^n(\mathcal{U}; C_\mathcal{D}).$$

For a leaf F of the foliation $\mathcal{D}$, we have the germ Δ_F of transverse structure of F. If Δ_F has a representative Δ_V such that the projection ρ of V onto its leaf space $V \to V/\Delta_V$ has a continuous section $\tau : V/\Delta_V \to V$, the germ Δ_F is called *liftable*. The foliation $\mathcal{D}$ is called *locally liftable* if for each leaf F of $\mathcal{D}$, the germ Δ_F of transverse structure is liftable.

For a regular leaf F, Δ_V is the point foliation, so that V is identified with V/Δ_V and hence Δ_F is obviously liftable. Therefore, a regular foliation is locally liftable. As is seen in the irrational line foliation on the 2-torus, the notion of the locally liftable foliation includes a regular ergodic foliation in general.

The following lemma is proved by a well known trick to modify the module of any transverse measure on a standard Borel groupoid (cf., e. g. [M-S, pp. 100-101]).

LEMMA 2.1. *Let $\mathcal{D}$ be a C^∞-foliation on a manifold M, whose singular leaves are all tractable. If $\mathcal{D}$ is locally liftable, then for any 1-cocycle $z \in Z^1(G(\mathcal{D})) = (\mathrm{Ker}\,\delta) \cap C^1(G(\mathcal{D}))$ and a foliation coordinate neighborhood U, one can find a Lebesgue measurable function f on U, such that*

$$z(a) = f(r(a)) - f(s(a)) \quad a \in G(\mathcal{D}|_U).$$

PROOF: If U is a foliation coordinate neighborhood of a point of a regular leaf F, we have a diffeomorphism

$$U \cong \Omega \times B^q,$$

where q is the codimension of the leaf, B^q is an open q-disk and Ω is a plaque of $\mathcal{D}|_U$. In this case, one can take the point foliation of B^q as a representative Δ_V of the germ of transverse structure Δ_F and clearly it is liftable.

Let U be a foliation coordinate neighborhood of an arbitary point p of M. It is diffeomorphic to

$$W \times V,$$

where W is a plaque of the leaf F through p and V is a representative manifold of Δ_F. Let $pr_2 : U \cong W \times V \to V$ denote the second factor projection. We fix a point $u_0 \in W$. For each point $x \in U$, the plaque L_x through x intersects with the set $\{u_0\} \times \tau(V/\Delta_V) \subset U$ at a unique point $t(x) = (u_0, \tau([pr_2(x)]))$ where $[pr_2(x)]$ is the point of V/Δ_V determined by $pr_2(x)$ and $\tau : V/\Delta_V \to V$ is a continuous section of the liftability of Δ_F.

Since the liftability of Δ_F means that each leaf of Δ_V has a trivial holonomy, each leaf of $\mathcal{D}|_U$ has a trivial holonomy, and hence an element a of $G(\mathcal{D}|_U)$ is determined by its source and target point. a is denoted by (x_1, x_2) where x_1, x_2 belong to the same plaque in $\mathcal{D}|_U$. For given 1-cocyle $z \in Z^1(G(\mathcal{D}))$, we define a real valued function f on U by

$$f(x) = z((x, t(x))).$$

Since $t(x)$ is continuous from its defining formula, f is Lebesgue measurable. The cocycle condition of z and the equality $t(x_1) = t(x_2)$ yields an equation,

$$z(x_2, t(x_2)) - z(x_1, t(x_1)) + z(x_1, x_2) = 0$$

for $(x_1, x_2) \in G(\mathcal{D}|_U)$. Therefore, it follows that

$$z(x_1, x_2) = z(x_1, t(x_1)) - z(x_2, t(x_2))$$

which is written as

$$z(a) = f(r(a)) - f(s(a)), \quad a \in G(\mathcal{D}|_U).$$

□

Let $\mathcal{U} = \{U_\alpha\}$ be an open covering of M by foliation coordinate neighborhoods for the foliation $\mathcal{D}$. By LEMMA 2.1, one can find a real valued Lebesgue measurable function f_α on U_α such that

$$z|_{G(\mathcal{D}|_{U_\alpha})} = f_\alpha \cdot r - f_\alpha \cdot s$$

for any 1-cocycle $z \in Z^1(G(\mathcal{D}))$.

LEMMA 2.2. *Under the same assumption on the foliation $\mathcal{D}$ as in LEMMA 2.1, the function*

$$c_{\alpha\beta} = f_\alpha|_{U_\alpha \cap U_\beta} - f_\beta|_{U_\alpha \cap U_\beta}$$

is a section of the sheaf $C_{\mathcal{D}}(U_\alpha \cap U_\beta)$.

The functions $c_{\alpha\beta}$ satisfy the following conditions:

(i) $\quad c_{\alpha\beta} = -c_{\beta_\alpha}$ (*skew symmetry*),

(ii) $\quad c_{\alpha\beta} + c_{\beta_\gamma} + c_{\gamma_\alpha} = 0$ (*cocycle condition*) on $U_\alpha \cap U_\beta \cap U_\gamma$.

PROOF: If $(x, y) \in G(\mathcal{D}|_{U_\alpha \cap U_\beta})$, we have

$$\begin{aligned} c_{\alpha\beta}(x) - c_{\alpha\beta}(y) &= f_\alpha(x) - f_\beta(x) - (f_\alpha(y) - f_\beta(y)) \\ &= f_\alpha(x) - f_\alpha(y) - (f_\beta(x) - f_\beta(y)) \\ &= z((x,y)) - z((x,y)) \\ &= 0 \end{aligned}$$

which means $c_{\alpha\beta}$ is constant along leaves of $\mathcal{D}|_{U_\alpha \cap U_\beta}$.

The second part (i), (ii) follows straightforwardly from the first part. □

3. 1-COHOMOLOGY HOMOMORPHISMS

Let $\mathcal{U} = \{U_\alpha\}$ be the open covering of the manifold M by foliation coordinate neighborhoods for the foliation $\mathcal{D}$ on M, as in the previous section. Let $c_{\alpha\beta}$ be the section of $C_{\mathcal{D}}(U_\alpha \cap U_\beta)$ in LEMMA 2.2. By the second part (i), (ii) of the lemma, the set $\{c_{\alpha\beta}\}$ defines a cohomology class $[c_{\alpha\beta}] \in H^1(M; C_{\mathcal{D}})$ and we have,

THEOREM 3.1. *The correspondence from a 1-cocycle $z \in Z^1(G(\mathcal{D}))$ to $[c_{\alpha\beta}] \in H^1(M; C_{\mathcal{D}})$ defines a homomorphism*

$$\iota : H^1(G(\mathcal{D})) \to H^1(M; C_{\mathcal{D}}),$$

and moreover, ι is a monomorphism.

PROOF: Let f'_α be another real valued Lebesgue measurable function on U_α, obtained as in LEMMA 2.1 from the 1-cocycle $z \in Z^1(G(\mathcal{D}))$, that is,

$$z|_{G(\mathcal{D}|_{U_\alpha})} = f'_\alpha \cdot r - f'_\alpha \cdot s.$$

By the definition of f_α and f'_α, it follows that

$$\begin{aligned} (f_\alpha(x) - f'_\alpha(x)) - (f_\alpha(y) - f'_\alpha(y)) &= f_\alpha(x) - f_\alpha(y) - (f'_\alpha(x) - f'_\alpha(y)) \\ &= z(x,y) - z(x,y) \\ &= 0, \end{aligned}$$

if x, y belong to the same plaque of U_α.

If we set

$$c'_{\alpha\beta} = f'_\alpha|_{U_\alpha \cap U_\beta} - f'_\beta|_{U_\alpha \cap U_\beta},$$

one obtains

$$\begin{aligned} c_{\alpha\beta} - c'_{\alpha\beta} &= (f_\alpha - f_\beta) - (f'_\alpha - f'_\beta) \\ &= (f_\alpha - f'_\alpha) - (f_\beta - f'_\beta). \end{aligned}$$

Since $f_\alpha - f'_\alpha$ are constant along leaves, we have

$$[c_{\alpha\beta}] = [c'_{\alpha\beta}],$$

that is, the cohomology class $[c_{\alpha\beta}]$ does not depend on the choice of functions f_α.

If $z = \delta h$, then we have

$$\begin{aligned} z(a) &= \delta h(a) \\ &= h \cdot r(a) - h \cdot s(a). \end{aligned}$$

But h is a function globally defined on M and hence one gets

$$\begin{aligned} c_{\alpha\beta} &= h|_{U_\alpha \cap U_\beta} - h|_{U_\alpha \cap U_\beta} \\ &= 0, \end{aligned}$$

that is, the class $[c_{\alpha\beta}]$ does not depend on the choice of a representative of $[z] \in H^1(G(\mathcal{D}))$. The correspondence $[z] \to [c_{\alpha\beta}]$ is obviously linear and defines a homomorphism

$$\iota : H^1(G(\mathcal{D})) \to H^1(M; C_{\mathcal{D}}).$$

Let z be a 1-cocycle of $G(\mathcal{D})$ and assume that $\iota([z]) = 0$. We take real valued functions f_α with relations $z|_{G(\mathcal{D}|_{U_\alpha})} = f_\alpha \cdot r - f_\alpha \cdot s$ and set

$$c_{\alpha\beta} = f_\alpha|_{U_\alpha \cap U_\beta} - f_\beta|_{U_\alpha \cap U_\beta}.$$

By the above assumption, there are sections g_α of $C_{\mathcal{D}}(U_\alpha)$ such that

$$f_\alpha - f_\beta = g_\alpha - g_\beta$$

on $U_\alpha \cap U_\beta$. Then we obtain

$$f_\alpha - g_\alpha = f_\beta - g_\beta.$$

Thus the functions $f_\alpha - g_\alpha$ are the restriction of a real valued Lebesgue measurable function h globally defined on M, to U_α and we have

$$\begin{aligned} z|_{G(\mathcal{D}|_{U_\alpha})} &= f_\alpha \cdot r - f_\alpha \cdot s \\ &= f_\alpha \cdot r - f_\alpha \cdot s - g_\alpha \cdot r + g_\alpha \cdot s \\ &= (h \cdot r)|_{G(\mathcal{D}|_{U_\alpha})} - (h \cdot s)|_{G(\mathcal{D}|_{U_\alpha})}, \end{aligned}$$

as g_α is constant along leaves. Since z and $h \cdot r - h \cdot s$ are both cocycles and each element $a \in G(\mathcal{D})$ is written as

$$a = a_1 \cdots a_\ell, \quad a_j \in G(\mathcal{D}|_{U_{\alpha_j}}) \quad 1 \leqq j \leqq \ell,$$

for some $\{a_j\}$, it follows that $z = h \cdot r - h \cdot s$ and hence

$$[z] = 0.$$

□

In LEMMA 2.1, if the 1-cocycle z is continuous, one obtains a continuous fuction f on U such that

$$z(a) = f(r(a)) - f(s(a)) \quad a \in G(\mathcal{D}|_U).$$

and hence the function $c_{\alpha\beta}$ of LEMMA 2.2 is continuous. So, the proof of THEOREM 3.1 yields the following:

COROLLARY 3.2. *Let $H^1_{conti}(G(\mathcal{D}))$ denote the 1-cohomology group of continuous cochains for $G(\mathcal{D})$ and let $C^0_{\mathcal{D}}$ denote the continuous subsheaf of $C_{\mathcal{D}}$. The correspondence from a continuous 1-cocycle $z \in Z^1(G(\mathcal{D}))$ to $[c_{\alpha\beta}] \in H^1(M; C^0_{\mathcal{D}})$ defines a monomorphism*

$$\iota_0 : H^1_{conti}(G(\mathcal{D})) \to H^1(M; C^0_{\mathcal{D}}).$$

4. A MODULAR CLASS

Let $\mathcal{D}$ be a generalized foliation on a paracompact Hausdorff differentiable manifold M, each singular leaf of which is tractable. By [Su], we have the holonomy groupoid $G(\mathcal{D})$ of $\mathcal{D}$. Let M_p be the union of leaves of dimension p and D the distribution associated with $\mathcal{D}$. Then on M_p we have a differentiable positive half line bundle $|\wedge^p D|$, the bundle of 1-densifies along the leaves in M_p. By fixing a differentiable section σ_p of

$|\wedge^p D|$, the union of the half line bundles $|\wedge^p D|$ becomes a trivial half line bundle $|\wedge D| = \cup|\wedge^p D|$ over M which is due to A. Sheu [Sh]. Note that $\varphi = \{\sigma_p\}$ can be regarded as a family of differentiable measures which is parametrized and supported by leaves in M.

Let ν_φ be the pull back of φ to the groupoid $G(\mathcal{D})$ by the source map $s : G(\mathcal{D}) \to M$. Then ν_φ may be identified with a family of differentiable measures $\{\nu_\varphi^y\}_{y\in M}$ with ν_φ^y supported by $G^y = \{a \in G(\mathcal{D}) | r(a) = y\}$. Since $\nu_\varphi^y(da)$ depends on a through $s(a)$, ν_φ is invariant under the left translation in $G(\mathcal{D})$. Thus we obtain a transverse function ν_φ in $G(\mathcal{D})$ in the sense of A. Connes [C1]. By the representation theorem, Théorème II.3 of that paper, there is a bijection between a transverse measure Λ with module δ and a measure μ in M satisfying the relation

$$\int_M \mu(dy) \int_{G^y} \nu_\varphi^y(da)\delta(a^{-1})f(a^{-1}) = \int_M \mu(dy) \int_{G^y} \nu_\varphi^y(da)f(a)$$

for every positive measurable function f on $G(\mathcal{D})$.

Let $\mu \cdot \nu_\varphi$ denote the measure in $G(\mathcal{D})$ defined by the right side of the above equation and $(\mu \cdot \nu_\varphi)^\sim$ denote its pull back by the inverse operation in $G(\mathcal{D})$. Then the equation is described by

$$\delta(\mu \cdot \nu_\varphi)^\sim = \mu \cdot \nu_\varphi.$$

LEMMA 4.1. *Let μ be a positive nowhere vanishing measure in M with a module δ. Let μ' be another measure in M equivalent to μ. We denote by h the Radon-Nikodym derivative $d\mu'/d\mu$. Set*

$$\delta'(a) = \delta(a)h(r(a))h(s(a))^{-1} \qquad a \in G(\mathcal{D}).$$

Then δ' is a module for μ':

$$\delta'(\mu' \cdot \nu_\varphi)^\sim = \mu' \cdot \nu_\varphi.$$

PROOF: Let f be a positive measurable function on $G(\mathcal{D})$. By the definition of measure $\mu \cdot \nu_\varphi$ and $(\mu' \cdot \nu_\varphi)^\sim$, we have

$$\begin{aligned}
&\int_M \mu'(dy) \int_{G^y} \nu_\varphi^y(da)\delta'(a^{-1})f(a^{-1}) \\
&= \int_M \mu'(dy) \int_{G^y} \nu_\varphi^y(da)\delta(a^{-1})h(s(a))h(r(a))^{-1}f(a^{-1}) \\
&= \int_M \frac{d\mu'}{d\mu}(y)\mu(dy) \int_{G^y} \nu_\varphi^y(da)\delta(a^{-1})h(s(a))h(y)^{-1}f(a^{-1}) \\
&= \int_M \mu(dy) \int_{G^y} \nu_\varphi^y(da)\delta(a^{-1})h(s(a))f(a^{-1}) \\
&= \int_M \mu(dy) \int_{G^y} \nu_\varphi^y(da)h(r(a))f(a) \\
&= \int_M \mu'(dy) \int_{G^y} \nu_\varphi^y(da)f(a).
\end{aligned}$$

□

THEOREM 4.2. *Let $\mathcal{D}$ be a locally liftable foliation whose singular leaves are all tractable. For every positive nowhere vanishing measure μ in M which is quasi invariant (i.e., $(\mu \cdot \nu_\varphi)^\sim$ and $\mu \cdot \nu_\varphi$ are equivalent), there exists a transverse measure Λ and its module δ determined by μ through the Connes' bijection.*

PROOF: Since by our assumption, μ is quasi invariant, one can apply the technics of T. Fack and G. Skandalis [F-S, 3.3.PROPOSITION], to show there exists a Borel homomorphism

$$\delta : G(\mathcal{D}) \to \mathbf{R}_+^*$$

such that δ is the module for μ, where $\mathbf{R}_+^*$ is the multiplicative group of positive numbers.

Their construction of the homomorphism δ is based on a covering of M by foliation coordinate neighborhoods $\{U_i\}$ which is regular in the sense that if $U_i \cap U_j \neq \varnothing$, there exists a foliation coordinate neighborhood U such that

$$U_i \cap U_j \subset U$$

and each plaque of U_i intersects at most one plaque of U_j.

In our case, the regular covering by by foliation coordiante neighborhoods is obtained as follows. For a regular leaf, a foliation coordinate neighborhood is a usual one. A singular leaf F is tractable by our assumption and hence it has a saturated neighborhood $N \subset M$ with a fiber bundle structure $\pi : N \to F$.

A foliation coordinate neighborhood U for F is of the form

$$W \times T,$$

where T is an open set in the fiber V with the foliation Δ_V representing the germ Δ_F of the transverse structure of F. A plaque in U is the set $W \times L$ where W is an open set in $\mathbf{R}^p$ with $p = \dim\ F$ and L is a leaf of the foliation $\Delta_V|_T$.

Since N is a saturated set and there exists a continuous section for the projection $\rho : V \to V/\Delta_V$, Δ_V has the good quotient space. By making use of the σ-compact property of M, we get a regular covering $\{U_i\}$ of M by foliation coordinate neighborhoods for the generalized foliation $\mathcal{D}$, stated in the above.

After we have chosen the regular covering $\{U_i\}$ for $\mathcal{D}$, the argument of T.Fack and G.Skandalis [F-S] works. Let μ_i be a measure equivalent to $\mu|U_i$, which is invariant, that is,

$$(\mu_i \cdot \nu_\varphi)^\sim = \mu_i \cdot \nu_\varphi.$$

Let $\{\omega_i\}$ be a partition of unity subordinated to the open covering $\{U_i\}$ and set

$$\bar{\mu} = \Sigma\omega_i\mu_i.$$

The measure $\bar{\mu}$ is equivalent to μ. Then proving the existence of the module for μ is reduced to proving that for $\bar{\mu}$ (cf. LEMMA 4.1).

Let f_{ij} be a Borel function of the Radon-Nikodym derivative $d\mu_i/d\mu_j$ in $U_i \cap U_j$, constant along plaques. A saturated μ-null set $N_0 \subset M$ is formed such that for all $x \in (U_i \cap U_j \cap U_k) \setminus N_0$, we have

$$f_{ij}(x)f_{jk}(x) = f_{ik}(x).$$

We set

$$\begin{aligned} \delta(a) &= \frac{\Sigma\omega_j f_{ji}(r(a))}{\Sigma\omega_j f_{ji}(s(a))} \qquad && a \notin G(\mathcal{D}|_{U_i}) \cap r^{-1}(N_0), \\ &= 1 && a \in G(\mathcal{D}|_{U_i}) \cap r^{-1}(N_0). \end{aligned}$$

This definition does not depend on i, and we have

$$\delta(a_i)\delta(a_2) = \delta(a_1 a_2)$$

for $a_1, a_2 \in G(\mathcal{D}|_{U_i})$, cf. [F-S, 3.5.LEMME].

One can also find a saturated μ-null set N such that if $r(a) \notin N$, $a = a_1 \cdots a_k$, $a_j \in G(U_{i_j})$ with $i_1 = i_k$, we have

$$\delta(a_1) \cdots \delta(a_k) = 1,$$

cf. [F-S, 3.6.LEMME]. Then the module δ on $G(\mathcal{D})$ is defined by

$$\begin{aligned} \delta(a) &= \delta(a_1) \cdots \delta(a_k) \qquad && a = a_1 \cdots a_k \notin r^{-1}(N), \\ &= 1 && a \in r^{-1}(N). \end{aligned}$$

□

COROLLARY 4.3. *Let $\mathcal{D}$ be a locally liftable foliation whose singular leaves are all tractable, then the modular class of $\mathcal{D}$ is defined by $\iota[(\log \delta)]$.*

PROOF: By THEOREM 4.2, a module δ is determined for a measure μ of M and $\log \delta$ is obviously a groupoid 1-cocycle of $G(\mathcal{D})$. By LEMMA 4.1 its cohomology class $[\log \delta]$ does not depend on a choice of μ. By THEOREM 3.1, the cohomology class

$$\iota([\log \delta]) \in H^1(M; C_{\mathcal{D}})$$

is well defined. If $\mathcal{D}$ is regular, this is just the cohomology class called a modular class of $\mathcal{D}$. □

EXAMPLES 3.1, 4.2 and EXAMPLE 4.3 with the foliation of EXAMPLE 3.1 in [Su] are examples of generalized foliations which are locally liftable by differentiable sections and whose singular leaves are all tractable. The product foliation of two copies of EXAMPLE 3.1 [Su] has the same properties. In the product foliation, a representative Δ_V of the germ of the transverse structure for singular leaf of the origin admits infinitely many points in V/Δ_V which correspond to singular leaves.

The referee suggests that one finds some examples of locally liftable singular foliation with holonomy groupoids non Morita equivalent to holonomy groupoids coming from regular foliations or actions of discrete groups on locally compact spaces.

REFERENCES

[C1]. A. Connes, *Sur la théorie non commutative de l'intégration*, Lecture Notes in Math. 725, Springer-Verlag, Berlin (1979), 19-43.

[C2]. A. Connes, *A survey of foliations and operator algebras*, Proc. Symp. in Pure Math. 38 Part 1, Amer. Math. Soc., Providence (1982), 521-628.

[D]. P. Dazord, *Feuilletages à singularités*, Proc. Koninklijke Nederlandse Akademie van Wetenschappen Ser. A **88(1)** (1985), 21-39.

[F-S]. T. Fack and G. Skandalis, *Sur les représentations et idéaux de la C^*-algèbre d'un feulletage*, J. Operator Theory **8** (1982), 95-129.

[M-S]. C. Moore and C. Schochet, "Global Analysis on Foliated Spaces," MSRI Publication 9, Springer-Verlag, New York, 1988.

[Sh]. A. Sheu, *Singular foliation C^*-algebras*, Proc. Amer. Math. Soc. **104** (1988), 1197-1203.

[Su]. H. Suzuki, *Holonomy groupoids of generalized foliations, I*, to appear in Hokkaido Math. J..

[St]. P. Stefan, *Accessibility and foliations with singularities*, Bull. Amer. Math. Soc. **80** (1974), 1142-1145.

[Y]. S. Yamagami, *Modular cohomology class of foliation and Takesaki's duality*, RIMS-417, Kyoto Univ. (1982).

Department of Mathematics
Hokkaido University
Sapporo 060, Japan

Symplectic Groupoids, Geometric Quantization, and Irrational Rotation Algebras

ALAN WEINSTEIN

1. INTRODUCTION

The *rotation algebra* $\mathcal{A}_\theta$ for a real parameter θ is defined as the crossed product of the additive group $\mathbf{Z}$ with the space of functions on the circle $\mathbf{T} = \mathbf{R}/2\pi\mathbf{Z}$ via the action $n\cdot\varphi = \varphi + n\theta$.[1] More concretely, $\mathcal{A}_\theta$ is the completion with respect to a certain norm of its subalgebra $\mathcal{A}_\theta^\infty$ of smooth elements. The elements of $\mathcal{A}_\theta^\infty$ are the smooth functions $f(n,\varphi)$ on $\mathbf{Z}\times\mathbf{T}$ which, with all their φ-derivatives, are rapidly decreasing in n. The multiplication, which we denote by $*$, is defined by

$$(f*g)(n,\varphi) = \sum_{m,k\in\mathbf{Z},m+k=n} f(m,\varphi)g(k,\varphi+m\theta).$$

It is convenient to obtain a more symmetrical formula by substituting for φ a new angular variable $q_2 = \varphi + \frac{1}{2}n\theta$ and thus defining $\check{f}(n,q_2)$ to be $f(n, q_2 - \frac{1}{2}n\theta)$. (The reason for the subscript in q_2 will soon become evident.) Denoting the transferred multiplication once again by $*$, we have

$$(\check{f}*\check{g})(n,q_2) = \sum_{m,k\in\mathbf{Z},m+k=n} \check{f}(m, q_2 - \frac{1}{2}k\theta)\check{g}(k, q_2 + \frac{1}{2}m\theta).$$

If we now take the Fourier transform from n to a second angular variable q_1, then $\mathcal{A}_\theta^\infty$ becomes identified with the space of C^∞ functions $F(q_1,q_2)$ on the torus $\mathbf{T}^2$, and the multiplication, which we still denote by $*$, becomes

$$(1)\quad (F*G)(q_1,q_2)$$
$$= (\pi\theta)^{-2}\int_{\mathbf{R}^4} e^{(2i/\theta)(u_2v_1-u_1v_2)}F(q_1+u_1,q_2+u_2)G(q_1+v_1,q_2+v_2)du\,dv.$$

As θ approaches zero, this product approaches the pointwise multiplication of functions. For this reason, $\mathcal{A}_\theta^\infty$ is often considered as the algebra of smooth functions (and $\mathcal{A}_\theta$ as the algebra of continuous functions) on a "space" called a *noncommutative torus*.

[1] If θ is an irrational multiple of 2π, $\mathcal{A}_\theta$ is called an irrational rotation algebra.

A few years ago, I noticed that the multiplication in $\mathcal{A}_\theta^\infty$ is precisely the Moyal product [**1**], which is a deformation quantization of the commutative algebra of smooth functions in the direction of the Poisson bracket defined by the 2-form $(1/\theta)dq_1 \wedge dq_2$. This observation has been developed by Rieffel [**8**] into a rigorous theory of deformation quantization of Poisson manifolds into C^* algebras.

The algebraic computations above suggest a close link between two geometric objects: the action of $\mathbb{Z}$ on $\mathbb{T}$ generated by rotation through the angle θ, and $\mathbb{T}^2$ with symplectic structure $(1/\theta)dq_1 \wedge dq_2$. Our aim here is to show how these objects are related geometrically through the theories of symplectic groupoids and geometric quantization.

Our approach is based on the following idea in [**2**] and [**4**]. Begin with a Poisson manifold P. Under fairly general circumstances, including the case where P is symplectic, there is associated with P a symplectic manifold Γ_P called its symplectic groupoid [**2**]. Suppose that we can carry out the process of geometric quantization (line bundle plus polarization) [**10**] on Γ_P in a way which is consistent with the groupoid structure. Then the groupoid operations of multiplication, inversion, and identity on Γ_P will induce on the vector space $\mathcal{H}$ quantizing Γ_P a bilinear multiplication making $\mathcal{H}$ into a *-algebra with identity.

In the case where P is the symplectic torus above, Γ_P turns out to be the transformation groupoid associated with the action of $\mathbb{R}^2$ on P by translations. For a certain real polarization of Γ_P by lagrangian cylinders, the space $\mathcal{S}$ of quantizable leaves is isomorphic to the product $S^1 \times \mathbb{Z}$. $\mathcal{S}$ inherits a groupoid structure from Γ_P, which turns out to be precisely the transformation groupoid structure associated with the action of $\mathbb{Z}$ on S^1 generated by rotation through θ. Thus we have succeeded in passing geometrically from the symplectic torus to the group of rotations of the circle.

Modulo some technical points which we have not completely sorted out, it seems that the quantum vector space $\mathcal{H}$ becomes the groupoid algebra of $\mathcal{S}$, which is just (a subalgebra of smooth elements in) the rotation algebra $\mathcal{A}_\theta$.

It turns out that, whenever P is a torus with a translation-invariant Poisson structure, Γ_P is symplectomorphic to T^*P with its canonical symplectic structure. In this case, one can attempt to use the polarization by fibres to quantize the groupoid multiplication. This time, the polarization is not compatible with the multiplication in the preceding sense, but one may still be able to use the Blattner-Kostant-Sternberg method [**10**] to produce a function on P^3 which serves as the kernel for a bilinear multiplication. Some preliminary calculutions show that this multiplication will be exactly the generalized Moyal product or noncommutative torus structure of [**8**].

This paper is meant in part as an introduction to a general study with P. Xu [**12**] [**13**] of the groupoid approach to quantization of Poisson manifolds. This work is, in a sense, a globalization of that of Huebschmann [**3**], who treats the problem at the level of Lie algebroids.

It is not yet clear to what class of manifolds our approach will apply to yield strict deformation quantizations (as opposed to formal power series in the deformation parameter, as in [**1**]), but a minimum requirement seems to be that a symplectic groupoid of the Poisson manifold P be symplectomorphic to T^*P. We will say that such Poisson manifolds are *of exponential type*. All of the Poisson manifolds found by Rieffel [**8**] to admit strict deformation quantizations are of exponential type. On the other hand, compact simply connected symplectic manifolds, such as the 2-sphere for which Rieffel finds an obstruction to strict deformation quantization, are not of exponential type. We note, though, that the 2-sphere with the Bruhat-Poisson structure of [**5**] *is* of exponential type, in accord with the existence of a quantum 2-sphere as discovered by Podles [**6**].[2]

I would like to thank Marc Rieffel and Ping Xu for several helpful conversations.

2. The symplectic groupoid of a torus

We will show in this section that the symplectic groupoid for a torus $\mathbf{T}^n$ with any translation-invariant Poisson structure Π can be taken to be the cotangent bundle $T^*\mathbf{T}^n$ with the standard symplectic structure; only the groupoid structure will depend upon Π.

If we consider $\mathbf{T}^n$ as the quotient of the vector space $V = \mathbf{R}^n$ by a lattice Λ, then $T^*\mathbf{T}^n$ can be identified with the product $\Gamma = \mathbf{T}^n \times V^*$. Any translation-invariant Poisson structure is then given by a skew-symmetric linear mapping $\Pi : V^* \to V$. To construct the associated groupoid structure, we introduce the Poisson map $\alpha : (q,p) \mapsto q - \frac{1}{2}\Pi p$ and the anti-

[2] Actually, neither Podles' quantum sphere algebra nor a dense subalgebra thereof has yet been identified as an algebra of smooth functions on S^2, but recent work of Sheu [9] suggests that this may be possible.

Poisson map $\beta : (q,p) \mapsto q + \frac{1}{2}\Pi p$ from Γ to $\mathbf{T}^n$, where the plus and minus signs refer to the translation action of V on V/Γ.

The groupoid product $(q',p')(q'',p'') = (q,p)$ is now suggested by the compatibility condition $\beta(q',p') = \alpha(q'',p'')$ and the relations $\alpha(q,p) = \alpha(q',p')$ and $\beta(q,p) = \beta(q'',p'')$. In fact, manipulating these relations leads to the compatibility condition $q'' = q' + \frac{1}{2}\Pi(p' + p'')$ and the relations $q = q' + \frac{1}{2}\Pi p''$ and $\Pi p \equiv \Pi p' + \Pi p''$ (mod Λ). To satisfy the last relation, we simply define p to be $p' + p''$ and then verify that the groupoid axioms are satisfied. Geometrically, the vectors p', p'', and p form the sides of a triangle with the midpoints of these sides projecting via Π into $\mathbf{T}^n$ as the points q', q'', and q respectively.

For future reference, we record again the compatibility condition

$$q'' = q' + \frac{1}{2}\Pi(p' + p'') \tag{2}$$

and the multiplication laws

$$q = q' + \frac{1}{2}\Pi p'' \tag{3}$$

and

$$p = p' + p''. \tag{4}$$

To verify that the groupoid multiplication is symplectic, we must show that the graph L of multiplication is a lagrangian submanifold of the triple product $\Gamma \times \overline{\Gamma} \times \overline{\Gamma}$. The symplectic structure on $\Gamma \times \overline{\Gamma} \times \overline{\Gamma}$ is the differential of the 1-form $-\sum p_i dq_i + \sum p_i' dq_i' + \sum p_i'' dq_i''$, and the defining equations (2), (3), and (4) imply that this 1-form reduces on L to $d[\frac{1}{2}\sum p_i' \Pi_{ij} p_j'']$. Since this form is closed (in fact, exact), L is lagrangian.

REMARK 2.1: The map $(q,p) \mapsto (p, q - \frac{1}{2}\Pi p)$ is a groupoid isomorphism from Γ to the transformation groupoid [2] [7] for the action of V^* on $\mathbf{T}^n$ defined via the homomorphism $\Pi : V^* \to V$. The isomorphism class of this groupoid depends only on the image of Π in V, but the isomorphism class of Γ as a *symplectic* groupoid over $\mathbf{T}^n$ determines the entire map Π.

3. Prequantization of the Fundamental Groupoid

Since the symplectic structure on $\Gamma = T^*\mathbf{T}^n$ is exact, we can take for its prequantization the trivial principal bundle $Q = \Gamma \times \mathbf{T}$, where the coordinate on the structure group $\mathbf{T}$ is denoted by σ and the connection is $d\sigma - \sum p_i dq_i$. In fact, Γ admits many inequivalent prequantizations; Q is the unique one for which the holonomy of the identity section $p = 0$ is trivial. According to Corollary 3.11 of [**11**] (also see [**13**]), Q carries the structure of a groupoid over $\mathbf{T}^n$, and the identity section of Q is a horizontal lift of the identity section of P.

4. Polarization of the fundamental groupoid

At this point, we restrict our attention to the 2-dimensional case, with Λ chosen to be the lattice $(2\pi\mathbf{Z})^2$. Let $\mathcal{P}$ be the polarization of Γ defined by the level surfaces of the commuting functions q_2 and p_1, so that the leaf space $\Gamma/\mathcal{P}$ is the product $\mathbf{T} \times \mathbf{R}$. We shall show that the equivalence relation defined by the leaves of this foliation is compatible with the groupoid structure.

Let the Poisson structure Π be defined by the relation $\{q_1, q_2\} = \theta$, so that $\Pi(p_1, p_2) = \theta(-p_2, p_1)$. We can then describe the groupoid operations on Γ as follows. The source and target maps are given by

$$\alpha(q_1, q_2, p_1, p_2) = (q_1 + \frac{1}{2}\theta p_2, q_2 - \frac{1}{2}\theta p_1)$$

and

$$\beta(q_1, q_2, p_1, p_2) = (q_1 - \frac{1}{2}\theta p_2, q_2 + \frac{1}{2}\theta p_1),$$

the compatibility condition is

$$(q_1'', q_2'') = (q_1' - \frac{1}{2}\theta(p_2' + p_2''), q_2' + \frac{1}{2}\theta(p_1' + p_1'')), \tag{5}$$

and the multiplication laws are

$$(q_1, q_2) = (q_1' - \frac{1}{2}\theta p_2'', q_2' + \frac{1}{2}\theta p_1'') \tag{6}$$

and

$$(p_1, p_2) = (p_1' + p_1'', p_2' + p_2''). \tag{7}$$

It is clear by inspection that all of the relations above are compatible with the equivalence relation defined by the group of translations in the directions of p_2 and q_1, so that they define a groupoid structure on $\Gamma/\mathcal{P}$. In the coordinates (q_2, p_1) on $\mathsf{T} \times \mathsf{R}$, the source and target maps are

$$\alpha(q_2, p_1) = q_2 - \frac{1}{2}\theta p_1$$

and

$$\beta(q_2, p_1) = q_2 + \frac{1}{2}\theta p_1,$$

the compatibility condition is

$$q_2'' = q_2' + \frac{1}{2}\theta(p_1' + p_1'') \tag{8}$$

and the multiplication laws are

$$q_2 = q_2' + \frac{1}{2}\theta p_1'' \tag{9}$$

and

$$p_1 = p_1' + p_1''. \tag{10}$$

We may identify this as a transformation groupoid by mapping $\mathsf{T} \times \mathsf{R}$ to $\mathsf{R} \times \mathsf{T}$ by the map $(q_2, p_1) \mapsto (-p_1, q_2 - \frac{1}{2}\theta p_1)$. In the coordinates (t, x) on $\mathsf{R} \times \mathsf{T}$, the source and target maps are now

$$\alpha(t, x) = x$$

and

$$\beta(t, x) = x - \theta t,$$

the compatibility condition is

$$x'' = x' - \theta t,$$

and the multiplication laws are

$$x = x'$$

and

$$t = t' + t''.$$

These are exactly the defining relations for the transformation groupoid associated with the action of R on T by θ times translations.

In geometric quantization, it is necessary to select from the full leaf space $\Gamma/\mathcal{P}$ the so-called *Bohr-Sommerfeld set* [**10**] consisting of those leaves along which the holonomy of the prequantization connection is trivial. In the present situation, the quantization condition is that the integral of the connection form $-p_1 dq_1 - p_2 dq_2$ be a multiple of 2π when the integration is taken around a non-trivial cycle in the cylinder defined by choosing values for q_2 and p_1. Such a cycle is given by integrating around the q_1 "axis", and the integral is $-2\pi p_1$, so the quantization condition is the integrality of p_1. In terms of our (t, x) representation, t must be an integer, so the Bohr-Sommerfeld set is the subgroupoid $\mathbf{Z} \times \mathbf{T}$ of $\mathbf{R} \times \mathbf{T}$, which is just the transformation groupoid of the action $n \cdot x = x - n\theta$.

REMARK 4.1: The symplectic area A of $\mathbf{T}^2$ with the Poisson structure $\{q_1, q_2\} = \theta$ is $(2\pi)^2/\theta$. The quotient $A/2\pi$, whose integrality is usually taken as a measure of the quantizability of the symplectic manifold, is just the reciprocal of the number $\theta/2\pi$ whose rationality determines whether our action of $\mathbf{Z}$ on $\mathbf{T}$ has a decent quotient manifold. It should be very interesting to understand more fully the relation between the geometry of the symplectic torus and the structure of the corresponding rotation algebra.

5. The kernel of multiplication

In this section, we will try to apply to the symplectic groupoid Γ of a Poisson torus the full geometric quantization procedure which constructs a vector space from a prequantization and polarization on a symplectic manifold.

The space $\mathcal{H}Q$ of smooth sections of the complex line bundle associated to Q by the representation $\sigma \mapsto e^{i\sigma}$ of $\mathbf{T}$ may be identified with the $\mathbf{T}$-equivariant complex-valued functions on Q. Since each such function has the form $f(q, p, \sigma) = e^{i\sigma} f(q, p, 0)$, we can identify $\mathcal{H}Q$ with the space of smooth functions on Γ. Under this identification, the covariant derivative operator becomes $D = d + i \sum p_i dq_i$.

The groupoid structure on Q yields a groupoid algebra structure on $C^\infty(Q)$.[3] The induced algebra structure on $\mathcal{H}Q \cong C^\infty(\Gamma)$ is precisely that

[3]Actually, to define an intrinsic groupoid structure on any differentiable groupoid Q, without the choice of a Haar system as in [7], one should replace $C^\infty(Q)$ by the sections of the line bundle which is the tensor product of the half-densities along the α-fibres with the half-densities along the β-fibres.

of a groupoid algebra relative to a cocycle [7]. The cocycle is determined by the symplectic structure on Γ and is essentially the integrated form of the Lie algebroid cocycle in [3].

The elements of $\mathcal{H}Q$ which are parallel along the leaves of the polarization $\mathcal{P}$ of §4 are just those functions annihilated by the operators $D_{\frac{\partial}{\partial q_1}} = \frac{\partial}{\partial q_1} + ip_1$ and $D_{\frac{\partial}{\partial p_2}} = \frac{\partial}{\partial p_2}$.

Such a function must have the form $f(q,p) = f(0, q_2, p_1, 0)e^{-ip_1 q_1}$. Since the variable q_1 is only defined modulo 2π, $f(0, q_2, p_1, 0)$ must be zero unless p_1 is an integer. Of course, such a function cannot be smooth on Γ unless it is identically zero, but it is standard in geometric quantization theory to take as the space $\mathcal{H}(Q, \mathcal{P})$ of "polarized" sections the space of C^∞ functions $f(q_2, p_1)$ on the product $\mathbf{T} \times \mathbf{Z}$, which coincides with the Bohr-Sommerfeld set of §4. This raises our first technical problem, since the usual geometric quantization procedure [10] works with half-densities rather than functions, while we really desire functions in the present situation.

The next step should be to "quantize" the groupoid structure on Γ as an algebraic operation on $\mathcal{H}(Q, \mathcal{P})$, using the following prescription: to a parallel section s of the prequantum line bundle defined on a lagrangian submanifold L we associate the polarized section which agrees with s on L and which vanishes on the complement of the leaves through L, if such a section exists. Once again, there are technical difficulties connected with the choice of an "amplitude" on L which may have to be something other than a half-density.

We must apply the prescription above not to the groupoid Γ itself but rather to $\Gamma \times \overline{\Gamma} \times \overline{\Gamma}$, in which the graph of the groupoid multiplication lies as a lagrangian submanifold L. Using the exterior product of three copies of the prequantization Q and polarization $\mathcal{P}$ above, we obtain for the polarized sections a space of functions (or densities of some kind) on $(\mathbf{T} \times \mathbf{Z})^3$.

More precisely, if we use the coordinates (q, p, q', p', q'', p'') on $\Gamma \times \overline{\Gamma} \times \overline{\Gamma}$, then the product polarization is defined by the level manifolds of the functions p_1, q_2, p_1', q_2', p_1'', and q_2'', and the polarized sections are essentially the functions of these six variables. The lagrangian submanifold L is defined by the equations (5), (6), and (7); as coordinates on this manifold we may take q_1, q_2, p_1, p_2, p_1', and p_2'.

The connection on $\Gamma \times \overline{\Gamma} \times \overline{\Gamma} \times \mathbf{T}$ is $d\sigma - \sum p_i dq_i + \sum p_i' dq_i' + \sum p_i'' dq_i''$; its restriction to $L \times \mathbf{T}$ can be computed in the general case to be $d\sigma -$

$d[\frac{1}{2}\Pi(p')(p'')]$; in our special situation on T^2, this becomes $d\sigma + d[\frac{1}{2}\theta(p_1''p_2' - p_1'p_2'')]$.

The covariant derivative operator for sections over L becomes the operator $D = d - i\frac{1}{2}\theta d(p_1''p_2' - p_1'p_2'')$, and so the fundamental parallel section of $\mathcal{H}Q$ over L is $\mu_L = e^{i\frac{1}{2}\theta(p_1''p_2' - p_1'p_2'')}$.

On the other hand, as the basic parallel section over a quantizable leaf of the triple product polarization labeled by $(q_2, p_1, q_2', p_1', q_2'', p_1'')$ we may take $\mu_{(q_2,p_1,q_2',p_1',q_2'',p_1'')} = e^{i(-p_1q_1 + p_1'q_1' + p_1''q_1'')}$. This leaf intersects L just when (8), (9), and (10) hold; when this condition is satisfied, μ_L and $\mu(q_2, p_1, q_2', p_1', q_2'', p_1'')$ agree on the intersection. It follows that the quantization of L is simply the "delta function" supported by the graph of multiplication for the groupoid $\Gamma/\mathcal{P}$, so that the quantization of the symplectic groupoid Γ is the groupoid algebra of $\Gamma/\mathcal{P}$, which is just the rotation algebra $\mathcal{A}_\theta^\infty$.

There is another polarization $\mathcal{F}$ of Γ, which exists in the general n-dimensional case, namely that by the fibres of the cotangent bundle. Under the previous identification of $\mathcal{H}Q$ with the smooth functions on Γ, the sections parallel along $\mathcal{F}$ are just the functions constant along fibres, hence the functions on the Poisson manifold T^n itself. When we quantize the groupoid structure with respect to $\mathcal{F}$, therefore, we should obtain the kernel of a multiplication operation on $C^\infty(\mathsf{T}^n)$ itself.

Assuming now that the Poisson structure is symplectic, i.e. that Π *is invertible with inverse denoted by* ω, we may solve the equations (2), (3), and (4) for the p's in terms of the q's to obtain the following description of L.

$$p \equiv 2\omega(q'' - q') \pmod{\Lambda} \tag{11}$$

$$p' \equiv 2\omega(q'' - q) \pmod{\Lambda} \tag{12}$$

$$p'' \equiv 2\omega(q - q') \pmod{\Lambda}. \tag{13}$$

Thus, the manifold L intersects all the leaves of the polarization $\mathcal{F}$; its quantization leads to a smooth multivalued function on $(\mathsf{T}^n)^3$ and hence to a product of Moyal form

$$\int_{\mathbf{R}^n \times \mathbf{R}^n} f(q + v')g(q + v'')e^{2i\omega(v,v')}dv'dv''.$$

In fact, there is a constant missing from this multiplication (compare Equation 1); to determine it requires a careful study of amplitudes, densities, etc., which we plan to carry out in the future.

References

1. Bayen, F., Flato, M., Fronsdal, C., Lichnerowicz, A., and Sternheimer, D., *Deformation theory and quantization, I and II*, Ann. Phys. **111** (1977), 61–151.
2. Coste, A., Dazord, P. et Weinstein, A., *Groupoïdes symplectiques*, Publications du Département de Mathématiques, Université Claude Bernard-Lyon I **2A** (1987), 1–62.
3. Huebschmann, J., *Poisson cohomology and quantization*, J. Reine Angew. Math. **408** (1990), 57–113.
4. Karasev, M.V., *Analogues of objects of Lie group theory for nonlinear Poisson brackets*, Math. USSR Izvestiya **28** (1987), 497–527.
5. Lu, J.-H. and Weinstein, A., *Poisson Lie groups, dressing transformations, and the Bruhat decomposition*, J. Diff. Geom. **31** (1990), 501–526.
6. Podles, P., *Quantum spheres*, Letters in Mathematical Physics **14** (1987), 193–202.
7. Renault, J., *A groupoid approach to C^* algebras*, Lecture Notes in Math. **793** (1980).
8. Rieffel, M.A., *Deformation quantization of Heisenberg manifolds*, Commun. Math. Phys. **122** (1989), 531–562.
9. Sheu, A., *Deformation quantization of the Poisson $SU(2)$ and its Poisson homogeneous space the 2-sphere*, Comm. Math. Phys. (to appear).
10. Sniatycki, J., "Geometric quantization and quantum mechanics," Springer-Verlag, New York, 1980.
11. Weinstein, A., *Blowing up realizations of Heisenberg-Poisson manifolds*, Bull. Sc. Math **113** (1989), 381–406.
12. Weinstein, A., *Noncommutative geometry and geometric quantization*, Seminaire sud-rhodanien de géométrie, Aix-en-Provence (1990). Progress in Mathematics, Birkhäuser (to appear).
13. Weinstein, A. and Xu, P., *Extensions of symplectic groupoids and quantization*, J. Reine Angew. Math. (to appear).

Department of Mathematics
University of California
Berkeley, CA 94720 USA
(alanw@cartan.berkeley.edu)

Research partially supported by NSF Grant DMS-87-01609 and DOE contract AT 381-ER 12097. Much of the work described here was carried out at the Mathematical Sciences Research Institute.

Morita Equivalent Symplectic Groupoids

PING XU

1. INTRODUCTION

Morita equivalence of C^*-algebras, first introduced by M. Rieffel, has been widely accepted as one of the most important equivalence relations in C^*-algebras [**Rie1**] [**Rie2**] [**Rie3**] [**Rie4**]. Roughly speaking, two C^*-algebras are said to be Morita equivalent if there is an equivalence bimodule between them. Morita equivalent C^*-algebras have many similar features. For instance, they have equivalent categories of left modules, isomorphic K-groups, and so on. Also, Morita equivalence plays a very important role in understanding the structure of some C^*-algebras such as transformation C^*-algebras and foliation C^*-algebras. A natural question arises as to what the classical analogue of this equivalence relation is. It is generally accepted that the classical analogue of a C^*-algebra (or non-commutative algebra) is a Poisson manifold. So, more precisely, we expect to find an equivalence relation for Poisson manifolds that plays the same role as Morita equivalence does for C^*-algebras. A solution to this problem was made possible by the recent introduction of symplectic groupoids in the study of Poisson manifolds due to Karasev and Weinstein [**CDW**] [**Ka**] [**W2**]. The original purpose for introducing symplectic groupoids was to study nonlinear commutation relations and quantization theory. In fact, it turns out that symplectic groupoids provide a bridge between Poisson manifolds, C^*-algebras, as well as quantizations. Therefore, introducing and studying Morita equivalence of symplectic groupoids should be the first step in understanding Morita equivalence of Poisson manifolds.

Equivalent topological groupoids and their relation with Morita equivalent C^*-algebras have been studied by Muhly, Renault and Williams [**MRW**] [**Ren**]. In fact, this concept of equivalent groupoids has also been introduced and studied by several authors for different purposes and under various names as well. Kock studied almost the same picture under the name of pregroupoids in the context of synthetic differential geometry [**Ko**], while Mackenzie and Pradines examined it under the names of principal double groupoids and "butterfly" diagrams, respectively [**M2**] [**P**]. Recently, Weinstein introduced a similar picture in the context of Poisson groupoids, under the name of Poisson affinoids, which turns out to be an interesting generalization of many important examples appearing in Poisson geometry, especially in Poisson group theory [**W3**]. In the present paper, we attempt to study this groupoid equivalence relation in the context of symplectic groupoids.

In Section 2, the definition of Morita equivalence of symplectic groupoids will be introduced and will be shown to be an equivalence relation among symplectic groupoids.

In Section 3, we will study the structure of Morita equivalent symplectic groupoids. In addition, an explicit construction of Morita equivalent symplectic groupoids out of a principal module of a symplectic groupoid will be given, which turns out to be canonical in the sense that every pair of Morita equivalent symplectic groupoids arises in exactly this way. Finally, at the end of this section, the relation between Morita equivalent symplectic groupoids and symplectic affinoids will be indicated.

Section 4 is devoted to the discussion of symplectic left modules of Morita equivalent symplectic groupoids. It is proved that Morita equivalent symplectic groupoids have equivalent "categories" of symplectic left modules, as expected.

As for the relation of Morita equivalence of symplectic groupoids with Morita equivalence of Poisson manifolds and the applications, see the remark at the end of this article, as well as [**X1**] [**X2**] [**X3**].

Finally, we refer the reader to [**M1**] and [**Ren**] for general background on various aspects of groupoid theory and its application to C^*-algebras.

ACKNOWLEDGEMENTS: This paper is a part of the author's Ph.D. thesis. The author wishes to express his indebtedness to his thesis advisor, Professor Alan Weinstein, for numerous and fruitful suggestions, and to Professor Marc Rieffel for introducing him to the area of Morita equivalence of C^*-algebras. This work would not be possible without their constant encouragement and suggestions. He is also grateful to Professor Pierre Dazord for clarifying some conceptual confusion in the manuscript and for giving him helpful suggestions and comments. He also wishes to thank Professor Kirill Mackenzie, and Dr. Jiang-Hua Lu for many stimulating discussions.

2. Morita equivalent symplectic groupoids

Before we introduce the notion of Morita equivalent symplectic groupoids, let us give the definition of equivalent Lie groupoids, which is just a straightforward extension of the definition of equivalent topological groupoids introduced in [**MRW**].

DEFINITION 2.1: Lie groupoids $G \rightrightarrows G_0$ and $H \rightrightarrows H_0$ are called equivalent if there exists a manifold X and surjective submersions ρ from X to G_0 and σ from X to H_0 such that

(1) G has a free and proper left action on X;
(2) H has a free and proper right action on X;
(3) The two actions commute with each other;
(4) ρ induces a diffeomorphism from the quotient space X/H onto G_0; and
(5) σ induces a diffeomorphism from the quotient space $G\backslash X$ onto H_0.

$(X;\rho;\sigma)$ is called an equivalence bimodule between the Lie groupoids G and H.

REMARK: The definitions used by Kock [**Ko**], Mackenzie [**M2**], Pradines [**P**] and Weinstein [**W3**] are different from the one given here. For the equivalence of these definitions, see the proof of Theorem 3.2.

LEMMA 2.1. *Suppose that G and H are symplectic groupoids that are equivalent as Lie groupoids with a symplectic equivalence bimodule X, then the following conditions are equivalent:*

(1) The actions of G and H are symplectic actions;
(2) The graph of the G, H actions

$$\Omega = \{(g, x, h, g\cdot x\cdot h) | g \in G, h \in H \text{ and } x \in X \text{ such that } g\cdot x\cdot h \text{ makes sense}\} \subset G\times X\times H\times X^-$$

is a lagrangian submanifold,

where X^- denotes the symplectic manifold X with the opposite symplectic structure.

PROOF ((1) $\Longrightarrow$ (2)): Given any fixed point in Ω, suppose that $(g_i(t),\ x_i(t),\ h_i(t),\ y_i(t))$, $(i=1,2)$ are any two smooth paths in a neighborhood of Ω around this point; then $y_i(t) = g_i(t)\cdot x_i(t)\cdot h_i(t)$. By considering paths $(g_i(t),\ x_i(t),\ g_i(t)\cdot x_i(t))$, $(i=1,2)$, which belong to the graph of the groupoid G action, one obtains that

$$\omega_G(g_1'(0),\ g_2'(0)) + \omega_X(x_1'(0),\ x_2'(0)) - \omega_X((g_1x_1)'(0),\ (g_2x_2)'(0)) = 0.$$

Similarly, by considering paths $(g_i(t) \cdot x_i(t),\ h_i(t),\ y_i(t))$, one gets

$$\omega_X((g_1x_1)'(0),\ (g_2x_2)'(0)) + \omega_H(h_1'(0),\ h_2'(0)) - \omega_X(y_1'(0),\ y_2'(0)) = 0.$$

By adding the above two equations together, one obtains that

$$\omega_G(g_1'(0),\ g_2'(0)) + \omega_X(x_1'(0),\ x_2'(0)) \\ + \omega_H(h_1'(0),\ h_2'(0)) - \omega_X(y_1'(0),\ y_2'(0)) = 0.$$

This implies that Ω is an isotropic submanifold. By dimension counting, Ω is a lagrangian submanifold.

((2) $\Longrightarrow$ (1)) Let $\Lambda \subset G \times X \times X^-$ be the graph of the G-action. For any two smooth paths $\gamma_i(t) = (g_i(t),\ x_i(t),\ y_i(t)) \in \Lambda$, $(i = 1, 2)$ in a neighborhood of any fixed point in Λ, consider $(g_i(t),\ x_i(t),\ \sigma(x_i(t)),\ y_i(t)) \in \Omega$, $(i = 1, 2)$. By using the lagrangian property of Ω and the fact that $\omega_H(T\sigma(x_1'(0)), T\sigma(x_2'(0))) = 0$, which follows from $H_0 \subset H$ being a lagrangian submanifold, one can show that $\gamma_1'(0)$ and $\gamma_2'(0)$ are symplectically orthogonal. Again, by dimension counting, we conclude that Λ is a lagrangian submanifold of $G \times X \times X^-$. Hence, the left action of G is symplectic. Similarly, the right action of H is also symplectic. □

DEFINITION 2.2: Symplectic groupoids G and H are called Morita equivalent if they are equivalent as Lie groupoids and satisfy either of the equivalent conditions in Lemma 2.1.

EXAMPLE 2.1: Let S be a symplectic manifold and M a zero Poisson manifold. The symplectic groupoid over $S \times M$ is $S \times S^- \times T^*M$, which is easily seen to be Morita equivalent to the symplectic groupoid $T^*M \rightrightarrows M$ with $S \times T^*M$ as an equivalence bimodule. More generally, the symplectic groupoid over a locally trivial bundle of symplectic manifolds is Morita equivalent to the symplectic groupoid $T^*M \rightrightarrows M$, where M is the base space of the symplectic bundle (cf. [**X1**]).

In order to show that Morita equivalence is indeed an equivalence relation among symplectic groupoids, the following proposition, which is also essential to our later discussions, is needed. Given a symplectic groupoid $G \rightrightarrows G_0$, by a symplectic left G-module, we mean a symplectic manifold F together with a smooth map $J : F \longrightarrow G_0$ such that $F \xrightarrow{J} G_0$ admits a symplectic left G-action. J is usually called the momentum mapping of the module F. We say a symplectic left G-module $J : F \longrightarrow G_0$ is full if J is a submersion. A theorem due to Mikami and Weinstein asserts that the momentum mapping of any symplectic left module of a symplectic groupoid is a Poisson morphism [**MiW**].

PROPOSITION 2.1. *Suppose that $X \xrightarrow{\rho} G_0$ is a free and proper symplectic left full G-module and $F \xrightarrow{J} G_0$ is any symplectic left G module; then $G\backslash(X^- *_{G_0} F)$ naturally becomes a symplectic manifold, where $X^- *_{G_0} F = \{(x,f) \in X^- \times F \mid \rho(x) = J(f)\}$*[1] *and G acts on $(X^- *_{G_0} F)$ diagonally.*

PROOF: Since ρ is a submersion, $X^- *_{G_0} F$ is a smooth manifold. First, we claim that the G action on $X^- *_{G_0} F$ is also a proper action, i.e.,

$$\begin{aligned} \Phi : G *_{G_0} (X^- *_{G_0} F) &\longrightarrow (X^- *_{G_0} F) \times (X^- *_{G_0} F) \\ (g,x,f) &\longrightarrow (g{\cdot}x, g{\cdot}f, x, f) \end{aligned}$$

is a proper map.

Since the inclusion $i : (X^- *_{G_0} F) \times (X^- *_{G_0} F) \longrightarrow X^- \times F \times X^- \times F$ is continuous, it suffices to prove that $i \circ \Phi$ is proper. This follows easily from the fact that the map $\varphi :\ G *_{G_0} X^- \longrightarrow X^- \times X^-$ given by $(g,x) \longrightarrow (g{\cdot}x, x)$ is a proper map, because $(i \circ \Phi)^{-1}(A \times B \times C \times D) \subseteq \varphi^{-1}(A \times C) \times D$ for any compact subsets $A, C \subseteq X$ and $B, D \subseteq F$.

It is obvious that the G-action on $X^- *_{G_0} F$ is free, since the G-action on X is free. Therefore, the quotient space $G \backslash (X^- *_{G_0} F)$ becomes a smooth manifold.

Secondly, it is quite easy to see that $X^- *_{G_0} F$ is a coisotropic submanifold of $X^- \times F$. Therefore, it is sufficient to show that the characteristic foliation of $X^- *_{G_0} F$ coincides with the G-orbits. Let $\mathcal{F}_\perp$ denote the characteristic foliation of $X^- *_{G_0} F$ and $\mathcal{F}_G$ its foliation induced by the G-action. Below, we will show that $\mathcal{F}_G \subseteq \mathcal{F}_\perp$.

Let Λ_1 and Λ_2 be the graph of the G-action on X and F, respectively; then $\Lambda_1 \times \Lambda_2$ is a lagrangian submanifold of $G \times X \times X^- \times G^- \times F^- \times F$. For any given point $(x_0, f_0) \in X^- *_{G_0} F$, consider $(g, x_0, g \cdot x_0, g, f_0, g \cdot f_0) \in \Lambda_1 \times \Lambda_2$ while g varies in the β fiber $\beta^{-1}(\rho(x_0))$. Its corresponding tangent vector is $(\delta g, 0, \delta(g x_0), \delta g, 0, \delta(g f_0))$. On the other hand, since $(\rho(x), x, x, \rho(x), y, y) \in \Lambda_1 \times \Lambda_2$ for any $(x,y) \in X^- *_{G_0} F$, $(T\rho\delta x, \delta x, \delta x, T\rho\delta x, \delta y, \delta y)$ is also a tangent vector of $\Lambda_1 \times \Lambda_2$. Hence, we

[1] We will use this kind of notation repeatedly in the sequel without any further explanation.

have

$$\omega_G(\delta g, T\rho\delta x) - \omega_X(\delta(gx_0), \delta x) - \omega_G(\delta g, T\rho\delta x) + \omega_F(\delta(gy_0), \delta y) = 0,$$

i.e.,

$$(-\omega_X \oplus \omega_F)((\delta(gx_0), \delta(gy_0)), (\delta x, \delta y)) = 0.$$

Hence, $\mathcal{F}_G \subseteq \mathcal{F}_\perp$. On the other hand, by dimension counting, $\dim \mathcal{F}_\perp = \dim \mathcal{F}_G$. Therefore, $\mathcal{F}_G = \mathcal{F}_\perp$. □

THEOREM 2.1. *Morita equivalence is an equivalence relation among symplectic groupoids.*

PROOF: The reflectivity and symmetry of Morita equivalence are quite obvious. As for the transitivity, suppose that $(X; \rho_1; \sigma_1)$ is an equivalence bimodule between G and H, and $(Y; \rho_2; \sigma_2)$ is an equivalence bimodule between H and K. Let

$$Z = \frac{X *_{H_0} Y}{H},$$

where H acts on $X *_{H_0} Y$ by $h \cdot (x, y) = (x \cdot h^{-1}, h \cdot y)$. By viewing X^- as a left symplectic G-module as evident and applying Proposition 2.1, we can see that Z is a symplectic manifold. Let $\rho_3 : Z \longrightarrow G_0$ and $\sigma_3 : Z \longrightarrow K_0$ be the maps given by $\rho_3([x, y]) = \rho_1(x)$ and $\sigma_3([x, y]) = \sigma_2(y)$. Define a left G-action and a right K-action on Z by

$$g \cdot [x, y] = [g \cdot x, y] \quad \text{and} \quad [x, y] \cdot k = [x, y \cdot k],$$

whenever they are defined. It is simple to check that both ρ_3 and σ_3 are surjective submersions and G, K are equivalent as Lie groupoids with equivalence bimodule Z.

It remains for us to show that the graph $\Omega \subset G \times Z \times H \times Z^-$ is a lagrangian submanifold. Given any two smooth paths $\gamma_i(t)$, $(i = 1, 2)$ in a neighborhood of any fixed point in Ω, we suppose that $\gamma_i(t) = (g_i(t),\ z_i(t),\ h_i(t),\ w_i(t))$. We also assume that $z_i(t) = [x_i(t), y_i(t)]$ for certain paths $(x_i(t), y_i(t))$, $(i = 1, 2)$ in $X *_{H_0} Y$. Then $w_i(t) = g_i(t) \cdot z_i(t) \cdot h_i(t) = [g_i(t) \cdot x_i(t),\ y_i(t) \cdot h_i(t)]$. Consider paths $(g_i(t),\ x_i(t),\ g_i(t) \cdot x_i(t))$, $(i = 1, 2)$, and $(y_i(t),\ h_i(t),\ y_i(t) \cdot h_i(t))$, $(i = 1, 2)$, which belong to the graphs of the G-action and the K-action, respectively, one finds that

$$\omega_G(g_1'(0), g_2'(0)) + \omega_X(x_1'(0), x_2'(0)) - \omega_X((g_1x_1)'(0), (g_2x_2)'(0)) = 0$$

and

$$\omega_Y(y_1'(0), y_2'(0)) + \omega_K(h_1'(0), h_2'(0)) - \omega_Y((y_1h_1)'(0), (y_2h_2)'(0)) = 0.$$

Adding these two equations together, one obtains that

$$\omega_G(g_1'(0), g_2'(0)) + \omega_Z(z_1'(0), z_2'(0)) \\ + \omega_K(h_1'(0), h_2'(0)) - \omega_Z(w_1'(0), w_2'(0)) = 0.$$

This shows that Ω is an isotropic submanifold. By dimension counting, one can see that Ω is indeed a lagrangian submanifold. □

3. Structures of Morita equivalent symplectic groupoids

In this section, we devote ourselves to the structures of Morita equivalent symplectic groupoids, studying, among other things, their isotropy groups, orbit spaces, symplectic leaves and the fundamental classes of the base Poisson manifolds. An explicit form of the symplectic groupoid Morita equivalent to a given symplectic groupoid with a given equivalence bimodule is also constructed. Although most properties listed here are not difficult to prove, they may have many interesting applications. (cf. Chapter 3.)

THEOREM 3.1. *If $(G \rightrightarrows G_0, \alpha_1, \beta_1)$ and $(H \rightrightarrows H_0, \alpha_2, \beta_2)$ are Morita equivalent symplectic groupoids with equivalence bimodule $(X; \rho; \sigma)$, then*

(1) $\dim G + \dim H = 2\dim X$; *and*

(2) *ρ is a Poisson map and σ is anti-Poisson so that $G_0 \xleftarrow{\rho} X \xrightarrow{\sigma} H_0$ is a full dual pair.*[2]

PROOF: (1) follows easily from the definition. As for (2), it suffices to show that the ρ-fibres are symplectically orthogonal to the σ-fibres. Note that the ρ-fibres coincide with the H-orbits and the σ-fibres coincide with the G-orbits, so it only needs to be shown that the G-orbits and the H-orbits are symplectically orthogonal.

For any point $x_0 \in X$ and any smooth paths $g(t) \in G$, $h(t) \in H$ such that $\beta_1(g(t)) = \rho(x_0) = g(0)$ and $\alpha_2(h(t)) = \sigma(x_0) = h(0)$, consider the paths $(\rho(x_0),\ x_0h(t),\ x_0h(t))$ and $(g(t),\ x_0,\ g(t)x_0)$ in the graph of the G-action $\Lambda_1 \subset G \times X \times X^-$. Their derivatives are $(0,\ \delta(x_0h),\ \delta(x_0h))$

[2]See [W1] for the definition of full dual pairs.

and $(\delta g,\ 0,\ \delta(gx_0))$, respectively. Since Λ_1 is a lagrangian submanifold, it follows that $\omega_X(\delta(x_0 h),\ \delta(gx_0)) = 0$. □

Our next theorem gives an explicit construction of Morita equivalent symplectic groupoids out of a free and proper symplectic G-module. In fact, Theorem 3.3 indicates that it is canonical, in the sense that any Morita equivalent symplectic groupoids with a given equivalence bimodule must come from this construction.

THEOREM 3.2. *Suppose that* $(G \rightrightarrows G_0, \alpha_1, \beta_1)$ *is a symplectic groupoid and* $\rho : X \longrightarrow G_0$ *a full symplectic principal (free and proper) left* G*-module, then*

(1) $G \setminus X$ *is a Poisson manifold; and*

(2) $G \setminus (X^- *_{G_0} X) \rightrightarrows G \setminus X^-$ *with the source, target, and inclusion maps defined by*

$$\alpha_2([x,y]) = [x], \qquad \beta_2([x,y]) = [y]$$
$$\epsilon_2([x]) = [x,x]$$

and the natural multiplication

$$[x,y]\cdot[y,z] = [x,z]$$

becomes a symplectic groupoid over $G \setminus X^-$;

(3) $\sigma : X \longrightarrow G\setminus X^-$ *becomes a symplectic right module of* $G\setminus(X^- *_{G_0} X)$ *under the natural action*

$$x \cdot [x,y] = y,$$

where σ *is the natural projection;*

(4) *Moreover, if* ρ *is surjective, then* G *is Morita equivalent to* $G \setminus (X^- *_{G_0} X)$ *as symplectic groupoids.*

PROOF: (1) follows directly from (2) because of properties of symplectic groupoids. As for (2), it is quite straightforward to check that $G\setminus(X^- *_{G_0} X)$ is a Lie groupoid. We already know that $G\setminus(X^- *_{G_0} X)$ is a symplectic manifold according to Proposition 2.1. It remains for us to verify that its graph is a lagrangian submanifold.
Let $H = G\setminus(X^- *_{G_0} X)$ and $H_0 = G\setminus X^-$. We denote the groupoid graph of H by Λ.

Suppose that $(g_i(t),\ h_i(t),\ r_i(t))$, $(i = 1,2)$ are any two smooth paths in Λ in a neighborhood of any fixed point. Thus, there are smooth paths $y_i(t)$, $(i = 1,2)$ in X, such that $\beta_2(g_i(t)) = \alpha_2(h_i(t)) = [y_i(t)]$. So we may assume that $g_i(t) = [x_i(t), y_i(t)]$ and $h_i(t) = [y_i(t), z_i(t)]$ for some smooth paths $x_i(t)$ and $z_i(t)$, $(i = 1,2)$ in X. Then

$$r_i(t) = g_i(t) \cdot h_i(t) = [x_i(t), z_i(t)].$$

Hence, it follows from a simple computation that

$$\omega_H(g_1'(0),\ g_2'(0)) + \omega_H(h_1'(0),\ h_2'(0)) - \omega_H(r_1'(0),\ r_2'(0)) = 0.$$

Again, by dimension counting, Λ is indeed a lagrangian submanifold.

(3) It is easy to see that σ is a surjective submersion and that the equation $x \cdot [x,y] = y$ defines a right H-action. We can also show that the graph of this action is a lagrangian submanifold by using an argument similar to the one above.

(4) We already know that X is a symplectic left G-module and a symplectic right H-module. It is tedious but straightforward to check that this is indeed a Lie groupoid equivalence, hence a Morita equivalence of symplectic groupoids. □

THEOREM 3.3. *Any symplectic groupoid Morita equivalent to G with X as an equivalence bimodule is isomorphic to $G \setminus (X^- *_{G_0} X)$ $(= H)$ as symplectic groupoids. Similarly, G is isomorphic to $(X *_{H_0} X^-)/H$ as symplectic groupoids.*

PROOF: Suppose that $(K \rightrightarrows K_0, \alpha_3, \beta_3)$ is a symplectic groupoid Morita equivalent to $G \rightrightarrows G_0$ with equivalence bimodule X. Define a groupoid morphism (φ, φ_0) from K to H by $\varphi(k) = [x, x \cdot k]$, where x is any point in X such that $\sigma(x) = \alpha_3(k)$, and $\varphi_0(k_0) = [x]$, for any $x \in \sigma^{-1}(k_0)$.

It is routine to check that both φ and φ_0 are well-defined and that (φ, φ_0) induces a Lie groupoid isomorphism. It remains for us to show that φ preserves symplectic structures.

Given any two smooth paths $k_i(t)$, $(i = 1,2)$ in a neighborhood of any fixed point in K, one can find two corresponding paths $x_i(t)$, $(i = 1,2)$ in X, such that $\sigma(x_i(t)) = \alpha_3(k_i(t))$. Then, $\varphi(k_i(t)) = [x_i(t), x_i(t) \cdot k_i(t)]$; hence,

$$\begin{aligned}\omega_H(T\varphi(k_1'(0)),\ T\varphi(k_2'(0)))\\ = -\omega_X(x_1'(0),\ x_2'(0)) + \omega_X((x_1k_1)'(0),\ (x_2k_2)'(0)).\end{aligned}$$

However, since X is a symplectic right K-module, its graph Λ is a lagrangian submanifold of $X \times K \times X^{-}$. So, if we consider the paths $(x_i(t), k_i(t), x_i(t) \cdot k_i(t))$ in Λ, $(i = 1, 2)$, we immediately get that

$$\omega_X(x_1'(0),\ x_2'(0)) + \omega_K(k_1'(0),\ k_2'(0)) - \omega_X((x_1k_1)'(0),\ (x_2k_2)'(0)) = 0.$$

Therefore,

$$\omega_H(T\varphi(k_1'(0)),\ T\varphi(k_2'(0))) = \omega_K(k_1'(0),\ k_2'(0)).$$

I.e., φ is a symplectic groupoid isomorphism. □

In the following, we will study symplectic leaves of the base Poisson manifolds of equivalent symplectic groupoids. First of all, we start with a Lie groupoid equivalence. Suppose that $(G \rightrightarrows G_0, \alpha_1, \beta_1)$ and $(H \rightrightarrows H_0, \alpha_2, \beta_2)$ are equivalent Lie groupoids with equivalence bimodule $(X; \rho; \sigma)$. We say that $u \in G_0$ and $v \in H_0$ are related if $\rho^{-1}(u) \cap \sigma^{-1}(v) \neq \emptyset$. The following lemma is a simple fact that follows directly from the definition of groupoid equivalence.

LEMMA 3.1. *For any two related elements $u_0 \in G_0$ and $v_0 \in H_0$,*

(1) *$v \in H_0$ is related to u_0 if and only if v lies in the same groupoid orbit as v_0; and conversely, $u \in G_0$ is related to v_0 if and only if u lies in the same groupoid orbit as u_0.*
(2) *The isotropy groups at u_0 and v_0 are isomorphic.*

Since the orbits of a symplectic groupoid coincide with the symplectic leaves of its base Poisson manifold, Morita equivalent symplectic groupoids have a one-to-one correspondence between the symplectic leaves of their base Poisson manifolds. Given any two Morita equivalent symplectic groupoids $(G \rightrightarrows G_0, \alpha_1, \beta_1)$ and $(H \rightrightarrows H_0, \alpha_2, \beta_2)$, a symplectic leaf L' of G_0 is said to be related to a symplectic leaf L'' of H_0 if they are related as groupoid orbits, i.e., the points in L' and L'' are related. Hence, for a given symplectic leaf L' of G_0, the set of all points in H_0 related to any point in L' becomes its related symplectic leaf of H_0.

In X, by $\mathcal{F}_\rho$ and $\mathcal{F}_\sigma$, we denote the foliations of X induced from the fibrations ρ and σ, respectively. Then $\mathcal{F}_\rho + \mathcal{F}_\sigma$ is a foliation of X in the sense of Stefan (cf. [**DD**]). By $\mathcal{F}_{G_0}$ and $\mathcal{F}_{H_0}$, we denote the symplectic foliations of the Poisson manifolds G_0 and H_0, respectively. The following proposition reveals a close relation between these foliations.

PROPOSITION 3.1.

$$\rho^{-1}(\mathcal{F}_{G_0}) = \sigma^{-1}(\mathcal{F}_{H_0}) = \mathcal{F}_\rho + \mathcal{F}_\sigma.$$

In fact, if L is a leaf of the foliation $\mathcal{F}_\rho + \mathcal{F}_\sigma$, $\rho(L)$ and $\sigma(L)$ are related symplectic leaves of G_0 and H_0. In other words, if L' is a symplectic leaf of G_0, its related symplectic leaf of H_0 is $\sigma(\rho^{-1}(L'))$ and vice versa.

PROOF: It suffices to show that $\rho^{-1}(L') = \sigma^{-1}(L'')$ is a leaf of the foliation $\mathcal{F}_\rho + \mathcal{F}_\sigma$ for any related symplectic leaves L' of G_0 and L'' of H_0.

For any element $x \in \rho^{-1}(L')$, $\rho(x) \in L'$. Since L'' is related to L', there exists $y \in X$ such that $\rho(y) = \rho(x)$ and $\sigma(y) \in L''$. Since $\sigma(x)$ is related to $\rho(x)$, $\sigma(y)$ is related to $\rho(y)$, and $\rho(x) = \rho(y)$, $\sigma(x)$ and $\sigma(y)$ lie in the same symplectic leaf of H_0. Hence, $\sigma(x) \in L''$. Therefore, $\rho^{-1}(L') \subseteq \sigma^{-1}(L'')$. Similarly, one has $\sigma^{-1}(L'') \subseteq \rho^{-1}(L')$. So

$$\rho^{-1}(L') = \sigma^{-1}(L'').$$

The rest of the proof follows from the fact that $G_0 \xleftarrow{\rho} X \xrightarrow{\sigma} H_0$ is a full dual pair (cf. [**DD**] and [**W1**]). □

The above discussion is in fact groupoid theoretic. Nevertheless, as long as one works in the context of symplectic groupoids, for two Morita equivalent symplectic groupoids, one would expect to get information not only about the leaf spaces of their base Poisson manifolds, but also about the symplectic structures of their related symplectic leaves. This point of view leads to the following result concerning the so-called symplectic groupoid reduction, a generalization of the well-known Marsden-Weinstein reduction of a group action [**MR**] [**MW**] that was first studied by Mikami and Weinstein in [**MiW**].

THEOREM 3.4 (MIKAMI-WEINSTEIN). *Suppose that $(G \rightrightarrows G_0, \alpha, \beta)$ is a symplectic groupoid and $\rho : X \longrightarrow G_0$ a symplectic principal left G-module; then, $G_u^u \setminus \rho^{-1}(u)$ is a symplectic manifold for any $u \in \rho(X)$ and in fact the symplectic foliation of the Poisson manifold $G \setminus X$ is formed by all the symplectic manifolds of this form.*

PROOF: Without loss of generality, we may assume that ρ is surjective. According to Theorem 3.2, $G \setminus X$ is the base Poisson manifold of the symplectic groupoid $G \setminus (X^- *_{G_0} X)$, which is Morita equivalent to the symplectic groupoid G itself. Hence by Proposition 3.1, any symplectic leaf of $G \setminus X$ is of the form $G \setminus \rho^{-1}(L)$ for a symplectic leaf L of G_0. Therefore, we only need to verify that $G_u^u \setminus \rho^{-1}(u)$ is naturally diffeomorphic to $G \setminus \rho^{-1}(L_u)$ for the symplectic leaf L_u through any $u \in G_0$. If so, $G_u^u \setminus \rho^{-1}(u)$ and $G \setminus \rho^{-1}(L_u)$ must be isomorphic symplectically since both their symplectic structures are naturally induced from the symplectic structure on X. Finally, we only need to point out that the map sending the class of each $x \in \rho^{-1}(u)$ in $G_u^u \setminus \rho^{-1}(u)$ to its corresponding class in $G \setminus \rho^{-1}(L_u)$ is the desired natural diffeomorphism. □

The above discussions indicate that there is a one-to-one correspondence between symplectic leaves of the base Poisson manifolds of Morita equivalent symplectic groupoids. Next, one would like to see how the variations of the leaf symplectic structures of their base Poisson manifolds are related. As pointed out in [**DD**], the fundamental class of a regular Poisson manifold is a quantity that reflects the variation of the leaf symplectic structures. Our theorem below reveals a relation between the fundamental classes of the base Poisson manifolds of Morita equivalent symplectic groupoids.

THEOREM 3.5. *Suppose that $G \rightrightarrows G_0$ and $H \rightrightarrows H_0$ are Morita equivalent symplectic groupoids with equivalence bimodule $(X; \rho; \sigma)$. Assume that G_0 and H_0 are regular Poisson manifolds with fundamental classes $[\zeta_{G_0}]$ and $[\zeta_{H_0}]$ respectively; then*

(1) *the Stefan foliation $\mathcal{F} = \mathcal{F}_\rho + \mathcal{F}_\sigma$ is a regular foliation on X;*
(2) *$\rho^*[\zeta_{G_0}] = \sigma^*[\zeta_{H_0}]$, where ρ^* (σ^* resp.) is the natural lifting from*

$$H^3(G_0, \mathcal{F}_{G_0}) \cong H^2(G_0, Z(v^*\mathcal{F}_{G_0}))$$
$$(H^3(H_0, \mathcal{F}_{H_0}) \cong H^2(H_0, Z(v^*\mathcal{F}_{H_0})) \text{ resp.})$$

to $H^3(X, \mathcal{F})$.

PROOF: Let $k = \operatorname{rank} G_0$, $s = \operatorname{rank} H_0$, r be the codimension of the symplectic foliation of G_0 or H_0, and ξ and η be the sections of $\bigwedge^2 \mathcal{F}^*_{G_0}$ and $\bigwedge^2 \mathcal{F}^*_{H_0}$ defined by the symplectic 2-forms along leaves of the symplectic foliations of G_0 and H_0 respectively.

Fix any point x in X, and let $u = \rho(x)$ and $v = \sigma(x)$. Since $G_0 \xleftarrow{\rho} X \xrightarrow{\sigma} H_0$ is a full dual pair, there are canonical local Poisson coordinates in G_0 around u, $\{p_1, \cdots, p_k, q_1, \cdots, q_k, c_1, \cdots, c_r\}$ and local canonical

Poisson coordinates in H_0 around v, $\{p'_1, \cdots, p'_s, q'_1, \cdots, q'_s, c_1, \cdots, c_r\}$ such that p, q, p', q', c extend to canonical symplectic coordinates p, q, p', q', c, h around x. Here, we identify q, p, etc., with their pull back in X.

Under these canonical coordinates, ρ and σ are given by

$$\rho(p, q, p', q', c, h) = (p, q, c) \quad \text{and} \quad \sigma(p, q, p', q', c, h) = (-p', q', c),$$

respectively. Then, locally, the foliation $\mathcal{F}$ is given by $c =$ constants. Hence, $\mathcal{F}$ is a regular foliation. Moreover, for any given $v_1, v_2 \in T\mathcal{F}$,

$$\begin{aligned}\omega(v_1, v_2) &= \sum_{i=1}^{k}(dp_i \wedge dq_i)(v_1, v_2) + \sum_{i=1}^{s}(dp'_i \wedge dq'_i)(v_1, v_2) \\ &\qquad\qquad\qquad\qquad + \sum_{i=1}^{r}(dc_i \wedge dh_i)(v_1, v_2) \\ &= \sum_{i=1}^{k}(dp_i \wedge dq_i)(v_1, v_2) + \sum_{i=1}^{s}(dp'_i \wedge dq'_i)(v_1, v_2) \\ &= (\rho^*\xi)(v_1, v_2) - (\sigma^*\eta)(v_1, v_2),\end{aligned}$$

since $v_1 c_i = 0$ and $v_2 c_i = 0$, where ω is the symplectic form on X.

Thus, $\rho^*\xi - \sigma^*\eta$ has a closed extension; hence, $[\rho^*\zeta_{G_0} - \sigma^*\zeta_{H_0}] = 0$. Therefore, $\rho^*[\zeta_{G_0}] = \sigma^*[\zeta_{H_0}]$. □

Finally, to end this section, we would like to indicate the relation between the concept of Morita equivalence of symplectic groupoids and that of the so-called symplectic affinoids. Roughly speaking, an affinoid structure on a space X is a relation $\Lambda \subset X \times X \times X \times X$ in which the elements are called parallelograms and that satisfies a set of axioms. This notion was recently introduced by Weinstein in order to understand many examples appearing from Poisson groups and Poisson groupoids in a more general and systematical setting. An affinoid structure on X produces two groupoids, called horizontal groupoid and vertical groupoid, that are equivalent in the sense of [**MRW**] (cf. [**W3**]). A symplectic affinoid is a symplectic manifold with an affinoid structure such that the space of parallelograms is a lagrangian submanifold (see [**W3**] for a more precise definition). Here, we will show that in some sense symplectic groupoid equivalence yields exactly the same picture as symplectic affinoids. The only difference is that we put more emphasis on the relation between horizontal groupoids and vertical groupoids when we talk about Morita equivalence of symplectic groupoids, while we pay more attention to the structures on the equivalence bimodules X when we deal with affinoids.

First of all, note that if X is an equivalence bimodule between symplectic groupoids $(G \rightrightarrows G_0, \alpha_1, \beta_1)$ and $(H \rightrightarrows H_0, \alpha_2, \beta_2)$, then there is a natural affinoid structure on X by defining $yx^{-1}z$ to be $[y, x] \cdot z$ for any $x, y, z \in X$ such that $\sigma(x) = \sigma(y)$ and $\rho(x) = \rho(z)$, where $[y, x]$ represents the corresponding element in the groupoid G by identifying G with $(X *_{H_0} X^-)/H$.

THEOREM 3.6. *If $(G \rightrightarrows G_0, \alpha_1, \beta_1)$ and $(H \rightrightarrows H_0, \alpha_2, \beta_2)$ are Morita equivalent symplectic groupoids with equivalence bimodule X, then X has a symplectic affinoid structure A, as defined above. Conversely, if A is a symplectic affinoid structure on X, then its horizontal and vertical groupoids A_h and A_v are Morita equivalent as symplectic groupoids.*

The proof of this theorem is relatively straightforward and similar to most proofs appearing above, so we omit it here.

4. THE "CATEGORY" OF SYMPLECTIC MODULES

This section is devoted to the discussion of symplectic modules of equivalent symplectic groupoids. First of all, from the point of view of symplectic creed according to Weinstein[3], we shall define the "category" $\varsigma(G)$ of symplectic left modules of a given symplectic groupoid G as that in which the objects are symplectic left G-modules, the morphisms are canonical relations satisfying certain comparable conditions with the groupoid actions, and composition of morphisms is set-theoretic composition of relations. More precisely, a morphism from a symplectic left G-module F_1 to a symplectic left G-module F_2 is a lagrangian submanifold $\mathcal{L} \subset F_2 *_{G_0} F_1^-$ that is invariant under the diagonal action of G. As in the case of symplectic "category", $\varsigma(G)$ is not a true category, since not all compositions are morphisms in $\varsigma(G)$. However, under a transversality or clean intersection assumption, the composition of morphisms is again a morphism. Hence, we use "category" with the quotation marks to denote this. Clearly, the

[3]The notion of symplectic "category" ς was first introduced by Weinstein to systematize the application of the symplectic creed [**W0**] [**W4**], and a subcategory of ς, consisting of linear symplectic spaces and lagrangian subspaces, was first considered by Guillemin and Sternberg in [**GS**].

notion of $\zeta(G)$-isomorphisms coincides with that of isomorphisms of left G-modules in the usual sense. Namely, symplectic left G-modules $F_1 \xrightarrow{\varphi_1} G_0$ and $F_2 \xrightarrow{\varphi_2} G_0$ are isomorphic if and only if there is a symplectic diffeomorphism $\Phi : F_1 \longrightarrow F_2$ such that $\varphi_2 \circ \Phi = \varphi_1$ and Φ commutes with the G-action. The main result of this section is the following:

THEOREM 4.1. *Morita equivalent symplectic groupoids have equivalent "categories" of symplectic left modules.*

To prove this theorem, we need to introduce the following definition of related modules, motivated by the notion of generalized fibre bundles of Kock [**Ko**]:

DEFINITION 4.1: Suppose that $(G \rightrightarrows G_0, \alpha_1, \beta_1)$ and $(H \rightrightarrows H_0, \alpha_2, \beta_2)$ are Morita equivalent symplectic groupoids with equivalence bimodule $(X;\rho;\sigma)$. Let symplectic manifolds F and E with morphisms (not assumed to be Poisson morphisms) $F \xrightarrow{\varphi} G_0$ and $E \xrightarrow{\psi} H_0$ be groupoid left modules of G and H, respectively (not assumed to be symplectic modules). We say that F and E are a *pair of related modules* if there is a lagrangian submanifold $\Omega \subset X \times F^- \times E$ such that

(1) Ω is a graph over $X *_{G_0} F^-$ and also a graph over $X *_{H_0} E$; and
(2) $(yx^{-1}) \cdot f = y(x^{-1}(f))$ and $(x^{-1}z) \cdot e = x^{-1}(z(e))$, whenever either side is defined for any $x, y \in X, e \in E$ and $f \in F$, where by $x^{-1}(f)$ ($y(e)$ resp.), we denote the unique element in E (F resp.) such that $(x, f, x^{-1}(f)) \in \Omega$ ($(y, y(e), e) \in \Omega$ resp.), and yx^{-1} ($x^{-1}z$ resp.) denotes the corresponding element $[y, x]$ ($[x, z]$ resp.) in the groupoid G (H resp.) under the identification of G (H resp.) with $(X *_{H_0} X^-)/H$ ($G \backslash (X^- *_{G_0} X)$ resp.).

The following property follows immediately from the definition above:

PROPOSITION 4.1.

(1) $x^{-1}(x(e)) = e$ *and* $x(x^{-1}(f)) = f$ *for all composable* $x \in X, e \in E$ *and* $f \in F$.
(2) *For all composable* $g \in G, x, y \in X, h \in H, f \in F$ *and* $e \in E$,

$$(g \cdot x)^{-1}(f) = x^{-1}(g^{-1} \cdot f), \quad (g \cdot y)(e) = g \cdot y(e);$$
$$(x \cdot h)^{-1}(f) = h^{-1} \cdot (x^{-1}(f)), \; (y \cdot h)(e) = y(h \cdot e).$$

PROPOSITION 4.2. *If F and E are related modules of Morita equivalent symplectic groupoids G and H, then F and E are symplectic modules.*

PROOF: Let $\Lambda \subset G \times F \times F^-$ be the graph of the G-action, and let $(g_i(t),\ f_i(t),\ r_i(t))$, $(i = 1,2)$ be any two smooth paths in a neighborhood of any fixed point in Λ. By identifying G with $(X *_{H_0} X^-)/H$, we may assume that $g_i(t) = [y_i(t), x_i(t)]$. Then

$$\omega_G(g_1'(0), g_2'(0)) = \omega_X(y_1'(0), y_2'(0)) - \omega_X(x_1'(0), x_2'(0)).$$

By considering two pairs of smooth paths $(x_i(t),\ f_i(t),\ x_i^{-1}(f_i)(t))$ and $(y_i(t),\ r_i(t), x_i^{-1}(f_i)(t))$, $(i = 1,2)$, in $\Omega \subset X \times F^- \times E$, we obtain that

$$\omega_X(x_1'(0), x_2'(0)) - \omega_F(f_1'(0), f_2'(0)) + \omega_E((x_1^{-1}(f_1))'(0), (x_2^{-1}(f_2))'(0)) = 0$$

and

$$\omega_X(y_1'(0), y_2'(0)) - \omega_F(r_1'(0), r_2'(0)) + \omega_E((x_1^{-1}(f_1))'(0), (x_2^{-1}(f_2))'(0)) = 0.$$

Combining these two equations, we have

$$\omega_G(g_1'(0), g_2'(0)) + \omega_F(f_1'(0), f_2'(0)) - \omega_F(r_1'(0), r_2'(0)) = 0.$$

By dimension counting, we see that Λ is a lagrangian submanifold. Hence, F is a symplectic left G-module. Similarly, E is a symplectic left H-module. □

The next theorem indicates that there is a one-to-one correspondence between symplectic left G-modules and pairs of related modules of $(G; H)$. Therefore, through related modules as intermediate objects, one can establish a bijection between symplectic left G-modules and symplectic left H-modules.

THEOREM 4.2. *Suppose that $(G \rightrightarrows G_0, \alpha_1, \beta_1)$ and $(H \rightrightarrows H_0, \alpha_2, \beta_2)$ are Morita equivalent symplectic groupoids with equivalence bimodule $(X; \rho; \sigma)$. Then corresponding to any symplectic left G-module F, there is a unique (up to isomorphism) symplectic left H-module E such that F and E are a pair of related modules of $(G; H)$ and vice versa.*

PROOF: Suppose that $F \xrightarrow{\varphi} G_0$ is a symplectic left G-module. Let $E = G\backslash(X^- *_{G_0} F)$. According to Proposition 2.1, E is a well-defined symplectic manifold. Introduce a map $\psi : E \longrightarrow H_0$ and a left H-action on E by

$$\psi([x, f]) = \sigma(x)$$

and

$$h \cdot [x, f] = [x \cdot h^{-1}, f].$$

It is trivial to check that this action is well-defined. Let Ω be the subspace of $X \times F^- \times E$ consisting of all elements of the form $(x, f, [x, f])$ for all $(x, f) \in X^- *_{G_0} F$. It is easy to see that $\dim(X \times F^- \times E) = 2 \dim \Omega$. We divide the rest of our proof into four steps.

(1) Ω is a graph over $X *_{H_0} E$.
Let $p : X \times F^- \times E \longrightarrow X \times E$ be the natural projection onto the first and third coordinates. Obviously, $p(\Omega) \subset X *_{H_0} E$. Conversely, given any $(x, e) \in X *_{H_0} E$, we may assume that $e = [y, f]$ for some $(y, f) \in X^- *_{G_0} F$. Then, $\psi(e) = \sigma(x)$ and $\psi(e) = \sigma(y)$. Therefore, (x, y) belongs to $X *_{H_0} X^-$. Let $g = [x, y] \in G$ denote its corresponding element in G, where G is identified with $(X *_{H_0} X^-)/H$. Then, $e = [g \cdot y, g \cdot f] = [x, g \cdot f]$. So $(x, g \cdot f, e) \in \Omega$; therefore $(x, e) \in p(\Omega)$. The above shows that $p(\Omega) = X *_{H_0} E$.

Furthermore, if (x, f, e) and $(x, f_1, e) \in \Omega$, then $[x, f] = [x, f_1] = e$. It follows that $f = f_1$. So Ω is indeed a graph over $X *_{H_0} E$. It is quite obvious that Ω is also a graph over $X *_{G_0} F$.

(2) Ω is a lagrangian submanifold of $X \times F^- \times E$.
Suppose that $(x_i(t), f_i(t), e_i(t))$, $(i = 1, 2)$, are any two smooth paths in a neighborhood of any fixed point in Ω. Then $e_i(t) = [x_i(t), f_i(t)]$ and

$$\omega_E(e_1'(0), e_2'(0)) = -\omega_X(x_1'(0), x_2'(0)) + \omega_F(f_1'(0), f_2'(0)).$$

That is,

$$\omega_X(x_1'(0), x_2'(0)) - \omega_F(f_1'(0), f_2'(0)) + \omega_E(e_1'(0), e_2'(0)) = 0.$$

So Ω is a lagrangian submanifold.

(3) It is straightforward to verify that the second condition of Definition 4.1 holds automatically. Therefore, F and E are a pair of related modules of $(G; H)$. According to Proposition 4.2, E is in fact a symplectic module of H.

(4) Uniqueness of E.
Suppose that $E_1 \xrightarrow{\psi_1} H_0$ is another left H-module related to F. Introduce a map $\Psi : X^- *_{G_0} F \longrightarrow E_1$ by

$$\Psi(x, f) = x^{-1}(f).$$

It is easy to check that Ψ is surjective and its fibres coincide with the G-orbits. Hence, Ψ induces a diffeomorphism from E $(= G \setminus (X^- *_{G_0} F))$ onto E_1, which is also denoted by Ψ ambiguously. In fact, Ψ is a symplectic diffeomorphism. This can be seen as follows. Given any two tangent vectors $(\xi_i, \eta_i) \in T_{(x_0, f_0)}(X^- *_{G_0} F)$, $(i = 1, 2)$, let $\delta_i = T\Psi(\xi_i, \eta_i)$. Then, $(\xi_i, \eta_i, \delta_i)$, $(i = 1, 2)$ are tangent to the lagrangian submanifold Ω_1 of $X \times F^- \times E_1$. Hence,

$$\Omega_X(\xi_1, \xi_2) - \Omega_F(\eta_1, \eta_2) + \Omega_{E_1}(\delta_1, \delta_2) = 0.$$

That is,

$$\begin{aligned} \Omega_{E_1}(\delta_1, \delta_2) &= -\Omega_X(\xi_1, \xi_2) + \Omega_F(\eta_1, \eta_2) \\ &= \Omega_E([\xi_1, \eta_1],\ [\xi_2, \eta_2]), \end{aligned}$$

where $[\xi_i, \eta_i]$, $(i = 1, 2)$ are the tangent vectors of E obtained by pushing down (ξ_i, η_i) using the natural projection. Therefore, Ψ preserves symplectic structures. Furthermore, it follows from the commuting diagram

$$\begin{array}{ccc} X^- *_{G_0} F & \xrightarrow{\ \Psi\ } & E_1 \\ {\scriptstyle \sigma o pr_1}\downarrow & & \downarrow{\scriptstyle \psi_1} \\ H_0 & \xrightarrow{\ id\ } & H_0 \end{array}$$

that the following diagram

$$\begin{array}{ccc} E(= G \setminus (X^- *_{G_0} F)) & \xrightarrow{\ \Psi\ } & E_1 \\ {\scriptstyle \psi}\downarrow & & \downarrow{\scriptstyle \psi_1} \\ H_0 & \xrightarrow{\ id\ } & H_0 \end{array}$$

commutes.

Moreover, it can be easily checked that Ψ commutes with the H-action, i.e., $\Psi(h \cdot e) = h \cdot \Psi(e)$ whenever either side is defined. Hence, Ψ establishes a symplectic left module isomorphism between E and E_1. □

REMARK: Similarly, for a given symplectic left H-module $E \xrightarrow{\psi} H_0$, its related symplectic left G-module can be constructed as follows. Note that $E^- \xrightarrow{\psi} H_0$ becomes a symplectic right H-module under the action $e \cdot h = h^{-1} \cdot e$, where $\psi(e) = \alpha_2(h)$. Let $F = (X *_{H_0} E)/H$, where H acts on

$X *_{H_0} E$ diagonally, i.e., the equivalence relation on $X *_{H_0} E$ is defined by $(x,e) \sim (x',e')$ if and only if $x' = x \cdot h$ and $e' = h^{-1} \cdot e$ for some $h \in H$ such that $\sigma(x) = \psi(e) = \alpha_2(h)$. Then $F \xrightarrow{\varphi} G_0$ becomes naturally a symplectic left G-module, which is exactly the one related to E.

PROOF OF THEOREM 4.1: Suppose that $(G \rightrightarrows G_0, \alpha_1, \beta_1)$ and $(H \rightrightarrows H_0, \alpha_2, \beta_2)$ are Morita equivalent symplectic groupoids. Introduce a functor $\Phi : \zeta(G) \longrightarrow \zeta(H)$ as follows. For any given symplectic left G-module $F \xrightarrow{\varphi} G_0$, $\Phi(F)$ is the symplectic left H-module $G \setminus (X^- *_{G_0} F) \xrightarrow{\psi} H_0$ as introduced above. For any morphism $\mathcal{L}$ from symplectic left G-module F_1 to F_2, $\Phi(\mathcal{L})$ is defined as the submanifold in $(G \setminus (X^- *_{G_0} F_2)) \times (G \setminus (X^- *_{G_0} F_1)^-$ so that $([y,f_2],[x,f_1]) \in \Phi(\mathcal{L})$ if and only if there is a $g \in G$ such that $y = g \cdot x$ and $(f_2, g \cdot f_1) \in \mathcal{L}$. It is simple to check that $\Phi(\mathcal{L})$ is lagrangian, hence a morphism in $\mathrm{Hom}(\Phi(F_1), \Phi(F_2))$. Moreover, it is quite straightforward to check that $\Phi(\mathcal{K} \circ \mathcal{L}) = \Phi(\mathcal{K}) \circ \Phi(\mathcal{L})$ holds set-theoretically for all $\mathcal{L} \in \mathrm{Hom}(F_1, F_2)$ and $\mathcal{K} \in \mathrm{Hom}(F_2, F_3)$, and that $\Phi(1_F) = 1_{\Phi(F)}$, where $1_F \in \mathrm{Hom}(F,F)$ ($1_{\Psi(F)} \in \mathrm{Hom}(\Psi(F), \Psi(F))$ resp.) denotes the identity morphism, i.e., the diagonal lagrangian submanifold $\Delta_F \subset F *_{G_0} F^-$ ($\Delta_{\Psi(F)} \subset \Psi(F) *_{G_0} \Psi(F)^-$ resp.). Consequently, if $\mathcal{K} \circ \mathcal{L}$ is a morphism, so is $\Phi(\mathcal{K}) \circ \Phi(\mathcal{L})$. Therefore, Φ becomes a "functor" in terms of category theory.

A "functor" Ψ from $\zeta(H)$ to $\zeta(G)$ can be introduced in a similar way, so that Ψ sends each object $E \xrightarrow{\psi} H_0$ in $\zeta(H)$ to $(X *_{H_0} E)/H \xrightarrow{\varphi} G_0$, an object in $\zeta(H)$, and any morphism $\mathcal{L} \in \mathrm{Hom}(E_1, E_2)$ to the morphism $\Psi(\mathcal{L}) = \{([x,e_2], [x,e_1]) | (e_2,e_1) \in \mathcal{L}$ and $\sigma(x) = \psi_1(e_1) = \psi_2(e_2)\}$ in $\mathrm{Hom}(\Psi(E_1), \Psi(E_2))$. It remains for us to show that $\Psi \circ \Phi$ and $\Phi \circ \Psi$ are naturally equivalent to $1_{\zeta(G)}$ and $1_{\zeta(H)}$, respectively.

For any symplectic left G-module $F \xrightarrow{\varphi} G_0$, define $\eta_F : (\Psi \circ \Phi)(F)$ ($= [X *_{H_0} (G \setminus (X^- *_{G_0} F))]/H) \longrightarrow F$ by $\eta_F([y,[x,f]]) = [y,x] \cdot f$, where $[y,x]$ is considered as an element in G by identifying G with $(X *_{H_0} X^-)/H$ and where the dot means the groupoid G-action on F. According to Theorem 4.2, η_F is a symplectic left G-module isomorphism. Thus, its graph is a $\zeta(G)$-isomorphism according to the observation preceding Theorem 4.1. Therefore, it suffices to show that for any morphism $\mathcal{L} \in \mathrm{Hom}(F_1, F_2)$, the diagram

$$\begin{array}{ccc} (\Psi\circ\Phi)(F_1) & \xrightarrow{(\Psi\circ\Phi)(\mathcal{L})} & (\Psi\circ\Phi)(F_2) \\ {\scriptstyle \eta_{F_1}}\downarrow & & \downarrow{\scriptstyle \eta_{F_1}} \\ F_1 & \xrightarrow{\mathcal{L}} & F_2 \end{array}$$

commutes, or equivalently, the image of $(\Psi\circ\Phi)(\mathcal{L})$ under the cartesian product of η_{F_2} and η_{F_1}, $\eta_{F_2}\times\eta_{F_1} : (\Psi\circ\Phi)(F_1)\times(\Psi\circ\Phi)(F_2)^- \longrightarrow F_2\times F_1^-$, is $\mathcal{L}$. However, by definition, $(\Psi\circ\Phi)(\mathcal{L})$ consists of all elements of the form $([y,[x,b]],[y,[x,a]])$ for any $(b,a)\in\mathcal{L}$, $\sigma(y)=\sigma(x)$ and $\rho(x)=\varphi_1(a)=\varphi_2(b)$, where φ_1 and φ_2 are the momentum mappings of the modules F_1 and F_2, respectively. Therefore, $(\eta_{F_2}\times\eta_{F_1})(\Psi\circ\Phi(\mathcal{L}))=\mathcal{L}$, since $\mathcal{L}$ is invariant under the G-action. So $\eta:\Psi\circ\Phi\longrightarrow 1_{\varsigma(G)}$ is a natural equivalence. It can be shown similarly that $\Phi\circ\Psi$ is also naturally equivalent to $1_{\varsigma(H)}$. □

REMARK: As a final remark, it is worth noting that the notion of Morita equivalence can be introduced for Poisson manifolds as well. Two Poisson manifolds P_1, P_2 are called Morita equivalent if and only if there exists a symplectic manifold X together with two complete Poisson morphisms $\rho_i : X\longrightarrow P_i$, (i=1, 2) such that $P_1 \xleftarrow{\rho_1} X \xrightarrow{\rho_2} P_2$ is a full dual pair with connected and simply connected fibres **[X1]** **[X2]**. This notion induces an equivalence relation among integrable Poisson manifolds. It can be proved that α-simply connected symplectic groupoids of Morita equivalent Poisson manifolds are Morita equivalent as symplectic groupoids, and the "category" of complete symplectic realizations of a given Poisson manifold coincides with the "category" of symplectic left modules of its α-simply connected symplectic groupoid. Therefore, we can prove that Morita equivalent Poisson manifolds have equivalent "categories" of complete symplectic realizations, as expected. We refer the reader to **[X1]** **[X2]** **[X3]** for a detailed exposition of this theory, as well as a number of its applications, including applications to reduction theory and to realization theory.

REFERENCES

[**CDW**] A. Coste, P. Dazord, A. Weinstein, *Groupoïdes symplectiques*, Publications du Départment de Mathématiques (1987), Université Claude Bernard Lyon I.

[**DD**] P. Dazord, T. Delzant, *Le problème general des variables actions angles*, J. Diff. Geom. **26** (1987), 223–251.

[**Ka**] M.V. Karasev, *Analogues of objects of the theory of Lie groups for nonlinear Poisson brackets*, Math. USSR Izvestiya **28** (1987), 497-527.

[**Ko**] A. Kock, *Generalized fibre bundles*, Lecture Notes in Math. **1348** (1988), 194–207.

[**M1**] K. Mackenzie, *Lie groupoids and Lie algebroids in differential geometry*, LMS Lecture Notes Series **124** (1987), Cambridge Univ. Press.

[**M2**] ————, *Double Lie algebroids and second order geometry I*, preprint (1989).

[**MR**] J. Marsden, T. Ratiu, *Reduction of Poisson manifolds*, Lett. in Math. Phys. **11** (1986), 161–169.

[**MW**] J. Marsden, A. Weinstein, *Reduction of symplectic manifolds with symmetry*, Rep. Math. Phys. **5** (1974), 121-129.

[**MiW**] K. Mikami, A. Weinstein, *Moments and reduction for symplectic groupoid actions*, Publ. RIMS Kyoto Univ. **24** (1988), 121-140.

[**MRW**] P. Muhly, J. Renault, D. Williams, *Equivalence and isomorphism for groupoid C^*-algebras*, J. Operator Theory **17** (1987), 3-22.

[**P**] J. Pradines, *Lois d'uction principales conjugees*, Manuscript ineditee (1977).

[**Ren**] J. Renault, *A groupoid approach to C^*-algebras*, Lecture Notes in Math. **793** (1980).

[**Rie1**] M.A. Rieffel, *Induced representations of C^* -algebras*, Adv. in Math. **13** (1974), 176–257.

[**Rie2**] ————, *Morita equivalence for operator algebras*, Proc. Symp. Pure Math. **38** (1982), 285–298.

[**Rie3**] ————, *Applications of strong Morita equivalence to transformation group C^* – algebras*, Proc. Symp. Pure Math. **38** (1982), 299–310.

[**Rie4**] ————, *Morita equivalence for C^*-algebras and W^*-algebras*, J. Pure Appl. Algebra **5** (1974), 51–96.

[**W0**] A. Weinstein, *The symplectic "category"*, Lect. Notes in Math. **905** (1982), 45–50.

[**W1**] ————, *The local structure of Poisson manifolds*, J. Diff. Geom. **18** (1983), 523-557.

[**W2**] ————, *Symplectic groupoids and Poisson manifolds*, Bull. Amer. Math. Soc. **16** (1987), 101–104.

[**W3**] ————, *Affine Poisson structures*, Intern. J. Math. **1** (1990), 343-360.

[**W4**] ————, *Symplectic geometry*, Bull. Amer. Math. Soc. **5** (1981), 1–13.

[**X1**] P. Xu, *Ph.D. Thesis*, University of California, Berkeley (1990).

[**X2**] ——, *Morita equivalence of Poisson manifolds*, preprint (1990).

[**X3**] ——, *Morita equivalence and symplectic realizations of Poisson manifolds*, preprint (1990).

Department of Mathematics
University of California
Berkeley, CA 94720

Current address: Department of Mathematics
University of Pennsylvania
Philadelphia, PA 19104

MIX
Papier aus verantwortungsvollen Quellen
Paper from responsible sources
FSC® C105338

FSC
www.fsc.org

If you have any concerns about our products,
you can contact us on
ProductSafety@springernature.com

In case Publisher is established outside the EU,
the EU authorized representative is:
Springer Nature Customer Service Center GmbH
Europaplatz 3, 69115 Heidelberg, Germany

Printed by Libri Plureos GmbH
in Hamburg, Germany